国家卫生健康委员会“十三五”规划教材
全国高等职业教育教材

供护理、助产专业用

化学基础

主　编　孙彦坪

副主编　王　丽　陈晓玲

编　者（以姓氏笔画为序）

马丽英（滨州医学院）
王　丽（重庆医药高等专科学校）
王金铃（山西医科大学汾阳学院）
孙彦坪（甘肃中医药大学）
杨国富（大理护理职业学院）
杨智英（长沙卫生职业学院）
余晨辉（安徽卫生健康职业学院）
张淑凤（沧州医学高等专科学校）
陈晓玲（安徽卫生健康职业学院）
范　宏（承德护理职业学院）
查　诚（铜陵职业技术学院）
段卫东（黑龙江护理高等专科学校）
柴利萍（河南护理职业学院）

人民卫生出版社

图书在版编目（CIP）数据

化学基础 / 孙彦坪主编 .—北京：人民卫生出版社，2018

ISBN 978-7-117-27685-6

Ⅰ. ①化… Ⅱ. ①孙… Ⅲ. ①化学 – 高等职业教育 – 教材 Ⅳ. ①06

中国版本图书馆 CIP 数据核字（2019）第 001255 号

化 学 基 础

主　　编：孙彦坪
出版发行：人民卫生出版社（中继线 010-59780011）
地　　址：北京市朝阳区潘家园南里 19 号
邮　　编：100021
E - mail：pmph @ pmph.com
购书热线：010-59787592　010-59787584　010-65264830
印　　刷：北京铭成印刷有限公司
经　　销：新华书店
开　　本：850 × 1168　1/16　　印张：15　　插页：9
字　　数：475 千字
版　　次：2019 年 1 月第 1 版　2024 年 12 月第 1 版第 4 次印刷
标准书号：ISBN 978-7-117-27685-6
定　　价：49.00 元

修订说明

高等职业教育三年制护理、助产专业全国规划教材源于原国家教育委员会“面向21世纪高等教育教学内容和课程体系改革”项目子课题研究，是由原卫生部教材办公室依据课题研究成果规划并组织全国高等医药院校专家编写的“面向21世纪课程教材”。本套教材是我国高等职业教育护理类专业第一套规划教材，第一轮于1999年出版，2005年和2012年分别启动第二轮和第三轮修订工作。其中《妇产科护理学》等核心课程教材列选“普通高等教育‘十五’‘十一五’国家级规划教材”和“‘十二五’‘十三五’‘十四五’职业教育国家规划教材”，为我国护理、助产专业人才培养做出卓越的贡献！

根据教育部和国家卫生健康委员会关于新时代职业教育和护理服务业人才培养相关文件精神要求，在全国卫生职业教育教学指导委员会指导下，组建了新一届教材建设评审委员会启动第四轮修订工作。新一轮修订以习近平新时代中国特色社会主义思想为指引，全面落实党的二十大精神进教材相关要求，坚持立德树人，对接新时代健康中国建设对护理、助产专业人才培养需求。

本轮修订的重点：

1. 秉承三基五性　对医学生而言，院校学习阶段的学习是一个打基础的过程。本轮教材修订工作秉承人民卫生出版社国家规划教材建设“三基五性”优良传统，在基本知识、基本理论、基本技能三个方面进一步强化夯实医学生基础。整套教材从顶层设计到选材用材均强调思想性、科学性、先进性、启发性、适用性。在思想性方面尤其突出新时代育人导向，各教材全面融入社会主义核心价值观，体现“敬佑生命、救死扶伤、甘于奉献、大爱无疆”的卫生与健康工作者精神，将政治素养和医德医技培养贯穿修订、编写及教材使用全过程。

2. 强化医教协同　本套教材评审委员会和编写团队进一步增加了临床一线护理专家，更加注重吸收护理业发展的新知识、新技术、新方法以及产教融合新成果。评委会在全国卫生职业教育教学指导委员会指导下，在加强顶层设计的同时注重指导各修订教材对接最新专业教学标准、职业标准和岗位规范要求，更新包括疾病临床治疗、慢病管理、社区护理、中医护理、母婴护理、老年护理、长期照护、康复促进、安宁疗护以及助产等在内的护士执业资格考试所要求的全部内容，力求使院校教育、毕业后教育和继续教育在内容上相互衔接，凸显本套教材的协同性、权威性和实用性。

3. 注重人文实践　护理工作的服务对象是人，护理学本质上是一门人学，而且是一门实践性很强的科学。第四轮修订坚持以学生为本，以人的健康为中心，注重人文实践。各教材围绕护理、助产专业人才培养目标，将知识、技能与情感、态度、价值观的培养有机结合，引导学生将教材中学到的理论、方法去观察病情、发现问题、解决问题，在加深学生对理论的认知、理解和增强解决未来临床实际问题的能力的同时，更加注重启发学生从心灵深处自悟、陶冶灵魂，从根本上领悟做人之道。

4. 体现融合创新　当前以信息技术、人工智能和新材料等为代表的新一轮科技革命迅猛发展，包括护理学在内的多个学科呈深度交叉融合。本套教材的修订与时俱进，主动适应大数据、云计算和移动通讯等新技术新手段新方法在卫生健康和职业教育领域的广泛应用，体现卫生健康及职业教育与新技术的融合成果，创新教材呈献形式。除传统的纸质教材外，本套教材融合了数字资源，所选素材主题鲜明、内容实用、形式活泼，拉近学生与理论课和临床实践的距离。通过扫描教材随文二维码，线上与线下的联动，激发学生学习兴趣和求知欲，增强教材的育人育才效果。

全套教材包括主教材、配套教材及数字融合资源，分职业基础模块、职业技能模块、人文社科模块、能力拓展模块、临床实践模块 5 个模块，共 47 种教材，其中修订 39 种，新编 8 种，供护理、助产 2 个专业选用。

教材目录

序号	教材名称	版次	所供专业	配套教材
1	人体形态与结构	第 2 版	护理、助产	√
2	生物化学	第 2 版	护理、助产	√
3	生理学	第 2 版	护理、助产	√
4	病原生物与免疫学	第 4 版	护理、助产	√
5	病理学与病理生理学	第 4 版	护理、助产	√
6	正常人体结构	第 4 版	护理、助产	√
7	正常人体功能	第 4 版	护理、助产	
8	疾病学基础	第 2 版	护理、助产	
9	护用药理学	第 4 版	护理、助产	√
10	护理学导论	第 4 版	护理、助产	
11	健康评估	第 4 版	护理、助产	√
12	基础护理学	第 4 版	护理、助产	√
13	内科护理学	第 4 版	护理、助产	√
14	外科护理学	第 4 版	护理、助产	√
15	儿科护理学	第 4 版	护理、助产	√
16	妇产科护理学	第 4 版	护理	
17	眼耳鼻咽喉口腔科护理学	第 4 版	护理、助产	√
18	母婴护理学	第 3 版	护理	
19	儿童护理学	第 3 版	护理	
20	成人护理学(上册)	第 3 版	护理	
21	成人护理学(下册)	第 3 版	护理	
22	老年护理学	第 4 版	护理、助产	
23	中医护理学	第 4 版	护理、助产	√
24	营养与膳食	第 4 版	护理、助产	
25	社区护理学	第 4 版	护理、助产	
26	康复护理学基础	第 2 版	护理、助产	
27	精神科护理学	第 4 版	护理、助产	
28	急危重症护理学	第 4 版	护理、助产	

续表

序号	教材名称	版次	所供专业	配套教材
29	妇科护理学	第2版	助产	√
30	助产学	第2版	助产	
31	优生优育与母婴保健	第2版	助产	
32	护理心理学基础	第3版	护理、助产	
33	护理伦理与法律法规	第2版	护理、助产	
34	护理礼仪与人际沟通	第2版	护理、助产	
35	护理管理学基础	第2版	护理、助产	
36	护理研究基础	第2版	护理、助产	
37	传染病护理	第2版	护理、助产	√
38	护理综合实训	第2版	护理、助产	
39	助产综合实训	第2版	助产	
40	急救护理学	第1版	护理、助产	
41	预防医学概论	第1版	护理、助产	
42	护理美学基础	第1版	护理	
43	数理基础	第1版	助产、护理	
44	化学基础	第1版	助产、护理	
45	信息技术与文献检索	第1版	助产、护理	
46	职业规划与就业指导	第1版	助产、护理	
47	老年健康照护与促进	第1版	护理、助产	

全国高等职业教育护理、助产专业第四届教材评审委员会

顾　　问

郝　阳　陈昕煜　郭燕红　吴欣娟　文历阳　沈　彬
郑修霞　姜安丽　尤黎明　么　莉

主任委员

杨文秀　唐红梅　熊云新

副主任委员（以姓氏笔画为序）

王　滨　白梦清　吕俊峰　任　晖　李　莘　杨　晋
肖纯凌　沈国星　张先庚　张彦文　单伟颖　胡　野
夏海鸥　舒德峰　赖国文

秘书长

窦天舒　王　瑾

常务委员（以姓氏笔画为序）

马存根　王明琼　王柳行　王信隆　王润霞　王福青
方义湖　曲　巍　吕国荣　吕建新　朱秀珍　乔学斌
乔跃兵　任光圆　刘成玉　安力彬　孙　韬　李　红
李　波　李力强　李小寒　李占华　李金成　李黎明
杨　红　杨金奎　杨硕平　吴　蓉　何旭辉　沈曙红
张立力　张晓杰　陈　刚　陈玉芹　陈振文　林梅英
岳应权　金庆跃　周郁秋　周建军　周浪舟　郑翠红
屈玉明　赵　杰　赵　欣　姚金光　顾润国　党世民
黄　刚　曹庆景　梁新武　程瑞峰　温茂兴　谢　晖
赫光中

秘　　书

魏雪峰

数字内容编者名单

主　编　孙彦坪

副主编　王　丽　陈晓玲

编　者（以姓氏笔画为序）

马丽英（滨州医学院）
王　丽（重庆医药高等专科学校）
王金铃（山西医科大学汾阳学院）
孙彦坪（甘肃中医药大学）
杨国富（大理护理职业学院）
杨智英（长沙卫生职业学院）
余晨辉（安徽卫生健康职业学院）
张淑凤（沧州医学高等专科学校）
陈晓玲（安徽卫生健康职业学院）
范　宏（承德护理职业学院）
查　诚（铜陵职业技术学院）
段卫东（黑龙江护理高等专科学校）
柴利萍（河南护理职业学院）

主编简介与寄语

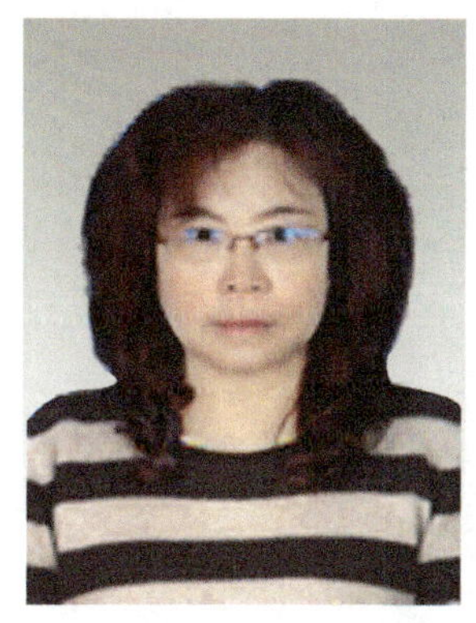

孙彦坪，副教授，毕业于西北师范大学化学专业，市级骨干教师，优秀教研室主任，长期从事医药学类专业医用化学、无机化学、有机化学及分析化学理论与实践教学，具有丰富的教学经验。多次被评为校级、市级优秀教师。获甘肃省“高教社杯”教学优秀奖竞赛活动个人二等奖，“人卫社”杯说课竞赛活动个人二等奖。主持完成护理专业医用化学校级精品课程建设。参与省部级教学科研课题 2 项，主持校级教科研课题 2 项；主编、参编国家级规划教材 6 部；有 10 多篇论文发表在国家级核心期刊上。

寄语：

生命运动离不开化学反应，化学是医学生学业的根基，学好医学必须从了解分子开始。愿同学们在化学学习中过滤心中的浮躁，萃取知识精华，催化学习信心，爆发学习能量！

前　　言

化学基础属于职业基础模块，是高等职业教育护理、助产专业学生必修的一门课程。

本教材编写认真落实党的二十大精神进教材相关要求，紧扣新时代高等职业教育护理、助产专业的人才培养目标，坚持以学生为中心，以能力培养为导向，体现知识、技能、素养并重的理念，以服务专业课和职业岗位需求为宗旨。注重对学生学习兴趣、学习动力及学习习惯等方面的培养，体现信息技术与高等职业教育深度融合，拓展学生学习空间，促进优质教学资源的融合共享。在充分调研基础上参考各院校教学大纲设计教材内容，构建凸显护理专业特色的化学知识体系。坚持"实用为主，必须、够用和管用为度"的原则，理论知识不追求学科的系统性和完整性，适度降低知识的难度，摒弃与专业联系不紧密的纯化学理论，简化复杂难懂的化学知识。通过学习本教材既能为护理专业基础课、专业课的学习打好基础，又能为将来学生的职业岗位需求服务，有利于学生的可持续发展。本书具有如下特点：

1. 注重教材的整体优化。本教材遵循教材编写规律，创新编写模式，建设学习平台，丰富教学资源。注重与相关课程之间内容的联系与衔接，避免遗漏和不必要的重复。内容包括无机化学、有机化学及化学实验三个模块。无机化学部分主要包括溶液、电解质溶液、化学反应速率和化学平衡、物质结构基础、配位化合物等；有机化学部分主要包括烃、醇酚醚、醛酮、羧酸和取代羧酸、脂类、含氮有机化合物、糖类及常用的化学消毒剂等。

2. 体现高等职业教育护理专业特色，突出专业实用性。本教材针对护理专业对化学知识的需求，在保证学生对化学基本理论、基本知识、基本技能够用的前提下，尽可能满足护理岗位需求的化学知识和技能，做到学有所用，与时俱进，体现时代特点。力争实现教材内容与职业岗位需求零距离对接。

3. 强化化学操作技能训练。化学实验是训练学生操作技能，提高学生动手能力的有效途径。我们特制定了"附录一　实验技能考核方案及评分标准"，强化学生在护理实践中常用溶液的配制和稀释的操作技能训练。

4. 编写结构上采取栏目设计，增加新颖性和可读性。设置"情景导入"、"知识拓展"、"目标检测"及"数字融合"等栏目，希望对教学有所裨益。

5. 拓展数字网络增值服务内容。本教材设置"章首课件""实验视频""微课""动画""图片""考点链接""思路解析""扫一扫，测一测"等数字融合资源。指导学生自主学习和知识面的拓展，提高学生学习兴趣，培养学生学以致用的能力，增强教材的启发性和趣味性。

6. 本教材为理实一体化教材，教材中安排了实验教学内容，供各校在教学中选用。

本教材编写过程中，得到各位编者所在院校及有关专家的大力支持和帮助，在此致以衷心感谢，并对本书所引用文献资料的原作者深表谢意。

由于编者水平有限，加之教材编写时间紧、任务重，本书仍然会存在许多不足和错误之处，敬请同行、专家和广大师生予以批评指正。

教学大纲
（参考）

孙彦坪
2023 年 10 月

目 录

第一章 绪 论

学习目标

1. 掌握:化学研究的对象。
2. 熟悉:化学与生命的关系;化学基础及护理应用的内容及任务。
3. 了解:化学及护理应用的学习方法。

生命体是由一定的化学物质按严格的规律和方式组成的,并且每一种化学物质在生命体中都有严格的比例和含量。从人体的组成、人体中的化学反应及平衡、人体所需营养物质到医学、生命科学、材料科学、环境科学、能源科学、信息科学等都离不开化学,为了不断地提高生活质量,达到健康长寿的目标,人们必须科学地认识和处理化学与健康的关系。对于毕业后从事护理工作的医学生,化学知识在临床护理、预防保健、健康教育中都显得非常重要。因此,化学是护理专业非常重要的基础学科,掌握必需的化学知识,才能满足职业岗位的需求。同时还为学习生物化学、生理学、病理学、护理学基础等后续课程奠定基础。

情景导入

青霉素皮试液的配制

青霉素易引起过敏反应,人群中约有 5%~6% 对青霉素过敏,而且任何年龄、任何给药途径、任何给药时间、任何剂型和剂量,均可引起过敏。因此,临床应用青霉素前必须做皮肤过敏试验。由于青霉素皮试液极不稳定,常温降解产物易引起过敏,必须临用前配制。

青霉素皮试液的标准:每 1ml 药液含青霉素 200~500U。

配制方法:以一瓶 80 万 U 青霉素为例。

青霉素	加生理盐水	要求	含量
80 万 U	4ml	溶解	20 万 U/ml
取上液 0.1ml	0.9ml	摇匀	2 万 U/ml
取上液 0.1ml	0.9ml	摇匀	2000U/ml
取上液 0.1ml	0.9ml	摇匀	200U/ml

请思考：

1. 青霉素皮试液的配制原理。

2. 举例说明化学知识在护理工作中的应用。

一、化学研究的对象

自然界是由物质组成的，物质有 2 种形态，即实物（substance）和场（field）。实物具有静止的质量，如分子、原子、电子等。场没有静止质量，如电场、磁场等。化学研究的对象主要是实物，习惯上称为物质。化学（chemistry）是在原子、分子水平上研究物质的组成、结构、性质、变化规律及其应用的一门自然科学。

化学研究的内容非常丰富，是人类认识世界、改造世界和利用物质世界的重要方法和手段。化学的发展经历了实践、认识、再实践、再认识、不断提高的过程，其研究的内容也逐渐丰富。到 19 世纪末，人们相继提出了科学元素论和原子－分子论、发现了元素周期律、建立了碳的四面体结构和苯环的六元环结构、确立了原子量和物质成分的分析方法，形成了比较完整的化学理论体系，相继建立了无机化学、有机化学、分析化学、物理化学四大化学基础学科。20 世纪开始，化学在理论、研究方法、实验技术和应用方面都发生了深刻的变化，衍生了许多新的分支，如高分子化学、核化学等。化学与其他学科相互渗透、相互融合、相互交叉，形成了许多边缘和应用学科，如医用化学、生物化学、药物化学等。化学不仅是一门实用性和创造性都很强的中心学科，而且对生命科学、环境保护、能源开发、新材料的合成等世界瞩目的重大课题的研究起到非常重要的作用。

随着科学技术的快速发展，现代医学已经逐渐发展到分子水平。化学治疗学不断取得新进展，人造器官、代血浆在临床中推广使用，放射性核素疗法在临床广泛应用等，使化学与医学的联系更加密切。

抗疟疾药——青蒿素

2015 年 10 月 5 日，中国女科学家屠呦呦和爱尔兰的威廉·坎贝尔、日本的大村智因在寄生虫疾病治疗研究方面取得的成就而获得了 2015 年诺贝尔生理学或医学奖。

青蒿素是从我国民间治疗疟疾的中草药——黄花蒿中分离出来的有效单体，分子式为 $C_{15}H_{22}O_5$，是含过氧基团的倍半萜类内酯化合物。是由中国科学家屠呦呦团队与中国其他机构合作率先发现、提取出来的。青蒿素的提取、分离及结构鉴定等应用了化学技术和方法。这一发现为全球疟疾患者带来福音。

二、化学与生命

化学对人类社会发展的贡献是多方面的，从人类的衣、食、住、行到高科技发展的各个领域，到处留下化学研究的足迹，享受着化学发展的成果。

（一）生命现象和物质代谢离不开化学反应

1. 生命现象离不开化学变化　人体是一个化学系统，是由各种化学物质组成的，所有的生命都有一个共同语言，即“化学语言”。人体各种组织是由蛋白质、核酸、脂类、糖类、维生素、无机盐和水等物质组成，整个生命过程包含着极其复杂的物质变化，从出生、成长、繁衍到衰老，包括疾病和死亡等所有生命活动，都是化学变化的表现。呼吸、消化、循环、排泄及各种器官的生理活动，都是以体内化学反应为基础的。

2. 物质代谢和能量转化以化学反应为基础　人体内营养物质的代谢，遵循化学基本原理，如糖类、脂类、蛋白质等大分子营养物质在体内代谢时，首先在消化道内经酶作用分解成小分子葡萄糖、甘油、脂肪酸及氨基酸，才经肠道黏膜细胞吸收进入血液，经血液和淋巴液运送到各组织细胞中，在细胞内，这些物质在各种酶的有序催化下进行各自代谢反应（合成或分解反应），供给人体能量和合成新物

质，这都是化学反应。

总之，人体生命活动的进行都是以体内物质的化学反应为基础的，化学反应一旦停止，生命活动就会终止。

生命是化学反应的产物

自古以来，关于生命的起源有很多学说，但得到现代化学实验强有力支持的是“化学进化学说”。因为生命体是由有机物组成的，化学进化学说认为：生命是化学反应的产物，也就是说，简单的无机物发生化学反应变成简单的有机物，简单的有机物经过复杂的化学反应变成复杂的高分子化合物；高分子化合物进一步发生化学反应生成了简单的生命体，这些简单的生命体就是最初的生命，它具备了最简单的代谢和繁殖能力，具有生命属性的基本特征。虽然这种生命形式比今天最简单的微生物还要简单得多，但它们是靠自然选择进化，成为各种各样的生命体。

美国化学家米勒（Miller）在1950年做了一个著名的实验，他将组成生命的基本碳氢化合物分子[如甲烷（CH_4）、氨（NH_3）等与水（H_2O）]混合在一起，灌入一个特殊的玻璃装置里，然后加热，使瓶子里的混合物不断沸腾，产生的气体进入连续产生电火花的容器（火花就像大自然里闪电和火山爆发），这种气体经过冷凝成液体又流回原来的装置里。经过一星期的反复实验，然后对装置里的液体进行化学分析，米勒惊奇地发现装置里产生了几种氨基酸，由于这些氨基酸正是构成蛋白质结构的重要成分！米勒实验结果引起许多科学家的强烈关注，他们在米勒实验的基础上，不断改进实验，结果天然蛋白质中的20种氨基酸全部都被人工合成了。这些实验有力支持了生命起源的“化学进化学说”。所以很多化学家认为，大约在地球形成以后的10亿~20亿年过程中，地球上发生了一系列的化学反应，而生命就是这些化学反应的产物。

（二）诊断和治疗疾病离不开化学原理和方法

1. 诊断疾病离不开化学　各种疾病的机制、诊断、治疗及预防等都离不开化学理论与技术。临床实践证明，许多疾病的发生都与物质代谢紊乱及物质缺乏有关，如糖尿病、动脉粥样硬化、黄疸等由物质代谢紊乱引起；夜盲症、佝偻病等因缺乏某些维生素所致。测定血液中葡萄糖的含量，可用于诊断糖尿病；测定血液中一些酶活性的变化，能判断肝细胞和心肌细胞的损伤等。

2. 预防和治疗疾病离不开化学　医学上预防和治疗疾病需要药物，药物的化学结构、性质决定其作用和疗效。如常用碳酸氢钠、乳酸钠等治疗糖尿病、肾炎等引起的代谢性酸中毒；葡萄糖酸钙、乳酸钙等预防和治疗钙缺乏症；顺－二氯二氨合铂（Ⅳ）是第一代抗癌药物，能抑制癌细胞的生长而达到治疗的目的。

（三）生物材料离不开化学

义齿、假肢、人造器官等都属于生物医用材料。即用于生理系统疾病的诊断、治疗、修复、替换生物体组织或器官，增进或恢复其功能的材料。医用高分子材料能使患者康复，大大提高了人类的生命质量。生物医用材料是生物医学工程学研究领域之一，目前应用较多的是用于人工心脏、人工血管和人工心脏瓣膜的高凝血材料；用于人工骨、人工关节、人工种植牙的生物陶瓷与玻璃材料；用于局部控制释放的药物载体高分子材料；用于替代外科手术缝合及活组织结合的生物黏合剂及血液净化材料等。一些常见的医用高分子材料见表1-1。

表1-1　一些常见有机高分子材料

高分子材料	人造组织和器官
有机硅橡胶	人工脑硬膜、脑积水导管、人工心脏、人工瓣膜、人工肺、喉头、食管、胆道、尿管、人工膀胱、乳房、耳、鼻、关节
聚四氟乙烯	人工脑硬膜、人工瓣膜、人工肺、喉头、食管、胆道、尿管

续表

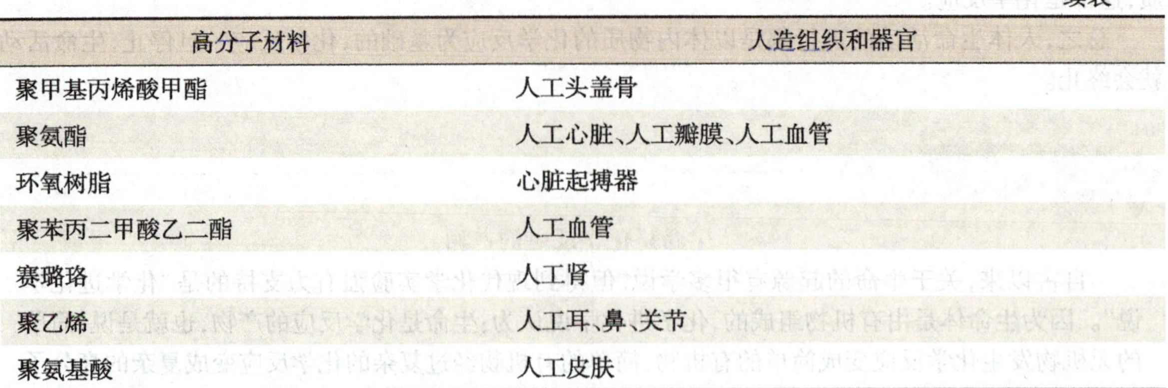

高分子材料	人造组织和器官
聚甲基丙烯酸甲酯	人工头盖骨
聚氨酯	人工心脏、人工瓣膜、人工血管
环氧树脂	心脏起搏器
聚苯丙二甲酸乙二酯	人工血管
赛璐珞	人工肾
聚乙烯	人工耳、鼻、关节
聚氨基酸	人工皮肤

图片：常见医用高分子材料料

(四)临床护理工作离不开化学知识

1. 化学为护理人员提供认识健康和维护健康的基本知识　护理是一门研究维护、增进、恢复人类身心健康的护理理论知识、技术及其发展规律的综合性应用学科。现代护理人员的工作已不是局限于单纯、被动执行医嘱的护理工作模式，而是更注重服务对象的整体性及预防疾病和促进健康的措施，这就要求护理人员具有一定的疾病诊断、治疗、预防和健康教育的能力。化学能为护理人员提供认识健康和维护健康的基本知识，如指导病人了解疾病的致病因素，规范用药，合理营养，对病人进行必要的身心健康教育等。

2. 护理临床用药需要化学知识　护士在临床用药时不仅要知道给药途径和方法，还要了解药物的物理性质和化学性质等。药物都有药理作用和不良反应，临床用药的剂量、浓度及给药途径直接影响着疗效和毒副作用，不管是口服、肌内注射、静脉注射等，护士给患者给药前一定要了解药物的化学性质、作用机制、药物的浓度，随时观察用药的异常反应并采取必要的处理措施，这些都需要化学知识。

3. 药液的配制和消毒剂的稀释需要化学知识　作为临床输液常用的溶媒生理盐水、葡萄糖溶液等，其浓度分别是 9g/L 和 50g/L，浓度过高、过低都会影响血浆的渗透压，引起严重的后果；酒精能使细菌的蛋白质变性而起到杀菌作用，消毒酒精的浓度是 70%~75%，浓度过高、过低都不能很好地杀灭细菌；消毒剂过氧化氢的浓度在 1%~3% 之间，临床常用于治疗口腔炎、咽炎、齿龈脓肿及清洗伤口等，浓度过高会刺激皮肤及黏膜而使表皮起泡等。在临床护理工作中，经常遇到药液浓度的计算、配制以及消毒剂的稀释等问题，这需要护理人员应用化学操作技能完成药液和消毒剂的配制和使用。

(五)环境保护和预防疾病离不开化学

图片：环境污染与疾病

大自然为人类的生存和发展提供了适宜的环境，人类和其他生物群类及其生存环境之间、生物群内部相互之间不断进行着物质交换和能量交换，构成了多种多样的生态系统，生态系统的四大循环（水循环、碳循环、氮循环和氧循环）都是一系列的化学反应，维持着自然界中的物质平衡和能量平衡，周而复始，提供万物的生存条件。遗憾的是随着人类生产和社会生活的增加，人类在享受生活的同时，破坏了环境的平衡，大量污染物（废气、废水、酸雨、白色污染、温室效应等）进入环境，影响着人体的健康。“防病胜过治病”、“预防为主”，水质检验，饮用水的净化与消毒，传染病的预防，环境消毒，食品安全与质量，空气质量检测，劳动卫生环境的监测等都需要化学理论和方法。

三、化学基础及护理应用的内容与任务

依据护理专业培养目标及教学大纲，本着强化基础，服务专业的原则，化学基础及护理应用选择了护理专业必需的化学基本理论、基本知识和基本技能。内容包括无机化学、有机化学及化学实验三个模块。无机化学部分主要包括溶液、电解质溶液、化学反应速率和化学平衡、物质结构基础、配位化合物等；有机化学部分主要包括烃、醇酚醚、醛酮、羧酸和取代羧酸、脂类、含氮有机化合物、糖类及常用的化学消毒剂等；化学实验依据护理岗位需求，精选了溶液的配制和稀释等 7 个实验项目，通过实验操作使学生掌握化学基本技能，提高应用化学知识分析和解决问题的能力。

化学基础及护理应用的任务是为护理专业的学生提供与专业相关的化学知识。首先，提高护理专业学生的科学文化素养。通过学习化学知识，开发学生的智能，提高学生的观察思维能力和文化素养。其次，为后续课程奠定基础。通过本课程学习，可获得后续课程所需的化学基本知识和技能，为专业基础课及专业课的学习奠定化学基础。因此，教学中要注重化学在临床护理工作中的应用，把握与后续基础课、临床课的衔接。第三，为毕业后从事专业技术工作服务。护理实践中经常遇到相关的化学问题，如临床用药液浓度的计算、配制和稀释；不同浓度、不同性质及不同效果的化学消毒剂的使用范围；医用高分子材料的应用；药物的贮藏和使用；环境保护、健康教育及预防疾病等。

四、化学基础及护理应用的学习方法

化学基础及护理应用倡导“主动、探究、合作”的学习方式。为了学好本门课程，特提出如下优化学习效果的方法，供同学们参考。

1. 课前预习 养成良好的学习习惯，课前扫一扫“章首课件”，做好预习，把握本章的主要知识体系，包括重点、疑难点、考点、思维导图等，使课堂学习有的放矢，不断提高自学能力，拓宽知识面，为终生学习打下良好的基础。

2. 主动参与课堂活动 随着 CBL 教学法、PBL 教学法、翻转课堂等一系列新的教学方法进入课堂，教学中越来越凸显自主学习的重要性，要求学生积极主动参与课堂活动，紧跟老师思路，积极思考，产生共鸣。数字融合部分提供的“微课、实验视频、图片、动画及护考考点链接”等，帮助学生理解重点、化解难点，提高学习效率。

3. 注重练习和复习，学会小结 每章学完，可利用“网络导图”对所学内容进行归纳小结，及时消化巩固学到的知识。“思考题”、“扫一扫、测一测”均可引导学生理解和运用所学化学知识解决相关问题。不断提高分析问题、解决问题的能力。

4. 处理好理解和记忆的关系 要学会分析、比较、归纳和迁移等学习方法，在理解的基础上，记忆一些基本概念、基本原理、重点公式，努力做到熟练掌握、灵活运用、融会贯通。

5. 重视实验，培养能力 实验课是化学课程的重要组成部分，为学生提供直观的感性材料，是理解和掌握课程内容，学习科学实验方法，培养动手能力的重要环节。实验前进行预习，做到清楚实验目的，理解实验原理，明确实验步骤。在实验过程中，合理安排实验操作，注重操作的规范性，仔细观察实验现象，准确记录，善于思考，勤于分析。实验结束后，学会正确处理实验数据，分析实验现象和问题，得出结论，及时完成实验报告。

思考题

1. 1965 年 9 月 17 日，我国科学家用没有生命的简单有机物合成了具有生命活性的结晶牛胰岛素！这一划时代的贡献向人类庄严宣告：生命并不是“万能的神创造”的，而是化学反应的产物。

(1) 这段话对你有何启示？

(2) 护理专业为何要学习化学？

2. 2003 年，某市出现 SARS 病毒感染病例，某女士将市售过氧乙酸（浓度约为 40%）未作稀释处理，直接熏蒸用于房间消毒，1 小时后出现眼睛、咽喉、胸部剧烈疼痛，入院就诊。

(1) 导致患者眼睛、咽喉、胸部疼痛的原因是什么？

(2) 通过查阅资料，说明过氧乙酸环境消毒的适宜浓度。

思路解析

扫一扫，测一测

目标检测

一、填空

1. 自然界是由物质组成的，物质有____种形态，即________、________和________。

2. 化学是在原子、分子水平上研究物质的________、________、________、________及其应用的一门自然科学。

3. 2015年10月5日，中国女科学家________与中国其他机构合作率先发现、提取了青蒿素，在________疾病治疗研究方面取得了可喜的成就，获得了2015年诺贝尔________奖。青蒿素是含________基团的倍半萜类内酯化合物。

二、讨论题

结合自己的学习经历，谈谈如何学好《化学基础》？

（孙彦坪）

第二章　物质结构基础

学习目标

1. 掌握：原子的组成；核外电子运动状态的描述；核外电子的排布规律；化学键的形成及特点。

2. 熟悉：同位素的概念；元素周期律；元素周期表的结构；分子间作用力；常见元素与人体健康的关系。

3. 了解：价键理论和杂化轨道理论；多电子原子的能级交错现象；同位素在医学上的应用；元素在人体的分布情况及常用的元素药物制剂。

自然界的物质种类繁多、丰富多彩、性质各异。物质在性质上的差异都与物质结构有关，要了解物质的性质、认识物质世界的变化规律，需要了解物质的内部结构。

第一节　原子结构

情景导入

放射性核素

碘元素在自然界有 $^{127}_{53}I$、$^{131}_{53}I$ 等存在形式，$^{131}_{53}I$ 放出的 β 射线可用于治疗甲状腺功能亢进、甲状腺癌等疾病。放疗法已成为临床上十分重要的治疗手段，约有 65% 的患者通过放疗能达到预期的疗效。

请思考：

1. $^{127}_{53}I$ 和 $^{131}_{53}I$ 是同一种原子吗？

2. 原子由什么组成？

一、原子的组成和同位素

（一）原子的组成

19 世纪初，英国科学家道尔顿（J·Dalton）提出了原子论；20 世纪初，英国物理学家卢瑟福（E·Rutherford）利用 α 粒子散射实验确认了原子核的存在，建立了原子结构的行星模型，后经众多

科学家的探索研究和完善，使人们认识了原子的内部结构，原子（atom）是由带正电的原子核（atomic nucleus）和核外带负电的电子组成，原子核是由质子（proton）和中子（neutron）组成，1 个质子带 1 个单位的正电荷，中子不带电，1 个电子带 1 个单位的负电荷。而原子作为一个整体不显电性，说明原子核所带正电荷数（核电荷数）等于核内质子数，也等于核外电子数，按核电荷数由小到大的顺序给元素排序，所得的序号称为该元素的原子序数（atomic number）。则原子中存在下列关系：

原子序数 = 核内质子数 = 核电荷数 = 核外电子数

现将构成原子的质子、中子和电子的一些性质归纳于表 2-1 中。

表 2-1　质子、中子和电子的一些性质

粒子	质子	中子	电子
电荷	+1	0	-1
质量 /kg	1.6726×10^{-27}	1.6749×10^{-27}	9.1094×10^{-31}
相对质量	1.007	1.008	1/1836*

* 指电子质量与质子质量之比

质子和中子的质量都很小，电子的质量更小。应用它们计算很不方便，因此通常用它们的相对质量，即相对于 ^{12}C 原子质量的 1/12，已知 ^{12}C 的质量是 1.9927×10^{-26}kg，其 1/12 为 1.6606×10^{-27}kg，因此质子和中子的相对质量是：

$$质子的相对质量 = \frac{1.6726\times10^{-27}}{1.6606\times10^{-27}} = 1.007 \approx 1$$

$$中子的相对质量 = \frac{1.6749\times10^{-27}}{1.6606\times10^{-27}} = 1.008 \approx 1$$

故可近似的认为质子和中子的相对质量为 1。如果忽略电子的质量，将原子核内所有质子和中子的相对质量取近似整数相加所得的数值称为质量数（mass number），用符号 A 表示。质子数用符号 Z 表示，中子数用符号 N 表示，则：

质量数（A）= 质子数（Z）+ 中子数（N）

如果以 $^{A}_{Z}X$ 代表一个质量数为 A、质子数（核电荷数）为 Z 的原子，则原子的组成关系可归纳如下：

原子 { 原子核 { 质子　Z个；中子　（A-Z）个 }；核外电子　Z个 }

例如：$^{23}_{11}Na$ 表示钠原子的质量数是 23，质子数为 11，中子数为 12，核外电子数为 11。

（二）同位素

把具有相同核电荷数（即质子数）的同一类原子总称元素（element），同种元素的质子数可以相同，中子数不一定相同，如核电荷数为 8 的氧元素有中子数分别为 8 和 10 的两种原子，分别表示为 $^{16}_{8}O$、$^{18}_{8}O$。像这种质子数相同而中子数不同的同种元素的不同原子互称为同位素（isotope）。同一元素的各种同位素虽然质量数不同，物理性质有一定差异，但核外电子数相同，因此，它们的化学性质基本相同。

大多数元素都有同位素，按照同位素的性质，可将其分为稳定性同位素和放射性核素。放射性核素又可分为天然放射性核素和人工放射性核素。放射性核素会自发地放出 α 射线、β 射线和 γ 射线，可以被灵敏的探测仪器发现和检测，因此称放射性核素的原子为“示踪原子”。放射性核素目前广泛应用于医药卫生领域用来诊断和治疗疾病。如甲状腺能选择性的摄取 $^{131}_{53}I$，常用于甲状腺功能亢进的诊断和治疗。

放射性核素在医学上的应用——放疗法

放射性核素治疗的原理是利用放射性核素发射出的α、β、γ射线具有杀死生物细胞的作用，由于正常细胞和癌细胞对放射线的敏感性不同，选择不同种类和剂量的放射性核素，用特殊方法照射不同部位的肿瘤，杀灭或抑制癌细胞，并尽可能减少对正常细胞的损害。目前放疗法已是临床上十分重要的治疗手段，约有65%的患者通过该方法能达到预期的疗效。例如，用钴（$^{60}_{27}Co$）远距离治疗机（又称钴炮）在体外照射，可杀伤深层肿瘤细胞，可用于颅脑内、鼻咽内、肺部、食管及淋巴系统等肿瘤的治疗。某些血液病对$^{32}_{15}P$产生的β射线非常敏感，它能阻断或抑制骨髓内细胞的异常增生，可用于真性红细胞增多症、原发血小板增多症、慢性白血病等血液病的治疗；但放射线杀伤癌细胞的同时，也会对人体的其他脏器和组织造成难以避免的伤害，如血液中的白细胞减少、免疫功能下降、头发脱落等。

二、原子核外电子的运动状态

（一）电子云

对于宏观物体，如汽车在公路上行驶，动车在铁轨上奔驰，卫星绕地球旋转等都具有确定的运动轨迹，可以在某一时刻准确测出它们的位置和速度。但是，电子围绕原子核运动是微观的，有其特殊性，它没有固定的运动轨道，只能用统计的方法对电子在核外空间的运动状态进行研究，如研究原子核外不同的区域内电子出现的概率。

一般用小黑点的疏密度来表示电子出现概率的多少，图2-1是一段时间内对氢原子的核外电子拍照片，多张照片叠加的情况，它反映了氢原子的核外电子的运动状态。图中小黑点密集的地方，表示电子在此区域出现的概率大，小黑点稀疏的地方，表示电子在此区域出现的概率小。电子在核外某一区域内的高速运转如同带负电荷的云雾笼罩在原子核周围，形象地称它为“电子云”。

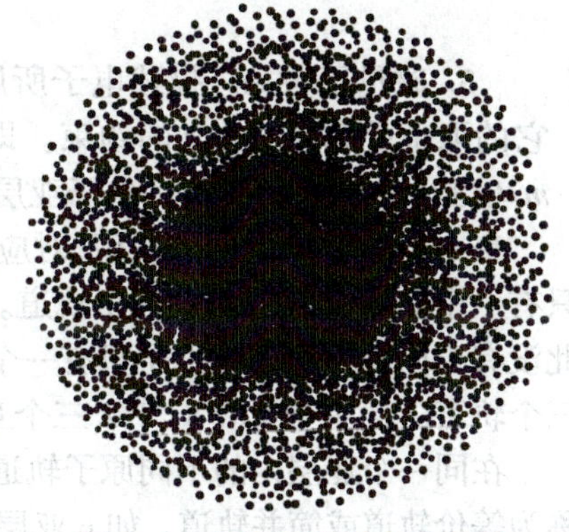
图2-1　基态氢原子电子云图

动画：电子云

把具有一定形状和空间伸展方向的电子云所占据的空间称为一个原子轨道（atomic orbital）。氢原子的原子轨道是一个球面，表示氢原子核外的一个电子在此界面空间区域内运动。

（二）核外电子运动状态的描述

用量子力学处理氢原子，在数学上是极其复杂的。但用它得到的四个量子数，即n、l、m、m_s，能很好地描述核外电子的运动状态。下面就讨论这四个量子数。

1. 主量子数n　描述电子所在电子层（即电子在核外空间出现概率最大的区域）离核远近的参数，它是决定电子能量的主要因素，取值为1、2、3……等正整数，有∞个，在光谱学中常用大写英文字母表示电子层。其关系为：

主量子数n：1　2　3　4　5　6　7

电子层符号：K　L　M　N　O　P　Q

电子层数：　一　二　三　四　五　六　七

能量高低：K<L<M<N<O<P<Q

对于单电子（氢原子）来说，电子的能量完全由n来决定，n值越大电子离核越远，能量越高。对于多电子原子，电子的能量除与n有关外，还与电子云的形状有关。

2. 角量子数l　描述电子所处能级（或电子亚层）的参数，它决定原子轨道（或电子云）的形状，取值受主量子数限制，只能取小于n的正整数和零，即0，1，2，……（n-1），有n个。光谱学中常用小写字母s、p、d、f……表示。

多电子原子中，同一层电子的能量还稍有差别，根据这个差别，可把同一电子层分为不同的亚层。每一个 l 对应一个电子亚层，当 l=0，1，2，3 时，亚层可用符号 s、p、d、f 表示。当 n=1 时，l 只能取 0，只有 s 亚层；当 n=2 时，l 可取 0 和 1，有 s 亚层和 p 亚层；依次类推。

不同的 l 值，电子云的形状不同，电子运动的区域不同。如，s 亚层电子云呈球形对称；p 亚层电子云呈哑铃型；d 电子云为四叶花瓣形等，如图 2-2 所示。在多电子原子中，l 还影响电子的能量。即主量子数 n 相同（电子层相同），电子的能量随角量子数 l 的增加而增加（$ns<np<nd<nf$）。电子的能量虽然由 n 和 l 共同决定，但前者是主要的。

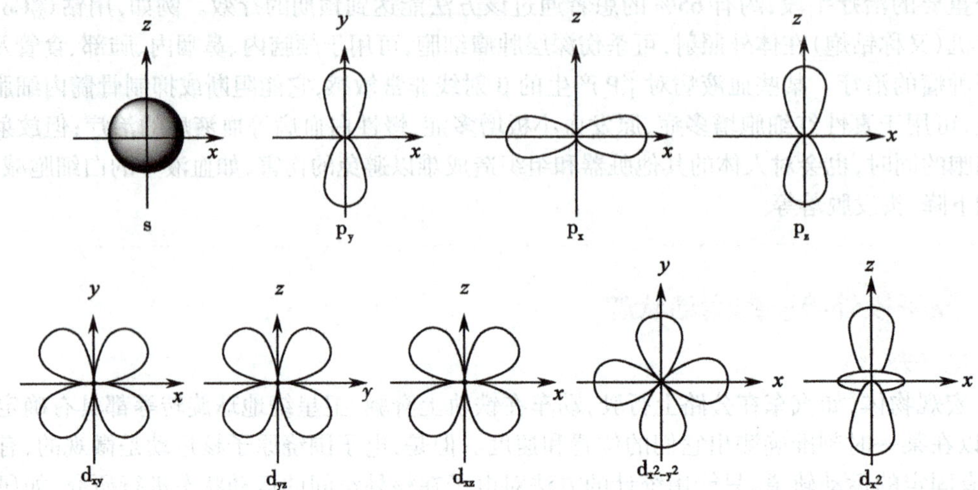

图 2-2 s、p、d 电子云形状

3. 磁量子数 m 描述电子所属原子轨道的参数，它决定原子轨道（或电子云）的空间取向。它的取值受角量子数 l 的约束。即当 l 一定时，m 可以取从 $-l$ 到 $+l$ 并包括 0 在内的整数值，即 m=0，±1，±2……±l，即每一电子亚层所具有的轨道总数为 2l+1 个。

每一个磁量子数 m 的取值，对应一个轨道，决定电子云在空间的一种取向。如 l=0（s）时，m=0，m 只有一个取值，s 亚层只有一个轨道。s 电子云是球形对称的，在整个球壳上电子云密度完全相等，因此没有方向性，s 状态的电子只有一个轨道，称 s 轨道；当 l=1（p）时，m=0、±1，m 有三个取值，p 亚层有三个轨道。且在空间沿 X、Y、Z 三个互相垂直的方向伸展，分别称为 p_x、p_y、p_z 轨道，统称为 p 轨道。

在同一个亚层内的不同原子轨道能量相同，但各自的伸展方向不同，故将同一个亚层的各个轨道称为等价轨道或简并轨道。如 p 亚层有 p_x、p_y、p_z 三个简并轨道，d 有五个简并轨道；f 有七个简并轨道。

现把前 4 电子层中 n、l、m 的关系归纳在表 2-2 中。

表 2-2 n、l、m 的关系

主量子数（n）	电子层符号	角量子数（l）	电子亚层符号	磁量子数（m）	亚层轨道数（2l+1）	电子层轨道数 n^2
1	K	0	1s	0	1	1
2	L	0	2s	0	1	4
		1	2p	0、±1	3	
3	M	0	3s	0	1	9
		1	3p	0、±1	3	
		2	3d	0、±1、±2	5	
4	N	0	4s	0	1	16
		1	4p	0、±1	3	
		2	4d	0、±1、±2	5	
		3	4f	0、±1、±2、±3	7	

由表 2-2 可知，每个电子层具有的原子轨道数为 n^2 个。

4. 自旋量子数 m_s　描述电子自旋状态的参数。研究发现，电子除围绕原子核高速运动外，本身还做自旋运动，自旋量子数 m_s 是用来描述电子自旋方向的数值，其取值只有两个，分别是 $+\frac{1}{2}$ 和 $-\frac{1}{2}$，表示电子自旋的两个相反方向，相当于顺时针方向和逆时针方向，一般用符号“↑”和“↓”表示。

自旋量子数 m_s 表明每个原子轨道最多能容纳的电子数是 2 个，由表 2-2 可知每个电子层最多容纳的电子是 $2n^2$ 个。

综上所述，原子核外每个电子的运动状态可用四个量子数来描述，四个量子数之间相互联系又互相制约，它们从电子在原子核外的运动范围、电子云形状、空间伸展方向及电子的自旋方向来表征每个电子的运动状态。

例 2-1　请讨论第三电子层中有多少个亚层？各亚层上有多少个轨道？最多可容纳多少个电子？

解：由题意可知　$n=3$，则 $l=0,1,2$

$l=0$ 时，$m=0$，有 1 个 3s 轨道。

$l=1$ 时，$m=0$、±1，有 3 个 3p 轨道。

$l=2$ 时，$m=0$、±1、±2，有 5 个 3d 轨道。

所以第三电子层中有 3 个亚层，各亚层分别有 1、3、5 个轨道，最多可容纳的电子数为 $2\times3^2=18$ 个。

(三) 原子轨道能级图

多电子原子中，原子轨道的能量由 n、l 决定，根据光谱实验的结果，鲍林提出了多电子原子轨道近似能级图，如图 2-3 所示。

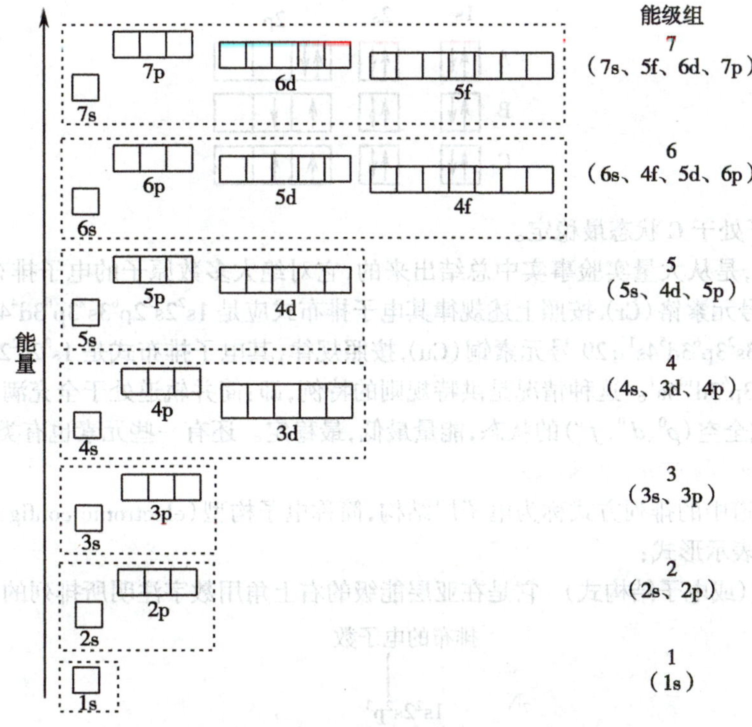

图 2-3　原子轨道近似能级图

鲍林的原子轨道近似能级图，将原子轨道按能量从低到高排列分为 7 个能级组，每个虚线方框代表一个能级组，能量相近的轨道划为同一能级组，每个小方框代表一个原子轨道。

从鲍林近似能级图可以看出，能级组能量由低到高，组与组之间的能量差较大，同组内各原子轨道之间的能量差较小。由此得出：

1. 主量子数相同时，角量子数大的原子轨道能量高。即 $E_{ns}<E_{np}<E_{nd}<E_{nf}$。
2. 角量子数相同时，主量子数大的原子轨道能量高。即 $E_{1s}<E_{2s}<E_{3s}<E_{4s}$。
3. 主量子数和角量子数均不同时，可能出现能级交错现象。如 $E_{4s}<E_{3d}$；$E_{6s}<E_{4f}$。

同一原子中主量子数大的原子轨道的能量低于主量子数小的原子轨道的现象，称为能级交错。

三、原子核外电子的排布

（一）核外电子排布规律

多数元素的原子都是多电子的，那么这些电子是如何排布的呢？根据实验结果和理论推导，原子核外电子排布遵循以下规律。

1. 能量最低原理　根据自然界中能量越低越稳定的规律，原子在基态时，电子总是尽可能占据能量最低的原子轨道，只有当能量低的原子轨道占满后，再依次进入能量较高的轨道，这一规律称为能量最低原理（lowest energy principle）。根据能量最低原理，电子首先应填在 1s 轨道，然后按图 2-3 所示的能级图次序，依次填入能量较高的轨道中。

2. 泡利不相容原理　1925 年，奥地利物理学家泡利（W·Pauli）通过对大量元素光谱分析发现，同一原子中不可能有运动状态完全相同的两个电子存在，即每个原子轨道最多能容纳两个自旋方向相反的电子，这称为泡利不相容原理（exclusion principle）。

由前面所述可知，每个电子层上最多的轨道数为 n^2 个，而每个轨道上最多能容纳 2 个电子，则每个电子层上最多容纳的电子数为 $2n^2$ 个。

3. 洪特规则　洪特（F·Hund）规则是电子在简并轨道上的排布规律。

电子在简并轨道上排布时，总是尽先分占不同的轨道，且自旋方向相同，这称为洪特规则（Hund's rule）。

根据洪特规则，碳原子的电子排布式为：$1s^22s^22p^2$。原子轨道表示式有 3 种可能。即：

	1s	2s	2p		
A	↑↓	↑↓	↑↓		
B	↑↓	↑↓	↑	↓	
C	↑↓	↑↓	↑	↑	

实践证明，电子处于 C 状态最稳定。

上述三条规律，是从大量实验事实中总结出来的，它对绝大多数原子的电子排布是适用的，但也有例外。例如：24 号元素铬（Cr），按照上述规律其电子排布式应是 $1s^22s^22p^63s^23p^63d^44s^2$，实际上其电子排布式是 $1s^22s^22p^63s^23p^63d^54s^1$；29 号元素铜（Cu），按照规律，其电子排布式是 $1s^22s^22p^63s^23p^63d^94s^2$，实际上是 $1s^22s^22p^63s^23p^63d^{10}4s^1$。这种情况是洪特规则的特例，即：简并轨道处于全充满（p^6、d^{10}、f^{14}），半充满（p^3、d^5、f^7）或全空（p^0、d^0、f^0）的状态，能量最低，最稳定。还有一些元素也有类似的情况。

（二）原子核外电子排布的表示方法

电子在原子轨道中的排列方式称为电子层结构，简称电子构型（electronic configuration），原子的电子构型通常有 3 种表示形式：

1. 电子排布式（或电子结构式）　它是在亚层能级的右上角用数字注明所排列的电子数。如：

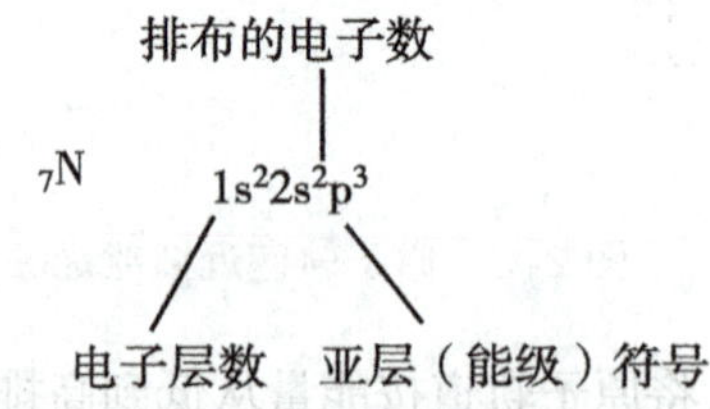

也可以用“原子实”来表示原子的内层结构。原子实指用稀有气体的元素符号来表示原子的内层电子构型，如[Ne]和[Ar]分别表示类氖原子实和类氩原子实。

如 $_{17}Cl$　$1s^22s^22p^63s^23p^5$，用原子实可表示为[Ne]$3s^23p^5$。

$_{20}Ca$　$1s^22s^22p^63s^23p^64s^2$，原子实表示为[Ar]$4s^2$。

2. 轨道表示式　它是用方框（或圆圈或短线）代表原子轨道，在方框的上方或下方注明轨道的能级，框内用向上和向下的箭头代表电子的自旋状态。如氮原子的轨道表示式为：

视频：Fe^{2+} 和 Fe^{3+} 的形成

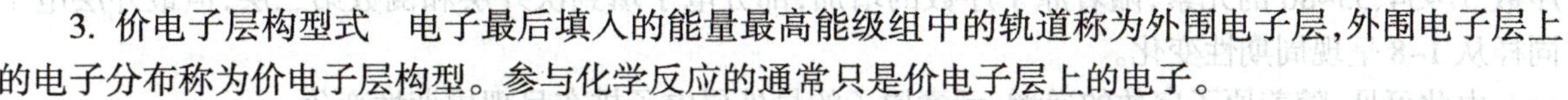

3. 价电子层构型式　电子最后填入的能量最高能级组中的轨道称为外围电子层，外围电子层上的电子分布称为价电子层构型。参与化学反应的通常只是价电子层上的电子。

$_{20}Ca$　$1s^22s^22p^63s^23p^64s^2$，价电子层构型为 $4s^2$。

第二节　元素周期律和元素周期表

血红蛋白分子中的金属离子

血红蛋白是红细胞的主要成分，它由珠蛋白和血红素组成，血红素是它的辅基，血红素中含有铁离子，所以铁缺乏会导致缺铁性贫血，但是铁有 Fe^{2+} 和 Fe^{3+} 两种离子，补铁需补 Fe^{2+}。

请思考：

1. 铁在元素周期表中的位置。
2. 为什么铁会有 Fe^{2+} 和 Fe^{3+} 两种离子？

一、元素周期律

元素按照原子序数从小到大排列后，通过对原子核外电子运动状态及元素性质的研究，科学家发现：随着原子序数的增加，原子的核外电子排布、原子半径、电负性、化合价等性质发生周期性变化。元素的性质随着原子序数的递增呈现周期性变化的规律称为元素周期律（periodic law of element），见表 2-3。

表 2-3　第 3~18 号元素性质的周期性变化

元素符号	Li	Be	B	C	N	O	F	Ne
原子序数	3	4	5	6	7	8	9	10
外层电子构型	$2s^1$	$2s^2$	$2s^22p^1$	$2s^22p^2$	$2s^22p^3$	$2s^22p^4$	$2s^22p^5$	$2s^22p^6$
最高正价	+1	+2	+3	+4	+5			0
最低负价				−4	−3	−2	−1	0
原子半径（$\times 10^{-10}$m）	1.52	1.11	0.88	0.77	0.70	0.66	0.64	1.60
电负性	0.98	1.6	2.0	2.6	3.0	3.4	4.0	
金属性和非金属性	活泼金属	金属性由强变弱→ 非金属性由弱变强					活泼非金属	惰性元素
元素符号	**Na**	**Mg**	**Al**	**Si**	**P**	**S**	**Cl**	**Ar**
原子序数	11	12	13	14	15	16	17	18
外层电子构型	$3s^1$	$3s^23p^1$	$3s^23p^1$	$3s^23p^2$	$3s^23p^3$	$3s^23p^4$	$3s^23p^5$	$3s^23p^6$
最高正价	+1	+2	+3	+4	+5	+6	+7	0
最低负价				−4	−3	−2	−1	0
原子半径（$\times 10^{-10}$m）	1.86	1.60	1.43	1.17	1.10	1.04	0.99	1.92
电负性	0.93	1.3	1.6	1.9	2.2	2.6	3.2	
金属性和非金属性	活泼金属	金属性由强变弱→ 非金属性由弱变强					活泼非金属	惰性元素

（一）原子核外电子排布的规律

由表 2-3 元素的外层电子构型可归纳出：原子序数 3~10 的元素，从锂到氖，有 2 个电子层，最外

层电子排布从 $2s^1$ 到 $2s^22p^6$，电子数从 1~8，达到稳定结构；原子序数 11~18 的元素，从钠到氩，有 3 个电子层，最外层电子排布从 $3s^1$ 到 $3s^23p^6$，电子数从 1~8，达到稳定结构；原子序数 19~36 的元素及原子序数 37~54、55~86 的元素，随着原子序数的增加，部分电子填到次外层和倒数第三层，但最外层电子同样从 1~8 呈现周期性变化。

由此可见，随着原子序数的递增，元素原子的最外层电子排布呈现周期性变化。

（二）元素主要性质的规律

0203
动画：原子半径

1. 原子半径　通过实验测定组成物质的相邻两个原子的原子核之间的距离（核间距）得到的。核间距通常看作是两原子的半径之和。原子半径的大小取决于电子层、有效核电荷数和电子构型。由表 2-3 中数据分析，随着各元素外围电子数目的增大，由 Li 到 F，Na 到 Cl 原子半径逐渐减小。我们把所有元素按原子序数递增顺序排列起来，就会发现：随着原子序数的递增，元素的原子半径总是由大到小呈现周期性的变化。

2. 元素的金属性和非金属性　元素的金属性是指原子失去电子成为阳离子的能力；非金属性是指原子得到电子成为阴离子的能力。而失去与获得电子的难易程度取决于电子层结构和原子半径的大小。

（1）如电子层相同，核电荷数越小，核对外层电子的引力越小，原子半径就越大，越容易失去电子，金属性越强，反之，非金属性越强。

（2）原子最外层电子数少于 4 个时，容易失去电子，表现出金属性。最外层电子多于 4 个时，容易得到电子，表现出非金属性。

由表 2-3 看到，随着原子序数的递增，各元素的金属性由强到弱，非金属性由弱到强，当某元素的最外层电子达到 8 后，进入新的循环。

3. 元素主要化合价　元素的化合价与价电子层构型有关，元素的最高正化合价等于其最外层电子数，最低负化合价等于其最外层电子达到 8 电子稳定结构所需的电子数。由表 2-3 看到，随着原子序数的递增，元素的最高正价从 +1 依次递增到 +7，非金属元素的负价从 -4 依次递变到 -1，并且非金属元素的最高正价与负价的绝对值代数和等于 8，稀有气体的化合价为 0。也就是说元素的化合价随原子序数的递增呈现周期性变化。

4. 元素的电负性　为了说明分子中原子间吸引电子能力的大小，1932 年鲍林首先提出了元素电负性的概念，并指定氟元素的负性为 4.0，通过对比求出了其他元素的电负性数值，元素的电负性随着原子序数的递增呈现周期性变化。

一般规定，元素的电负性数值小于 2.0 的为金属元素，大于 2.0 的为非金属元素。电负性数值越大，该元素原子吸引电子的能力越强，在两个原子成键时，电子常偏向于电负性大的原子一方。

二、元素周期表

根据元素周期律，将已确认的元素按电子层数相同，原子序数递增的顺序从左到右排成横行，再将不同横行中最外层电子数相同的元素，按电子层递增顺序从上到下排成纵行，即得元素周期表（periodic table of the element）。元素周期表是元素周期律的具体表现形式。

（一）元素周期表的结构

1. 周期　元素周期表中，按电子层数相同，原子序数递增的顺序排列，从左到右排成七个横行，每个横行为一个周期，共七个周期，其中 1、2、3 为短周期，4、5、6 为长周期，7 周期为不完全周期。

元素所在的周期数等于该元素的轨道能级组数或电子层数。

2. 族　元素周期表中，有 18 个纵行，分为 16 个族，包括 7 个主族、7 个副族、一个 0 族和第Ⅷ族（第 8、9、10 纵行属于第Ⅷ族），同族元素的外围电子构型基本相同。

（1）主族和 0 族：主族元素包括ⅠA、ⅡA、ⅢA、ⅣA、ⅤA、ⅥA、ⅦA，0 族与主族价电子构型相似。每一主族的价电子层构型相同，为 $ns^{1\sim2}$ 或 $ns^2np^{1\sim5}$，价层电子总数等于其族数，0 族元素为稀有气体元素，其价电子构型为 ns^2np^6。

（2）副族和第Ⅷ族：副族元素包括ⅠB、ⅡB、ⅢB、ⅣB、ⅤB、ⅥB、ⅦB，第Ⅷ族和它们相同，电子层构型的特征是电子最后填入 d 或 f 轨道上，通常将副族元素称为过渡元素。

(二) 周期表的分区

周期表中的元素还可根据其价层电子构型分为s区、p区、d区和f区。

1. s区元素　包括ⅠA和ⅡA元素，s区元素的价层电子构型为ns^{1-2}，在化学反应中易失去电子形成+1或+2的金属离子，它们是活泼的金属元素。

2. p区元素　包括ⅢA~ⅦA和0族元素，p区元素的价层电子构型为ns^2np^{1-6}，其中大部分为非金属元素，多数有可变的化合价。

3. d区元素　包括ⅠB~ⅦB族和Ⅷ族元素，d区元素的价层电子构型为$(n-1)d^{1-10}ns^{1-2}$，又称为过渡元素，都是金属元素，多数有可变的化合价。

4. f区元素　包括镧系和锕系元素，f区元素的价层电子构型为$(n-2)f^{1-14}(n-1)d^{0-2}ns^2$，f区元素又称为内过渡元素，都是金属元素。

第三节　分子结构

分子的空间结构

不同化合物的分子结构不同，同为3原子分子的H_2O和CO_2，H_2O分子是"V"字形结构，而CO_2分子是直线形结构；同为4原子分子的NH_3和BF_3，NH_3为三角锥形结构，BF_3为平面三角形结构。

请思考：

1. 原子个数相同的不同分子，为什么空间结构不相同？
2. $CaCl_2$和上述分子的形成是否一样？

分子是保持物质化学性质的最小微粒，是参与化学反应的基本单元。原子间是如何形成分子的呢？原子或离子结合成分子时，它们之间存在着强烈的相互作用，化学上把这种相邻原子（或离子）之间强烈的相互作用力叫做化学键（chemical bond）。根据原子（或离子）间相互作用力的不同，化学键分为离子键、共价键和金属键，本节只介绍离子键和共价键。

一、化学键

(一) 离子键

1. 离子键的形成　金属元素的电负性较小，非金属元素的电负性较大，当它们相互作用形成分子时，金属元素容易失去电子成为阳离子，非金属元素容易得到电子成为阴离子，这两种离子相互吸引结合成键。这种阴、阳离子之间通过强烈的静电作用所形成的化学键称为离子键（ionic bond）。

以NaCl为例来说明离子键的形成过程。

$$nNa \quad 2s^22p^63s^1-ne^- \rightarrow 2s^22p^6 \quad nNa^+$$

$$nCl \quad 3s^23p^5+ne^- \rightarrow 3s^23p^6 \quad nCl^-$$

$$nNa^++nCl^- \rightarrow nNaCl$$

成键原子电负性差值在1.7以上时，一般形成离子键。

2. 离子键的特点　离子键既没有方向性又没有饱和性。离子的电荷分布呈球形对称状态，每个离子在任何方向上都能与带相反电荷的离子产生静电吸引作用，所以离子键没有方向性；每个离子都尽可能多地吸引带相反电荷的离子，不受离子本身所带电荷数的限制，因此离子键没有饱和性。

3. 离子晶体　由离子键结合而成的化合物称为离子化合物。离子化合物的熔点和沸点较高，常以晶体形式存在，所以又称为离子晶体。离子型化合物一般具有以下几个特点：①在常温下以固体存在；②熔点和沸点较高；③常温下蒸汽压极低；④晶体本身不导电，但在熔融状态或在水溶液中能导电；⑤易溶于水，但难溶于有机溶剂。

(二) 共价键

电负性差值在1.7以上时，形成离子键，那么电负性差值小的形成什么化学键呢？形成共价键。

1916年，美国化学家路易斯（Lewis）提出了早期的共价键理论，但是只能解释一些简单分子的形成；1927年，德国化学家海特勒（Heitler）和伦敦（London）将准量子力学应用到分子结构的研究中，建立了现代价键理论，初步阐明了共价键的本质；1931年鲍林（Pauling）等又加以发展，提出了杂化轨道理论，该理论对共价键的本质有了更深刻的认识。下面简单介绍现代价键理论和杂化轨道理论。

1. 价键理论

（1）价键理论要点：成键的两个原子各具有一个自旋方向相反的成单电子，当它们相互接近时，原子轨道重叠，核间电子云密度增加，形成稳定的化学键。一个原子有几个未成对的电子，就能与几个自旋相反的电子配对成键。

形成共价键的原子轨道重叠越多，核间电子云密度越大，形成的共价键越牢固，因此，原子轨道沿着最大重叠的方向形成共价键。

（2）共价键的形成：以 H_2 的形成为例来说明共价键的形成过程，如图2-4所示。

两个氢原子共用一对电子，共用电子对围绕两个成键原子的原子核运动，即发生两个电子云重叠，形成了氢气分子。这种原子之间通过共用电子对（电子云重叠）所形成的化学键称为共价键（covalent bond）。

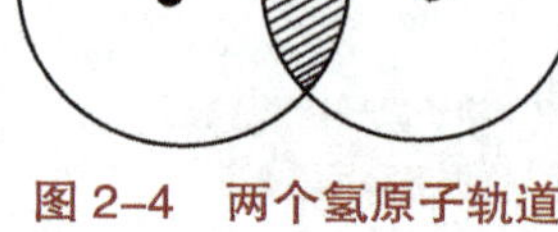

图2-4　两个氢原子轨道重叠形成氢气分子

（3）共价键的特点：从价键理论要点可知，共价键有饱和性和方向性。

1）饱和性：原子中的未成对电子配对成键后，就不能再与别的单电子配对成键。因此，原子所能形成共价键的数目，取决于该原子中单电子的数目，即共价键有饱和性。

2）方向性：形成共价键时，成键电子的原子轨道重叠程度越大，共价键越稳定。所以原子轨道的重叠总是尽可能沿着重叠程度大的方向进行，即共价键有方向性。

（4）共价键的类型

1）σ键和π键：根据共价键形成时，成键原子轨道的重叠方式不同，可分为σ键和π键两种类型。①σ键：原子轨道沿键轴（两核连线）方向以“头碰头”方式进行重叠而形成的共价键称为σ键，如图2-5（a）所示。σ键的特点是重叠部分集中于两核之间，沿键轴对称分布，可自由旋转，σ键重叠程

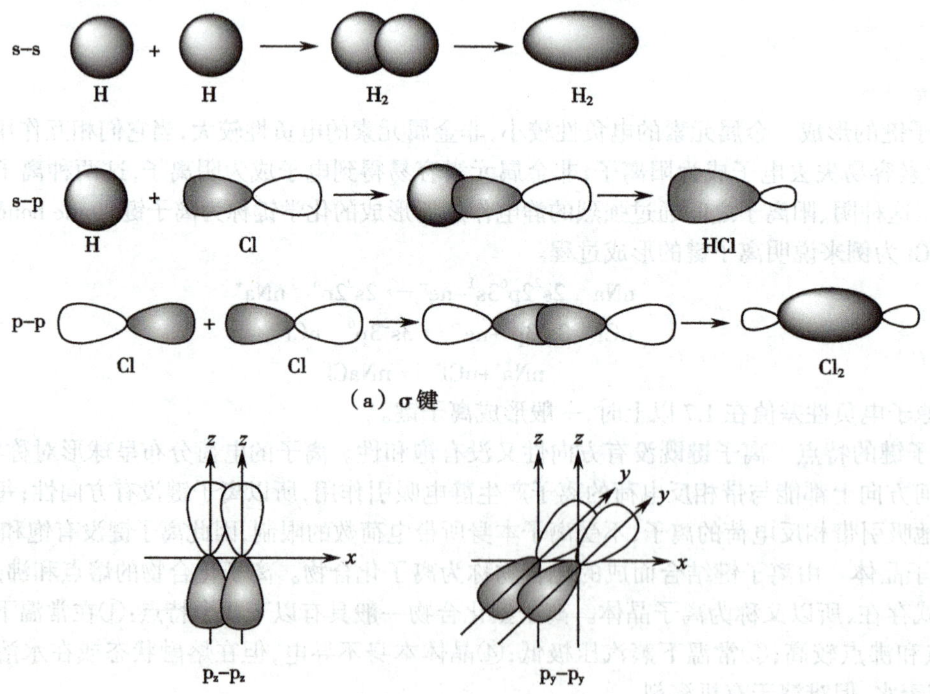

图2-5　一般共价键的类型

度大，较稳定，不易断裂。②π键：原子轨道平行地以“肩并肩”方式进行重叠所形成的共价键称为π键，如图2-5(b)所示。π键的特点是不能沿键轴自由旋转，键的重叠程度小，不稳定，易断裂。

原子轨道重叠形成共价键时，首先选择以“头碰头”方式进行重叠形成σ键，其次才以“肩并肩”方式形成π键，σ键能单独存在，而π键不能单独存在，只能与σ键共存于双键或三键中。

2）普通共价键和配位共价键：根据提供电子对的方式不同，共价键可分为普通共价键和特殊共价键(配位键)。形成共价键时，共用电子对由成键两个原子共同提供，为普通共价键；若一个原子提供电子对，另一原子提供空轨道，而形成的特殊共价键，称为配位共价键，简称配位键。

配位键的形成要具备两个条件：一是提供共用电子对的原子其价电子层有孤对电子；二是接受共用电子对的原子其价电子层有空轨道。配位键通常用“→”表示，箭号从提供孤对电子的原子指向接受孤对电子的原子。如：

```
   ⎡     H     ⎤+             O                  O
   ⎢     ↑     ⎥              ↑                  ↑
   ⎢ H — N — H ⎥     HO — P — OH        HO — S — OH
   ⎢     |     ⎥              |                  ↓
   ⎣     H     ⎦              OH                 O
     铵根离子               磷酸               硫酸
```

配位键与配位化合物

配位键是形成配位化合物的主要化学键，如$[FeF_6]^{3-}$配位离子中Fe^{3+}提供空轨道，F^-提供孤对电子，Fe^{3+}与F^-通过配位键结合在一起形成配位离子，配位离子再与其他离子形成配位化合物，配位化合物因其含有配位键而得名。

(5)键参数：表征化学键性质的物理量称为键参数，键能、键长、键角及键的极性是共价键主要的键参数(bond parameter)。

1）键能：它是从能量因素来衡量共价键稳定性的参数，一般键能越大，键越稳定。

2）键长：分子中两个成键的原子核间的平均距离称为键长，键长愈短，键愈稳定，形成的共价键越牢固。

3）键角：多原子分子中同一原子形成的两个化学键间的夹角称为键角，键角是反映分子空间结构的一个重要参数。

4）键的极性：键的极性是由成键的两个原子电负性不同引起的。当成键的两个原子电负性相同时，两核间的电子云密集区域出现在两核的中间位置，正电荷重心和负电荷重心恰好重合，这种共价键为非极性共价键，简称非极性键，如H—H、N≡N分子中的共价键就是非极性键。当成键的两个原子电负性不同时，核间的电子云密集区域偏向电负性较大的原子一端，该原子周围的电子云密度较高，带部分负电荷，而电负性较小的原子周围电子云密度较低，带部分正电荷，键的正电荷重心与负电荷重心不能重合，这样的共价键称为极性共价键，简称极性键。如HBr、H_2O分子中的Br—H、O—H键就是极性键。

2. 杂化轨道理论　价键理论阐明了共价键的形成过程和本质，但是却无法解释$BeCl_2$、CH_4、BF_3等分子的形成和空间构型，1931年鲍林等提出了杂化轨道理论。

(1)杂化轨道理论要点：①原子在成键过程中，同一原子中能级相近的不同原子轨道重新进行组合，形成新原子轨道的过程称为原子轨道的杂化，所形成的新原子轨道称为杂化轨道；②杂化轨道的数目等于参加杂化的原子轨道的总数目；③在成键过程中，杂化轨道的能量重新分配，形状和空间方向也发生变化，不同类型的杂化轨道具有不同空间构型；④杂化轨道的成键能力增强。

(2)杂化轨道类型：参加杂化的原子轨道种类数目不同，可以组合成不同类型的杂化轨道，这里主要介绍sp型杂化轨道。

1）sp^3杂化：原子在形成分子时，同一原子的1个ns轨道和3个np轨道参与的杂化称为sp^3杂化，

形成的 4 个杂化轨道中，每个杂化轨道有 $\frac{1}{4}$ s 轨道成分和 $\frac{3}{4}$ p 轨道成分。

以 CH_4 分子的形成为例，在成键过程中，C 原子吸收能量后有 1 个 2s 电子被激发到 2p 轨道上，变为激发态，激发态 C 原子能量低的 1 个 2s 轨道与能量稍高的 3 个 2p 轨道重新组合杂化形成 4 个完全相同的 sp^3 杂化轨道，4 个 sp^3 杂化轨道与 4 个氢原子 1s 轨道重叠，形成 C-H σ 键，即 CH_4，碳原子的 sp^3 杂化过程如图 2-6 所示。sp^3 杂化轨道间夹角为 109°28′，见图 2-7。所以 CH_4 分子的空间构型为正四面体形。

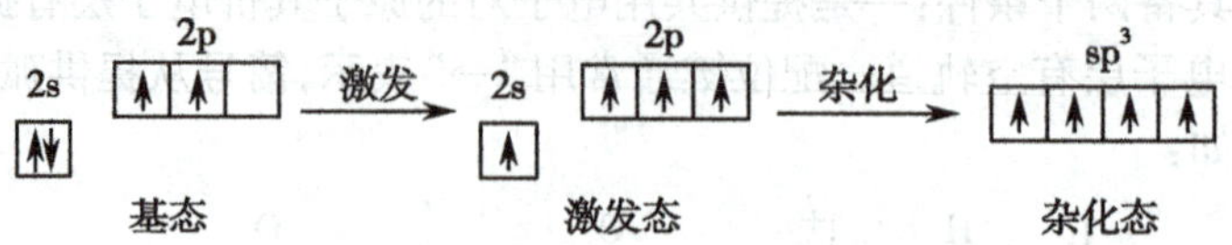

图 2-6 碳原子的 sp^3 杂化过程

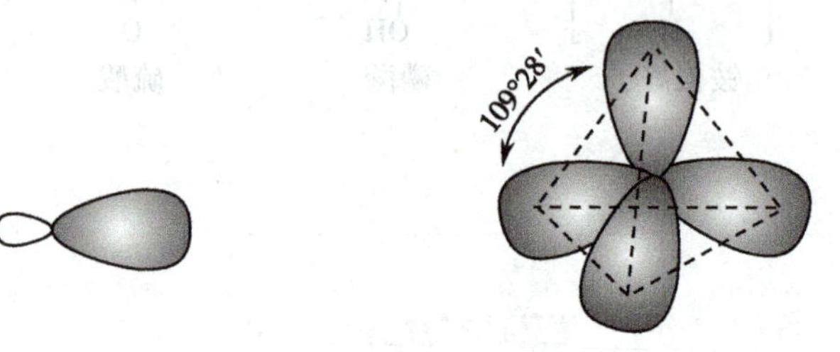

（a）sp^3杂化轨道形状　（b）sp^3杂化轨道形状的空间构型

图 2-7 碳原子的 sp^3 杂化轨道形状和空间构型

2）sp^2 杂化：同一原子内的 1 个 ns 轨道和 2 个 np 轨道参与的杂化称为 sp^2 杂化（图 2-8），形成的 3 个杂化轨道中，每个杂化轨道有 $\frac{1}{3}$ s 轨道成分和 $\frac{2}{3}$ p 轨道成分，杂化轨道间的夹角为 120°，分子空间构型为平面三角形，见图 2-9（a）。

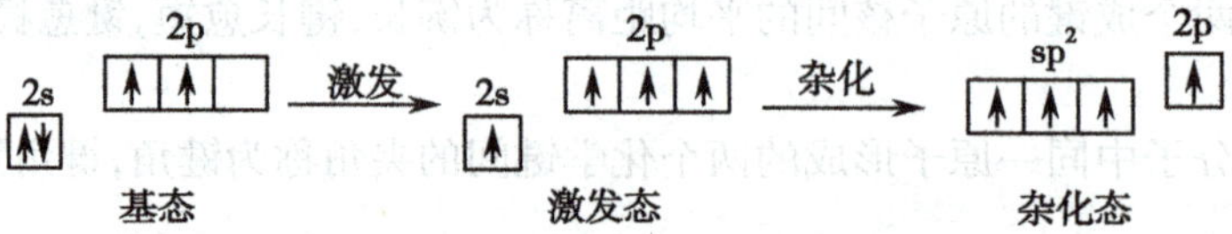

图 2-8 碳原子的 sp^2 杂化过程

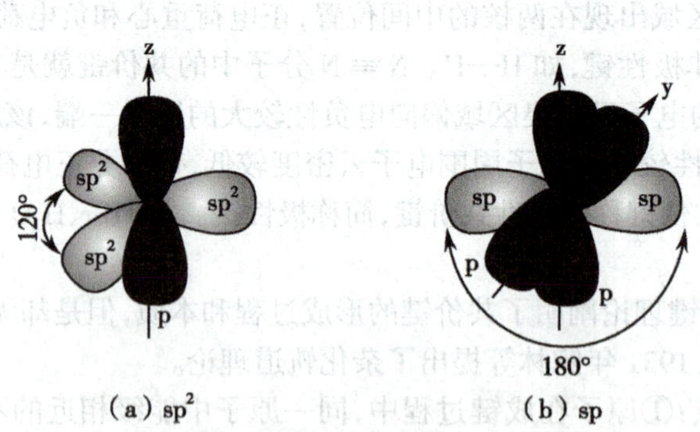

（a）sp^2　（b）sp

图 2-9 碳原子的 sp^2 和 sp 杂化轨道空间构型

3）sp 杂化：同一原子内的 1 个 ns 轨道和 1 个 np 轨道参与的杂化称为 sp 杂化，形成的 2 个杂化轨道中，每个杂化轨道有 $\frac{1}{2}$ s 轨道成分和 $\frac{1}{2}$ p 轨道成分，杂化轨道间的夹角为 180°，分子空间构型为直线型，见图 2-9（b）。碳原子的 sp 杂化过程见图 2-10 所示。

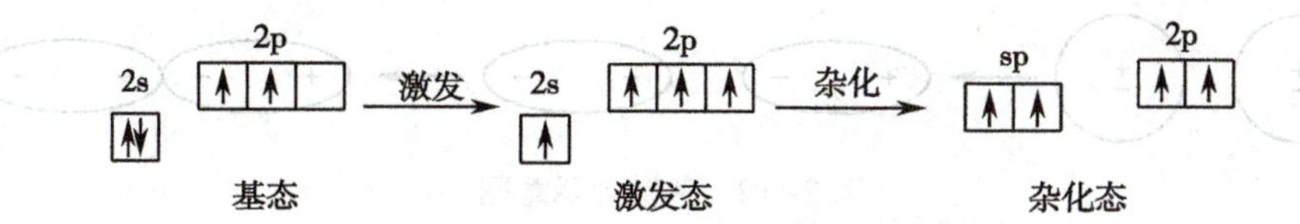

图 2-10　碳原子的 sp 杂化过程

动画：共价键的类型

二、分子间作用力

(一) 分子的极性

根据共价分子中正、负电荷重心是否重合，将分子分为极性分子和非极性分子，分子中正、负电荷重心重合的分子称为非极性分子(nonpolar molecule)，正、负电荷重心不重合的称为极性分子(polar molecule)。

双原子分子的极性与化学键的极性一致。由非极性键形成的分子是非极性分子。如 H_2、N_2、O_2 等；由极性键形成的分子是极性分子，如 HCl、HBr 等。

多原子分子的极性，除与键的极性有关外，还与分子的空间构型有关。如 CO_2 分子的化学键为极性键，但是 CO_2 是直线形，两个带负电荷的氧原子对称分布在碳原子的两侧，使分子内的正、负电荷重心重合，所以 CO_2 分子为由极性键组成的非极性分子。

(二) 分子的极化

无论是极性分子还是非极性分子，它们在外电场的作用下，分子中的正、负电荷重心都会发生位移。非极性分子由于电子的运动及原子核的不断振动，使正、负电荷中心发生短暂的位移，称为瞬间偶极；非极性分子在极性分子或外电场的作用下产生的偶极称为诱导偶极；极性分子本身的偶极称为固有偶极或永久偶极。这三类偶极的产生是分子间存在相互作用力的重要原因。

1873 年，荷兰物理学家范德华首次提出了分子间存在作用力，因此分子间力也称为范德华力。物质会发生聚集状态的变化主要是因为分子间存在着作用力，分子间作用力比化学键弱得多，它约为化学键的 1/10。根据作用力产生的原因和特点，分为取向力、诱导力和色散力。

(三) 分子间作用力

1. 取向力　取向力发生在极性分子与极性分子之间，作用的过程是同极相斥，异极相吸，具有永久偶极的极性分子相遇会选择方向排列，使之结合的牢固，把这种因极性分子的固有偶极而产生的相互作用力称为取向力(orientation force)，如图 2-11 所示。

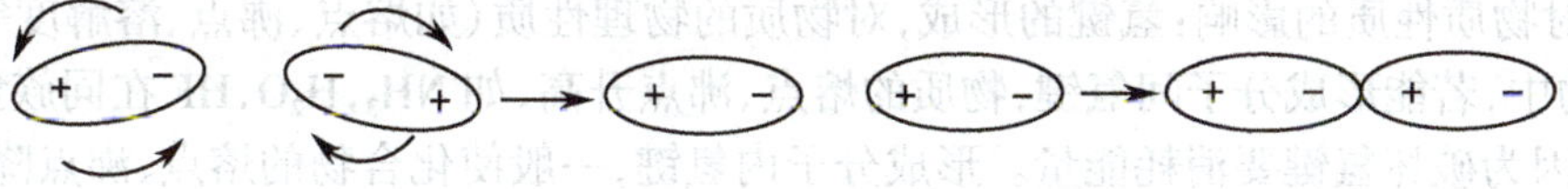

图 2-11　取向力示意图

2. 诱导力　当极性分子与非极性分子相遇时，由于极性分子这个外电场的诱导，使非极性分子产生诱导偶极，在极性分子的固有偶极与非极性分子产生的诱导偶极之间所产生的相互作用力称为诱导力(induction force)，如图 2-12 所示。

诱导力也发生在极性分子与极性分子之间，因为两个极性分子互相靠近时，彼此的固有偶极会相互极化而产生诱导偶极，在此诱导偶极之间产生的作用力也称为诱导力。

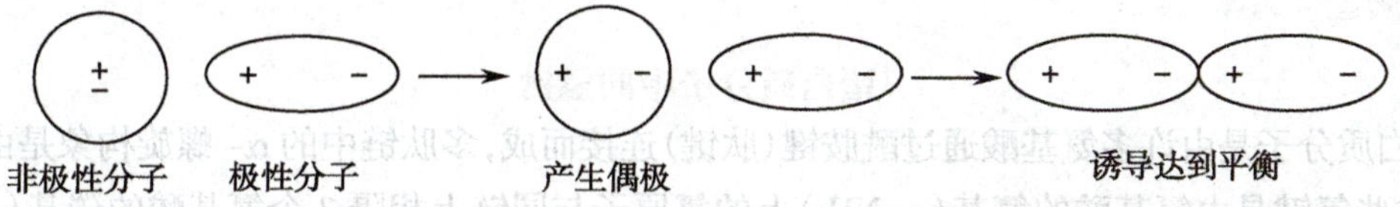

图 2-12　极性分子与非极性分子间诱导力示意图

3. 色散力　非极性分子之间由于瞬间偶极而产生的相互作用力，称为色散力(dispersion force)，如图 2-13 所示。

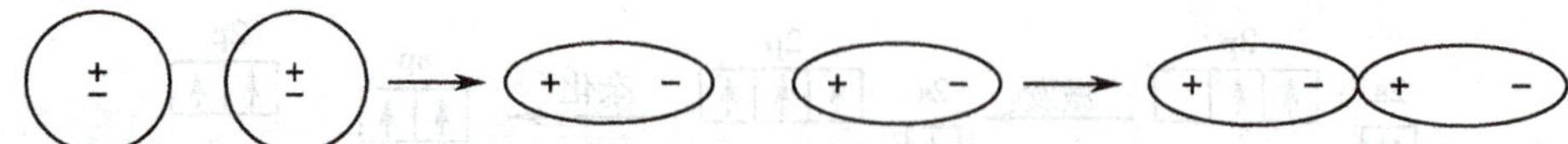

图 2-13　色散力示意图

显然，极性分子之间也会产生瞬间偶极。因此，极性分子之间、极性分子与非极性分子之间也存在着色散力。

色散力存在于所有分子之间，并且是一种主要的作用力。综上所述，非极性分子与非极性分子之间只存在着色散力；非极性分子与极性分子之间，既存在着诱导力又存在着色散力；极性分子与极性分子之间存在着取向力、诱导力和色散力。

4. 氢键　与同族氢化物相比，NH_3、H_2O、HF 的沸点非常高，这是为什么呢？通过研究发现，它们之间存在着一种特殊的分子间力，这种作用力称为氢键（hydrogen bond）。

(1) 氢键的形成：当 H 和电负性大、半径小的原子 X（如 F、O、N）形成 H—X 共价键后，共用电子对强烈地偏向 X 原子一方，使 H 原子几乎变成"裸露"的质子，它能与电负性大、半径小、已经成键并具有孤对电子的 Y 原子（如 F、O、N）产生静电作用，我们把这种静电作用力称为氢键，氢键通常用"X—H…Y"表示，其中 X、Y 也可以是相同的原子，电性吸引是氢键形成的本质。

氢键既有方向性又有饱和性，方向性指 X、H、Y 的三原子尽可能在一条直线上，这样可使 X、Y 原子之间距离最远，使负电量较高的 X 原子与 Y 原子间的排斥作用最小。氢键的饱和性是指一个 X—H 分子只能与一个 Y 原子形成氢键，当 X—H 与一个 Y 原子形成 X—H…Y 氢键后，若再有一个 Y 原子靠近，则 Y 受到氢键 X—H…Y 上 X、Y 原子的排斥远大于 H 对它的吸引。

(2) 氢键的类型：氢键可分为分子间氢键和分子内氢键，H_2O 分子间、HF 分子间或 H_2O 与 HF 之间形成的都是分子间氢键。邻硝基苯酚分子中的硝基与邻位上的羟基之间形成的氢键属于分子内氢键。如图 2-14 所示。

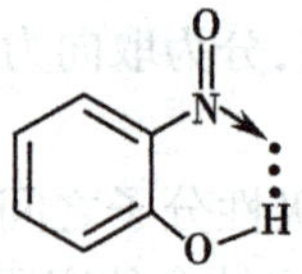

图 2-14　邻硝基苯酚的分子内氢键

(3) 氢键对物质性质的影响：氢键的形成，对物质的物理性质（如熔点、沸点、溶解度等）影响很大。在同类化合物中，若能形成分子间氢键，物质的熔点、沸点升高，如 NH_3，H_2O，HF 在同族氢化物中沸点的反常，就是因为破坏氢键要消耗能量。形成分子内氢键，一般使化合物的熔点、沸点降低，这是因为分子内氢键的形成使分子的极性减弱。

如果溶质分子与溶剂分子间可以形成氢键，会使溶质在溶剂中溶解度增大。

氢键在生命过程中起着重要作用，蛋白质和核酸内均有分子内氢键存在，使分子能按照某种特定方式联系起来而具有一定的空间构型和生物活性，一旦氢键破坏，分子的空间构型就会发生变化，生物活性也将丧失。

蛋白质分子中的氢键

蛋白质分子是由许多氨基酸通过酰胺键（肽键）连接而成，多肽链中的 α- 螺旋构象是由氢键形成的，这些氢键是由氨基酸的氨基（$—NH_2$）上的氢原子与同链上相隔 3 个氨基酸的羰基（$>C=O$）上的氧原子产生的。

第四节　元素与健康

甲状腺功能亢进

门诊一患者自述失眠、情绪激动、焦虑，心动过速，食欲增加，体重减少。实验室检查其甲状腺激素水平过高，初步诊断为甲亢。

请思考：如果不考虑其他因素，甲状腺激素的合成与哪种元素相关？

近年来，人们对化学元素与人体健康问题比较关注，有些元素在人体内起着重要的作用，其含量的多少与人体健康密切相关。了解有关元素在人体内的分布、功能及化学元素药物对于疾病的预防、诊断和治疗有着重要意义。

一、元素概论

目前已知的元素有100多种，根据元素在人体内的含量不同，可分为常量元素（又称宏量元素，macroelement）和微量元素（又称痕量元素，microelement）。常量元素占人体质量的0.01%以上，微量元素占人体质量的0.01%以下。

（一）常量元素在人体内的分布

常量元素在人体内有11种，集中在周期表前20号元素内，是构成人体的必需元素，约占人体总质量的99.25%，其含量与分布见表2-4。

表2-4　常量元素含量与分布

元素	符号	占体重比例 %	分布情况
氧	O	64.30	水、有机化合物的组成成分
碳	C	18.00	有机化合物的组成成分
氢	H	10.00	水、有机化合物的组成成分
氮	N	3.00	有机化合物的组成成分
钙	Ca	2.00	有机化合物的组成成分；骨骼、牙、肌肉、体液
磷	P	1.00	有机化合物的组成成分；骨骼、牙、磷脂、磷蛋白
硫	S	0.25	含硫氨基酸、头发、指甲、皮肤
钾	K	0.35	细胞内液
钠	Na	0.15	细胞外液、骨
氯	Cl	0.15	脑脊液、胃肠道、细胞内外液、骨
镁	Mg	0.05	骨、牙、细胞内液、软组织

（二）微量元素在人体内的分布

微量元素在人体内的含量很少，其中有18种元素是生命过程中的必需微量元素，它们参与构成了酶、激素、维生素等生物大分子，在体内发挥着重要的生理生化功能，表2-5列举了部分必需微量元素的血浆浓度及分布情况。

二、常见元素与人体健康

人体内的元素，在体内保持内稳态，即健康状态，这是人类长期进化的结果。如果人体内某种元素长期不足或过量都可能引发一些疾病，下面介绍几种重要的元素与人体健康的关系。

表 2-5　必需微量元素的血浆含量与分布

元素	符号	血浆浓度（μmol/L）	分布人体主要部位
铁	Fe	10.75~30.45	红细胞、肝、骨髓
氟	F	0.63~0.79	骨骼、牙齿
锌	Zn	12.24~21.42	骨骼、肌肉、皮肤
铜	Cu	11.02~23.6	肌肉、结缔组织
钒	V	0.20	脂肪组织
锡	Sn	0.28	脂肪、皮肤
硒	Se	1.39~1.9	肌肉（心肌）
锰	Mn	0.15~0.55	骨骼、肌肉
碘	I	0.32~0.63	甲状腺
镍	Ni	0.07	肾、皮肤
钼	Mo	0.04~0.31	肝
铬	Cr	0.17~1.06	肺、肾、胰
钴	Co	0.003	骨髓
溴	Br	极少	皮肤
砷	As	极少	头发、皮肤
硅	Si	15.31	淋巴结、指甲
硼	B	3.60~33.76	脑、肝、肾
锶	Sr	0.44	骨骼、牙齿

（一）钙

体内绝大部分钙和磷共同参与构成骨骼组织中的无机盐成分，即骨盐。分布于软组织和体液中的钙虽然很少，却发挥重要的调节作用。Ca^{2+} 可降低神经、肌肉的应激性；Ca^{2+} 可增强心肌的收缩力；Ca^{2+} 参与血液凝固过程；Ca^{2+} 是某些酶的激活剂或抑制剂；Ca^{2+} 作为激素的第二信使，在细胞信息传递中起重要的作用。

低血钙症在临床上较为常见，尤其多见于婴幼儿。严重缺钙可引起骨骼畸形、鸡胸、“X”形腿或“O”形腿，此即称为佝偻病。成人因骨骼已成形，骨骼畸形不明显，但骨质密度较低，易发生骨盆变形，脊柱弯曲、骨折等，称为骨软化症。

我国营养学会推荐的每日钙摄入量：从初生至 10 岁儿童为 600mg；10~13 岁少年为 800mg；13~16 岁青少年为 1200mg；16~18 岁青少年为 1000mg；成年男女为 600mg；孕妇为 1500mg；乳母为 2000mg。

食物中钙的来源以奶及奶制品最好，不但含量丰富，且吸收率高，是婴幼儿最理想的钙源。蔬菜、豆类和油料作物种子含钙量也较丰富，如黄豆及其制品、黑豆、瓜子、芝麻、小白菜等，饮食中应适当增加这些食品。婴幼儿、孕妇、乳母及老年人可适当服用葡萄糖酸钙、乳酸钙等容易吸收的钙制剂。为提高人体对钙的吸收率，还必需同时摄入丰富的维生素 D 或经常晒太阳。

但是钙过量对人体也会造成极大危害，如可引起高钙血症、可诱发肾结石，严重时甚至出现骨骼钙化。

（二）钾

钾作为人体的一种常量元素，K^+ 在维持细胞内的渗透压和维持体液酸碱平衡，维持机体神经组织、肌肉组织的正常生理功能以及在细胞内糖和蛋白质代谢等方面具有重要的意义。由于 K^+ 的大部分生理功能需要 Na^+ 的协同作用，因此，维持体内的 K^+ 和 Na^+ 平衡对生命活动是十分重要的。

缺钾时，机体可出现四肢肌肉软弱无力、腱反射迟钝或消失、呼吸困难、心律失常等症状。低血钾可导致代谢性碱中毒。

我国营养学会推荐的每日钾摄入量：初生婴儿至 6 个月婴儿为 350~925mg；6 个月至 1 岁以下为 425~1275mg；1 岁以上儿童为 550~1650mg；4 岁以上儿童为 775~2325mg；7 岁以上儿童为 1000~

3000mg;11 岁以上青少年为 1525~4575mg;成年男女为 1875~5625mg。

补钾在临床上可选用 10% 的氯化钾溶液,但如果缺钾不严重可多吃富钾食品,如豆类、海藻类、水果和蔬菜等。

(三) 铁

铁是人体必需微量元素之一,在体内有重要的生理功能。铁参与血红蛋白、肌红蛋白、细胞色素氧化酶等的合成;铁与机体能量代谢密切相关。

缺铁除导致贫血外,还使运动能力低下、体温调节功能不全、智能障碍、免疫力下降等。

我国营养学会推荐的每日铁摄入量:初生至 12 个月婴儿为 7mg;1 岁以上至不足 10 岁的儿童为 10mg;10 岁以上至不足 13 岁的儿童为 12mg;13 岁以上至不足 18 岁的少年男子为 15mg;少年女子为 20mg;成年男子为 12mg;成年女子为 18mg;孕妇和乳母为 28mg。

补铁有食补和药补两种方法,食补一般选择含铁丰富的食物,如蛋类、肉类、蔬菜等,蔬菜中尤其是菠菜含铁较高;药补可选择铁制剂,如硫酸亚铁、乳酸亚铁等。

摄入过量的铁将产生慢性或急性铁中毒,急性铁中毒 1 小时左右就可出现症状:上腹部不适、腹痛、恶心呕吐、腹泻黑便,甚至面部发紫、昏睡或烦躁,急性肠坏死或穿孔,严重者可出现休克而导致死亡。慢性铁中毒症状为:肝、脾有大量铁沉着,可表现为肝硬化、骨质疏松、软骨钙化、皮肤呈棕黑色。

(四) 锌

锌在体内可通过多种途径发挥作用:与多种酶的合成和活性有关,如 DNA 聚合酶、RNA 聚合酶、碳酸酐酶、碱性磷酸酶、乳酸脱氢酶等;可促进生长发育与组织再生,锌与蛋白质和核酸的合成、细胞生长、分裂和分化等过程都有关;可促进食欲,参与构成唾液蛋白而对味觉与食欲发生作用;可促进维生素 A 的正常代谢和生理功能。

缺锌主要引发以下症状:免疫力低下,生长发育缓慢,智力发育不良,食欲减退,异食癖,视力问题,皮肤损害等。

中国营养学会推荐的锌每日摄入量:6 个月以内的婴儿为 1.5mg;7 个月至 1 岁为 8mg;1 岁至 3 岁为 9mg;4 岁至 6 岁为 12mg;7 岁至 10 岁为 13.5mg;中年为 15mg;老年为 11.5mg。

不论动物性还是植物性的食物都含有锌,一般来说贝壳类海产品、红色肉类、动物内脏类都是锌的极好来源;若缺锌较严重可口服补锌制剂,如葡萄糖酸锌、蛋白锌等。

锌的需要量和中毒剂量相距很近,成人一次性摄入 2g 以上会发生锌中毒,锌对胃肠道的直接作用导致上腹疼痛、腹泻、恶心、呕吐等。

(五) 碘

人体内约含碘 30mg,其中约 80% 在甲状腺中,是合成甲状腺激素必不可少的成分,碘的生化功能主要通过甲状腺激素表现出来,不仅调节机体的物质和能量代谢,对机体的生长发育也非常重要。

碘缺乏在不同时期有不同表现,胎儿期缺碘可致死胎、早产及先天畸形、地方性克汀病;新生儿和儿童期则表现为甲状腺功能减退,导致呆小症;青春期则引起地方性甲状腺肿(俗称"大脖子病")、地方性甲状腺功能减退症以及单纯性聋哑;成年期则表现为甲状腺肿及其并发症、甲状腺功能减退、智力障碍、碘致性甲状腺功能亢进。

2012 年中国营养学会制订的《中国居民膳食营养素参考摄入量》中成人碘推荐摄入量为每日 150μg,可耐受最高摄入量为 1000μg。

人类所需的碘,主要来自食物,其次为饮水与加碘食盐,海洋生物含碘量很高,如海带、紫菜等。长期高碘摄入可导致高碘性甲状腺肿。

(六) 氟

氟主要存在于骨、牙齿及指甲中。氟对骨、牙齿的形成有重要作用,可增加骨硬度和牙齿的耐腐蚀能力。氟缺乏时易发生龋齿,老年人缺氟时,钙、磷的利用受到影响,可导致骨质疏松。

我国营养学会推荐的每日摄入量:成年人的适宜摄入量为 1.5mg,可耐受最高摄入量为 3.0mg。

人体每日摄入的氟大约 65% 来自饮水,30% 来自食物,其中以茶叶含氟量最高,动物性食品中氟含量高于植物性食品,海洋动物中氟含量高于淡水及陆地食品。

急性氟中毒的症状为恶心、呕吐、腹泻、腹痛、惊厥、麻痹以及昏厥。长期摄入低剂量的氟所引起

的不良反应为氟斑牙，而长期摄入高剂量的氟则可引起氟骨症。

三、元素与化学药物的护理应用

有关元素与药物的研究在我国有着悠久的历史，近年来元素药物有了很大发展，新药不断研发，下面仅介绍一些常用的元素药物制剂。

（一）钙制剂

目前，国产与进口的钙剂有400多种，大致可分为3类：第1类是无机钙，又称为第一代补钙产品，如：碳酸钙、磷酸钙、氧化钙；第2类是有机酸钙，即第二代钙剂，如：葡萄糖酸钙、乳酸钙、柠檬酸钙、醋酸钙等；第3类是天然生物钙，如氨基酸螯合钙、*L*-苏糖酸钙（巨能钙）。

第一代钙剂取料广泛，价格低廉，但往往存在着难于吸收、含钙量低的缺点，有些产品由于制造工艺的缺陷，容易导致重金属含量过高；第二代钙剂产品对胃肠道刺激性较小，但往往存在着含钙量低和生物利用度不高的缺陷；第三代钙剂溶解性好，生物利用度高，对胃肠道刺激性小，相对比较理想，是未来的发展方向。

（二）铁制剂

含铁制剂已有150余种，临床用于各种原因引起的铁缺乏症，常用制剂有：

1. 硫酸亚铁　分子式为 $FeSO_4 \cdot 7H_2O$，淡蓝色柱状晶体或颗粒，易溶于水，不溶于乙醇，味咸涩，无臭。在干燥空气中易风化，湿空气中易氧化生成棕黄色的碱式硫酸高铁，不宜药用。因此，常用葡萄糖或乳糖制备，包以糖衣，防止潮解及氧化。

2. 葡萄糖酸亚铁　分子式为 $Fe[CH_2OH(CHOH)_4CO_2]_2 \cdot 2H_2O$，淡绿色粉末，溶于水，刺激性小。

3. 富马酸铁　为反式丁烯二酸的亚铁盐，红棕色颗粒状粉末，无味，不易溶于水和乙醇，较稳定，无刺激性。

4. 柠檬酸铁铵　是三价有机铁盐，深红色透明菲薄鳞片或棕褐色颗粒结晶、棕黄色粉末，无臭，味咸，易溶于水，遇光易变质，有吸湿性。

5. 右旋糖酐铁　为一种高分子糖与氢氧化铁的复合物，制成深褐色胶体注射液，适用于不能口服的缺铁性贫血的病人，但肌内注射有疼痛，有严重肝、肾功能不全者忌用。

（三）锌制剂

包括无机锌和有机锌化合物。常用药剂可分3类：第1类是无机锌，如硫酸锌，它和胃酸结合，产生氯化锌。而氯化锌是强腐蚀剂，对胃肠道有刺激作用，引起恶心呕吐等；第2类是有机酸锌，如葡萄糖酸锌、醋酸锌、甘草锌等，它们是弱酸弱碱盐，和胃酸结合，也能产生氯化锌，因此有一定的副作用，且因含锌量较高，能拮抗钙、铁等营养素的吸收，长期服用能导致缺钙贫血等症状；第3类是生物态锌，以蛋白锌为代表，蛋白锌是从蛋白提取，锌的含量很低，几乎和食物的含锌量相当，安全，对人体无副作用，可饭前服用，它的活性高，可有效促进人体对各种营养素的吸收和利用，且不会拮抗钙、铁等营养素的吸收。

（四）抗癌药物

有些抗癌药物中含有化学元素，如砷膏、亚砷酸盐、顺-二氯二氨合铂、二（氮三乙酸根）合锑、金属茂类抗癌剂等。

硒的抗癌作用

硒，被誉为"生命火种"，如果人体缺硒，就好像失去了一道抵抗癌症的坚固防线。硒也是人体一种重要的过氧化物酶的组成部分，这种酶不仅可以防止不饱和脂肪酸氧化，还能够抑制可能致癌的过氧化物和自由基的形成。研究发现，硒通过吞噬细胞的功能能够影响癌细胞的能量代谢和干扰癌细胞的蛋白质合成，从而抑制癌症。科学家调查了20个国家的癌症死亡率与每个人硒摄取量之间的关系后发现，硒的摄入量少，癌发病率和死亡率就增高。

思考题

1. 原子核外电子排布主要遵循的原则是什么？
2. 用杂化轨道理论，说明甲烷的形成。
3. 分子间作用力主要影响物质的哪些物理性质？
4. 人体缺少必需微量元素会得病，因此有人认为应尽可能多吃含有这些元素的营养补剂，你认为这种想法对吗？为什么？

思路解析

扫一扫，测一测

|目|标|检|测|

一、填空题

1. 同位素是指______相同而______不同的同种元素的不同原子。
2. 同位素可以分为______同位素和______同位素；其中可以被灵敏的探测仪器测到的原子称为______。
3. 描述核外电子运动状态的四个量子数分别称为______、______、______和______，它们的符号分别为______、______、______和______。
4. 核外电子排布遵循______原理、______原理和______规则。
5. 元素周期表中有______周期、______族。
6. 化学键分为______、______和______。
7. 共价键的特点是既有______又有______。
8. 根据成键原子轨道重叠方式不同，共价键可以分为______和______。
9. CH_4 分子中碳原子的杂化轨道类型是______。
10. 分子间作用力的类型有四种，分别为______、______、______和______。
11. 根据元素在人体内的含量不同，可以分为______和______。

二、计算题

计算第二电子层中有多少个亚层？各亚层上有多少个轨道？最多可容纳多少个电子？

三、推断题

X元素的原子只有3个电子层，且L层与M层的电子数相同，请推断X元素是什么？

（张淑凤）

第三章 溶 液

学习目标

1. 掌握：溶液浓度的表示方法；渗透压；渗透浓度；渗透压与溶液浓度、温度的关系；溶液配制和稀释的护理应用。
2. 熟悉：分散系分类；渗透现象；胶体的性质；表面活性剂的结构及在溶液中的状态。
3. 了解：渗透压、乳化作用的护理应用。
4. 培养学生具有科学的思维方法、认真的学习态度、严谨的工作作风。

溶液与生命过程有着密切的关系，离开溶液就没有生命。人体内的组织间液、血液、淋巴液及各种腺体分泌液等都是溶液；机体的新陈代谢必须在溶液中进行；临床护理中许多药物常配成溶液后使用，给病人大量输液时，时刻注意溶液的浓度和用量，如补液的浓度过高或过低都将会产生不良后果，甚至危及患者生命。因此，掌握溶液的有关知识对于后续课程的学习和护理实践有非常重要的意义。本章主要介绍溶液的组成、溶液的配制和稀释、溶液的渗透压、胶体溶液及溶液的乳化作用等。

第一节 分 散 系

情景导入

不同的分散系

生理盐水、蛋白质溶液和肥皂水溶液在常温下放置很长时间不会沉淀，而氢氧化铁胶体十几分钟后出现沉淀。

请思考：

1. 生理盐水、蛋白质溶液、肥皂水溶液和氢氧化铁胶体本质上有何不同？
2. 分散系是如何分类的？

一、分散系的概念

自然界的物质多是以混合物形式存在。通常把具体研究对象称为体系。体系中物理性质和化学性质完全相同的均匀部分称为相。只含有 1 个相的体系称为单相体系或均匀体系，如生理盐水；含有 2 个或 2 个以上相的体系称为多相或非均匀体系，如 $Fe(OH)_3$ 胶体溶液和冰水混合物。

分散系(dispersed system)是指一种或几种物质分散在另一种物质中所形成的体系。如矿物分散在岩石中生成矿石,水滴分散在空气中形成云雾,聚苯乙烯分散在水中形成乳胶,溶质分散在溶剂中形成溶液等。被分散的物质称为分散相(dispersed phase),也称为分散质,容纳分散相的连续介质称为分散介质(dispersed medium)也称为分散剂。如生理盐水是 NaCl 分散在水中形成的分散系,NaCl 是分散相,水是分散介质。

二、分散系的分类

(一) 按照分散相粒子的大小分类

分散系分为真溶液、胶体分散系和粗分散系(表 3-1),它们具有不同的扩散速度、膜的通透性和滤纸的通透性能。真溶液的分散相粒子小于 1nm,粗分散系分散相粒子大于 100nm,介于两者之间的是胶体分散系。

表 3-1 分散系的分类

分散相粒子大小	分散系类型		分散相粒子	一般性质	实 例
<1nm	真溶液		小分子或离子	均相;稳定;扩散快,能透过滤纸和半透膜,形成真溶液	NaCl、$C_6H_{12}O_6$ 等水溶液
1~100nm	胶体分散系	溶胶	胶粒(分子、离子、原子的聚集体)	非均相;相对不稳定;扩散慢,能透过滤纸,不能透过半透膜	氢氧化铁、碘化银溶胶
		高分子溶液	高分子	均相;稳定;扩散慢,能透过滤纸,不能透过半透膜	蛋白质溶液、橡胶的苯溶液
		缔合胶体	胶束	均相;稳定;扩散慢,能透过滤纸,不能透过半透膜	肥皂水溶液
>100nm	粗分散系(乳状液、悬浮液)		粗粒子	非均相;不稳定;不能透过滤纸和半透膜	乳汁、泥浆等

(二) 按照分散相和分散介质是否同一相分类

分散系也可分为均相分散系和非均相分散系两大类。均相分散系只有一个相,包括真溶液、高分子溶液等;非均相分散系的分散相和分散介质为不同的相,包括溶胶和粗分散系,如云雾中的水滴和空气(液相和气相)。

第二节 溶液的组成

临床生化检验指标的浓度单位

李先生,66 岁,近期参加了健康体检,体检报告中部分实验室检查指标结果如下:

血糖 7.33mmol/L(3.90~6.11mmol/L),甘油三酯 2.99mmol/L(0.5~1.7mmol/L),球蛋白 30.1g/L(20~40g/L),白蛋白 45.5g/L(40~55g/L)。

请思考:

1. 常见的浓度有几种表示方法?如何定义?它们之间是如何换算的?
2. 医学上是如何使用浓度单位的?

溶液是最常见的分散系,它由溶质(分散质)和溶剂(分散剂)组成,水是常用的溶剂。

一、溶液的浓度

溶液的浓度是指一定量的溶剂或溶液中所含溶质的量。医学上常用以下几种表示方法:

(一)物质的量浓度

1. 物质的量及其单位 物质的量(amount of substance)是表示物质所含微粒数目多少的物理量,即:表示以一特定数目的基本单元粒子为集体,与基本单元的粒子数成正比的物理量。用符号 n_B 或 n(B)表示。B 泛指微粒的基本单元。例如氧分子的物质的量表示为 n_{O_2} 或 $n(O_2)$。

物质的量的基本单位是摩尔,符号为 mol,在医学上可用 mmol 和 μmol。摩尔的定义是:"摩尔是一系统的物质的量,该系统中所包含的基本单元数与 0.012kg ^{12}C 的原子数目相等"。

注意:①实验测得,0.012kg ^{12}C 中所含碳原子数目约为 6.02×10^{23} 个,这个量值最早是由意大利化学家阿伏伽德罗测定并提出的,故称为阿伏伽德罗常数,用符号 N_A 表示,即 $N_A=6.02\times10^{23}$/mol。所以说,1mol 任何物质都含有约 6.02×10^{23} 个基本单元。②在使用摩尔时,应指明基本单元,可以是原子、分子、离子、电子及其他粒子,或这些粒子的特定组合,例如 n_H、n_{H_2}、$n_{2H_2+O_2}$ 等。③"物质的量"是专用名词,不能分开使用和理解。

2. 摩尔质量 摩尔质量就是 1mol 物质的质量。也就是 B 物质的摩尔质量 M_B 等于质量 m_B 除以物质的量 n_B。即

$$M_B=\frac{m_B}{n_B} \tag{3-1}$$

摩尔质量的单位是 g/mol。任何基本单元的摩尔质量 M,都是以 g/mol 为单位,数值上等于该物质的相对化学式量。

例 3-1 11.7g NaCl 的物质的量是多少?

解:NaCl 的摩尔质量是 58.5g/mol,根据式(3-1):

$$n_{NaCl}=\frac{m_{NaCl}}{M_{NaCl}}=\frac{11.7\text{g}}{58.5\text{g/mol}}=0.2\text{mol}$$

3. 物质的量浓度 物质的量浓度是溶液组成最常见的表示方法。物质的量浓度(amount of substance concentration)简称浓度,用符号 c_B 表示,也可写成 c(B)。其定义为溶质 B 的物质的量(n_B)与溶液的体积(V)之比,即

$$c_B=\frac{n_B}{V} \tag{3-2}$$

医学上常用单位有 mol/L、mmol/L 及 μmol/L。在使用物质的量浓度时,也必须指明物质的基本单元。如 $c_{HCl}=0.1$mol/L。

例 3-2 正常人 100ml 血液中含葡萄糖 100mg,试计算其葡萄糖的物质的量浓度。

解:已知 $M(C_6H_{12}O_6)=180$g/L。根据式(3-1)和式(3-2)可得:

$$c(C_6H_{12}O_6)=\frac{n(C_6H_{12}O_6)}{V}=\frac{m(C_6H_{12}O_6)/M(C_6H_{12}O_6)}{V}$$

$$=\frac{80\text{mg}/(180\text{g/mol})}{0.10\text{L}}=5.6\text{mmol/L}$$

(二)质量浓度

质量浓度(mass concentration)用符号 ρ_B 表示,定义为溶质 B 的质量(m_B)除以溶液的体积(V),即

$$\rho_B=\frac{m_B}{V} \tag{3-3}$$

医学常用单位为 g/L 或 mg/L。世界卫生组织建议:在医学上表示物质的浓度时,凡是相对分子质量已知的物质,在体液内的含量都用物质的量浓度表示。例如正常人体血液中的葡萄糖含量值,表示为 $c(C_6H_{12}O_6)$=3.9~6.1mmol/L。质量浓度常用于溶质为固体配制的溶液,例如对于静脉注射用的葡萄糖溶液可以直接写为"葡萄糖溶液 50g/L"或"50g/L 的葡萄糖溶液",以前的标签为 5%,现在绝

大多数情况下，标签上应同时标明质量浓度和物质的量浓度，即标明50g/L的$C_6H_{12}O_6$和0.28mol/L的$C_6H_{12}O_6$。

注意：质量浓度ρ_B与密度ρ是不同的。密度ρ是溶液的质量与溶液的体积之比，单位多用kg/L；而质量浓度ρ_B是溶质的质量与溶液的体积之比。

例3-3 100ml生理盐水中含0.90g NaCl，计算该溶液的质量浓度。

解：根据式(3-3)得：

$$\rho(\text{NaCl}) = \frac{m(\text{NaCl})}{V} = \frac{0.90\text{g}}{0.10\text{L}} = 9.0\text{g/L}$$

(三) 质量分数和体积分数

1. 质量分数(mass fraction) 指溶质B的质量(m_B)与溶液的质量(m)之比，符号为ω_B，单位是1，即

$$\omega_B = \frac{m_B}{m} \tag{3-4}$$

m_B和m的单位必须相同，可以用小数或百分数表示，例如市售浓硫酸的质量分数为$\omega(H_2SO_4)$=0.98或$\omega(H_2SO_4)$=98%。

2. 体积分数(volume fraction) 指相同温度和相同压力时，溶质B的体积(V_B)除以溶液的体积(V)，符号为φ_B，单位是1，即

$$\varphi_B = \frac{V_B}{V} \tag{3-5}$$

体积分数常用于表示溶质为液体的溶液。如消毒用酒精溶液的体积分数为φ_B=0.75或φ_B=75%。

二、溶液浓度的换算

同一种溶液有多种表示方法，其浓度之间可以推导换算。在护理应用中最常用的是物质的量浓度和质量浓度的换算。

根据物质的量浓度和质量浓度的定义，由式(3-1)~式(3-3)联合推导：

$$\because c_B = \frac{n_B}{V},\ n_B = \frac{m_B}{M_B},\ \rho_B = \frac{m_B}{V}$$

$$\therefore c_B = \frac{m_B}{VM_B} = \frac{\rho_B}{M_B}$$

物质B的质量浓度ρ_B与物质的量浓度c_B之间的换算关系为：

$$\rho_B = c_B \cdot M_B \tag{3-6}$$

例3-4 静脉注射生理盐水的物质的量浓度是0.154mol/L，试计算该溶液的质量浓度是多少？

解：已知M_{NaCl}=58.5g/mol，根据式(3-6)得：

$$\rho_{NaCl} = c_{NaCl} \cdot M_{NaCl} = 0.154\text{mol/L} \times 58.5\text{g/mol} = 9.0\text{g/L}$$

三、溶液配制和稀释的护理应用

(一) 溶液配制

溶质和溶剂以一定比例混合形成溶液。配制溶液时，首先明确溶质的物态(固态或液态)，然后根据浓度表示方式进行运算，最后配制溶液。溶液配制常常分为两种情况：

1. 固体试剂配制溶液 如果溶质是固体，常用物质的量浓度和质量浓度表示其浓度，溶液配制步骤分为6步(以配制500ml 154mmol/L的NaCl溶液为例)：

(1)计算：已知溶液浓度和体积，计算溶质质量。即：

$$m_{NaCl} = n_{NaCl} \cdot M_{NaCl} = c_{NaCl} \cdot V_{NaCl} \cdot M_{NaCl} = 0.154\text{mol/L} \times 0.5\text{L} \times 58.5\text{g/mol} = 4.5\text{g}$$

(2)称量：用电子天平称取4.5g NaCl固体置于烧杯中。

(3)溶解(冷却)：倒入适量的蒸馏水搅拌至溶解。

(4)定量转移:将溶液转移到500ml的容量瓶中,并用少量蒸馏水冲洗烧杯和玻璃棒2~3次,一并转入容量瓶。

(5)定容摇匀:继续加蒸馏水到距刻度线1~2cm时,改用胶头滴管滴加至溶液的凹液面最低处与刻度线相切,并摇匀。

视频:硫酸铜溶液配制过程

(6)装瓶贴签:将配好的溶液转移到试剂瓶中,贴好标签,标签要注明试剂名称、浓度和配制日期,保存备用。

2. 液体试剂配制溶液 如果溶质是液体,常用体积分数、物质的量浓度表示其浓度,溶液配制过程实质为溶液的稀释,其配制步骤与固体试剂配制溶液相似,只是其液体溶质用量筒或吸量管量取。

(二)溶液稀释

在护理工作中,常用的溶液其浓度都很低,而市售的液体试剂一般是浓溶液。因此,护士常常需要将浓溶液稀释至所需浓度后临床使用。

溶液的稀释是指在浓溶液中加入溶剂,使溶液的浓度降低的过程。其特点是稀释前后溶液的总量和浓度改变,溶质的量不变。即:

$$c_{B_1} \cdot V_1 = c_{B_2} \cdot V_2 \tag{3-7}$$

$$\varphi_{B_1} \cdot V_1 = \varphi_{B_2} \cdot V_2 \tag{3-8}$$

$$\rho_{B_1} \cdot V_1 = \rho_{B_2} \cdot V_2 \tag{3-9}$$

例3-5 现有体积分数为95%的乙醇,若需1000ml体积分数为75%的消毒酒精,应如何配制?

解:根据稀释公式(3-9),则

$$\because \varphi_1 V_1 = \varphi_2 V_2$$

$$\therefore 95\% \times V_1 = 75\% \times 1000$$

$$V_1 = 789.5\text{ml}$$

配制方法:用1000ml的量筒,量取体积分数为95%的乙醇789.5ml,加蒸馏水稀释至1000ml,即可制得体积分数为75%的消毒酒精。

例3-6 临床上需(1/6)mol/L乳酸钠($NaC_3H_5O_3$)溶液600ml,如用112g/L乳酸钠针剂(20ml/支)配制,需要几支?

解:已知$M(NaC_3H_5O_3)$=112g/mol,$\rho(NaC_3H_5O_3)$=112g/L,根据式(3-6):

$$c(NaC_3H_5O_3) = \frac{\rho(NaC_3H_5O_3)}{M(NaC_3H_5O_3)} = \frac{112\,g/L}{112\,g/mol} = 1\,mol/L$$

根据稀释公式 $c_{B_1} \cdot V_1 = c_{B_2} \cdot V_2$

$$1/6\text{mol/L} \times 600\text{ml} = 1\text{mol/L} \times V_2$$

$$V_2 = 100\text{ml}$$

所以需要112g/L乳酸钠针剂(20ml/支)5支。

钠元素与健康

钠元素在人体内可起到调节体液平衡、维持肌肉正常兴奋和细胞的通透性等作用.若缺乏,将导致肌肉痉挛、头痛等;若过量,将导致水肿、高血压、贫血等。

饮食中大部分的钠是以氯化钠形式存在,是食盐的主要成分,每克食盐含钠393mg。含氯化钠的食物和饮料是钠的基本来源,一些其他类型盐的来源,如碳酸氢钠和谷氨酸钠,被认为仅占总钠量摄入的10%以下。由于膳食钠含量的升高与制作过程有关,所以需要高度加工的食物通常含钠量高。相反,进食鲜果、蔬菜和豆类食品则含钠量低。

少盐膳食除做菜要少加盐外,还要注意酱油、味精、咸菜以及香肠、熏鸡等多种高钠食品。如每100ml酱油约含盐16~20g,也就是说吃5~6ml酱油相当于吃1g盐。

世界卫生组织建议每人每日食盐用量以不超过6g为宜。我国营养学会制定的每日“安全和适宜的摄入量”为6个月以内婴儿115~350mg，6个月至1岁为250~750mg，1岁以上325~975mg，4岁以上450~1350mg，7岁以上600~1800mg，11岁以上900~2700mg，成人每天需1100~3300mg，相当于0.6~3.5g氯化钠的含钠量。

第三节 溶液的渗透压

血液的渗透浓度

李某，男，39岁，在外就餐后，出现严重呕吐和水样泻症状，急诊入院。血液生化检查：血[Na^+]155mmol/L（135~145mmol/L），血浆渗透浓度350mmol/L（280~320mmol/L）。

请思考：

1. 李某血浆钠和渗透浓度发生了什么变化？
2. 临床补液时如何选择溶液的渗透浓度？

渗透现象广泛存在于生命体中，它在动植物的生活与生命过程中起着重要作用。如人在淡水、海水中游泳时，眼睛的感觉不一样；海水鱼和淡水鱼不能交换生活环境；植物对水分和养料的吸收等都离不开渗透压的作用。

一、渗透现象和渗透压

（一）渗透现象

1. 扩散现象　向一杯清水中缓慢加入一定量的蔗糖溶液，一段时间后，整杯水都会变甜。这是因为分子本身的热运动，使得蔗糖分子向水中运动，水分子向蔗糖溶液中运动，最后形成一个均匀的蔗糖溶液，这个过程称为扩散（diffusion）。扩散是一种双向运动，是溶质分子和溶剂分子相互运动和迁移的结果，只要两种浓度不同的溶液相互接触，都会发生扩散现象。

2. 渗透现象　若将蔗糖溶液与纯水分别装入用半透膜隔开的U型管两侧，并使其液面处于同一水平，如图3-1a所示。过一段时间后，可以看到蔗糖一侧的液面不断升高，说明水分子不断地通过半透膜转移到蔗糖溶液中。这种溶剂分子自动通过半透膜由纯溶剂进入溶液（或由稀溶液进入浓溶液）的扩散现象，称为渗透现象（osmosis），简称渗透（图3-1b）。渗透现象是特殊的扩散现象。

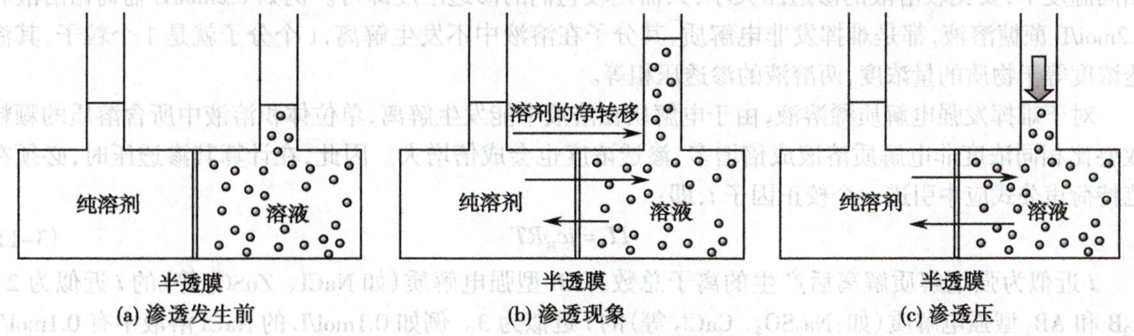

图3-1 渗透现象和渗透压示意图

半透膜（semipermeable membrane）是一类具有选择性的多孔性薄膜，它只允许某些物质（如水分子）自由通过，而另外一些物质（如蔗糖分子）很难通过。常见的半透膜有细胞膜、毛细血管壁、动物的膀

胱膜及人造羊皮纸、火棉胶等。其种类繁多,通透性也各不相同。

产生渗透现象的原因是因为半透膜两侧溶液浓度不相等,单位体积内水(溶剂)分子数不等,在单位时间内水分子由纯水通过半透膜进入蔗糖溶液的分子数比由蔗糖溶液中进入纯水中的多,即扩散速率不同;水分子从纯水(或稀溶液)向溶液(或浓溶液)扩散速率大于逆向扩散速率,导致蔗糖溶液(或浓溶液)液面升高,纯水(或稀溶液)液面降低,直至达到渗透平衡,液面高度不再变化,单位时间内进出半透膜的水分子数目相等,此时,水分子通过半透膜向两个方向的扩散速率相等。

渗透方向总是溶剂分子由纯溶剂向溶液或由稀溶液向浓溶液渗透。渗透作用的结果是缩小了膜两侧溶液的浓度差。如用半透膜将 0.9mol/L 的 NaCl 溶液和 1.5mol/L 的 NaCl 溶液隔开,则水分子总是从 0.9mol/L 的 NaCl 溶液向 1.5mol/L 的 NaCl 渗透。

产生渗透现象必须具备两个条件:一是有半透膜存在;二是半透膜两侧溶液存在浓度(渗透浓度)差。

(二)渗透压

动画:溶液的渗透压

欲使膜两侧液面的高度相等并维持渗透平衡,保持水分子扩散速率不变,则需在液面上施加一额外压力才能实现(图 3-1c)。这种施加于溶液液面上恰好能阻止渗透现象继续发生而达到动态平衡的压力称为渗透压(osmotic pressure)。若用半透膜隔开的是两种不同浓度的溶液,为阻止渗透现象发生,应在浓溶液液面上施加一额外压力,这一压力是两溶液渗透压之差。渗透压用符号 Π 表示,单位是 Pa 或 kPa。

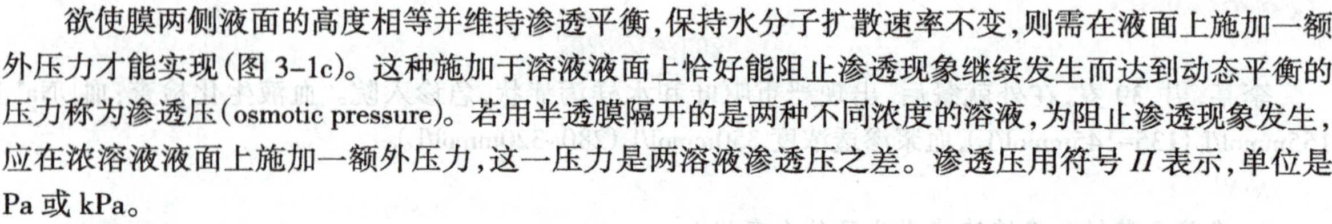

如果选用一种高强度耐高压的半透膜把纯水和溶液隔开,在液面上方施加的外压大于渗透压,则溶液中会有更多的溶剂分子通过半透膜进入纯溶剂一侧,这种使渗透作用逆向进行的操作称为反渗透(reverse osmosis)。此技术在海水净化、废水处理、医药上制备注射用水和医学上的“透析治疗”等均有广泛应用。

二、渗透压与溶液浓度、温度的关系

1886 年,荷兰化学家范特荷甫(Van't Hoff)根据实验数据提出:难挥发非电解质稀溶液的渗透压与溶液的物质的量浓度及绝对温度成正比,这个规律称为渗透压定律或范特荷甫定律。其数学表达式为:

$$\Pi = c_B RT \tag{3-10}$$

式(3-10)中,Π 为溶液的渗透压,单位是 kPa;c_B 为非电解质稀溶液的物质的量浓度,单位为 mol/L;R 为摩尔气体常数,大小为 8.31kPa·L/(mol·K);T 为绝对温度(T/K=273.15+t/℃),单位为 K。

范特荷甫定律表明:在一定温度下,难挥发非电解质稀溶液的渗透压只与溶液的物质的量浓度成正比,即单位体积溶液中溶质的粒子数(分子或离子)成正比,与粒子的本性(如种类、大小、分子或离子等)无关。

溶液中起渗透作用的粒子总浓度称为渗透浓度(osmolarity),渗透浓度越大,其渗透压也越大。在相同温度下,要比较溶液的渗透压大小,只需比较它们的渗透浓度即可。例如 0.2mol/L 葡萄糖溶液和 0.2mol/L 蔗糖溶液,都是难挥发非电解质,其分子在溶液中不发生解离,1 个分子就是 1 个粒子,其渗透浓度等于物质的量浓度,两溶液的渗透压相等。

对于难挥发强电解质稀溶液,由于电解质在溶液中能发生解离,单位体积溶液中所含溶质的颗粒数要比相同浓度非电解质溶液成倍增多,渗透浓度也会成倍增大。因此,在计算其渗透压时,必须在范特荷甫公式应中引进一个校正因子 i,即:

$$\Pi = ic_B RT \tag{3-11}$$

i 近似为强电解质解离后产生的离子总数。AB 型强电解质(如 NaCl、$ZnSO_4$ 等)的 i 近似为 2;A_2B 和 AB_2 型强电解质(如:Na_2SO_4、$CaCl_2$ 等)的 i 近似为 3。例如 0.1mol/L 的 NaCl 溶液中有 0.1mol/L 的 Na^+ 和 0.1mol/L 的 Cl^-,两种离子的浓度之和为渗透浓度 0.2mol/L,其渗透压为 0.10mol/L 葡萄糖溶液的 2 倍。可见,难挥发强电解质稀溶液的渗透浓度是物质的量浓度的 i 倍。

例 3-7 37℃时,临床用葡萄糖溶液(50g/L)的渗透浓度和渗透压为多大?

解：已知 $M(C_6H_{12}O_6)=180g/mol$，根据式（3-10）得：

$$c_{C_6H_{12}O_6}=\frac{\rho_{C_6H_{12}O_6}}{M_{C_6H_{12}O_6}}=\frac{50g/L}{180g/mol}=0.278mol/L$$

葡萄糖是非电解质，其溶液的渗透浓度等于物质的量浓度，即是 0.278mol/L。

葡萄糖溶液的渗透压：

$$\Pi=ic_BRT=1\times0.278mol/L\times8.314kPa\cdot L/(mol\cdot K)\times(273.15+37)K=716.8kPa$$

三、医学上的渗透浓度

（一）渗透浓度

溶液中所有能产生渗透效应的溶质粒子（分子、离子）称为渗透活性物质。人体体液（如血浆、细胞内液等）中的非电解质分子（如葡萄糖、尿素等）和电解质解离产生的离子（如 Na^+、K^+、Ca^{2+} 等）都是渗透活性物质（表 3-2）。

在医学上将渗透活性物质的总浓度称为渗透浓度，符号 c_{os}，单位为 mol/L 或 mmol/L，由于体液中渗透活性物质的量相对较小，渗透浓度单位常用“mmol/L”。对于非电解质溶液，其渗透浓度是其物质的量浓度；对于强电解质溶液，其渗透浓度等于溶液中的各种溶质粒子的总浓度（ic_B）。

表 3-2 正常人血浆中各种渗透活性物质的渗透浓度（mmol/L）

渗透活性物质	血浆中浓度 mmol/L	渗透活性物质	血浆中浓度 mmol/L
Na^+	144	SO_4^{2-}	0.5
K^+	5	氨基酸	2
Ca^{2+}	2.5	肌酸	0.2
Mg^{2+}	1.5	乳酸盐	1.2
Cl^-	107	葡萄糖	5.6
HCO_3^-	27	蛋白质	1.2
HPO_4^{2-}、$H_2PO_4^-$	2	尿素	4
c_{os}	303.7mmol/L		

例 3-8 计算临床用生理盐水（9g/L）的渗透浓度是多大？

解：已知 $M_{NaCl}=58.5g/mol$，根据式（3-11）得：

$$c_{os}(NaCl)=2\times c_{NaCl}=2\times\frac{\rho_{NaCl}}{M_{NaCl}}=2\times\frac{9g/L}{58.5g/mol}=308mol/L$$

因此，生理盐水的渗透浓度为 308mmol/L。

根据渗透压定律，在一定温度下，对任一稀溶液，其渗透压与稀溶液的渗透浓度成正比。由于正常人体的温度变化不大，医学上常用渗透浓度表示溶液的渗透压大小。

（二）等渗、低渗和高渗溶液

在相同温度下，渗透压相等的溶液称为等渗溶液（isotonic solution）。渗透压不相等的溶液，渗透压高的称为高渗溶液（hypertonic solution），渗透压低的称为低渗溶液（hypotonic solution）。例如 0.10mol/L 的葡萄糖溶液与 0.10mol/L 的蔗糖溶液互为等渗溶液，而 0.10mol/L 的葡萄糖溶液与 0.10mol/L 的 NaCl 溶液中前者是低渗溶液，后者是高渗溶液。

医学上的等渗、低渗或高渗溶液是以人体血浆总渗透压作为判断标准的。由表 3-2 可知，正常人血浆的渗透浓度为 303.7mmol/L。因此，医学上规定：凡渗透浓度在 280~320 mmol/L（相当于渗透压为 720~800kPa）范围内或接近该范围的溶液为等渗溶液；渗透浓度低于 280mmol/L 的溶液称为低渗溶液；渗透浓度高于 320mmol/L 的溶液称为高渗溶液。

（三）晶体渗透压和胶体渗透压

人体血浆中既有大量的无机盐离子（主要是 Na^+、Cl^-、HCO_3^- 等）和小分子物质（主要是葡萄糖、尿

素等)，又有高分子物质(主要是清蛋白、其次是球蛋白等)。医学上通常把血浆中的无机盐离子和小分子物质称为晶体物质，其产生的渗透压称为晶体渗透压(crystalloid osmotic pressure)；把血浆中的高分子物质称为胶体物质，其产生的渗透压称为胶体渗透压(colloidal osmotic pressure)，血浆渗透压为两类渗透压的总和，两者所起的作用是不同的。

1. 晶体渗透压及其生理作用 晶体渗透压的功能是维持细胞内外水、电解质平衡及血液细胞的正常形态。细胞内外所含离子浓度是不同的，细胞膜对离子的通透具有选择性，它只允许水分子自由透过，而 Na^+、K^+ 离子不能自由透过。当人体大量缺水时，细胞外液的电解质浓度有可能升高，晶体渗透压将增大，这时细胞内液的水分子就要通过细胞膜向细胞外液渗透，造成细胞内失水；若大量饮水或输入过多的低渗溶液，细胞外液电解质的浓度就要降低，晶体渗透压减小，这时细胞外液中的水分子就要透过半透膜进入细胞内液，严重时引起水中毒。

2. 胶体渗透压及其生理作用 毛细血管壁与细胞膜通透性不同，胶体物质一般不能通过毛细血管壁，而水分子、离子和小分子物质能够自由透过，对维持血浆与组织间液的水、电解质平衡不再起作用。正常情况下血浆蛋白质浓度要比组织间液高，水可以从组织间液向毛细血管渗透，这样毛细血管从组织间液“吸取”水分，同时又可以阻止毛细血管内的水分过多渗透到组织间液中，从而维持着毛细血管内外水的相对平衡，保持血容量。由此可见，胶体渗透压对保持血浆和组织间液的液体量平衡方面起着重要作用。若因某种疾病造成血浆蛋白减少，那么血浆胶体渗透压降低，血浆中的水及低分子溶质会过多的通过毛细血管壁进入组织间液，造成组织间液增多和血容量降低，这是形成水肿的原因之一。临床上对大面积烧伤或失血过多等造成血容量下降的患者补液时，除补以电解质溶液外，还要输入血浆或右旋糖酐，以恢复血浆的胶体渗透压力并增加血容量。

四、渗透压的护理应用

(一) 等渗输入法是临床护理大量输液的基本原则

在临床护理中，为患者大量静脉输液时应使用等渗溶液，不能因输液而影响血浆的渗透压，否则会使体液内水和电解质发生紊乱，引起红细胞变形和破裂。下面以红细胞在不同浓度 NaCl 溶液中的形态变化(在显微镜下观察)为例说明：

1. 将红细胞置于低渗溶液(3.0g/L 的 NaCl 溶液)中，显微镜下观察到红细胞逐渐胀大最后破裂，释放出血红蛋白使溶液染成红色，这种现象医学上称为细胞溶血现象，见图 3-2a。原因是细胞内溶液的渗透压高于细胞外液的渗透压，这时细胞外液的水向细胞内渗透。

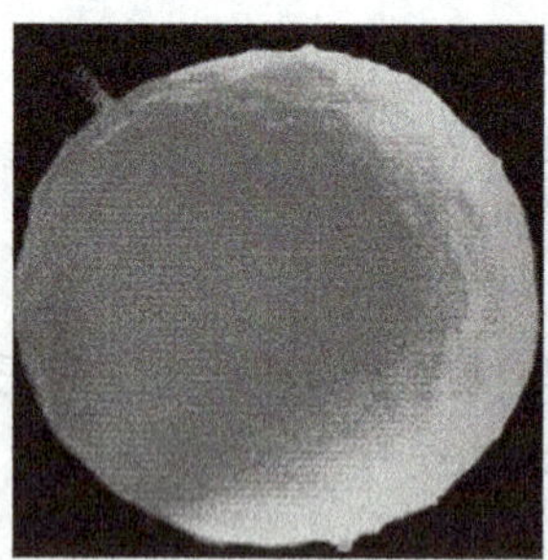
(a) 3g/L NaCl溶液中

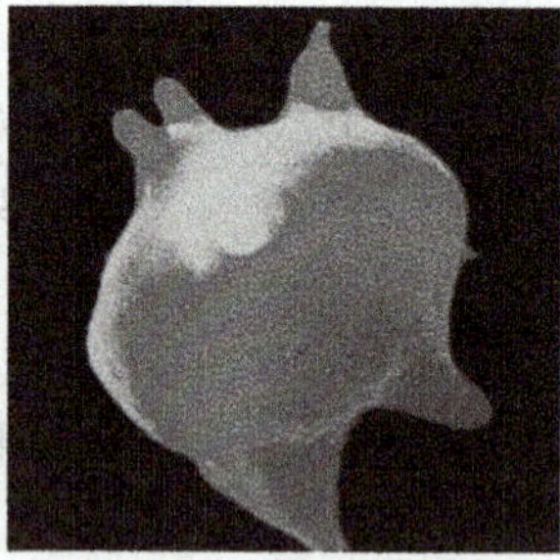
(b) 15g/L NaCl溶液中

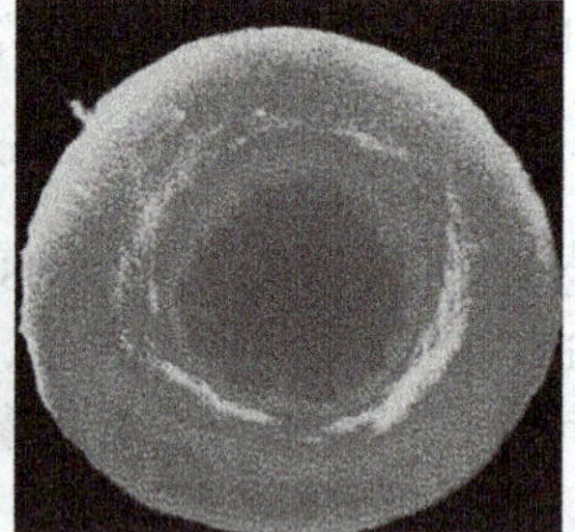
(c) 9g/L NaCl溶液中

图 3-2 红细胞在不同浓度 NaCl 溶液中的形态变化

图片：电镜下红细胞在不同浓度 NaCl 溶液中的形态变化

2. 将红细胞置于高渗溶液(15.0g/L 的 NaCl 溶液)中，显微镜下观察到红细胞逐渐皱缩，皱缩的红细胞互相聚结成团，见图 3-2b。如果发生在血管内，将产生“栓塞”现象。原因是红细胞内液的渗透压力低于细胞外液的渗透压，红细胞内的水向外渗透。

3. 将红细胞置于生理盐水中，显微镜下观察到红细胞既不膨胀，也不皱缩，细胞形态基本不变，见图 3-2c。原因是生理盐水与红细胞内液的渗透压力相等，细胞内外液处于渗透平衡状态。

溶血现象和“栓塞”现象的形成在临床上都可能会造成严重的后果。在临床治疗中，为患者大量输液时应输等渗溶液(临床上常用的等渗溶液见表 3-3 所示)，使细胞保持正常的生理功能。

表 3-3 临床上常用的等渗溶液

注射液	物质的量浓度(mol/L)	质量浓度(g/L)	渗透浓度(mmol/L)
生理盐水	0.154	9	308
葡萄糖	0.278	50	278
碳酸氢钠	0.149	12.5	298
乳酸钠	1/6	18.7	333

(二) 等渗溶液是临床护理中清创或换药的基础

给患者清创或换药时,通常选用与组织间液等渗的生理盐水,若用纯水或高渗盐水则会引起疼痛;配制的眼药水必须与房水的渗透压相同,否则会刺激眼睛而疼痛。

(三) 高渗溶液的使用原则

临床上为了治疗的需要,有时也使用高渗溶液。例如治疗低血糖的 500g/L 葡萄糖溶液,治疗脑水肿的 200g/L 甘露醇溶液、250g/L 山梨醇溶液和 100g/L 甘油葡萄糖溶液等,但必须严格控制用量和滴注速度,用量要少,滴注速度要慢,使进入血液的高渗溶液被大量流动的血液稀释成等渗溶液,才能避免造成局部高渗,导致机体内水分调节失衡及红细胞的变形和破坏等不良后果。

(四) 静脉输液常用溶液及作用

1. 晶体溶液及作用

(1) 葡萄糖溶液:常用 50g/L 葡萄糖溶液和 100g/L 葡萄糖溶液,其作用是供给水分和能量。

(2) 等渗电解质溶液:常用 9g/L 氯化钠溶液、50g/L 葡萄糖氯化钠溶液、复方氯化钠溶液,其作用是供给水分和电解质。

(3) 碱性溶液:常用 50g/L 的碳酸氢钠溶液、112g/L 的乳酸钠溶液等。其作用是纠正酸中毒,调节酸碱平衡。用前加入 50g/L 葡萄糖溶液稀释成等渗溶液,再静脉滴注。

2. 胶体溶液及作用

(1) 右旋糖酐:常用有两种溶液。中分子右旋糖酐用于提高血浆胶体渗透压,扩充血容量;低分子右旋糖酐用于降低血液黏稠度,改善微循环。

(2) 代血浆:常用羟乙基淀粉、氧化聚明胶和聚维酮等。其作用能增加血浆渗透压及循环血量,在急性大出血时与全血共用。

(3) 浓缩清蛋白注射液:提高血浆渗透压,补充蛋白质,减轻组织水肿。

(4) 水解蛋白注射液:补充蛋白质,纠正低蛋白血症,促进组织修复。

血液透析

肾是人体的主要排泄器官,它能将体内代谢产物如尿酸、尿素和肌酐等及对机体有害的毒物和药物排出体外,以调节体液渗透平衡和酸碱平衡。肾病患者由于肾功能障碍,血液中大量代谢废物不能排出体外,致其在血液中的浓度不断升高,严重时出现由于肾衰竭引起的尿毒症而危及生命。

血液透析是利用渗透原理净化血液的一种方式,将患者的血液和渗析液同时连续不断的引入透析器内,两者同时在透析膜两侧逆向流动,根据膜平衡渗透原理,借助膜两侧的溶质梯度、渗透梯度和静水压差,通过扩散、对流、吸附等充分进行交换,使血液中的代谢物(如尿酸、尿素等)进入透析液中,同时透析液中的营养物质和治疗药物进入血液,清除病人血液中的代谢废物、毒素和多余的电解质;通过超滤和渗透清除体内多余的水分,而蛋白质、红细胞则不能通过透析膜而留在血液中,同时调节透析液成分,补充病人所需物质,从而达到"人工肾"的目的。

第四节 胶体溶液

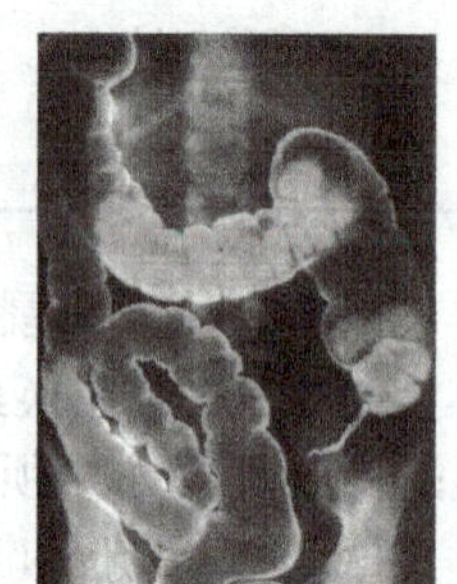

钡 餐 透 视

钡餐的主要成分是硫酸钡($BaSO_4$),还含有一定量的阿拉伯胶等,是一种常用的造影剂,常用于消化道疾病的检查,如胃溃疡等,使用钡餐时,要将其调制成 $BaSO_4$ 胶浆,其成分中的高分子化合物阿拉伯胶对 $BaSO_4$ 胶体起保护作用,使胶浆均匀,有利于造影。

请思考:

1. 胶体和溶液有何本质区别?
2. 为什么加阿拉伯胶就会使 $BaSO_4$ 胶浆稳定?

胶体溶液与医学有着密切的关系。蛋白质、核酸和糖原等胶体物质是构成人体组织和细胞的基本物质;血液、细胞液和淋巴液等体液都属于胶体溶液。胶体分散系包括溶胶、高分子溶液和缔合胶体 3 类,其分散相粒子的大小为 1~100nm,可以是一些分子、离子或原子的聚集体,例如氢氧化铁溶胶;也可以是单个的大分子,例如蛋白质溶液;还可以是胶束,例如肥皂溶液。分散介质可以是液体、气体或固体。其共同的特征是扩散速度慢,不能透过半透膜。

一、溶胶

溶胶(sol)是难溶性固体分散在介质中所形成的胶体分散系。其分散相与分散介质之间有明显的界面,是热力学不稳定分散体系。溶胶具有多相性、高分散性和聚集不稳定性三大基本特征,在光学、动力学和电学等方面都表现出一些特殊性质。

(一) 溶胶的基本性质

1. 溶胶的光学性质 将真溶液、溶胶置于暗室中,用一束聚焦的可见光源自侧面射入,在与光束垂直的方向上观察,真溶液是透明的,而溶胶中有一束光锥通过(图 3-3),这种现象称为丁达尔现象(Tyndall phenomenon),也称乳光现象。

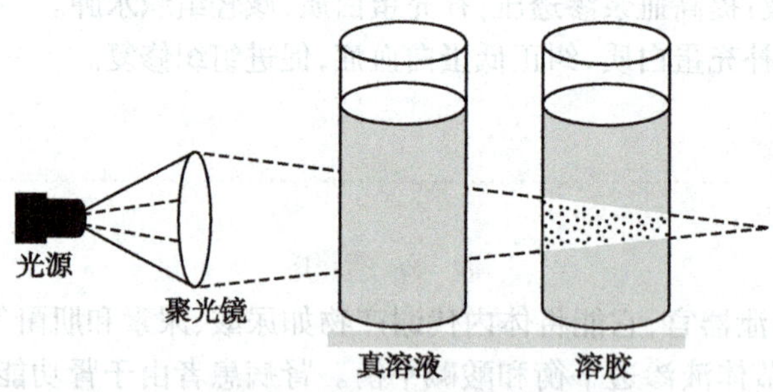

图 3-3 丁达尔现象

图片:丁达尔现象

丁达尔现象是胶粒对入射光散射而形成的。光照射到分散系时,可发生 3 种情况:若光照射粗分散系,分散相粒子的直径远远大于入射光的波长(可见光波长在 400~700nm 范围),大部分光被反射,此时体系浑浊;若光照射真溶液时,分散相粒子的直径远远小于入射光的波长时,大部分光透射过去,体系呈透明状;若光照射溶胶时,分散相粒子的直径略小于入射光的波长时,光波就环绕胶粒,使每个胶粒像一个个发光点,向各个方向散射,形成散射光。

真溶液、大分子溶液对光的散射非常微弱,肉眼无法观察到乳光,因此可用丁达尔现象来区别溶胶与真溶液或悬浊液和大分子溶液。临床护理中,注射用的针剂在灯光(强光)照射下应无乳光现象,否则为不合格,此检查法称为灯检。

2. 胶体的动力学性质

动画：布朗运动

(1) 布朗运动：将一束强光透过溶胶，在光的垂直方向上用超显微镜可观察到胶粒在介质中不停地作无规则的运动，称为布朗运动(Brownian movement)。布朗运动是分子热运动的结果，是分散介质分子从各个方向无规则地撞击分散相颗粒而引起粒子所受合力方向不断改变，产生的无序运动状态。运动着的胶粒可以使得其不下沉，因而是胶粒的一个稳定因素，即溶胶具有动力学稳定性。

(2) 扩散：当溶胶中的胶粒存在浓度差时，胶粒就能自动地从浓度大的区域迁移到浓度小的区域，最后达到浓度均匀的状态，这种现象称为扩散(diffusion)。浓度差越大，温度越高，溶胶的黏度越小，扩散越快。扩散现象是由布朗运动引起的。扩散作用在生物体内的物质运输或分子跨细胞膜运动中起着重要作用。利用胶粒扩散又不能透过半透膜的性质，可除去溶胶中的小分子杂质，使其净化，此法称为透析或渗析。临床上利用透析原理，人工合成高分子(如聚甲基丙烯酸甲酯)膜作半透膜制成人工肾，帮助肾病患者清除体内有害物质和代谢废物，净化血液，称为“血透”疗法。

(3) 沉降：在重力作用下，胶粒受重力的作用逐渐下沉的现象称为沉降(sedimentation)。如果分散相粒子大而重，则无布朗运动，扩散力接近零，在重力作用下很快下沉，如粗分散系表现的那样。在溶胶中，胶粒一方面受重力的作用而下沉，另一方面由于扩散作用又使胶粒向上，当两者速率相等时，达成沉降平衡。此时容器中的胶粒将按一定的浓度梯度分布，越靠近底部，单位体积溶胶中分散相粒子数目越多，这种状况与大气层中气体的分布相似。利用此分布规律，可以测定溶胶或生物大分子的相对分子质量；也可以纯化蛋白质、分离病毒等。

由于溶胶中的胶粒很小，在重力场中沉降速度很慢，为了加速沉降平衡的建立，常常要借助超速离心机。超速离心技术是医学生命科学中进行物质分离测定的分析技术。

3. 溶胶的电学性质

(1) 电泳：在U形管中注入有色溶胶，例如红棕色的 $Fe(OH)_3$ 溶胶，并在管两端插入惰性电极，接通电源后，可以观察到阴极附近的溶液颜色逐渐变深，表明胶粒在电场作用下向阴极移动，如图3-4。说明 $Fe(OH)_3$ 胶粒带正电，此类溶胶称为正溶胶，大多数金属氢氧化物溶胶属于正溶胶。若改用黄色 As_2S_3 溶胶做上述实验，则阳极附近溶液颜色逐渐变深，说明 As_2S_3 胶粒带负电，此类溶胶称为负溶胶，大多数金属硫化物、硅胶等溶胶属于负溶胶。这种在外电场作用下，胶体粒子在分散介质中定向移动的现象称为电泳(electrophoresis)。

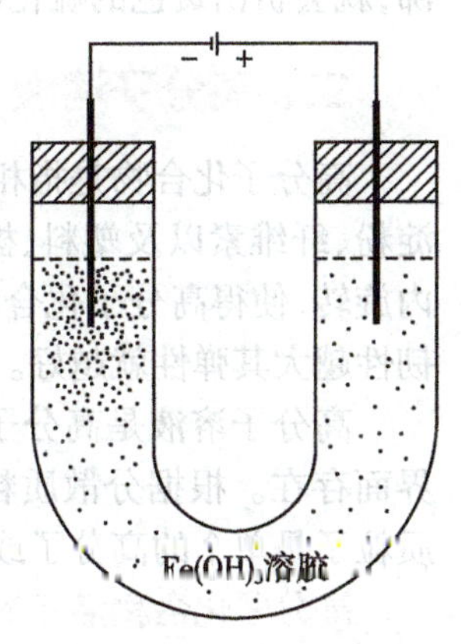

图3-4 电泳示意图

若把溶胶充满多孔性物质(如活性炭等)，胶粒被吸附而固定。通电后，可观察到介质的定向移动。这种在外电场作用下，分散介质通过多孔性物质作定向移动的现象称为电渗(electroosmosis)。

电泳和电渗技术都是由于分散相和分散介质作相对运动时产生的电动现象，电泳技术在临床检验中常用来分离血浆中带电荷的蛋白质或同工酶，并测定不同组分的含量，为诊断相关疾病提供依据；电渗技术可用于溶胶净化、海水淡化等。

(2) 胶粒带电的原因：胶粒带电的原因有两种：①吸附作用：胶粒选择性的吸附带电粒子而使胶粒带电。胶粒中的胶核是原子、离子或分子的聚集体，与介质之间有很大的界面，总是选择性地吸附分散体系中与其组成结构相同(或相似)的离子而带上相应的电荷。如 AgCl 溶胶在含过量 $AgNO_3$ 的溶液中，优先吸附 Ag^+，使胶粒带正电；而在含过量 KCl 的溶液中，优先吸附 Cl^-，使胶粒带负电。②解离作用：有些胶粒表面的基团能解离而使胶粒带电。如硅酸溶胶(简称硅胶)是许多硅酸分子聚合而成，其带电原因是硅胶表面的硅酸分子发生解离，H^+ 扩散进入介质，残留的 $HSiO_3^-$ 和 SiO_3^{2-} 使胶粒表面带上负电，故硅胶是负溶胶。高分子化合物溶液也有类似的情况，如血浆中蛋白质带电的原因，是蛋白质分子上的活性基团发生了电离而带电。

(二) 溶胶的相对稳定性和聚沉现象

1. 溶胶的稳定因素　溶胶是热力学不稳定体系，但实际上，很多纯化的溶胶可以长时间稳定存在，具有动力学的稳定性，这种能够在相对较长时间内稳定存在的性质称为溶胶的相对稳定性。除胶粒的布朗运动起到部分稳定作用外，主要有以下两种原因：

(1)胶粒带电:同种胶粒带同种电荷,互相排斥,从而阻止了胶粒接近、聚集、合并变大。胶粒带电越多,斥力越大,溶胶越稳定。

(2)溶剂化膜(水化膜)的保护作用:由于胶核吸附的离子溶剂化能力很强,在胶粒周围形成一层水化膜,阻止胶粒互相聚集而保持相对稳定。水化膜越厚,胶粒越稳定。

2. 溶胶的聚沉现象 溶胶的稳定性是相对的、有条件的。只要减弱或消除溶胶稳定的因素,就能使胶粒聚集成较大的颗粒而沉降。这种使胶粒聚集成较大的颗粒而从分散介质中沉淀析出的现象称为聚沉(coagulation)。使溶胶聚沉的主要方法有:

(1)加入电解质:溶胶对电解质十分敏感,加入少量的电解质就能中和胶粒的电荷,从而破坏水化膜,粒子就会聚集变大而迅速沉降。例如在 $Fe(OH)_3$ 溶胶中,加入少量 $(NH_4)_2SO_4$ 溶液,就会看到 $Fe(OH)_3$ 沉淀析出。

电解质对溶胶的聚沉能力,主要取决于与胶粒带相反电荷的离子(即反离子)的电荷数,反离子的电荷数越高,聚沉能力越强。例如对于 As_2S_3 溶胶(负溶胶)的聚沉能力是:$AlCl_3 > CaCl_2 > NaCl$,对于 $Fe(OH)_3$ 溶胶(正溶胶)的聚沉能力是:$K_3PO_4 > K_2SO_4 > KCl$。

(2)加入带相反电荷的溶胶:两种带相反电荷的溶胶混合后,互相中和电荷,致使溶胶发生聚沉。明矾净水就是溶胶相互聚沉的实际应用,天然水中的悬浮粒子一般带有负电荷,若在水中加入明矾 $[KAl(SO_4)_2 \cdot 12H_2O]$,明矾解离出的 Al^{3+} 发生水解,生成 $Al(OH)_3$ 正溶胶,它与悬浮在水中带负电的杂质胶粒聚沉,再加上 $Al(OH)_3$ 絮状物的吸附作用,从而达到消除污物、净化水的目的。

(3)加热:许多溶胶加热时都能发生聚沉,因为加热增加了胶粒运动速度和粒子间的碰撞机会,同时降低了胶粒的吸附能力,削弱了胶粒的溶剂化作用,从而导致胶粒聚沉。例如将 As_2S_3 溶胶加热至沸,就会析出黄色的硫化砷沉淀。

二、高分子溶液

高分子化合物是指相对分子质量在 10^4 以上的大分子化合物,简称高分子。如蛋白质、核酸、糖原、淀粉、纤维素以及塑料、橡胶等。其结构多含有很长的碳链,每个链节中的单键都能绕相邻的单键作内旋转,使得高分子化合物碳链表现出柔韧性,容易弯曲甚至可以卷曲成线团状。高分子化合物的柔韧性越大其弹性就越好。

高分子溶液是高分子化合物溶解在适当的溶剂中所形成的均相体系,分散相和分散介质间没有界面存在。根据分散质粒子大小,高分子溶液属于胶体分散系的范围,具有胶体的某些性质;而分散质粒子是单个的高分子或离子,又具有溶液的性质。因此高分子溶液有不同于溶胶的特性。

高分子化合物溶液的特性

1. 稳定性 高分子化合物在溶液中的溶剂化能力很强。在无菌、溶剂不蒸发的情况下,高分子溶液可长期放置而不沉淀。它的稳定性与真溶液相似。原因是分子中含有许多亲水基团,如—OH、—COOH、—NH_2 等,这些基团有很强的亲水能力,高分子表面能通过氢键与水形成一层牢固的溶剂化膜,因而它比溶胶稳定,这也是高分子溶液稳定的主要原因。高分子溶液与溶胶的一些性质比较见表 3-4。

表 3-4 溶胶与高分子溶液性质比较

性质	溶胶	高分子溶液
分散系	非均匀、多相	均匀、单相
分散相	分子、原子或离子聚集体	单个高分子
溶解性	不溶	可溶
稳定性	不稳定(粒子自动聚集)	稳定(粒子不自动聚集)
形成条件	需稳定剂	自动形成
对电解质敏感性	敏感	不敏感
光学现象	丁达尔现象明显	丁达尔现象弱
黏度	小	大

2. 黏度大　因为高分子化合物有线状或分枝状结构，在溶液中能牵引介质使得其运动困难。影响高分子黏度的因素有浓度、压力、温度和时间等。

3. 盐析　要使高分子化合物从溶液中析出，只有加入大量的电解质，破坏溶剂化膜，使高分子化合物失去稳定因素，导致分子相互聚集，从溶液中沉淀析出，这种加入大量电解质，使高分子化合物从溶液中沉淀析出的过程称为盐析（salting out）。利用这一性质可分离蛋白质，例如在血清中分别加入浓度为 2.0mol/L、3.5mol/L 的 $(NH_4)_2SO_4$（称为盐析剂），可使血清中球蛋白、清蛋白分步沉淀而分离。

三、高分子溶液对溶胶的保护作用

在溶胶中加入一定量的高分子溶液，能显著地提高溶胶对电解质的稳定性，这种现象称为高分子溶液对溶胶的保护作用。例如在含有明胶的硝酸银溶液中加入适量的氯化钠溶液，可形成氯化银胶体溶液，而不是沉淀；医用防腐剂蛋白银是蛋白质保护的银溶胶；医用胃肠道造影的硫酸钡合剂是阿拉伯胶保护的硫酸钡溶胶；医药用的乳剂，一般也是加入高分子溶液来提高其稳定性。

图片：高分子溶液对溶胶的保护作用

高分子溶液对溶胶的保护作用，是由于加入的高分子化合物被吸附在胶粒的表面，将整个胶粒包裹起来，形成一个保护层。因高分子化合物有很强的溶剂化能力，相当于在胶粒外面又增加了一层溶剂化膜，从而更有效地阻止了胶粒的聚集，大大增强了溶胶的稳定性。

高分子溶液对溶胶的保护作用在人体的生理过程中有着重要的意义。血液中的碳酸钙、磷酸钙等微溶的无机盐类，都是以溶胶形式存在，尽管它们的溶解度比在水中提高了近五倍，但仍能稳定存在，原因就是血液中的蛋白质溶液对这些微溶盐起到了保护作用。但当某些肝、肾等疾病使血液中的蛋白质减少时，蛋白质分子对它们的保护作用就会减弱，微溶盐就有可能沉积在胆囊、肾等器官中，形成各种结石。

第五节　表面活性剂与乳状液

胆汁的作用

张女士，两个月前因胆结石，胆囊炎反复发作，行腹腔镜切除胆囊后，经常有大便不成形甚至腹泻的现象，如果进食了脂肪性食物，则症状就更严重。

请思考：

1. 分析张女士腹泻的原因。
2. 表面活性剂的结构有何特点？

把两相接触的分界面称为界面，有气 – 液、气 – 固、液 – 液、固 – 液等类型，若其中有一相为气相，习惯上称为表面（surface）。物质在界面上所发生的物理和化学现象称为界面现象，也称为表面现象。

一、表面活性剂

（一）表面张力和表面能

任何两相的界面分子与其内部分子所处的状态不同，能量也不同。以气 – 液界面（表面）为例，如图 3-5 所示。

液体内部的分子 A 受到各个方向等同的引力，合力为零，是平衡的。因此液体内部分子可自由移动而不做功；但靠近表面的分子 B 受力不均，下方密集液体分子对它的吸引力远大于上方稀疏气体分子对它的吸引力，所受合力不为零，方向指向液体内部并与液面垂直。这种合力试图将表层的分子拉入到液体内部，即表面存在一种抵抗扩张的力称为表面张力（surface tension），以 γ 表示，它是垂直作用于单位长度相界面上的力。所以液体表面有自动缩小表面积的趋势，总是趋向于形成球形，例如荷叶上的水珠，人洗脸后感觉面部发紧。

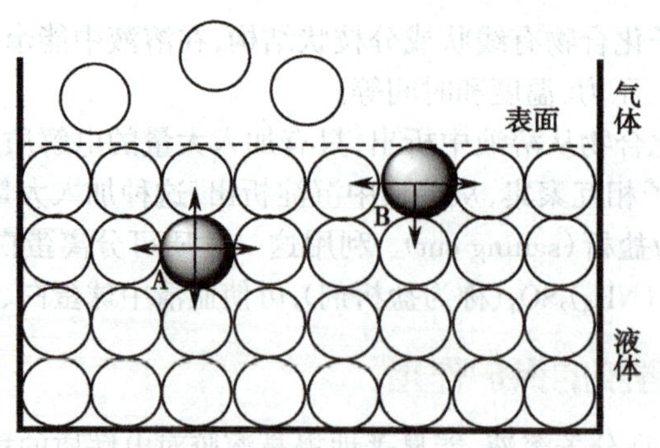

图 3-5　液体－气体的界面现象

表面张力是物质的特性，是分子间相互作用的结果，大小与温度和界面两相物质的性质有关。不同的物质，表面张力不同。

将液体内部的分子移到表面，必须克服这种内部分子的拉力而做功(表面功)，它以势能形式储存于表层，表层分子比其内层分子多出来的能量称为表面能(surface energy)。一定质量的物质分散得越细小，表面积就越大，表面能越高，体系越不稳定。

(二) 表面吸附

表面吸附是指固体或液体表面吸引其他物质的分子、原子或离子聚集在其表面的过程。具有吸附作用的物质称为吸附剂，被吸附的物质称为吸附质。

1. 固体表面吸附　固体表面可通过吸附气体分子或液体分子以降低其表面张力。其可分为物理吸附(范德华力)和化学吸附(化学键力)。在医药中吸附有广泛的应用：利用活性炭、硅胶、活性氧化铝和分子筛等除掉中草药中的植物色素等；药用活性炭经口服可吸附肠道中的气体、毒素及细菌。

2. 溶液表面吸附　在一定温度下纯液体都有一定的表面张力，若向纯液体(如水)中加入溶质，由于溶质占据部分表面，溶液的表面张力随之变化。

(1) 正吸附：若加入的溶质能降低溶剂的表面张力，则溶液表层将保留更多的溶质，其表面层的浓度大于溶液内部的浓度，从而降低体系表面能，使体系趋于稳定，这种吸附称为正吸附(简称吸附)。例如向水中加入长链脂肪酸盐(如硬脂酸钠)、合成洗涤剂(如十二烷基硫酸钠)、胆汁酸盐等溶质后在溶液中能形成正吸附。

(2) 负吸附：若加入的溶质能增加溶剂的表面张力，溶液表层则排斥溶质，使其尽量进入溶液内部，此时溶液表层溶质的浓度小于其内部浓度，这种吸附则称为负吸附。

(三) 表面活性剂

凡是能显著降低水的表面张力，产生正吸附的物质称为表面活性物质(surface active substance)或表面活性剂(surface active agent)；例如肥皂及各种合成洗涤剂都是常见的表面活性剂。

凡是能使水的表面张力升高或略微降低，产生负吸附的物质则称为非表面活性物质或表面惰性物质，例如 NaCl、NH_4Cl 等无机盐以及醇、醛、羧酸、蔗糖等有机物都是表面惰性物质。

表面活性物质能显著降低水的表面张力，与其分子结构密切相关的。它们的共同特征：既包含亲水基团(如—OH、—COOH、—NH_2 等)，又包含疏水基团(或亲油基，如烃基、苯基等)，如 3-6 所示。这种不对称的分子结构，决定了表面活性物质具有表面吸附、分子定向排列以及形成胶束等基本性质，其结果是降低了表面张力、使体系趋于稳定。

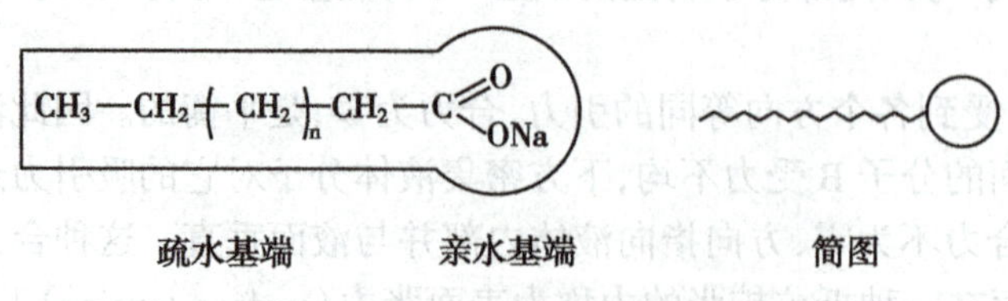

图 3-6　表面活性剂分子结构特征

以肥皂(高级脂肪酸钠)为例，当它溶入水中，亲水的羧基端受水分子吸引进入溶液内部，而疏水

的长碳氢链受水分子排斥，则力图离开水相而向溶液表层聚集，伸向空气。如果水中加入极少量的肥皂，它就被吸附在溶液表面定向排列，形成单分子吸附层薄膜（图 3-7），从而降低水的表面张力和体系的表面能；可是当进入水中的肥皂达到一定量时，在分子表面膜形成的同时，而在溶液内部表面活性物质逐渐聚集起来，形成疏水基向“内”而亲水基向“外”的直径在胶体范围的胶束（micelle），由于胶束的形成减少了疏水基与水的接触表面积，从而使得系统稳定。由胶束形成的溶液称为缔合胶体。由于表面活性剂的“两亲性”，它不仅可在气－液界面吸附，也可在其他相界面（如液－液、液－固等）吸附。

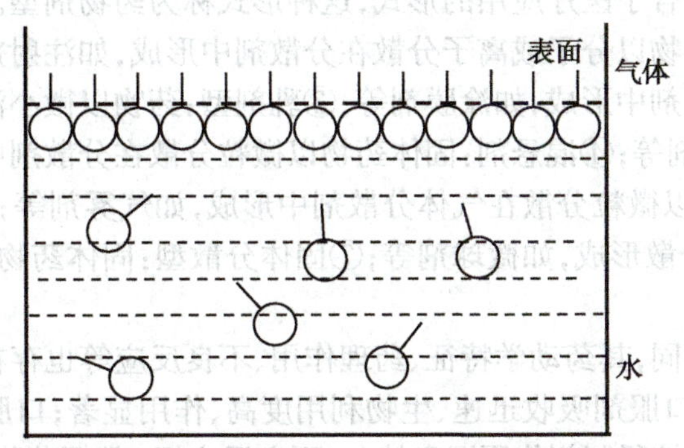

图 3-7 表面活性物质在气－液表面上的定向排列图

表面活性剂在生命科学中有重要的意义。例如构成细胞膜的脂类（如磷脂、糖脂等）、血液中的某些蛋白质等都是表面活性物质，磷脂使细胞保持一定形态，有利于物质交换；血浆蛋白使脂溶性物质形成稳定的胶体，利于脂类物质的运输；由胆囊分泌的胆汁酸盐能乳化脂肪形成稳定的乳状液，利于脂类物质的消化和吸收。一些生物表面活性剂有抗微生物（细菌、真菌、病毒）活性的作用。表面活性剂具有的乳化、润湿、增溶、消泡等作用，在医药学上有着广泛的应用。

二、乳状液

乳状液（emulsion）也称为乳剂，是一种液体以细小液滴分散在另一种互不相溶的液体中形成的粗分散系。例如在水中加入少量油并剧烈振荡，水、油滴相互分散，静置后水、油自动分层，不能形成稳定的乳状液。

欲制得较为稳定的乳状液，必须加入第三种物质来增加其稳定性。能增加乳状液稳定性的物质称为乳化剂（emulsifying agent），其所起的稳定作用称为乳化作用。常用的乳化剂是一些表面活性剂，如肥皂、洗涤剂、胆盐等。乳化剂能被吸附在油滴和水的界面上，其分子中的亲水基伸向水相，亲油基伸向油相，在两相界面上呈定向排列，降低了界面张力和界面能，使乳状液变得稳定；另一方面，在油滴表面形成单分子层保护膜，阻止了油滴之间的相互聚集合并，从而使乳状液更稳定性。

乳状液的水相以“水”或“W”表示；油相以“油”或“O”表示，它可分为两种类型：一种是油分散在水中，称为“水包油”型（O/W）；一种是水分散在油中，称为“油包水”型（W/O）。鱼肝油乳剂、钠肥皂等亲水性较强的乳化剂易形成 O/W 型乳状液；而胆固醇、钙皂等亲油性较强的乳化剂易形成 W/O 型乳状液。

三、乳化作用的护理应用

1. 青霉素注射液　临床上使用的青霉素注射液有油剂（W/O）和水剂（O/W）两种，水剂易被人体吸收，也容易排泄；油剂吸收慢，在体内维持时间长。

2. 乳白鱼肝油　一些不溶于水的油性药物，常需制成乳状液，如市售乳白鱼肝油常制成水包油型乳剂，以掩盖鱼肝油的气味，减少扰乱胃肠功能，使其易于吸收。

3. 煤酚皂溶液　消毒和杀菌用的药剂也常制成乳状液（如煤酚皂溶液），以增加药物与细菌的接触面，大大提高药效。

4. 脂肪乳剂　脂肪乳剂是各种形式的乳状液，牛奶是天然的乳状液，营养丰富且易于吸收。食物

中的脂类被胆汁酸乳化成直径 3~10μm 的混合微团，增大了消化酶与脂质的接触面积，有利于脂类的消化、吸收。

临床常用药物剂型

临床药物必须制成适合于医疗应用的形式，这种形式称为药物剂型。药物剂型按分散系不同可分为 7 种：①溶液型：药物以分子或离子分散在分散剂中形成，如注射剂等；②胶体溶液型：高分子或固体药物分散在分散剂中形成，如涂膜剂等；③乳剂型：药物以微小液滴分散在另一不相溶的分散剂中形成，如口服乳剂等；④混悬剂：固体药物以微粒分散在分散剂中形成，如合剂等；⑤气体分散剂：液体或固体药物以微粒分散在气体分散剂中形成，如气雾剂等；⑥微粒分散型：以不同大小微粒呈液体或固体状分散形成，如微球剂等；⑦固体分散型：固体药物以聚集体存在的体系，如片剂等。

同一药物由于剂型不同，其药动学特征、药理作用、不良反应等也存在差异。绝大多数药物的注射剂、气雾吸入剂等较口服剂吸收迅速、生物利用度高、作用显著；口服剂中液体剂型比固体剂型更易吸收，发挥作用快；控释制剂作用温和持久，不良反应轻。掌握药物剂型对药物作用的影响，可指导临床合理用药。

思考题

1. 临床上给病人大量补液时，为什么要使用等渗溶液，请以红细胞为例说明原因。
2. 慢性肾炎或肝功能障碍等疾病常引起病人下肢水肿，请用化学原理加以分析。
3. 为什么溶胶对电解质敏感，加入少量电解质就发生聚沉，而蛋白质溶液则需加入大量的盐才会盐析？

思路解析　　扫一扫，测一测

目标检测

一、填空题

1. 产生渗透现象的条件是______和________。
2. 某患者需补 0.45g Na^+，需生理盐水(质量浓度为 9.0g/L NaCl)______ml。
3. 要配制 250ml 体积分数为 0.30 的甘油溶液，需纯甘油______ml。
4. 在一定温度下，难挥发性非电解质稀溶液的渗透压力只与______成正比，而与______无关。
5. 正常人血浆的渗透浓度约为______mmol/L。
6. 临床上常用的等渗溶液有 NaCl 溶液、葡萄糖溶液、乳酸钠溶液和 $NaHCO_3$ 溶液，它们的质量浓度(g/L)依次为__________，__________，__________和__________。
7. 将红细胞置于低渗溶液中，会发生________现象，在高渗溶液中红细胞会发生________现象。
8. 临床上需用 1/6mol/L 乳酸钠($C_3H_5O_3Na$)溶液 360ml，如用 112g/L 乳酸钠针剂(20ml/支)配制，需______支乳酸钠。

9. 渗透方向总是由__________的一方指向__________的一方。

10. 在相同温度下，对于任何非电解质或电解质溶液，只要粒子__________相等，它们的渗透压也必定相等。

11. 溶胶具有相对稳定性是由__________、__________和__________决定的。

12. 从结构上分析，表面活性物质是由__________和__________两种基团组成。

13. 在外电场作用下，电泳是__________在介质中作定向运动现象，而电渗是__________通过多孔隔膜作定向移动现象。

14. 溶胶稳定的主要原因是__________，而高分子溶液稳定的主要原因是__________。

15. 表面张力和表面积越大，表面能越__________，体系越__________。

16. 凡是能使溶液的表面张力显著降低，产生正吸附的物质称__________。

二、计算题

1. 临床上用来治疗碱中毒的针剂 NH_4Cl，其规格为 20ml 一支，每支含 0.16g NH_4Cl，计算该针剂的物质的量浓度及每支针剂中含 NH_4Cl 的物质的量（NH_4Cl 的摩尔质量为 53.5g/mol）。

2. 治疗脱水、电解质失调与中毒的林格（Ringer）静脉滴注液的处方是在 1L 注射液中溶有 8.5g NaCl、0.30g KCl、0.33g $CaCl_2 \cdot 2H_2O$，此林格液的渗透浓度是多少？它与人体血浆是等渗溶液吗？

3. 人体正常温度为 37℃，实验测得人的泪水的渗透压力为 721kPa，泪水的渗透浓度为多少 mmol/L？

4. 已知生理盐水的规格为 500ml 中含 NaCl 4.5g，求该溶液的质量浓度，物质的量浓度和渗透浓度（NaCl 的摩尔质量为 58.5g/mol）。

5. 若将 50g/L 葡萄糖溶液和生理盐水等体积混合，问此混合液是等渗、低渗还是高渗溶液？ 37℃时其渗透压是多少？

三、综合题

1. 将 50g/L 葡萄糖溶液和 9.0g/L NaCl 溶液等体积混合后

（1）通过计算判断该混合液是临床上的等渗溶液吗？

（2）37℃时，其渗透压为多少？

2. 正常成人血液中葡萄糖（简称血糖）的浓度在 3.9~6.1mmol/L 之间。某人常规体检时测得 1ml 血液中含有葡萄糖 0.9mg，请通过计算确定此人的血糖是否正常？已知 $M(C_6H_{12}O_6)$=180g/mol。

（王金铃）

笔记

第四章 化学反应速率和化学平衡

学习目标

1. 掌握:化学反应速率和化学平衡的概念、数学表达式及相关简单计算。

2. 熟悉:可逆反应与化学平衡的关系;影响化学反应速率及化学平衡的因素;化学平衡移动的原理。

3. 了解:有效碰撞理论;平衡常数与化学反应进程的关系。

认识人体内的生理变化、生化反应及药物在体内的代谢等生理现象,需要懂得化学反应速率和化学平衡的基本知识。化学反应速率研究化学反应的快慢;化学平衡研究化学反应能否发生及进行的程度。

第一节 化学反应速率

化学反应速率的应用

不同化学反应进行的快慢不同,有的反应进行得非常迅速,瞬间即可完成,例如火药爆炸、酸碱中和反应等。有的反应则进行得十分缓慢,例如石油、化石、溶洞、煤等的形成,以致在有限的时间内人们难以觉察。在实际中会经常遇到掌控反应速率的问题,如消毒剂的灭菌作用,希望反应进行的越快越好,物质的合成反应,总是设法使其尽快反应,以节约时间,降低成本;相反,对于某些如药品的变质、食品的腐败、金属的锈蚀等有害反应,则采用适当措施,使反应越慢越好。因此,人们需要掌握化学反应速率的规律来控制化学反应速率。

请思考:

1. 化学反应速率与哪些因素有关?

2. 如何通过改变反应条件来掌控化学反应速率?

一、化学反应速率及表示方法

(一) 浓度随时间的变化

以 N_2O_5 分解反应为例,化学反应方程式为:

$$N_2O_5(g) \longrightarrow 2NO_2(g)+\frac{1}{2}O_2(g)$$

当温度为 318K 时，以时间 t 为横坐标，以反应物浓度 c 为纵坐标，绘制 c–t 曲线，即为反应物浓度随时间变化曲线，如图 4-1 所示。

观察 $c(N_2O_5)/t$ 关系图曲线，可以看出：随着时间的推移，反应物的浓度不断减少，且变化的趋势逐渐减弱。

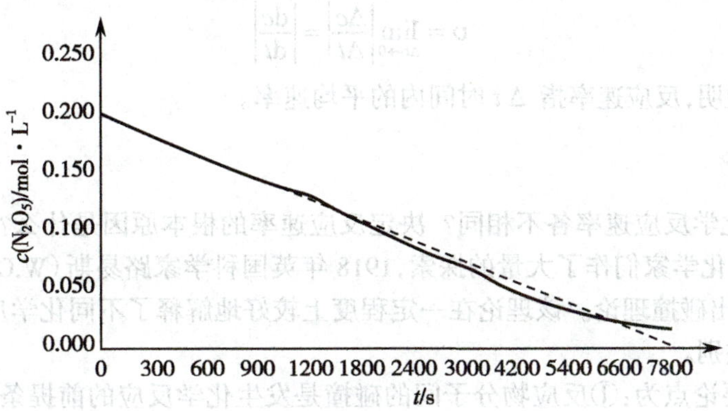

图 4–1　$c(N_2O_5)/t$ 关系图

（二）平均速率和瞬时速率

化学反应速率（rate of a chemical reaction）是指在一定条件下，化学反应中某物质的浓度随时间的变化率，用符号 v 表示。不同的化学反应其反应速率不同，同一化学反应在不同的反应条件下，反应速率不同，同一化学反应在同一条件下，在不同时间段内反应速率也不相同，因此，在描述化学反应速率时，既要指明反应类型、反应条件，还要指明反应速率的表达方式，即平均速率和瞬时速率。

1. 平均速率　平均速率 $\bar{v}$ 表示化学反应在 Δt 时间段中，某物质浓度的改变量（Δc）。

$$\bar{v}=\left|\frac{\Delta c}{\Delta t}\right| \tag{4-1}$$

$\bar{v}$ 的常用单位为 mol/(L·s)；Δc 的常用单位为 mol/L；Δt 的常用单位为 s、min 和 h。

例 4–1，在一定条件下，氮气和氢气合成氨，在 t_1 时间内各物质的浓度为 c_1，t_2 时间内各物质的浓度为 c_2，它们的数值如下：

	N_2 +	$3H_2$	$\rightleftharpoons$ $2NH_3$
当 t_1=0s 时，c_1(mol/L)	6	12	0
当 t_2=3s 时，c_2(mol/L)	3	3	6

上述条件下该反应的化学反应速率可分别表示为：

$$\bar{v}_{N_2}=\left|\frac{\Delta c}{\Delta t}\right|=\left|\frac{3-6}{3-0}\right|=1\text{mol}/(\text{L·s})$$

$$\bar{v}_{H_2}=\left|\frac{\Delta c}{\Delta t}\right|=\left|\frac{3-12}{3-0}\right|=3\text{mol}/(\text{L·s})$$

$$\bar{v}_{NH_3}=\left|\frac{\Delta c}{\Delta t}\right|=\left|\frac{6-0}{3-0}\right|=2\text{mol}/(\text{L·s})$$

从上述计算可以看到，对于同一化学反应，用不同的物质表示化学反应速率，其数值可能不同，但它们都代表同一化学反应速率的本质一样。

对于任意一个化学反应：

$$m\text{A}+n\text{B} = p\text{C}+q\text{D}$$

各物质的反应速率之间存在以下关系：

$$\frac{1}{m}\bar{v}_A=\frac{1}{n}\bar{v}_B=\frac{1}{p}\bar{v}_C=\frac{1}{q}\bar{v}_D \tag{4-2}$$

对于同一反应，化学反应速率之比等于化学方程式中计量系数之比，因此，在表示某反应速率时，必须注明使用的是哪一种物质。

2. 瞬时速率　在反应过程中，绝大部分化学反应都不是匀速进行的，反应的平均速率不能真实说明化学进行的快慢情况。当反应时间（Δt）足够小时，反应的平均速率就接近反应的真实速率，这就是瞬时速率，即在一定条件下，当 $\Delta t \to 0$ 时反应物浓度的减少或生成物浓度的增加，其表达式为：

$$\upsilon = \lim_{\Delta t \to 0}\left|\frac{\Delta c}{\Delta t}\right| = \left|\frac{\mathrm{d}c}{\mathrm{d}t}\right| \tag{4-3}$$

一般没有特别说明，反应速率指 Δt 时间内的平均速率。

二、碰撞理论

为什么不同的化学反应速率各不相同？决定反应速率的根本原因是什么？为解决这些问题，从19 世纪后半期开始，化学家们作了大量的探索，1918 年英国科学家路易斯（W.C.M.Lewis）在气相双分子运动的基础上，提出碰撞理论。该理论在一定程度上较好地解释了不同化学反应，尤其是气态双原子分子反应速率的差别。

碰撞理论的主要论点为：①反应物分子间的碰撞是发生化学反应的前提条件。如果分子间不发生碰撞，反应不可能发生。碰撞频率越高，化学反应速率就越快。②不是任何两个反应物分子发生碰撞都能发生反应。能够发生反应的碰撞称为有效碰撞（effective collision）。发生有效碰撞的分子应有足够高的能量，能够破坏原有化学键，转化生成新的分子，即发生化学反应。③能否发生有效碰撞，还取决于碰撞分子间的取向，这是有效碰撞发生的充分条件。

如反应：

$$CO(g) + NO_2(g) = CO(g) + NO(g)$$

在 CO 与 NO_2 分子碰撞时，只有当 CO 中的碳原子与 NO_2 中的氧原子靠近，并沿着 C—O 与 N—O 直线方向相碰撞，才有可能发生反应。

三、活化能

能量较高能够发生有效碰撞的分子，称为活化分子（activating molecular）。活化分子数在总分子数中的百分数越大，则有效碰撞的次数越多，反应速率就越快。

活化分子的最低能量（E^*）与反应物分子平均能量（$\bar{E}$）之差称为反应的活化能（activation energy），用符号 E_a 表示。单位为 kJ/mol。见图 4-2。

$$E_a = E^* - \bar{E} \tag{4-4}$$

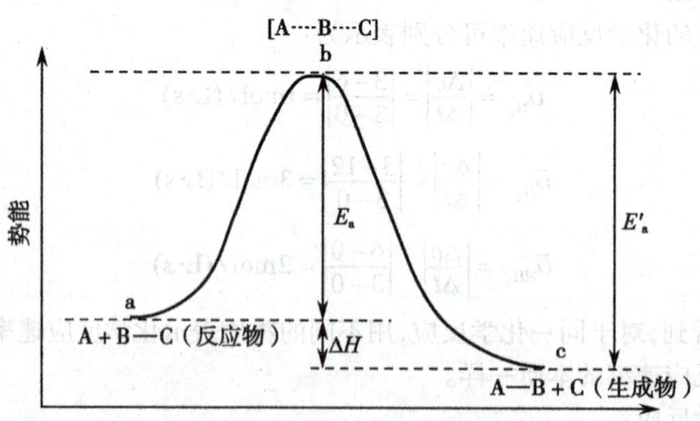

图 4-2　过渡态理论反应势能图

活化能可以理解为每 1mol 具有平均能量的分子变为活化分子时吸收的最低能量。活化能是决定化学反应速率的一个重要因素。在一定温度下，反应的活化能越小，活化分子数越大，单位体积内有效碰撞次数越多，化学反应速率就越大。

活化能取决于反应物分子的本性，不同的反应活化能不同。大多数反应的活化能为60~250kJ/mol。活化能小于40kJ/mol的化学反应，其反应速率极快；活化能大于400kJ/mol的化学反应，其反应速率极慢，通常情况下不易观察。

四、影响化学反应速率的因素

影响化学反应速率大小的内在因素有反应物的结构、组成和性质，外界因素有浓度、温度、催化剂等。掌握外界因素的影响便可以控制反应速度，将会对人们的日常生活和生产实践产生积极的作用。

（一）浓度对反应速率的影响

1. 基元反应和复杂反应　化学反应方程式只能说明反应物和生成物及它们之间的量的关系，并不能代表反应的实际过程。

一步就可以完成的化学反应称为基元反应，也称简单反应。

如：

$$2NO_2 \longrightarrow 2NO + O_2$$

多数化学反应并不能一步完成，而是分步进行。这样的化学反应称为复杂反应，又称为非基元反应。一个化学反应是否是基元反应，从表面上很难判断，必须通过实验才能证实。

如：

$$H_2 + I_2 \longrightarrow 2HI$$

实验证实其反应历程为：

$$I_2(g) \rightleftharpoons 2I(g)（快）$$

$$H(g) + 2I(g) \longrightarrow 2HI(g)（慢）$$

此反应是由两个基元反应组成的复杂反应，该反应的速率将由最慢的基元反应速率决定，因此，最慢的基元反应又称为限速步骤。

2. 速率方程　经验证明，在一定温度下，基元反应的反应速率与各反应物浓度幂的乘积成正比，此规律称为质量作用定律(mass action law)。其中各浓度的幂指数分别为反应方程式中各反应物质的计量系数。

如：对于基元反应

$$mA + nB = pC + qD$$

速率方程表达式为：

$$\upsilon = kc_A^m c_B^n \tag{4-5}$$

由式(4-5)可知，在相同条件下，对同一反应，反应物浓度越大，反应速率越大。浓度对反应速率的影响可以用碰撞理论解释。在一定温度下，加大反应物浓度，将增加活化分子的百分数和反应物分子的碰撞次数，也就增加了有效碰撞的次数，使反应速率增加。

*k*为速率常数，是一个反应的特征物理常数，不同反应的速率常数不同，其大小反映速率快慢和反应的难易程度，速率常数与反应物的本性有关，与反应物的浓度无关，但受到温度、溶剂、催化剂等影响。有气体参加的反应，速率方程中可用气体的分压代替其浓度。对于反应物中有纯固体或纯液体，其浓度视为常数。

对于复杂反应，速率方程中反应物浓度的幂指数通过实验测定，与反应方程式中反应物质的计量系数无关。

如复杂反应：

$$2H_2 + NO_2 = 2H_2O + N_2$$

经实验证实，此反应的速率方程为：

$$\upsilon = kc_{H_2}c_{NO_2}^2$$

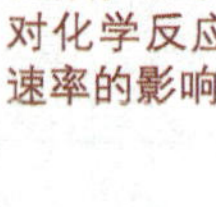

视频：浓度对化学反应速率的影响

压强对化学反应速率的影响，在本质上与浓度对反应速率的影响相同。需要注意的是压强只对有气体参加的化学反应的反应速率有影响。

(二) 温度对反应速率的影响

温度是影响化学反应速率的主要因素之一。化学反应速率与温度的关系比较复杂，通常情况下，温度升高会加快反应速率。

如：

$$2H_2 + NO_2 = 2H_2O + N_2$$

$$2H_2 + O_2 \longrightarrow 2H_2O$$

视频：温度对化学反应速率的影响

常温下反应几乎不能察觉，但当温度升至 673K，大约 80 天可完全反应，升至 773K 时只需要 2 小时左右，升至 873K 以上，则迅速反应并发生猛烈爆炸。大量的实验证明，当其他条件不变时，温度每升高 10℃，化学反应速率大约可增加到原来的 2~4 倍。

温度对化学反应速率的影响可用有效碰撞理论解释：一是温度升高，反应物分子运动速度加快，单位时间内反应物分子的碰撞总次数增加，有效碰撞次数增加，导致反应速率增大；二是升高温度使活化分子百分比增加，有效碰撞次数大大增加，从而加大反应速率。

知识拓展

用反应速率与温度的关系预测药物的化学稳定性

药物及其制剂在储存过程中，常由于发生水解、氧化等化学反应而使含量逐渐降低，甚至失效，因此研究药物在室温下的化学稳定性即药物的储存期或有效期，对于防止药物变质失效、保证用药质量具有重要意义。

可根据反应速率与温度的关系，可预测药物或其制剂在室温下的贮存期。如经典恒温法，选择在几个较高的温度下，使药物进行分解，测定各温度下药物浓度随时间的变化情况，即可求出其分解速率常数 k，然后以 $\ln k$ 对 $1/T$ 作图，将直线外推至室温，求出室温下的分解速率常数，将此数值代入反应速率方程，即可求出药物在室温下分解所需的时间。

(三) 催化剂对反应速率的影响

能改变化学反应速率，而本身的质量和化学性质在反应前后均不发生改变的物质称为催化剂(catalyst)，催化剂所起的作用称为催化作用(catalysis)。催化剂有正、负之分，正催化剂可以加快反应速率，负催化剂能够减慢反应速率。一般情况下所提到的催化剂是指正催化剂。

催化剂能改变化学反应速率的原因是因为它参与了化学反应过程，改变了原来的反应途径，降低了反应的活化能，因而使反应速率加快。

如反应：

$$A + B \longrightarrow AB$$

如图 4-3 所示，未加催化剂的反应途径是(1)，其反应活化能为 E_a；加入催化剂 C 后，反应途径为(2)，分两步进行：

第一步：$A + C \longrightarrow AC$　活化能为 E_{a1}

第二步：$AC + B \longrightarrow AB + C$　活化能为 E_{a2}

视频：催化剂对化学反应速率的影响

由于反应途径的改变，使 E_{a1} 和 E_{a2} 均远小于 E_a，降低了反应所需活化能，有更多的分子越过能垒变成活化分子，活化分子百分数增加了，反应速率加快了。

催化剂具有以下特点：①催化剂只改变化学反应速率，而不影响化学反应的始态和终态，即催化剂不能改变反应的方向；②对于可逆反应，催化剂可以同等程度地加快正、逆反应的速率。

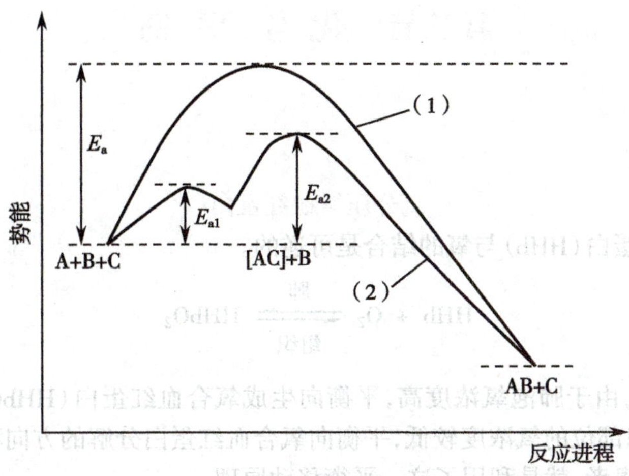

图 4-3 催化剂的作用

五、化学反应速率的护理应用

人体内的生命活动是错综复杂的一个个化学反应集合，这些化学反应中都离不开酶的催化作用。酶是活细胞合成的具有催化功能的一类蛋白质，属于生物催化剂。

酶除具有一般催化剂的特点外，还具有以下特征：

(1) 高度专一性：一种酶只对一种（或一类）物质起催化作用。例如淀粉酶只对淀粉的水解起催化作用，对脂肪和蛋白质的水解则不起催化作用。

(2) 高度催化活性：对同一反应，酶的催化能力常常比非酶催化高 10^6~10^{13} 倍。

(3) 不稳定性：酶需要在一定的 pH 范围和温度范围内才能有效地发挥作用。

因此，酶在日常生活及护理应用中应满足适宜条件。

(1) 维持正常生命体征所需的内环境：高温、紫外线、强酸、强碱等都能使蛋白质发生变化，从而失去酶的催化活性。如人的正常新陈代谢和生存的平均体温是 36.7℃，在这个温度环境下，体内的各种消化酶、代谢酶都能高效的起催化作用，当人体发热后，人体就会感觉浑身无力，还会出现食欲减退和消化不良的现象，主要就是因为人体内的消化酶和代谢酶随着温度的升高，活性逐渐降低，整个机体的新陈代谢速率变慢。对于持续发高热的患者要采取物理或化学方法来降低体温，并尽快查明原因对症治疗，同时要注意清淡饮食。

(2) 在使用含酶药物时，遵照医嘱用药，注意药的用法、用量及药物相互作用：如胰酶肠溶胶囊，为多种酶的混合物，主要含胰蛋白酶、胰淀粉酶和胰脂肪酶等，主要用于消化不良、胰腺病变引起的消化障碍和各种原因引起的胰腺外分泌功能不足的替代治疗。在肠液中消化淀粉、蛋白质及脂肪，起促进食欲的作用，需餐前服用。本品在中性或弱碱性条件下活性较强，不宜与酸性药物同服，与等量碳酸氢钠同服可增加疗效。

视频：影响化学反应速率的因素

(3) 合理膳食，营养充足：酶分布在人体的各种器官和体液中，人体内的酶有近千种，60%以上的含有微量元素铜、锌、锰、钼等，这些微量元素参与了各种酶的组成与激活，能使体内的各种反应顺利进行。人体所需要的各种元素都是从食物中得到补充。由于各种食物所含的元素种类和数量不完全相同，所以在平时的饮食中，要做到粗、细粮结合和荤素搭配，不偏食，不挑食。

第二节　化 学 平 衡

氧分压与血红蛋白

人体血液中的血红蛋白(HHb)与氧的结合是可逆的。

$$HHb + O_2 \underset{\text{组织}}{\overset{\text{肺}}{\rightleftharpoons}} HHbO_2$$

当血液流经肺部时，由于肺泡氧浓度高，平衡向生成氧合血红蛋白($HHbO_2$)的方向移动；当血液流经组织时，由于各组织部位的氧浓度较低，平衡向氧合血红蛋白分解的方向移动，释出 O_2，供全身组织利用。临床吸氧抢救患者，就是利用了这一平衡移动原理。

请思考：

1. 什么是平衡移动原理？
2. 影响平衡移动的因素有哪些？

研究一个化学反应，不仅要看反应速率，还要看此反应完成的程度，即化学平衡问题。

一、可逆反应与化学平衡

(一) 可逆反应

同一条件下，能同时向正、逆两个方向进行的化学反应称为可逆反应(reversible reaction)。即在反应物转变为生成物的同时，生成物又可以转变为反应物的化学反应，常用“$\rightleftharpoons$”表示。人们常把从左向右进行的反应称为正反应，从右向左进行的反应称为逆反应。如合成氨反应：

$$2N_2(g) + 3H_2(g) \rightleftharpoons 2NH_3(g)$$

若反应一旦发生就只朝着一个方向进行到底，直到反应物完全转变为生成物，此类反应称为不可逆反应(irreversible reaction)。实际上大多数化学反应都是可逆反应，只有极少数的如放射性元素的蜕变、$KClO_3$ 的分解等反应是不可逆反应。

(二) 化学平衡

可逆反应在反应开始时，反应物浓度最大，正反应速率最大，随着反应的进行，反应物浓度逐渐减少，正反应速率逐渐减慢；对于逆反应，当生成物产生，逆反应开始进行，随着生成物浓度不断增加，逆反应速率逐渐加快。当反应进行到一定程度时，正反应速率与逆反应速率相等，体系中反应物和生成物的浓度不再发生变化，此时体系所处的状态称为化学平衡(chemical equilibrium)。

化学平衡具有以下特征：①反应处于平衡时，正反应速率与逆反应速率相等，体系中各物质浓度保持不变；②化学平衡是动态平衡，反应达到平衡后，正、逆反应仍在进行；③化学平衡是可逆反应能进行的最大程度；④化学平衡是相对的、暂时的、有条件的，当外界条件发生改变，化学平衡即被破坏，直到建立新的平衡。

二、平衡常数和转化率

(一) 平衡常数

1. 平衡常数　对于任一可逆反应：

$$aA(g) + bB(g) \rightleftharpoons dD(g) + eE(g)$$

在一定温度下，反应达到化学平衡时，从理论上可推导出下列定量关系式：

$$K_p = \frac{[p_D]^d \cdot [p_E]^e}{[p_A]^a \cdot [p_B]^b} \quad 或 \quad K_c = \frac{[D]^d \cdot [E]^e}{[A]^a \cdot [B]^b} \tag{4-6}$$

K_c 为浓度平衡常数，K_p 为压力平衡常数。表达式表明在一定温度下，当可逆反应达到平衡时，生成物浓度（或分压）幂的乘积与反应物浓度（或分压）幂的乘积之比为一常数。这个平衡常数是通过实验测得平衡状态时各组分的浓度或分压而求得的平衡常数称为实验平衡常数，一般是有单位的。

用平衡浓度除以其标准态（c/c^{θ}，称为相对浓度）来代替平衡浓度，或以平衡分压（p/p^{θ}，称为相对分压）来代替平衡分压，求得的平衡常数为标准平衡常数 K^{θ}，是无量纲的量。标准浓度 c^{θ}=1mol/L，标准分压 p^{θ}=100kPa。

本教材所使用的均为实验平衡常数。

2. 平衡常数表达式的书写规则

(1) 平衡常数表达式中，各物质的浓度均为平衡浓度，气态物质以分压表示。

(2)反应中有纯固体或纯液体参加时，它们的“浓度”可看作是常数，不写入平衡常数表达式中。如：

$$MgCO_3(s) \rightleftharpoons MgO(s) + CO_2(g)$$

平衡常数表达式为：$K_p = p_{CO_2}$

(3) 稀溶液中进行的反应，若有水参加，水的浓度不必写在平衡常数表达式中。如：

$$NaAc(aq) + H_2O(l) \rightleftharpoons HAc(aq) + NaOH(aq)$$

平衡常数表达式为：$K_c = \frac{[NaOH][HAc]}{[NaAc]}$

但是，在非水溶液中的反应，有水参加反应，则水的浓度应写入平衡常数表达式中。

(4) 平衡常数表达式必须与反应方程式一致。同一反应的反应式的写法不同，则平衡常数的表达式不同。

$$N_2(g) + 3H_2(g) \rightleftharpoons 2NH_3(g) \quad K_1 = \frac{[NH_3]^2}{[N_2][H_2]^3}$$

$$\frac{1}{2}N_2(g) + \frac{3}{2}H_2(g) \rightleftharpoons NH_3(g) \quad K_2 = \frac{[NH_3]}{[N_2]^{\frac{1}{2}}[H_2]^{\frac{3}{2}}}$$

由此可见 K_1 与 K_2 不相同，$K_1 = K_2^2$。

3. 平衡常数的意义

(1) 平衡常数的大小是可逆反应进行程度的标志。K 越大，说明正反应进行的程度越大；K 越小，说明反应进行越不完全。

(2) 平衡常数是可逆反应的特征性常数，它只与物质本性和温度有关，与浓度、分压及反应途径无关。

（二）平衡常数的应用

1. 平衡转化率　反应达到平衡时，反应物转化为生成物的百分率，称为反应物的平衡转化率，用符号 α 表示。

$$\alpha = \frac{平衡时已转化的反应物的浓度}{反应物的初始浓度} \times 100\% \tag{4-7}$$

转化率和平衡常数都能表示可逆反应进行的程度，二者可以相互换算，但二者也有差别。平衡常数与反应物的起始浓度无关，只与温度有关；而转化率不但与温度有关，还与反应物的起始浓度有关。同一反应中不同反应物的转化率不同，因此使用时须指明是哪种反应物的转化率。

例 4-2　25℃时，可逆反应 $Pb^{2+}(aq)+Sn(s) \rightleftharpoons Pb(s)+Sn^{2+}(aq)$ 的平衡常数为 2.2，若 Pb^{2+} 的起始浓度为 0.10mol/L，计算 Pb^{2+} 的平衡转化率。

解：设反应达到平衡时，Sn^{2+} 的平衡浓度为 $x$mol/L，由反应式可知 Pb^{2+} 的平衡浓度为 $(0.10-x)$mol/L。

此反应的平衡常数表达式为：

$$K=\frac{[Sn^{2+}]}{[Pb^{2+}]}$$

将数据代入上式中得：

$$2.2=\frac{x}{0.10-x}$$

$$x=0.067$$

所以：$[Sn^{2+}]$=0.067mol/L

$[Pb^{2+}]$=0.10−x =0.10−0.067=0.033mol/L

Pb^{2+} 的平衡转化率为：

$$\alpha=\frac{c_{Pb^{2+}}-[Pb^{2+}]}{c_{Pb^{2+}}}\times 100\%=\frac{0.10-0.033}{0.10}\times 100\%=67\%$$

2. 判断可逆反应进行的方向

对于任一可逆反应：

$$aA(aq)+bB(aq) \rightleftharpoons dD(aq)+eE(aq)$$

在某温度下，将任意状态下各生成物浓度与反应物浓度各以其系数为幂的乘积之比称为反应商，用 Q 表示：

$$Q=\frac{c_D^d \cdot c_E^e}{c_A^a \cdot c_B^b} \tag{4-8}$$

在一定温度下，比较反应商与平衡常数的大小就可以判断可逆反应的方向。

(1) 若 $Q=K$，可逆反应处于平衡状态。

(2) 若 $Q<K$，可逆反应向正反应方向进行。

(3) 若 $Q>K$，可逆反应向逆反应方向进行。

三、化学平衡的移动

化学平衡是动态的平衡，当外部条件改变时，原有平衡被破坏，可逆反应将从一种平衡状态向另一种平衡状态转变，这一过程称为化学平衡的移动。影响化学平衡的因素很多，下面主要讨论浓度、压强、温度和催化剂对化学平衡的影响。

(一) 浓度对化学平衡的影响

可逆反应达到平衡后，$Q=K$。改变平衡体系中任一反应物或生成物的浓度，都会使反应商发生改变，造成 $Q \neq K$，引起化学平衡发生移动。

增大反应物的浓度或减小生成物的浓度，都会使反应商减小，使 $Q<K$，原有的平衡状态被破坏，可逆反应向正反应方向进行，直至反应商重新等于平衡常数。反之，减小反应物的浓度或增大生成物的浓度，会使 $Q>K$，可逆反应向逆反应方向进行，直至反应达到新的平衡。在新的平衡状态下，各物质的浓度均发生改变。为降低成本，达到提高经济效益的目的，在几种物质参加的反应中，常常加大价格低廉的投料比，使价格昂贵的物质得到充分利用。

(二) 压强对化学平衡的影响

由于压强对固体、液体的体积影响极小，所以压强的变化对固相、液相反应的平衡几乎没有影响。压强只对有气体参加的可逆反应的化学平衡有影响。

对某一有气体参加的反应：

$$aA(g)+bB(g) \rightleftharpoons dD(g)+eE(g)$$

在一定温度下达到化学平衡时：

$$Q=K=\frac{p_D^d \cdot p_E^e}{p_A^a \cdot p_B^b} \tag{4-9}$$

1. 反应前后气体分子总数不相等时　当 $(d+e)>(a+b)$，其他条件不变，增大压强，相应各组分

的分压也增大，但生成物增大的程度比反应物大，导致 $Q>K$，化学平衡向逆反应方向进行；减小压强，相应各组分的分压也减小，但生成物减小的程度比反应物大，导致化学平衡向正反应方向进行。当 $(d+e)<(a+b)$，其他条件不变，增大压强和减小压强，化学平衡移动的方向正好与 $(d+e)>(a+b)$ 的相反。

总之，对有气体参加的可逆反应，当其他条件不变时，增大压强，反应向气体分子总数减小的方向移动；反之减小压强，反应向气体分子总数增大的方向移动。

2. 反应前后气体分子总数相等　在其他条件不变时，当 $(d+e)=(a+b)$，增大或减小压强，相应各组分的分压也随之增大或减小，但生成物和反应物增大和减小的程度相等，导致 $Q=K$，反应不受影响，化学平衡不发生移动。

（三）温度对化学平衡的影响

浓度和压强的改变并不影响可逆反应的平衡常数，而温度的变化可改变平衡常数，导致 $Q \neq K$，从而使化学平衡移动。

温度对平衡常数的影响与反应热相关。对于放热反应，K 随温度的升高而减小；对于吸热反应，K 随温度的升高而增大。

对于吸热反应，在一定温度下达到平衡时，$Q=K$，当温度由 T_1 升高到 T_2 时，平衡常数由 K_1 增大 K_2 到，此时 $Q<K$，化学平衡向正反应（吸热反应）方向移动。

对于放热反应，当温度由 T_1 升高到 T_2 时，平衡常数由 K_1 减小到 K_2，此时 $Q>K$，化学平衡向逆反应（吸热反应）方向移动。

总之，对任意一可逆反应，在其他条件不变时，升高温度，化学平衡向吸热反应的方向移动；降低温度，化学平衡向放热反应的方向移动。

综上所述，浓度、压强和温度是影响化学平衡移动的重要因素。法国化学家勒夏特列（LE Chatelier）归纳出一条普遍的规律：任何已经达到平衡的体系，若改变平衡体系的条件之一，则平衡向削弱这个改变的方向移动。

视频：温度对化学平衡的影响

催化剂通过改变反应途径和活化能来改变反应速率，缩短到达平衡状态的时间，其对正、逆反应速率的影响程度相同，不能改变反应的平衡常数和反应商，因此不能使化学平衡发生移动。

四、化学平衡的护理应用

为维持人体正常的生理功能，可利用化学平衡移动的原理对患者进行治疗。

（一）输氧治疗

临床上利用浓度对化学平衡移动的影响，采用输氧的方法抢救危重患者。在肺泡中，红细胞中的血红蛋白（HHb）与氧气结合成氧合血红蛋白（$HHbO_2$），由血液输送到全身各组织后，氧合血红蛋白分解释放出氧气供给组织细胞利用，其化学过程表示为：

$$HHb + O_2 \underset{\text{组织}}{\overset{\text{肺}}{\rightleftharpoons}} HHbO_2$$

当患者心肺功能不全或因各种原因引起的呼吸困难，应立即给患者吸（输）氧，增加氧气的浓度，促使上述化学平衡向右移动，增加氧合血红蛋白（$HHbO_2$）浓度，从而改善患者全身组织的缺氧情况。

图片：高压氧治疗一氧化碳中毒

（二）调节人体的酸碱平衡

正常情况下，机体有一套调节酸碱平衡的机制，使人体体液的 pH 稳定维持在 7.35~7.45 之间。

血浆主要缓冲体系为 $NaHCO_3/H_2CO_3$，通过肺部呼吸、肾脏排泄过程，尽管有酸碱物质的增减变化，一般不易发生酸碱平衡紊乱。只有当机体内产生或丢失的酸碱过多而超过机体调节能力，或机体对酸碱调节机制出现障碍时，进而导致酸碱平衡失调。

在酸碱平衡失调的纠正治疗中，容易因用药不当导致酸碱平衡紊乱或使原有的酸碱平衡紊乱进一步加剧。如为纠正酸中毒而过多给予碱性药物，如 $NaHCO_3$ 溶液，补碱量不宜过多，速度不易过快，如使用不当或使用过多可发生碱中毒。

思考题

1. 催化剂能改变化学反应速率，为什么对化学平衡移动无影响？

2. 从化学平衡角度思考经常吃甜食对牙齿的影响有哪些？

思路解析

扫一扫，测一测

目标检测

一、填空题

1. 影响化学平衡的外界因素主要有________、________和________，其中________和________不影响平衡常数。

2. 在一定条件下，可逆反应 $A+B \rightleftharpoons 2C$ 已达到平衡，若升高温度，平衡向右移动，则此反应的逆反应是________反应。若 A 为气体，增大压强平衡向左移动，则 C 为________体，B 为________体或________体。

3. 对于下列可逆反应 $N_2(g)+3H_2(g) \rightleftharpoons 2NH_3(g)+Q$（此反应为放热反应），在密闭容器内达到平衡后，分别采取下列措施：（请根据条件填写"增加"、"减小"或"不变"）

(1) 扩大容器体积，则 $H_2(g)$ 的物质的量________。

(2) 加入 $NH_3(g)$ 则 $N_2(g)$ 的浓度________。

(3) 增大压强，则 $N_2(g)$ 的物质的量________。

(4) 加入 $H_2(g)$，则 $N_2(g)$ 的转化率________。

(5) 升高温度，则 $H_2(g)$ 的物质的量浓度________。

(6) 使用催化剂，$NH_3(g)$ 的物质的量浓度________。

(7) 保持容器体积不变，加入 He 气，则 $NH_3(g)$ 的物质的量________。

二、写出下列反应的化学平衡常数表达式

(1) $N_2(g)+3H_2(g) \rightleftharpoons 2NH_3(g)$

(2) $\frac{1}{2}N_2(g)+\frac{3}{2}H_2(g) \rightleftharpoons NH_3(g)$

(3) $Pb^{2+}(aq)+Sn(s) \rightleftharpoons Pb(s)+Sn^{2+}(aq)$

三、计算题

已知反应：$CO+H_2O(g) \rightleftharpoons CO_2+H_2+Q$

在 700K 时此反应的化学平衡常数为 9.40，如果在原料气体中 CO 和 H_2O 的浓度比值为 1∶4，问 CO 的转化率为多少？

（王丽）

第五章 电解质溶液

学习目标

1. 掌握：质子酸碱的概念；酸碱反应的实质；酸碱强度的表示方法；共轭酸碱解离平衡常数之间的关系；一元弱酸、一元弱碱及缓冲溶液 pH 的计算；缓冲溶液的概念及组成。

2. 熟悉：同离子效应；缓冲溶液的组成；缓冲作用原理；缓冲能力的影响因素；人体血液中的主要缓冲系。

3. 了解：医学上常用缓冲溶液的配制方法。

4. 培养学生理论联系实践、化学联系医药学的学习理念。

在水溶液中或在熔融状态下能够导电的化合物称为电解质(electrolyte)。受水分子的作用，电解质在水溶液中不同程度地解离为阴阳离子。人体体液和组织液中都存在电解质离子，如 Na^+、K^+、Cl^-、HCO_3^- 等，这些离子的存在状态及其浓度，直接影响体液的渗透平衡和酸碱度，并对神经、肌肉等组织的生理、生化功能起着重要的作用，掌握电解质溶液特别是酸碱的基本理论，对护理科学的学习是十分重要的。

第一节 酸碱质子理论

体液中的酸和碱

生命活动中，机体摄取和代谢可产生许多酸性或碱性物质，如碳酸、磷酸、盐酸、醋酸、丙酮酸、乳酸、尿酸、氨、胺、有机酸盐等，这些物质会使体液呈现一定的酸碱性，如胃液呈强酸性，血液呈弱碱性等。酸碱性对体内各种酶的活性和生化反应有着非常重要的影响，若体液的酸碱性发生较大变化并超出生理调节范围，则机体会发生酸碱平衡紊乱。

请思考：

1. 什么物质属于酸，什么物质属于碱？
2. 酸碱反应的实质是什么？

酸和碱是两类重要的电解质。人们对酸碱的认识是逐步深入的，在化学发展史上，出现过各种不

同的酸碱理论，其中比较重要的有电离理论、质子理论和电子理论。1887 年，瑞典化学家阿仑尼乌斯（Arrhenius S A）根据电解质在水中的解离情况提出了酸碱电离理论。该理论认为：在水溶液中，电离出的阳离子全部是 H^+ 的化合物都是酸，电离出的阴离子全部是 OH^- 的化合物都是碱。酸碱反应的实质是 H^+ 与 OH^- 反应生成 H_2O。电离理论成功地揭示了一部分含有 H^+ 或 OH^- 的物质在水溶液中的酸碱性，但它把酸碱限制为能解离出 H^+ 或 OH^- 的物质，将酸碱反应局限于水溶液中，因而无法解释氨水的碱性，也不能说明非水溶剂中酸碱反应的本质。1923 年，丹麦的布朗斯特（Brønsted J N）与英国的劳瑞（Lowry T M）根据物质与质子的关系提出了酸碱质子理论。它克服了电离理论的局限性，为化学的发展做出了积极的贡献。

一、酸碱的定义

酸碱质子理论（proton theory of acid and base）认为：凡能给出质子（H^+）的物质都是酸（acid），凡能接受质子的物质都是碱(base)。酸是质子的给予体，常称为质子酸；碱是质子的接受体，常称为质子碱。例如

$$HCl \rightleftharpoons H^+ + Cl^-$$

$$CH_3COOH \rightleftharpoons H^+ + CH_3COO^-$$

$$H_2CO_3 \rightleftharpoons H^+ + HCO_3^-$$

$$HCO_3^- \rightleftharpoons H^+ + CO_3^{2-}$$

$$NH_4^+ \rightleftharpoons H^+ + NH_3$$

$$H_3O^+ \rightleftharpoons H^+ + H_2O$$

$$H_2O \rightleftharpoons H^+ + OH^-$$

$$\text{酸} \rightleftharpoons \text{质子} + \text{碱}$$

以上关系式中，左侧的物质都能够给出质子做酸；关系式右边的物质都能够接受质子做碱。酸给出质子变成碱，碱接受质子即为酸，酸碱之间的这种相互依存关系称为共轭关系。可用下式表示：

$$\underset{\text{共轭酸}}{HA} \rightleftharpoons H^+ + \underset{\text{共轭碱}}{A^-}$$

通过 1 个质子即可相互转化的酸和碱称为共轭酸碱对（conjugated pair of acid-base）。酸给出 1 个质子形成的碱为该酸的共轭碱（conjugate base），碱结合 1 个质子形成的酸为该碱的共轭酸（conjugate acid）。由此可见，酸和碱即可相互依存，又可以互相转化。从酸碱质子理论可以看出：

（1）酸碱既可以是中性分子（如 H_2CO_3、NH_3），又可以是阴、阳离子（如 CO_3^{2-}、NH_4^+）。相对于酸碱电离理论，质子理论大大扩大了酸碱的范围。

（2）既能给出质子又能接受质子的物质称为两性物质（amphoteric substance）。如 H_2O 对于 OH^- 是共轭酸，但对于 H_3O^+ 则是共轭碱；HCO_3^- 对于 CO_3^{2-} 是共轭酸，但对于 H_2CO_3 则是共轭碱。还有像 $H_2PO_4^-$、HPO_4^{2-}、氨基酸等都属于两性物质。

（3）酸碱质子理论中没有盐的概念。如 Na_2CO_3 在电离理论中称为盐，而在质子理论中，CO_3^{2-} 为质子碱，Na^+ 为非酸非碱，因而 Na_2CO_3 属于质子碱，它的水溶液显碱性。

（4）在一对共轭酸碱对中，共轭酸的酸性越强，则对应共轭碱的碱性越弱；反之，共轭酸的酸性越弱，则对应共轭碱的碱性越强。

二、酸碱反应的实质

酸碱之间发生化学反应时，酸是质子的给予体，必须借助碱来接受质子。当酸将质子转移给碱以后，酸转化为其自身的共轭碱，而碱则转化为其自身的共轭酸。如：

$$CH_3COOH + H_2O \xrightleftharpoons{H^+} CH_3COO^- + H_3O^+$$

CH_3COOH 将质子传递给 H_2O，CH_3COOH 转化成 CH_3COO^-，H_2O 转变成 H_3O^+。如果没有 CH_3COOH 与 H_2O 之间的质子转移，则 CH_3COOH 就不能发生解离反应。因此，酸碱反应的实质是酸碱之间质子的传递。质子在两种物质之间的转移既可以发生在水中，也可以发生在非水溶剂或气相中，因此酸碱反应并不局限在水溶液中。

酸碱质子理论扩大了酸碱反应的范围，把电离理论中的解离反应（如水的解离，酸碱的解离）、中和反应、水解反应等都归结为质子传递的酸碱反应。例如：

$$H_2O + H_2O \xrightleftharpoons{H^+} OH^- + H_3O^+ \text{（水的解离）}$$

$$HCN + H_2O \xrightleftharpoons{H^+} CN^- + H_3O^+ \text{（酸的解离）}$$

$$H_2O + NH_3 \xrightleftharpoons{H^+} NH_4^+ + OH^- \text{（碱的解离）}$$

$$HCl + NaOH \xrightleftharpoons{H^+} NaCl + H_2O \text{（中和反应）}$$

$$H_2O + CH_3COO^- \xrightleftharpoons{H^+} CH_3COOH + OH^- \text{（盐的水解）}$$

$$NH_4^+ + H_2O \xrightleftharpoons{H^+} NH_3 + H_3O^+ \text{（盐的水解）}$$

$$HCl(g) + NH_3(g) \xrightleftharpoons{H^+} NH_4Cl\ (s) \text{（非水酸碱反应）}$$

从上述酸碱反应的例子看，酸与碱反应，总是导致新酸和新碱的生成，酸碱之间的质子传递反应可用下列通式表示：

$$\underset{较强酸}{HA} + \underset{较强碱}{B^-} \xrightleftharpoons{H^+} \underset{较弱碱}{A^-} + \underset{较弱酸}{HB}$$

共轭酸碱

视频：酸碱质子理论

在酸碱反应中，存在着争夺质子的过程，其结果必然是强碱夺取强酸的质子，强碱转化为它的共轭酸——弱酸，强酸转化为它的共轭碱——弱碱。也就是说，酸碱反应总是由较强的酸与较强的碱作用，生成较弱的酸和较弱的碱。

酸碱质子理论扩大了酸碱的范畴，把酸碱反应扩展至非水溶剂，它不仅能对大量的酸碱反应做出合理的解释，而且可以对酸碱强度和溶液的酸碱性进行定量计算。迄今为止，质子理论仍然是应用最广泛的酸碱理论。

第二节　弱电解质的解离平衡

根据解离程度的差异，一般将电解质分为强电解质和弱电解质。在水溶液中能够完全解离成离子的电解质称为强电解质(strong electrolyte)。强酸、强碱及大多数盐均属于强电解质，如 HCl、NaOH、Na_2SO_4 等。在水溶液中只能部分解离的电解质称为弱电解质(weak electrolyte)。弱酸、弱碱及少数盐属于弱电解质，如 CH_3COOH、$NH_3·H_2O$ 等。溶液酸碱性的不同主要取决于电解质解离程度的差别。弱电解质的解离程度可用解离平衡常数或解离度表达。

体液电解质

细胞外液的阳离子有 Na^+、K^+、Ca^{2+}、Mg^{2+} 等，其中以 Na^+ 含量最高，约占阳离子总量的 90% 以上，阴离子以 Cl^- 和 HCO_3^- 为主；细胞内液中的阳离子有 K^+、Mg^{2+} 等，阴离子以磷酸盐和蛋白质为主。正常情况下，体液保持电中性并维持渗透平衡。若由于某种原因导致体液中的电解质浓度变化超过机体调节能力，则发生电解质紊乱，临床需补充生理盐水、碳酸氢钠、氯化钾等电解质溶液。

请思考：

1. 生理盐水、碳酸氢钠、氯化钾中，哪种为弱电解质？
2. 怎样表征弱电解质的解离程度？

一、解离平衡和平衡常数

(一) 解离平衡

弱电解质溶于水时，受水分子作用，一部分分子解离成自由移动的离子；离子在水中相互碰撞、吸引，部分离子会重新结合形成分子。在一定条件下，当弱电解质分子解离成离子的速率和离子结合成分子的速率相等时，反应达到平衡，此称为解离平衡(dissociation balance)。如 CH_3COOH 的解离：

$$CH_3COOH + H_2O \rightleftharpoons CH_3COO^- + H_3O^+$$

简写为：

$$CH_3COOH \rightleftharpoons CH_3COO^- + H^+$$

平衡时，溶液里的 CH_3COOH、CH_3COOH^-、H^+ 处于平衡状态，浓度不再随时间而变化。解离平衡是一种动态平衡，当条件发生变化时，解离平衡的移动遵循平衡移动规律。如在 CH_3COOH 溶液里滴加 HCl，解离平衡向左移动，溶液中 CH_3COO^- 离子的浓度减小，CH_3COOH 分子的浓度增大，在新的条件下建立起新的平衡状态。同样在 CH_3COOH 溶液中滴入 NaOH 或 CH_3COONa，都会使平衡移动，直至达到新的平衡。

(二) 解离平衡常数

在水溶液中，一元弱酸 HA 与 H_2O 存在下列质子传递反应：

$$HA + H_2O \rightleftharpoons A^- + H_3O^+$$

通常，酸与水的质子传递反应又称为酸在水溶液中的解离反应，简写为：

$$HA \rightleftharpoons H^+ + A^-$$

在一定温度下，当弱电解质达到解离平衡时，溶液中相关离子浓度的乘积与分子浓度之比是一个

常数，这个常数称为酸的解离平衡常数（dissociation constant）或酸常数。

$$K_a = \frac{[H^+][A^-]}{[HA]} \tag{5-1}$$

解离平衡常数越大，表示酸释放质子的能力越强，酸性越强。因此，利用酸的解离平衡常数可以定量表征酸的强度。例如 CH_3COOH、NH_4^+ 和 HCN 的 K_a 分别为 1.75×10^{-5}、5.6×10^{-10} 和 6.2×10^{-10}，这三种酸的强弱顺序为 $CH_3COOH>HCN>NH_4^+$。

一元弱碱 A^- 在水溶液中发生下列反应：

$$A^- + H_2O \rightleftharpoons HA + OH^-$$

类似地，一元弱碱 A^- 与水的质子传递称为弱碱的解离反应。反应的平衡常数称为碱的解离平衡常数（dissociation constant of base）或碱常数。

$$K_b = \frac{[OH^-][HA]}{[A^-]} \tag{5-2}$$

K_b 愈大，说明碱的碱性愈强。

通常，弱酸、弱碱的 K_a、K_b 值很小，为使用方便，常用 pK_a 或 pK_b 表示酸碱的强弱。pK_a、pK_b 分别是酸和碱解离平衡常数的负对数，即

$$pK_a=-\lg K_a \qquad pK_b=-\lg K_b$$

pK_a 或 pK_b 越大，则对应的酸或碱越弱。例如，H_2SO_3、HCOOH、H_2S 的 pK_a 分别为 1.99、3.75、7.05，说明其酸性强弱为 $H_2SO_3>HCOOH>H_2S$。一些弱电解质的解离平衡常数见表 5-1。

表 5-1 常见弱电解质的解离常数（298K）

电解质	解离方程式	K_a（或 K_b）	pK_a（或 pK_b）
碳酸	$H_2CO_3 \rightleftharpoons H^+ + HCO_3^-$	4.5×10^{-7}	6.35
	$HCO_3^- \rightleftharpoons H^+ + CO_3^{2-}$	4.7×10^{-11}	10.33
氢氟酸	$HF \rightleftharpoons H^+ + F^-$	6.3×10^{-4}	3.20
氢氰酸	$HCN \rightleftharpoons H^+ + CN^-$	6.2×10^{-10}	9.21
氢硫酸	$H_2S \rightleftharpoons H^+ + HS^-$	8.9×10^{-8}	7.05
	$HS \rightleftharpoons H^+ + S^{2-}$	1.2×10^{-13}	12.90
磷酸	$H_3PO_4 \rightleftharpoons H^+ + H_2PO_4^-$	6.9×10^{-3}	2.16
	$H_2PO_4^- \rightleftharpoons H^+ + HPO_4^{2-}$	6.1×10^{-8}	7.21
	$HPO_4^{2-} \rightleftharpoons H^+ + PO_4^{3-}$	4.8×10^{-13}	12.32
氨水	$NH_3\cdot H_2O \rightleftharpoons NH_4^+ + OH^-$	1.8×10^{-5}	4.75
甲酸	$HCOOH \rightleftharpoons H^+ + HCOO^-$	1.8×10^{-4}	3.75
乙（醋）酸	$CH_3COOH \rightleftharpoons H^+ + CH_3COO^-$	1.75×10^{-5}	4.756
草酸	$H_2C_2O_4 \rightleftharpoons H^+ + HC_2O_4^-$	5.6×10^{-2}	1.25
	$HC_2O_4^- \rightleftharpoons H^+ + C_2O_4^{2-}$	1.5×10^{-4}	3.81
苯甲酸	$C_6H_5COOH \rightleftharpoons H^+ + C_6H_5COO^-$	6.25×10^{-5}	4.204

K_a 和 K_b 具有平衡常数的一般属性，其数值大小取决于电解质的本性、温度以及溶剂种类，与电解质的浓度无关。

知识拓展

多元弱酸弱碱的解离平衡常数

多元弱酸或弱碱在水中的解离是分步进行的。例如，H_3PO_4 为三元弱酸，其解离分三步进行，每一步都有相应的解离平衡常数。

$$H_3PO_4 \rightleftharpoons H^+ + H_2PO_4^- \qquad K_{a1} = \frac{[H_2PO_4^-][H^+]}{[H_3PO_4]} = 6.9\times10^{-3}$$

$$H_2PO_4^- \rightleftharpoons H^+ + HPO_4^{2-} \qquad K_{a2} = \frac{[HPO_4^{2-}][H^+]}{[H_2PO_4^-]} = 6.1\times10^{-8}$$

$$HPO_4^{2-} \rightleftharpoons H^+ + PO_4^{3-} \qquad K_{a3} = \frac{[PO_4^{3-}][H^+]}{[HPO_4^{2-}]} = 4.8\times10^{-13}$$

以上各步反应中，方程式左侧的 H_3PO_4、$H_2PO_4^-$、HPO_4^{2-} 都是质子酸，它们的解离平衡常数或酸常数分别为 K_{a1}、K_{a2}、K_{a3}。多元弱酸的解离平衡常数逐级减小，这是因为从一个带负电荷的离子中解离出带正电荷的质子要比从中性分子中解离要困难得多。

同理，多元弱碱也存在多步解离平衡常数 K_{b1}、K_{b2}、K_{b3} 等。多元弱碱的解离平衡常数逐级减小，这是因为离子所带负电荷越少，接受质子的能力越弱。

二、解离度

弱电解质的解离程度还可以用解离度来表示。解离度 α(degree of dissociation)是指在一定温度下，弱电解质达到解离平衡时，溶液中已解离的弱电解质分子数占原有弱电解质分子总数的百分比。

$$\alpha = \frac{\text{已解离的弱电解质分子数}}{\text{原有弱电解质分子总数}} \times 100\% \tag{5-3}$$

解离度和解离平衡常数均可以表示弱电解质的解离程度，两者之间有何联系和区别？

设弱酸 HA 初始浓度为 c，解离度为 α，则

$$HA \rightleftharpoons H^+ + A^-$$

	HA	H^+	A^-
初始浓度(mol/L)	c	0	0
平衡浓度(mol/L)	$c-c\alpha$	$c\alpha$	$c\alpha$

$$K_a = \frac{[H^+][A^-]}{[HA]} = \frac{c\alpha \cdot c\alpha}{c-c\alpha} = \frac{c\alpha^2}{1-c\alpha}$$

当 K_a 很小时，反应的完成程度很低，HA 的解离程度很小，$1-\alpha \approx 1$，因此

$$K_a = c\alpha^2 \quad \text{或} \quad \alpha = \sqrt{\frac{K_a}{c}} \tag{5-4}$$

式(5-4)表示了解离度与浓度之间的关系。由式(5-4)可知，溶液浓度越小，则其解离度越大。也就是说，稀释有利于弱电解质解离度的提高。需要注意的是，弱酸解离度的提高，并不一定意味着溶液酸度的增加，因为酸度还与弱酸浓度有关。

例 5-1　室温下丙酸(CH_3CH_2COOH)的解离平衡常数 $K_a=1.3\times10^{-5}$，分别计算 0.10mol/L 和 0.010mol/L 丙酸溶液的解离度及溶液中的[H^+]。

解：0.10mol/L 丙酸：

$$\alpha_1 = \sqrt{\frac{K_a}{c}} = \sqrt{\frac{1.3\times10^{-5}}{0.1}} = 0.011 = 1.1\%$$

$$[H^+]_1 = c\alpha_1 = 0.10\text{mol/L} \times 0.011 = 1.1\times10^{-3}\text{mol/L}$$

0.010mol/L 丙酸：

$$\alpha_2=\sqrt{\frac{K_a}{c}}=\sqrt{\frac{1.3\times10^{-5}}{0.01}}=0.036=3.6\%$$

$$[H^+]_2=c\alpha_2=0.010\text{mol/L}\times0.036=3.6\times10^{-3}\text{mol/L}$$

尽管解离度 α 和解离常数 K_a 都可以用来表示弱电解质的解离程度，但解离度随浓度的变化而变化，而解离平衡常数不受浓度的影响，在一定温度下，是一个特征常数。298K 时，不同浓度醋酸的解离度与解离常数见表 5–2。

表 5–2　不同浓度醋酸的解离度和解离常数（298K）

醋酸的浓度（mol/L）	解离度 α（%）	解离常数 K_a
0.2	0.934	1.75×10^{-5}
0.1	1.33	1.75×10^{-5}
0.001	12.4	1.75×10^{-5}

三、同离子效应

在弱电解质溶液中，加入与其具有相同离子的强电解质，使弱电解质的解离度降低的现象称为同离子效应（common ion effect）。例如，在氨水溶液中，加入少量固体 NH_4Cl，将会发生下列变化：

$$NH_3+H_2O \rightleftharpoons OH^-+NH_4^+$$
$$NH_4Cl \longrightarrow NH_4^+ + Cl^-$$

平衡向左移动

NH_4Cl 完全解离，溶液中 NH_4^+ 浓度增加，致使氨水的解离平衡左移，从而降低氨水的解离度，溶液中 OH^- 浓度也相应减少。借助同离子效应可以调节溶液的酸碱性和相关物质浓度。

第三节　水的解离和溶液的 pH

体液酸碱度

正常人体内，因血液缓冲作用、肺和肾的调节作用，血液 pH 维持在 7.34~7.45 之间。若某种原因引起体内酸碱浓度的变化超过机体调节能力，则发生酸碱平衡紊乱。人在剧烈活动或长时间吸入含有高浓度 CO_2 的污浊空气后，血浆 pH 会降低到 7.35 以下，出现胸闷、气促、头痛、恶心、甚至昏倒等症状。若肺部通透过多，损失过多 CO_2，血液 pH 上升至 7.45 以上，则会出现晕眩、口周麻木、手足抽搐，甚至发生呼吸窘迫等症状。酸碱平衡紊乱会引起严重后果，临床需采取适当措施加以纠正。

请思考：

1. 体液酸碱度如何表示？
2. 溶液 pH 与酸碱强度有何关系？

一、水的解离和离子积常数

按照酸碱质子理论，水属于两性物质，水分子之间可以发生质子传递反应：

$$H_2O+H_2O \xrightarrow{H^+} \rightleftharpoons OH^-+H_3O^+$$

这种发生在同种分子之间的质子传递反应称为质子自递反应（proton self-transfer reaction）。水的

质子自递反应实际上就是水的解离反应，可简写为：

$$H_2O \rightleftharpoons H^+ + OH^-$$

水的解离反应平衡常数为

$$K = \frac{[H^+][OH^-]}{[H_2O]}$$

水是极弱的电解质，在整个反应的过程中，水分子浓度基本不变，可以看成是一常数，将它与 K 合并，得

$$K_w = [H^+][OH^-] \tag{5-5}$$

K_w 称为水的质子自递平衡常数(proton self-transfer constant)，又称水的离子积(ion product of water)。表 5-3 列出了不同温度下水的 K_w 数值。

表 5-3　K_w 与温度 T 的关系

T/K	273	283	293	298	313	323	333
K_w	1.1×10^{-15}	2.9×10^{-15}	6.8×10^{-15}	1.0×10^{-14}	2.9×10^{-14}	5.5×10^{-14}	9.6×10^{-14}

从表 5-3 中可以看出，在一定范围内，温度变化对 K_w 影响不大，常温下可认为 K_w=1.0×10^{-14}。水的离子积是平衡常数的一种，不仅适用于纯水，也适用于所有稀水溶液。

二、共轭酸碱对解离平衡常数的关系

在一个共轭酸碱对中，酸越强则其共轭碱越弱。酸的解离平衡常数 K_a 与其共轭碱的解离平衡常数 K_b 之间存在确定的对应关系。例如，在 HA—A^- 共存的水溶液中，存在如下反应：

$$HA \rightleftharpoons H^+ + A^-$$
$$A^- + H_2O \rightleftharpoons HA + OH^-$$
$$H_2O \rightleftharpoons H^+ + OH^-$$

体系平衡后，溶液中各种物质平衡浓度之间存在下列关系

$$K_a(HA) = \frac{[H^+][A^-]}{[HA]}$$

$$K_b(A^-) = \frac{[OH^-][HA]}{[A^-]}$$

$$K_W = [H^+][OH^-]$$

将 K_a(HA)、K_b(A^-)相乘得

$$K_a \cdot K_b = K_W \tag{5-6}$$

由此可见，在一个共轭酸碱对中，共轭酸的酸常数与其共轭碱的碱常数之积等于水的离子积。利用式(5-6)，已知酸的 K_a，便可求得其共轭碱的 K_b，反之亦然。

例 5-2　已知 NH_3 的 K_b 为 1.8×10^{-5}，试求 NH_4^+ 的 K_a。

解：NH_4^+ 是 NH_3 的共轭酸，故

$$K_a = \frac{K_W}{K_b(NH_3)} = \frac{1\times10^{-14}}{1.75\times10^{-5}} = 5.6\times10^{-10}$$

三、溶液的酸碱性和 pH

1. 溶液的酸碱性与 H^+ 浓度的关系　常温时，纯水中[H^+]和[OH^-]相等，都是 1×10^{-7}mol/L，溶液呈中性。如果向纯水中加酸，[H^+]增大，水的解离平衡向左移动，达到新平衡时，[H^+]>[OH^-]，溶液呈酸性。反之，向纯水中加碱，平衡时，[H^+]<[OH^-]，溶液呈碱性。综上所述，常温时：

中性溶液中，[H^+]=[OH^-]=1.0×10^{-7}mol/L

酸性溶液中，$[H^+]>1.0\times10^{-7}mol/L>[OH^-]$

碱性溶液中，$[H^+]<1.0\times10^{-7}mol/L<[OH^-]$

$[H^+]$越大，溶液的酸性越强；$[H^+]$越小，溶液的酸性越弱。

2. 溶液的 pH　在生产和科学研究中，经常使用一些 H^+ 浓度很小的溶液，如血清中$[H^+]=3.98\times10^{-8}mol/L$。为了书写方便，常用 pH 表示该类溶液的酸碱性。pH 为氢离子浓度的负对数，即

$$pH=-lg[H^+] \tag{5-7}$$

例如：$[H^+]=1\times10^{-7}mol/L$，则 $pH=-lg10^{-7}=7$

$[H^+]=1\times10^{-3}mol/L$，则 $pH=-lg10^{-3}=3$

$[H^+]=1\times10^{-9}mol/L$，则 $pH=-lg10^{-9}=9$

溶液的酸碱性和 pH 的关系为：

中性溶液：pH=7

酸性溶液：pH<7

碱性溶液：pH>7

可见，pH 越小，溶液的酸性越强；反之，pH 越大，溶液的碱性越强。H^+ 和 pH 的对应关系见表 5-4。

表 5-4　$[H^+]$和 pH 的对应关系

$[H^+]$	10^0	10^{-1}	10^{-2}	10^{-3}	10^{-4}	10^{-5}	10^{-6}	10^{-7}	10^{-8}	10^{-9}	10^{-10}	10^{-11}	10^{-12}	10^{-13}	10^{-14}
pH	0	1	2	3	4	5	6	7	8	9	10	11	12	13	14
	← 酸性逐渐增强							中性				碱性逐渐增强 →			

由表 5-4 可以看出，pH 常用范围在 1~14 之间。当溶液的$[H^+]$大于 1mol/L 时，用 pH 来表示溶液的酸碱性并不方便，而是直接用$[H^+]$来表示。

溶液的酸碱性也可用 pOH 表示，pOH 是氢氧根离子浓度的负对数值

$$pOH=-lg[OH^-]$$

在 298K 时，水溶液中$[H^+][OH^-]=1.0\times10^{-14}$，故有 pH + pOH=14。

四、一元弱酸、弱碱溶液 pH 的计算

设一元弱酸 HA 的初始浓度为 c_a，在其水溶液中存在两种解离反应：

$$HA \rightleftharpoons H^+ + A^- \qquad K_a=\frac{[H^+][A^-]}{[HA]}$$

$$H_2O \rightleftharpoons H^+ + OH^- \qquad K_W=[H^+][OH^-]$$

溶液中的 H^+ 来源于 HA 和 H_2O 的解离。通常情况下，酸的解离平衡常数 K_a 远大于水的离子积 K_w，即酸提供的 H^+ 比 H_2O 多得多。当 $K_a\cdot c_a\geqslant 20K_w$ 时，溶液中的 H^+ 将主要来源于 HA 的解离。忽略水的解离，只考虑弱酸解离平衡，则$[H^+]\approx[A^-]$，$[HA]\approx c_a-[H^+]$。

$$HA \rightleftharpoons H^+ + A^-$$

	HA	H^+	A^-
初始浓度	c_a	0	0
平衡浓度	$c_a-[H^+]$	$[H^+]$	$[H^+]$

$$K_a=\frac{[H^+][A^-]}{[HA]}=\frac{[H^+]^2}{c_a-[H^+]}$$

整理得：

$$[H^+]=\frac{-K_a+\sqrt{K_a^2+4K_ac_a}}{2} \tag{5-8}$$

笔记

式(5-8)为一元弱酸溶液中[H^+]的近似计算式,其适用条件为 $K_a \cdot c_a \geqslant 20K_w$。

当 $K_a \cdot c_a \geqslant 20K_w$,且 $c_a/K_a \geqslant 500$ 时,溶液中弱酸 HA 的解离度极小,$\alpha \leqslant 0.05$,[HA]$=c_a-$[H^+]$=c_a(1-\alpha) \approx c_a$。由解离平衡常数知

$$K_a = \frac{[H^+][A^-]}{[HA]} = \frac{[H^+]^2}{c_a - [H^+]} \approx \frac{[H^+]^2}{c_a}$$

$$[H^+] = \sqrt{K_a c_a} \qquad (5\text{-}9)$$

式(5-9)是计算一元弱酸溶液中[H^+]的最简式。同理可导出一元弱碱溶液酸度的计算公式,即

当 $K_b \cdot c_b \geqslant 20K_w$ 时

$$[OH^-] = \frac{-K_b + \sqrt{K_b^2 + 4K_b c_b}}{2} \qquad (5\text{-}10)$$

当 $K_b \cdot c_b \geqslant 20K_w$ 时,且 $c_b/K_b \geqslant 500$ 时:

$$[OH^-] = \sqrt{K_b c_b} \qquad (5\text{-}11)$$

式(5-10)和式(5-11)分别是计算一元弱碱溶液[OH^-]的近似式和最简式。

例 5-3　计算 0.100mol/L HCN 溶液的 pH。

解:HCN 为一元弱酸,c_a=0.100mol/L,查表知 $K_a=6.2 \times 10^{-10}$

$$K_a c_a = 6.2 \times 10^{-11} > 20K_w,\ c_a/K_a = 0.100/(6.2 \times 10^{-10}) > 500$$

则:$[H^+] = \sqrt{K_a c_a} = \sqrt{6.2 \times 10^{-10} \times 0.100} = 7.9 \times 10^{-6}$ (mol/L)

$$pH=5.10$$

必须注意,只有当弱酸(或弱碱)的 $K_a c_a$(或 $K_b c_b$)$\geqslant 20K_w$,且同时满足 c_a/K_a(或 c_b/K_b)$\geqslant 500$,才能用最简式进行计算,否则将造成较大的误差。

例 5-4　计算 0.100mol/L $CH_2ClCOOH$(一氯乙酸)溶液的 pH。已知 $CH_2ClCOOH$ 的 $K_a=1.4 \times 10^{-3}$。

解:$CH_2ClCOOH$ 为一元弱酸

$$K_a c_a = 1.4 \times 10^{-3} \times 0.100 = 1.4 \times 10^{-4} > 20K_w$$

$c_a/K_a = 0.100/(1.4 \times 10^{-3}) < 500$,应采用近似式计算[$H^+$]

$$[H^+] = \frac{-1.4 \times 10^{-3} + \sqrt{(1.4 \times 10^{-3})^2 + 4 \times 1.4 \times 10^{-3} \times 0.100}}{2} = 0.011\ (\text{mol/L})$$

$$pH=1.95$$

例 5-5　已知 $K_b(NH_3)=1.8 \times 10^{-5}$,计算 0.100mol/L NH_4Cl 溶液的 pH。

解:NH_4Cl 在水溶液中完全解离为 NH_4^+ 和 Cl^-,NH_4^+ 为质子酸,Cl^- 属于非酸非碱,即 NH_4^+ 是一元弱酸,且与 NH_3 互为共轭酸碱对,则

$$K_a(NH_4^+) = \frac{K_w}{K_b(NH_3)} = \frac{1.0 \times 10^{-14}}{1.8 \times 10^{-5}} = 5.6 \times 10^{-10}$$

$K_a c_a > 20K_w$,$c_a/K_a = 0.100/(5.6 \times 10^{-10}) > 500$,用最简式计算[$H^+$]

$$[H^+] = \sqrt{K_a c_a} = \sqrt{5.6 \times 10^{-10} \times 0.100} = 7.9 \times 10^{-6}\ (\text{mol/L})$$

$$pH=5.13$$

例 5-6　已知 $K_a(CH_3COOH)=1.75 \times 10^{-5}$,计算 0.100mol/L CH_3COONa 溶液的 pH。

解:CH_3COONa 在水溶液中完全解离为 Na^+ 和 CH_3COO^-,Na^+ 属于非酸非碱,CH_3COO^- 为一元弱碱,且 CH_3COOH 与 CH_3COO^- 为共轭酸碱对,则

$$K_b(Ac^-) = \frac{K_w}{K_a(CH_3COOH)} = \frac{1.0 \times 10^{-14}}{1.75 \times 10^{-5}} = 5.7 \times 10^{-10}$$

$K_b c_b > 20K_w$,$c_b/K_b = 0.100/(5.8 \times 10^{-10}) > 500$,用最简式计算[$OH^-$]

$$[OH^-] = \sqrt{K_b c_b} = \sqrt{5.7 \times 10^{-10} \times 0.100} = 7.5 \times 10^{-6}\ (\text{mol/L})$$

$$pOH=5.12,\ pH=14-5.12=8.88$$

多元弱酸弱碱及两性溶液 pH 的计算

1. 多元弱酸、弱碱溶液　多元弱酸(H_nA)或多元弱碱(A^{n-})的溶液中，$[H^+]$或$[OH^-]$主要来源于第一步解离。因此，一般情况下，多元弱酸或多元弱碱溶液中$[H^+]$或$[OH^-]$的计算，可按一元弱酸或一元弱碱处理。

多元弱酸：当 $c_aK_{a1} \geqslant 20K_w$、$K_{a1}/K_{a2}>10^2$、$c_a/K_{a1}>500$ 时：$[H^+]=\sqrt{K_{a1}c(H_nA)}$

多元弱碱：当 $c_bK_{b1} \geqslant 20K_w$、$K_{b1}/K_{b2}>10^2$、$c_b/K_{b1}>500$ 时：$[OH^-]=\sqrt{K_{b1}c(A^{n-})}$

2. 两性物质　两性物质在水溶液中既能给出质子做酸，又能接受质子做碱，其水溶液的酸碱性取决于两性物质自身酸碱性的相对强弱，若其酸常数大于碱常数，则溶液显酸性；反之溶液显碱性，溶液 pH 的近似计算公式为：

$$[H^+]=\sqrt{K_a \cdot K_a'}$$

其中 K_a 为两性物质作为酸的酸常数；K_a' 为两性物质作为碱时对应共轭酸的酸常数。

须指出的是，上述有关计算方法是指弱酸或弱碱自身的水溶液而言的，如果有外来酸碱的影响，则不能用上述公式进行计算。

视频：酸碱溶液 pH 计算

五、pH 的护理应用

1. pH 与人体健康　人体的各种体液都有各自的 pH 范围(表 5-5)。各种生物高分子，只有在一定 pH 范围内才有活性；生物体中的许多化学反应，也只能发生在相对固定的 pH 范围之内。pH 超出这些范围，将会影响正常生理功能，必须及时加以纠正。

表 5-5　人体各种体液的 pH

体液	pH	体液	pH
血浆	7.35~7.45	大肠液	8.40 左右
成人胃液	0.9~1.5	乳汁	6.60~6.69
婴儿胃液	5.0 左右	泪水	7.40 左右
唾液	6.30~7.10	尿液	4.80~7.50
胰液	7.50~7.80	脑脊液	7.35~7.45
小肠液	7.60 左右	细胞液	7.20~7.45

2. 临床静脉输液对 pH 的要求　输液时，所用溶液的 pH 最好与血液 pH 相近，以免引起血液 pH 的急剧变化。但考虑到药物的稳定性、溶解性和药效等因素，制备各种注射液时，对溶液 pH 均有某些特殊要求。如盐酸普鲁卡因注射液 pH 3.5~5.0，吗啡注射液 pH<4，三磷酸腺苷注射液 pH=9 等。

图片：血浆 pH 与人体健康

第四节　缓冲溶液

体液的缓冲能力

纯水和一般溶液(如 NaCl 溶液)中加入少量酸或碱都会引起溶液 pH 的明显变化，而各种体液的 pH 能维持在一定范围之内不变，尽管组织在代谢过程中不断产生酸性或碱性物质，摄入体内的某些

食物或药物也具有一定的酸碱性，体液 pH 仍保持稳定。说明体液具有缓冲酸碱的能力，是一类复杂的缓冲体系。

请思考：

1. 缓冲溶液由哪些成分组成？
2. 缓冲作用机制是什么？
3. 血液中主要的缓冲系有哪些？

一、缓冲溶液的组成

（一）缓冲溶液和缓冲作用

在室温下，取 10ml 的纯水、1mol/L NaCl 溶液、1mol/L CH_3COOH 和 1mol/L CH_3COONa 的等体积混合液各两份，其中 1 份分别滴加 1mol/L HCl 1 滴，另 1 份分别滴加 1mol/L NaOH 1 滴，测定溶液的 pH。结果见表 5-6。

表 5-6　加酸或加碱后溶液 pH 的变化

溶液	pH	加 HCl 后 pH	加 NaOH 后 pH
纯水	7	3（减小 4 个单位）	11（增大 4 个单位）
氯化钠溶液	7	3（减小 4 个单位）	11（增大 4 个单位）
醋酸 - 醋酸钠溶液	4.75	4.75（几乎没变）	4.75（几乎没变）

结果表明：纯水和氯化钠溶液中加少量酸后 pH 明显减小，加少量碱后 pH 明显增大；而醋酸和醋酸钠混合液中加少量酸或少量碱后 pH 几乎不变。这说明纯水和氯化钠溶液没有抗酸抗碱的能力，而醋酸和醋酸钠混合溶液具有抗酸抗碱的能力。溶液的这种能对抗外来少量强酸、强碱或者有限稀释，而保持溶液 pH 基本不变的作用叫缓冲作用（buffer action）；具有缓冲作用的溶液叫缓冲溶液（buffer solution）。

（二）缓冲溶液的组成

缓冲溶液能够抗酸抗碱维持溶液 pH 基本不变，说明溶液中既含有碱也含有酸，较高浓度的酸和碱能够在同一溶液中共存，说明两者之间具有共轭关系。组成缓冲溶液的共轭酸碱对叫缓冲系（buffer system）或缓冲对（buffer pair）。常见的缓冲系主要有三种类型：弱酸及其共轭碱、弱碱及其共轭酸、两性物质及其对应的共轭酸（碱）。见表 5-7。

表 5-7　常见的缓冲系（25℃）

缓冲系类型	缓冲系举例	弱酸	共轭碱	pK_a
弱酸及其共轭碱	$CH_3COOH-CH_3COONa$	CH_3COOH	CH_3COO^-	4.76
	$H_2CO_3-NaHCO_3$	H_2CO_3	HCO_3^-	6.35
	$H_3PO_4-NaH_2PO_4$	H_3PO_4	$H_2PO_4^-$	2.16
	$H_2C_8H_4O_4-KHC_8H_4O_4$	$H_2C_8H_4O_4$	$HC_8H_4O_4^-$	2.89
弱碱及其共轭酸	NH_4Cl-NH_3	NH_4^+	NH_3	9.25
	$CH_3NH_3^+Cl-CH_3NH_2$	$CH_3NH_3^+$	CH_3NH_2	10.63
两性物质及其对应的共轭酸（碱）	$NaH_2PO_4-Na_2HPO_4$	$H_2PO_4^-$	HPO_4^{2-}	7.21
	$Na_2HPO_4-Na_3PO_4$	HPO_4^{2-}	PO_4^{3-}	12.32

在实际应用中，可用酸碱反应的产物与过量的弱酸、弱碱组成缓冲系，如：过量 CH_3COOH 与

NaOH 反应可提供 $CH_3COOH-CH_3COO^-$ 缓冲对，过量 $NH_3 \cdot H_2O$ 与 HCl 反应可提供 $NH_4^+-NH_3$ 缓冲对等。

二、缓冲作用原理

现以 $CH_3COOH-CH_3COONa$ 组成的缓冲溶液为例，说明缓冲作用原理。在水溶液中，CH_3COONa 是强电解质，完全解离成 Na^+ 和 CH_3COO^-。CH_3COOH 是弱电解质，在水中解离度很小，加之 CH_3COO^- 的同离子效应，使 CH_3COOH 的解离度更小。因此，达到平衡时，$[CH_3COOH]$ 约等于 CH_3COOH 的初始浓度，$[CH_3COO^-]$ 约等于 CH_3COONa 的初始浓度。由于 CH_3COOH 与 CH_3COONa 的初始浓度较大，所以溶液中存在着足量的 CH_3COOH 分子（共轭酸）和 CH_3COO^- 离子（共轭碱）。两者之间的解离平衡反应如下所示：

$$\underset{\text{(大量)}}{CH_3COOH} \rightleftharpoons H^+ + \underset{\text{(大量)}}{CH_3COO^-}$$

当向溶液中加入少量强酸时，H^+ 浓度瞬间增大，平衡向左移动，共轭碱 CH_3COO^- 和加入的 H^+ 结合成难解离的 CH_3COOH，达到新平衡时，CH_3COOH 浓度略有增大，CH_3COO^- 浓度略有减小，而溶液中的 H^+ 浓度基本保持不变，故溶液的 pH 基本保持不变。可见，缓冲对中的共轭碱 CH_3COO^- 起到抵抗少量强酸的作用，故 CH_3COO^- 为抗酸成分。

当向溶液中加入少量强碱时，OH^- 浓度瞬间增大，H^+ 与外来的 OH^- 结合生成 H_2O，使醋酸的解离平衡向右移动，达到新的平衡后，溶液中 CH_3COO^- 离子浓度略有增大，CH_3COOH 浓度略有减小，而 H^+ 的浓度几乎不变，故溶液的 pH 几乎不变。在此，共轭酸 CH_3COOH 起到抵抗外来少量强碱的作用，故 CH_3COOH 是抗碱成分。

当溶液适当稀释时，虽然 H^+ 因稀释有所降低，但 CH_3COOH 和 CH_3COO^- 的浓度同时降低，同离子效应减弱，CH_3COOH 的解离度增大，H^+ 浓度得以补充，溶液的 pH 基本保持不变。

其余两类缓冲溶液的作用原理也与上述基本相同。需要说明的是，缓冲溶液的缓冲能力是有限的，如果向缓冲溶液中加入大量的强酸、强碱，缓冲溶液中的抗酸成分和抗碱成分耗尽，缓冲溶液就会失去缓冲作用。

三、缓冲溶液 pH 的计算

以 HA 表示缓冲系的共轭酸，A^- 表示缓冲系的共轭碱，它们在水溶液中存在如下的解离平衡：

$$HA \rightleftharpoons H^+ + A^- \quad K_a=\frac{[H^+][A^-]}{[HA]}$$

公式可转化为 $[H^+]=K_a \cdot \frac{[HA]}{[A^-]}$，等式两边同取负对数，得：

$$pH=pK_a+\lg\frac{[A^-]}{[HA]}$$

由于 HA 和 A^- 均为弱电解质，解离程度很小，当系统达到平衡时，$[HA] \approx c(HA)$，$[A^-] \approx c(A^-)$。因此上式又可以表示为：

$$pH=pK_a+\lg\frac{c(A^-)}{c(HA)} \tag{5-12}$$

式（5-12）为计算缓冲溶液 pH 的近似公式，称为亨德森－哈赛尔巴赫（Henderson-Hasselbalch）公式。其中，pK_a 为共轭酸解离平衡常数的负对数，$c(A^-)$ 和 $c(HA)$ 分别为共轭碱和共轭酸的初始浓度，$c(A^-)/c(HA)$ 称为缓冲比，$c(A^-)+c(HA)$ 称为缓冲溶液的总浓度。

若以 $n(HA)$ 和 $n(A^-)$ 分别表示缓冲溶液中所含共轭酸碱对的物质的量，则式（5-12）可转化为：

$$pH=pK_a+\lg\frac{n(A^-)}{n(HA)} \tag{5-13}$$

缓冲溶液的 pH 主要取决于缓冲系中弱酸的 pK_a，其次是缓冲比。若缓冲系选定，则 pK_a 一定，缓

冲溶液的 pH 随缓冲比的改变而改变。缓冲比等于 1 时，$pH=pK_a$，此时溶液的缓冲能力最强。

例 5-7 计算 50ml 0.20mol/L 的 CH_3COOH 溶液与 0.10mol/L 的 CH_3COONa 溶液等体积混合所得溶液的 pH。已知 CH_3COOH 的 $pK_a=4.75$。

解：根据缓冲公式得

$$pH=pK_a+\lg\frac{n(CH_3COO^-)}{n(CH_3COOH)}=4.75+\lg\frac{0.1\times0.05}{0.2\times0.05}=4.45$$

四、缓冲溶液的配制

在实际工作中经常需要配制一定 pH 的缓冲溶液，其配制原则和步骤如下：

1. 选择合适的缓冲系 所配缓冲溶液的 pH 应尽量等于或靠近缓冲系中共轭酸的 pK_a，以保证在总浓度一定时，缓冲比趋近于 1，使具有较大的缓冲能力。如配制 pH 为 4.50 的缓冲溶液，可选择 $CH_3COOH-CH_3COONa$ 缓冲系（$pK_a=4.75$），而不能选择 NH_3-NH_4Cl（$pK_a=9.25$）。

2. 控制适当的总浓度 缓冲系的总浓度太低，则缓冲能力太小；总浓度太高，又会造成试剂的浪费。一般地，总浓度在 0.05~0.2mol/L 之间为宜。

3. 计算所需缓冲系的用量 为配制方便起见，通常使用等浓度的共轭酸和共轭碱来配制，则缓冲比等于共轭碱与共轭酸的体积比。

4. pH 的校正 用上述方法配制的缓冲溶液，其实测值与计算值常有差异，因此，需要用精密 pH 试纸或酸度计加以校正。

例 5-8 如何配制 pH=10.00 的缓冲溶液 500ml？（NH_3 的 $pK_b=4.75$）

解：因 NH_3 的 $pK_b=4.75$，则 NH_4^+ 的 $pK_a=14-4.75=9.25$。

选择浓度均为 0.1mol/L NH_3 和 NH_4Cl 溶液作缓冲对。

则：$pH=pK_a+\lg\frac{V(NH_3)}{V(NH_4^+)}$ $\quad 10.00=9.25+\lg\frac{V(NH_3)}{V(NH_4^+)}$

得：$V(NH_4^+)=76ml$，$V(NH_3)=424ml$

将 424ml 0.1mol/L NH_3 溶液和 76ml 0.1mol/L NH_4Cl 溶液混合，可得到 500ml pH=10.00 的缓冲溶液。

五、缓冲溶液的护理应用

1. 医学及生化实验需要缓冲溶液 在组织切片、微生物培养、细菌染色、血液保存、临床化验、药物调剂等方面，都要求溶液维持一定的 pH。常用缓冲溶液有 Tris–Tris·HCl（三羟甲基氨基甲烷及其盐酸盐）缓冲系、磷酸盐缓冲系等。因 Tris·HCl–Tris 缓冲溶液性质稳定，易溶于体液且不会使体液中的钙盐沉淀，对酶的活性几乎无影响，因而广泛应用于生理、生化研究中。为了与血浆等渗，配制缓冲溶液时常需加入 NaCl。见表 5-8。

表 5-8 Tris 和 Tris·HCl 组成的缓冲溶液

缓冲溶液组成 /(mol/L)			pH	
Tris	Tris·HCl	NaCl	25℃	37℃
0.02	0.02	0.14	8.220	7.904
0.05	0.05	0.11	8.225	7.908
0.006 667	0.02	0.14	7.745	7.428
0.016 67	0.05	0.11	7.745	7.427
0.05	0.05		8.173	7.851
0.016 67	0.05		7.699	7.382

2. 缓冲溶液在人体内的重要调节作用　正常人体血液的 pH 总是维持在 7.35~7.45 的范围内，血液能保持如此狭窄的 pH 范围，其中一个重要因素就是血液中存在着多种缓冲对，再加上肾、肺的调节作用。血液是一种复杂的缓冲溶液，含有多种共轭酸碱对组成的缓冲系。血液中存在的主要缓冲系包括：

血浆中：H_2CO_3–HCO_3^-、$H_2PO_4^-$–HPO_4^{2-}、H_nP–$H_{n-1}P^-$（H_nP 代表蛋白质）等。

红细胞中：H_2b–Hb^-（H_2b 代表血红蛋白）、H_2bO_2–HbO_2^-（H_2bO_2 代表氧合血红蛋白）、H_2CO_3–HCO_3^-、$H_2PO_4^-$–HPO_4^{2-}等。

在血浆缓冲对中，H_2CO_3–HCO_3^- 缓冲系的浓度最高，缓冲能力最大，在维持血液酸碱平衡中发挥的作用最大。H_2CO_3 与 HCO_3^- 存在以下平衡：

$$CO_2 + H_2O \rightleftharpoons H_2CO_3 \rightleftharpoons H^+ + HCO_3^-$$

正常人血浆中，$[HCO_3^-]/[H_2CO_3]=20/1$。37℃时，校正后 H_2CO_3 的 $pK_a'=6.10$，根据亨德森－哈赛尔巴赫公式，可得血浆 pH 为 7.40。只要缓冲比$[HCO_3^-]/[H_2CO_3]$维持在 20∶1，血浆 pH 便可维持在 7.40 不变。

当体内酸性物质增加时，血液中大量存在的抗酸成分 HCO_3^- 与 H^+ 作用生成 H_2CO_3，上述平衡左移。生成的 H_2CO_3 由血液循环到肺部，分解为 CO_2 由肺呼出，损失的 HCO_3^- 由肾减小对 HCO_3^- 的排泄而得到补偿，因此血浆的 pH 可基本维持恒定。当体内碱性物质增加时，血浆中的 H^+ 与 OH^- 结合生成水，上述平衡右移，大量存在的抗碱成分 H_2CO_3 发生解离，以补充消耗的 H^+。H_2CO_3 的减少可由肺抑制 CO_2 的呼出得以补偿，增多的 HCO_3^- 则由肾脏排出体外，从而使血浆的 pH 保持基本恒定。

在红细胞内的缓冲对中，血红蛋白（H_2b）和氧合血红蛋白（H_2bO_2）组成的缓冲对最为重要，血液对 CO_2 的缓冲作用主要是靠它们实现的。

综上所述，由于血液中各种缓冲对的缓冲作用和肺、肾的协同调节作用，正常人血液的 pH 得以维持在 7.35~7.45 的狭小范围之内。如果机体某一方面的调节出现障碍，体内蓄积的酸过多，血液 pH 低于 7.35 时，便会发生酸中毒（acidosis）。当体内蓄积的碱过多，血液 pH 高于 7.45 时，就会发生碱中毒（alkalosis）。若血液的 pH<6.8 或 >7.8，严重的酸碱中毒会导致病人死亡。

视频：酸碱平衡及失调

体液酸度与药物利用率

大部分药物为弱酸或弱碱，体液酸度对药物的存在状态和利用率具有很大的影响。药物须通过细胞膜才能被吸收，细胞膜由磷脂层构成，药物的脂溶性越大则越易经膜吸收。中性分子的脂溶性大于带电荷的正负离子，所以酸性环境有利于弱酸性药物的吸收，碱性环境有利于弱碱性药物的吸收。人体体液各有不同的 pH，例如，胃液酸度很大（正常成人胃液 pH 为 0.9~1.5），而肠道内位置不同 pH 不同（由上而下从 pH 2.0 到 pH 7.6），血液略显碱性（pH 7.4 左右）。当口服弱酸性药物如阿司匹林（$pK_a=3.5$）时，它能够迅速被胃及小肠上段吸收，这是因为它在胃液及小肠上段解离程度很小，绝大部分以分子的形式存在。体液 pH 越小，酸性药物被吸收的程度越大。实验表明，阿司匹林在 pH 3.6~4.3、4.7~5.0、5.2~6.0、6.0~7.6 的四段不同 pH 范围，小肠内的吸收率分别约为 62%，36%，35%，5%。弱碱性有机药物，在胃液中高度质子化，不易被细胞膜吸收，然而在肠道内解离程度减少，能较好地透过细胞膜被吸收。体液 pH 越大，碱性药物被吸收的程度越大。例如奎宁（$pK_b=5.6$）在上述四段不同 pH 范围小肠内的吸收率分别约为 9%，11%，41%，54%。由于碱性药物在到达肠道被吸收之前，须与胃酸接触较长时间而易被破坏，这就是碱性药物口服药效较低而常用注射给药的原因之一。

思考题

1. 根据酸碱质子理论，物质 NH_4^+、H_2S、S^{2-}、HSO_4^-、CO_3^{2-}、$H_2PO_4^-$、PO_4^{3-}、HCOOH、H_2NCH_2COOH 中，哪些是酸？哪些是碱？哪些是两性物质？写出各酸的共轭碱和各碱的共轭酸。

2. 水中加酸或加碱将抑制水的解离，水的离子积是否发生变化？

3. 什么是缓冲溶液？以 NaH_2PO_4-Na_2HPO_4 为例说明缓冲作用原理。

4. 在下列溶液中，选择能配制缓冲溶液的缓冲对。HCl、CH_3COOH、NaOH、CH_3COONa、H_2CO_3。

思路解析

扫一扫，测一测

目标检测

一、填空题

1. 根据酸碱质子理论，在水溶液中的下列物质 NaHS、$Na_2C_2O_4$、$NaNO_3$、NH_4Cl、CH_3COONH_4、CH_3COONa 中，只能做质子酸的是＿＿＿＿，只能做质子碱的是＿＿＿＿，可做两性物质的是＿＿＿＿。

2. $NH_2CH_2CH_2COOH$ 的共轭酸为＿＿＿＿，共轭碱为＿＿＿＿。

3. HCO_3^- 的共轭酸为＿＿＿＿，共轭碱为＿＿＿＿。

4. 浓度 $0.4mol \cdot L^{-1}$ H_3PO_4（$pK_{a1}=2.16$，$pK_{a2}=7.21$，$pK_{a3}=12.32$）与相同浓度的 NaOH 溶液分别以 2∶1、1∶1、1∶2、1∶3 四种体积比混合，所得溶液的近似 pH 分别为＿＿＿＿，＿＿＿＿，＿＿＿＿，＿＿＿＿。

5. H_2CO_3 的 $K_{a1}=4.5 \times 10^{-7}$，$K_{a2}=4.7 \times 10^{-11}$，则 CO_3^{2-} 的 K_{b1} =＿＿＿＿。

6. 在饱和 H_2S($K_{a1}=8.9 \times 10^{-8}$，$K_{a2}=1.2 \times 10^{-12}$)溶液中，[$S^{2-}$]近似为＿＿＿＿，向其中滴加盐酸，[$S^{2-}$]将＿＿＿＿。

7. 在 pH=5 的溶液中加入少量强酸，使溶液中的[H^+]增加到原来的 100 倍，则溶液的 pH=＿＿＿＿。

8. 向 CH_3COOH 溶液中加入固体 CH_3COONa，则会使 CH_3COOH 的解离度＿＿＿＿，这种现象称为＿＿＿＿效应；此时溶液的 pH＿＿＿＿（增大或减少）。

二、计算题

1. 健康人血液的 pH 为 7.35~7.45，若某病人的血液 pH 暂时降到 6.10，其血液中 H^+ 浓度为正常状态的多少倍？

2. 已知 HClO 的 $K_a=3.9 \times 10^{-8}$，计算 0.1mol/L HClO 溶液的解离度。将溶液稀释一倍，其解离度有何变化？若向 0.1mol/L HClO 中加入固体 NaClO，使溶液中 $c(ClO^-)$ 为 0.1mol/L，问其解离度又有什么变化？

3. 乳酸[$CH_3CH(OH)COOH$]是糖代谢的最终产物，在体内积蓄会引起机体疲劳或酸中毒，已知乳酸的 $K_a=1.4 \times 10^{-4}$，试计算浓度为 1.0×10^{-3}mol/L 乳酸溶液的 pH。

4. 复方阿司匹林为解热镇疼药，其主要成分乙酰水杨酸（$C_9H_8O_4$）为一元弱酸，以未解离的中性分子形式在胃中吸收，服用 0.65g 阿司匹林后胃液的 pH 为 2.96，问能被胃直接吸收的阿司匹林有多少克？（已知乙酰水杨酸的 $K_a=3.2 \times 10^{-4}$）

5. 麻黄碱($C_{10}H_{15}ON$)　又名麻黄素，为一元弱碱，常用于预防及治疗支气管哮喘及鼻黏膜肿胀、低血压症等。实验测得其水溶液的 pH 为 10.86，已知麻黄素的 $K_b=2.33\times10^{-5}$，求麻黄碱的浓度。

6. 苯甲酸(C_6H_5COOH)　又称安息香酸，常用作药物或食品的防腐剂，也可外用治疗皮肤的真菌感染，如头癣、脚癣等。但由于苯甲酸在水中的溶解度较低，实际上常用其钠盐。2.0 克苯甲酸钠溶于水制成 100.0ml 溶液，求溶液的 pH(已知苯甲酸的 $K_a=6.25\times10^{-5}$)。

7. 计算下列混合溶液的 pH

(1)20ml 0.1mol/L HCl 与 20ml 0.1mol/L NaOH

(2)20ml 0.10mol/L HCl 与 20ml 0.10mol/L $NH_3\cdot H_2O$

(3)20ml 0.10mol/L CH_3COOH 与 20ml 0.10mol/L NaOH

(4)100ml 0.20mol/L CH_3COOH 与 100ml 0.10mol/L NaOH

(5)50ml 0.10mol/L $NaHCO_3$ 与 50ml 0.10mol/L Na_2CO_3

(6)100ml 0.50mol/L NH_3 与 200ml 0.10mol/L HCl

8. 现有 10L 缓冲溶液，内含 0.010mol/L $H_2PO_4^-$ 和 0.03mol/L HPO_4^{2-}。

(1)计算该缓冲溶液的 pH。

(2)往该溶液中加入 0.05mol HCl 后，pH 等于多少？

(3)往该缓冲溶液中加入 0.04mol NaOH 后，pH 等于多少？

9. 今有 CH_3COOH-CH_3COONa 缓冲系配成的总浓度为 0.200mol/L、pH=4.50 的缓冲溶液 500mL，今欲将此溶液的 pH 调整到 4.90，需加固体 NaOH 多少克？

10. 三位住院患者的化验报告如下：

(1)甲：$[HCO_3^-]$=24.00mol/L，$[H_2CO_3]$=1.20mol/L

(2)乙：$[HCO_3^-]$=21.60mol/L，$[H_2CO_3]$=1.35mol/L

(3)丙：$[HCO_3^-]$=56.00mol/L，$[H_2CO_3]$=1.40mol/L

在血浆中校正后的 $pK_{a1}'(H_2CO_3)$=6.10，计算三位患者血浆的 pH，并判断是否正常。

（马丽英）

第六章 配位化合物

1. 掌握：配位化合物的概念、组成、命名；配位平衡常数的概念；螯合物的概念。
2. 熟悉：配位平衡及其影响配位平衡的因素；螯合效应；EDTA 的结构及其配位特点。
3. 了解：螯合滴定的基本原理和方法；螯合物的护理应用。
4. 培养学生用科学的方法分析问题，解决问题及理论联系实际的能力。

配位化合物（coordination compound）简称配合物，是一类组成复杂、发展迅速、应用极为广泛的化合物。过去曾因其组成复杂而称为络合物。

配合物与医学关系十分密切，在生命活动中起着重要的作用，人体内许多必需微量元素都以配合物的形式存在。许多生物催化剂——酶，也是配合物，它在体内起着支配生化反应的作用。有些药物本身是配合物或者在体内形成配合物才能发挥药效。此外，在生化检验、环境监测、药物分析及新药的研制与开发等领域，以配位反应为基础的分析方法应用极为广泛。因此，了解配合物的结构与性质对医学生来说很有必要。

第一节 配位化合物

铅 中 毒

某化工厂附近的常住居民陆续出现头昏、头痛、全身无力、记忆力减退，口内金属味，食欲减退，上腹部胀闷、不适，腹隐痛和便秘等症状，门诊检查后均进行了血铅检测，结果显示血铅超标。一些症状较重的受检者入院接受驱铅治疗。

请思考：

1. 居民为什么会发生铅中毒？
2. 驱铅治疗的原理是什么？

一、配合物的概念

在 $CuSO_4$ 溶液中滴加氨水，开始时生成浅蓝色沉淀，再继续滴加过量氨水，沉淀溶解，最终生成深蓝色透明溶液。向该溶液中加入适量酒精，便析出深蓝色晶体。将该晶体溶于水后，加入少量NaOH溶液，既无浅蓝色的 $Cu(OH)_2$ 沉淀生成，也无明显的氨味，但加入少量 $BaCl_2$ 溶液，却立即生成白色的 $BaSO_4$ 沉淀。这说明溶液中存在着 SO_4^{2-}，却几乎检查不出 Cu^{2+} 离子和 NH_3 分子。经X射线分析，这深蓝色结晶的化学组成是 $[Cu(NH_3)_4]SO_4$，在水溶液中能全部解离为 $[Cu(NH_3)_4]^{2+}$ 和 SO_4^{2-}，而 $[Cu(NH_3)_4]^{2+}$ 是由1个 Cu^{2+} 离子和4个 NH_3 分子以配位键形成的复杂离子，称为配离子。具有特殊的稳定性，它在水中只少部分地解离出 Cu^{2+} 和 NH_3，绝大多数仍以复杂离子 $[Cu(NH_3)_4]^{2+}$ 的形式存在。上述反应可表示为：

$$CuSO_4 + 4NH_3 \rightleftharpoons [Cu(NH_3)_4]SO_4$$

$$[Cu(NH_3)_4]SO_4 \rightleftharpoons [Cu(NH_3)_4]^{2+} + SO_4^{2-}$$

视频：配合物的生成

这种由金属阳离子（或原子）与一定数目的中性分子或阴离子以配位键结合形成的复杂离子称为配离子，如 $[Cu(NH_3)_4]^{2+}$、$[Ag(CN)_2]^-$ 等。若形成的是复杂分子，则称为配位分子，如 $[Ni(CO)_4]$、$[Fe(CO)_5]$ 等。含有配离子的化合物或配位分子称为配位化合物，简称配合物。

二、配合物的组成

配合物一般由内界（inner sphere）和外界（outer sphere）两部分组成。内界又称配离子，是配合物的特征部分，写在方括号内，由中心原子与一定数目的中性分子或阴离子以配位键结合形成。与配离子带相反电荷的其他离子称为外界，又称外界离子。内界与外界之间以离子键结合，在溶液中可完全解离。以 $[Cu(NH_3)_4]SO_4$ 为例，配位化合物的组成可表示为：

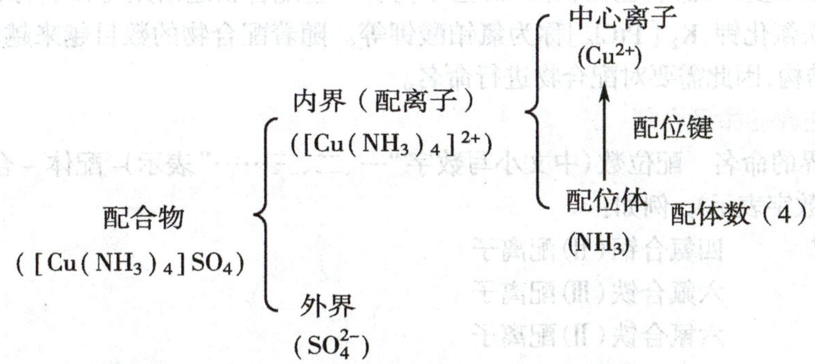

也有一些配位化合物只有内界，没有外界，如配位分子 $[Ni(CO)_4]$ 等。

（一）中心原子

在配合物的内界中，接受孤对电子的阳离子或原子称为中心原子（central atom）。位于配离子的中心位置，是配合物的核心部分。中心原子一般为带正电荷的过渡金属阳离子，如 $[Fe(CN)_6]^{3-}$ 中的 Fe^{3+}、$[Cu(NH_3)_4]^{2+}$ 中的 Cu^{2+}。此外，中心原子还可以是高氧化数的非金属元素原子或金属原子，如 $[SiF_6]^{2-}$ 中的Si(Ⅳ)和 $[Ni(CO)_4]$ 中的Ni原子。

（二）配位体和配位原子

配位化合物中与中心原子以配位键结合的中性分子或阴离子叫配位体（ligand），简称配体。常见的配体有 X^-、CN^-、SCN^-、$S_2O_3^{2-}$ 等负离子和 NH_3、H_2O 等中性分子。如 $[Fe(CN)_6]^{3-}$ 中的 CN^- 和 $[Cu(NH_3)_4]^{2+}$ 中的 NH_3 等。

在配体中，能提供孤对电子与中心原子形成配位键的原子称为配位原子（ligating atom），如 NH_3 中的N原子、H_2O 中的O原子、CN^- 中的C原子。配位原子通常是非金属性较强的非金属元素原子，如N、O、S、C、F、Cl、Br、I等。

根据配体中所含配位原子数，可将配体分为单齿配体和多齿配体两类。只含有1个配位原子的配体称为单齿配体（monodentate ligand），如 H_2O、NH_3、X^-、CN^- 等，其配位原子分别是O、N、X、C；含有2个或2个以上配位原子的配体称为多齿配体（multidentate ligand）。如乙二胺分子 $H_2NCH_2CH_2NH_2$（简写为en）中含有2个配位原子，为二齿配体；乙二胺四乙酸分子（简写为EDTA）中含有6个配位原子，为六齿配体。

有少数配体虽含有两个配位原子，但在形成配合物时只有其中一个配位原子与中心原子形成配

位键，这类配体称为两可配体，也属于单齿配体。如$[Hg(SCN)_4]^{2-}$配离子中S原子为配位原子；$[Fe(NCS)_6]^{3-}$配离子中N原子为配位原子。

（三）配位数

与中心原子直接结合的配位原子的数目，称为中心原子的配位数(coordination number)。中心原子的常见配位数是2(如Ag^+、Cu^{2+}等)、4(如Cu^{2+}、Zn^{2+}、Hg^{2+}、Co^{2+}等)、6(如Fe^{2+}、Fe^{3+}、Co^{2+}等)。如果配位体都是单齿配体，则配位数与配位体数目相等，如在$[Cu(NH_3)_4]^{2+}$中Cu^{2+}的配位数和配体数均为4；如果配体中有多齿配体，则配位数不等于配体数，如在$[Cu(en)_2]^{2+}$中，Cu^{2+}的配体数是2，但因乙二胺是二齿配位体，配位数是4而不是2。

（四）配离子的电荷

配离子的电荷等于中心原子和配体所带电荷数的代数和。例如，$[Fe(CN)_6]^{3-}$配离子的电荷为$(+3)+(-1)\times6=-3$，$[Cu(NH_3)_4]^{2+}$配离子的电荷数为$(+2)+0\times4=+2$。又由于配合物是电中性的，也可根据外界离子的电荷数来确定配离子的电荷。例如，配合物$[Cu(NH_3)_4]SO_4$中，外界离子SO_4^{2-}所带电荷为−2，可以确定出配离子所带电荷为+2。因此，知道了配离子的电荷数和配体的电荷数，就可以推算出中心原子的氧化数。反之，知道了中心原子的氧化数和配体的电荷数，就能推算出配离子的电荷数或配合物的化学式。

三、配合物的命名

由于配合物比较复杂，命名也比较困难，至今仍有一些配合物还沿用习惯名称，如$K_4[Fe(CN)_6]$称作黄血盐或亚铁氰化钾，$K_2[PtCl_6]$称为氯铂酸钾等。随着配合物的数目越来越多，为了准确表达配合物的组成和结构，因此需要对配合物进行命名。

（一）配合物内界的命名原则

1. 配合物内界的命名　配位数（中文小写数字“一、二、三……”表示）-配体-合-中心原子名称（氧化数）（用罗马数字表示）。例如：

$[Cu(NH_3)_4]^{2+}$	四氨合铜（Ⅱ）配离子
$[FeF_6]^{3-}$	六氟合铁（Ⅲ）配离子
$[Fe(CN)_6]^{4-}$	六氰合铁（Ⅱ）配离子
$[Ag(NH_3)_2]^+$	二氨合银（Ⅰ）配离子
$[Ag(S_2O_3)_2]^{3+}$	二硫代硫酸根合银（Ⅰ）配离子

2. 如果内界包含两种以上的配体，不同配体名称之间要用小圆点“·”分开，复杂的配体名称写在圆括号内，以免混淆。

混合配体命名的先后顺序遵循如下原则：

(1)先无机配体，后有机配体。

(2)先阴离子后中性分子。

(3)相同类型的配体，则按配位原子的元素符号英文字母顺序排列。

3. 两可配位体用不同的名称来表示　例如，SCN^-作为配体时，若配位原子为N，写为NCS^-，读作“异硫氰酸根”；若配位原子为S，写为SCN^-，读作“硫氰酸根”。再如，NO_2^-作为配体时，若配位原子为O，写为ONO^-，读作“亚硝酸根”；若配位原子为N，写为NO_2^-，读作“硝基”。

（二）配合物的命名原则

配合物的命名遵循一般无机化合物的命名原则，即阴离子在前，阳离子在后。像一般无机化合物中的酸、碱、盐一样。如果内界为阳离子，外界为简单阴离子或酸根离子，则称为“某化某”或“某酸某”；如果内界为阳离子，外界为OH^-，则称为“氢氧化某”；如果内界为阴离子，则称为“某酸某”；如外界为H^+，则称为“某酸”。例如：

$[Mn(H_2O)_6]Cl_2$	氯化六水合锰（Ⅱ）
$[Cu(NH_3)_4]SO_4$	硫酸四氨合铜（Ⅱ）
$[Ag(NH_3)_2]OH$	氢氧化二氨合银（Ⅰ）
$[Cu(NH_3)_4]OH$	氢氧化二氨合铜（Ⅱ）

$K_3[Fe(CN)_6]$　　六氰合铁(Ⅲ)酸钾
$K_2[HgI_4]$　　四碘合汞(Ⅱ)酸钾
$H_2[PtCl_6]$　　六氯合铂(Ⅳ)酸

第二节　配位平衡

一氧化碳中毒

患者张先生，男，60 岁，用木炭在火车集装箱内取暖，先感到头晕、头痛，而后就什么都不知道了。入院时患者意识不清，四肢厥冷，急诊诊断为一氧化碳中毒，作高压氧治疗，吸氧 30 分钟患者四肢变暖能活动，睁眼四周观看，60 分钟后意识清醒，并能正确回答问题，减压完病人走出舱外。

请思考：

1. 中毒的机制是什么？其临床表现有哪些？
2. 高压氧治疗一氧化碳中毒的原理。

一、配位平衡常数

向 $CuSO_4$ 溶液中加入过量浓氨水，会生成深蓝色的$[Cu(NH_3)_4]^{2+}$配离子，此时，若向溶液中加入稀 NaOH，无 $Cu(OH)_2$ 沉淀生成，可是如果加入的是 Na_2S 溶液，则有黑色的 CuS 沉淀生成。这说明溶液中存在少量的 Cu^{2+}。可见，配离子的稳定性是相对的，在生成配离子的同时，也存在着配离子的解离，在一定条件下，当配位反应速率和解离反应速率相等时，体系达到动态平衡，即配位平衡(coordination equilibrium)。如：

$$Cu^{2+} + 4NH_3 \underset{\text{解离}}{\overset{\text{配合}}{\rightleftharpoons}} [Cu(NH_3)_4]^{2+}$$

视频：配位平衡

配位平衡的平衡常数称为配离子的稳定常数(stability constant)，用 K_S 表示(也常用符号 $K_{稳}$表示)

$$K_s = \frac{[Cu(NH_3)_4]^{2+}}{[Cu^{2+}][NH_3]^4}$$

K_S 反映了配离子的稳定性。一般来说，相同类型的配合物，K_S 越大，配合物就越稳定。如$[Ag(NH_3)_2]^+$和$[Ag(CN)_2]^-$为同种类型的配离子，它们的 K_S 分别为 1.1×10^7 和 1.3×10^{21}，故$[Ag(CN)_2]^-$比$[Ag(NH_3)_2]^+$更稳定。而对于不同类型的配离子，不能用 K_S 的大小来比较它们的稳定性，则要通过计算进行比较。如$[Fe(EDTA)]^-$和$[Fe(CN)_6]^{3-}$的 K_S 分别为 1.7×10^{24} 和 1.0×10^{42}，但实际上前者比后者稳定得多。一些常见配合物的 K_S 见表 6-1。

表 6-1　常见配离子的稳定常数

配离子	$K_{稳}$	配离子	$K_{稳}$
$[Ag(CN)_2]^-$	1.3×10^{21}	$[Cu(en)_2]^{2+}$	1.0×10^{20}
$[Ag(NH_3)_2]^+$	1.1×10^7	$[Cu(NH_3)_4]^{2+}$	2.1×10^{13}
$[Ag(S_2O_3)_2]^{3-}$	2.9×10^{13}	$[Fe(CN)_6]^{4-}$	1.0×10^{35}
$[AlF6]^{3-}$	6.9×10^{19}	$[Fe(CN)_6]^{3-}$	1.0×10^{42}
$[Au(CN)_2]^-$	2.0×10^{38}	$[Ni(CN)_4]^{2-}$	2.0×10^{31}
$[Co(NH_3)_6]^{2+}$	1.3×10^5	$[Ni(NH_3)_4]^{2+}$	5.5×10^8
$[Co(NH_3)_6]^{3+}$	1.6×10^{35}	$[Zn(NH_3)_4]^{2+}$	2.9×10^9

二、配位平衡的移动

配位平衡和任何化学平衡一样，也是一种动态平衡。外界条件改变时，则平衡发生移动，直到建立起新的平衡。这里主要讨论溶液的酸度、沉淀的生成，以及其他配体对配位平衡移动或转化的影响。

（一）溶液酸度的影响

H^+ 浓度的改变对配位平衡有较大的影响。溶液酸度对配位平衡的影响可以从酸效应和水解效应两个方面进行考虑。

1. 酸效应　溶液酸度增大，配体与 H^+ 结合形成弱酸，导致配离子稳定性降低，这一现象称为酸效应（acid effect）。

根据酸碱质子理论，很多配体都是碱，能够接受质子。当溶液中 H^+ 浓度增大时，配体就会与 H^+ 作用生成共轭酸，降低了溶液中配体的浓度，使配位平衡向解离的方向移动。例如，向$[FeF_6]^{3-}$ 溶液中加入强酸，F^- 与 H^+ 结合成难电离的弱酸 HF，使平衡向解离的方向移动，反应方程式为：

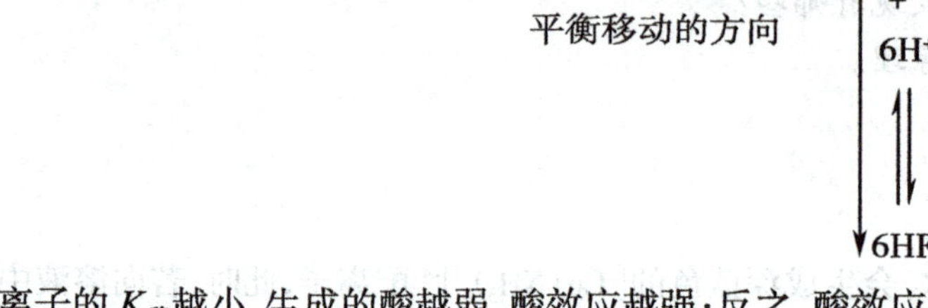

0603
图片：化学平衡

配离子的 $K_{稳}$越小，生成的酸越弱，酸效应越强；反之，酸效应则越弱。

2. 水解效应　当溶液的 pH 增大，溶液酸度降低时，中心原子（特别是高价金属离子）发生水解而使配位平衡向解离的方向移动，从而导致配离子的稳定性降低，解离度增大，这一现象称为水解效应（hydrolytic effect）。

大多数配离子的中心原子都是过渡金属离子，在水溶液中都存在不同程度的水解，若降低溶液的酸度，中心原子有可能发生水解生成难溶氢氧化物沉淀，导致其平衡浓度降低，平衡向配离子解离的方向移动。例如，向$[FeF_6]^{3-}$ 溶液中加入 NaOH 溶液，Fe^{3+} 发生水解而使平衡发生移动，生成 $Fe(OH)_3$ 沉淀。反应方程式为：

$$[FeF_6]^{3-} \rightleftharpoons Fe^{3+} + 6F^-$$

$$+\ 3OH^- \rightleftharpoons Fe(OH)_3\downarrow$$

平衡移动的方向

（二）沉淀反应的影响

向配位平衡体系中加入沉淀剂，沉淀剂与中心原子形成沉淀，降低了平衡体系中中心原子的浓度，平衡将向配离子解离的方向移动。例如，向$[Ag(NH_3)_2]^+$ 配离子的溶液中加入 NaBr 溶液，配离子解离，生成难溶的 AgBr 浅黄色沉淀。反应方程式为：

$$[Ag(NH_3)_2]^+ \rightleftharpoons Ag^+ + 2NH_3$$

$$+\ Br^- \rightleftharpoons AgBr\downarrow$$

平衡移动的方向

笔记

配离子的稳定常数越小，生成的难溶强电解质的溶度积常数越小，配离子越容易解离；反之，难溶强电解质的溶度积常数越大，配离子的稳定常数越大，配离子就越难解离。

(三) 氧化还原反应的影响

向配合物溶液中加入能与配体或中心原子发生氧化还原反应的试剂，将会使配体或中心原子的浓度降低，导致配位平衡向配合物解离的方向移动。例如，向$[Fe(NCS)_2]^+$溶液中加入$SnCl_2$溶液，由于Sn^{2+}使Fe^{3+}还原为Fe^{2+}，溶液的血红色褪去。反应方程式为：

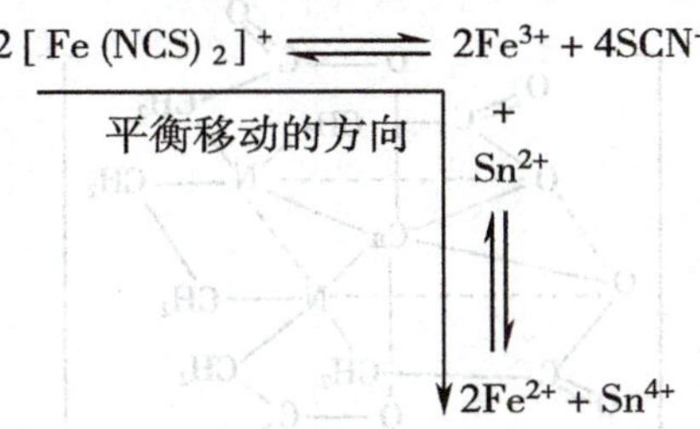

(四) 配位平衡之间的相互转化

向一种配离子溶液中，加入另一种能与该中心原子形成更稳定配离子的配位剂时，原来的配位平衡将发生转化，例如：

$$[Ag(NH_3)_2]^+ + 2CN^- \rightleftharpoons [Ag(CN)_2]^- + 2NH_3$$

由于配离子$[Ag(NH_3)_2]^+$的$K_{稳}$值为1.1×10^7，小于配离子$[Ag(CN)_2]^-$的$K_{稳}$值1.3×10^{21}，故正反应的趋势很大，平衡向右移动。

第三节　螯合物和螯合滴定

血　钙

钙是人体必需元素，参与构成人体骨骼和牙齿。血液中的钙称为血钙，血钙水平与人体许多重要功能有关，在机体多种因素的调节和控制下，血钙浓度通常比较稳定。但当血钙浓度过高或过低，都将导致人体异常。

请思考：

1. 人体正常血钙浓度是多少？
2. 常用测定血钙浓度的方法是什么？

一、螯合物和螯合效应

由中心原子和多齿配体结合而成的具有环状结构的配合物，称为螯合物(chelate)。螯合物具有特殊稳定性的环状结构，在水中更难解离。如Cu^{2+}可与乙二胺形成配合物，其结构如下：

```
      H2           H2        2+
 H2C — N           N — CH2
  |      ↘       ↙    |
  |         Cu         |
  |      ↗       ↖    |
 H2C — N           N — CH2
      H2           H2
```

$$K_s=1.00\times10^{21}$$

多数螯合物具有五元环或六元环称为螯合环。能与中心原子形成螯合物的多齿配体称为螯合剂(chelating agent)。螯合剂必须具备以下两个条件：

(1)必须具有两个或两个以上的配位原子。

(2)两个配位原子之间必须相隔两个或三个其他原子，才能形成稳定的五元环或六元环。

图片：螯合物的形象化图

应用最广泛的螯合剂是乙二胺四乙酸及其二钠盐，简称 EDTA。EDTA 分子中的 4 个羧基中的氧原子和 2 个氨基中的氮原子都可作为配位原子与中心原子形成配位键，形成 5 个五元环，因此配位能力很强，几乎能与所有的金属离子形成稳定的螯合物。如 EDTA 与 Ca^{2+} 形成的螯合物如图 6-1 所示。

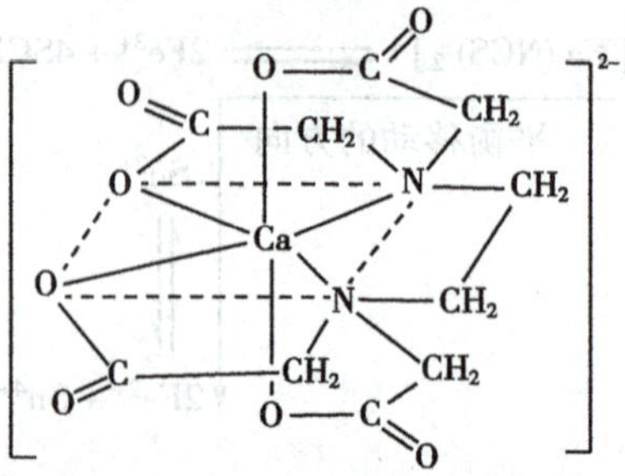

图 6-1　EDTA-Ca 的结构

具有五元环或六元环的螯合物比具有相同配位数的简单配合物要稳定得多。如简单配合物 $[Cu(NH_3)_4]^{2+}$ 的 K_s=2.09×10^{13}，而同配位数的螯合物 $[Cu(en)_2]^{2+}$ 的 K_s=1.0×10^{21}。像这种由于螯合环的形成而使螯合物具有特殊稳定性的作用称为螯合效应（chelating effect）。一般来说，多齿配体中配位原子越多，生成的螯合物的螯合环越多，螯合效应就越强，螯合物的稳定性也就越好。

二、螯合滴定

（一）螯合滴定

以螯合反应为基础的滴定分析方法，称为螯合滴定法（chelatometric titration），又称配位滴定法。能用于螯合滴定的螯合反应，必须具备下列条件：

（1）生成的螯合物必须足够稳定且可溶于水。

（2）反应必须按一定的计量关系进行，这是定量计算的基础。

（3）反应迅速，能瞬间完成。

（4）有适当的方法指示化学计量点。

螯合滴定法普遍采用的滴定剂是氨羧配位剂，是一类以氨基二乙酸 $[-N(CH_2COOH)_2]$ 为主体的配位剂的总称，配位能力强，能与大多数金属离子形成稳定的螯合物，其中以 EDTA 应用最广。

（二）EDTA 的结构及性质

1. EDTA 的结构及性质　乙二胺四乙酸（EDTA）是配位滴定中最常用的滴定剂。其结构式为：

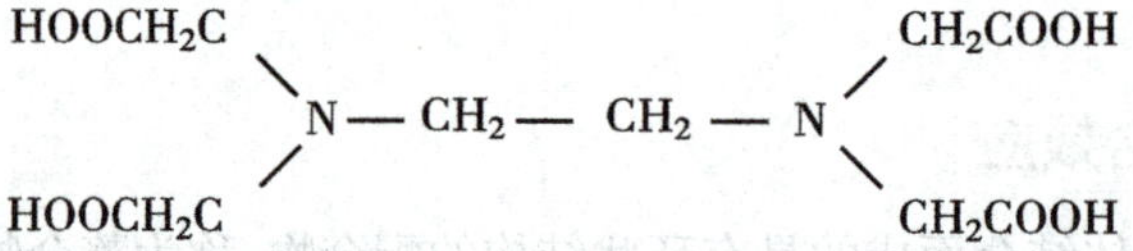

$$(HOOCCH_2)_2N-CH_2-CH_2-N(CH_2COOH)_2$$

从结构上看，EDTA 是四元酸，通常用 H_4Y 表示其化学式。EDTA 为白色粉末状结晶，无臭无毒，微溶于水，难溶于酸及一般有机溶剂，易溶于苛性碱和氨性溶液中，生成相应的盐。22℃时 EDTA 的溶解度为 0.02g/dl，饱和水溶液的浓度约为 7×10^{-4}mol/L，pH 约为 2.3；其二钠盐可用 $Na_2H_2Y\cdot 2H_2O$ 表示，简称 EDTA 二钠，通常也称 EDTA。$Na_2H_2Y\cdot 2H_2O$ 为白色结晶状粉末，无臭无毒，有较好的水溶性，22℃时溶解度为 11.1g/dl，此溶液浓度约为 0.3mol/L，pH 约为 4.7。

由于 H_4Y 溶解度太小，不宜作滴定液。其二钠盐的溶解度较大，且易精制，EDTA 滴定液常用 $Na_2H_2Y\cdot 2H_2O$ 配制。

2. EDTA 在水溶液中的电离平衡　在水溶液中，EDTA 分子中互为对角线的两个羧基上的 H^+ 会转移到氮原子上，形成双偶极离子。在强酸性溶液中，两个羧酸根可再接受 H^+ 而形成 H_6Y^{2+}，因此 EDTA 可看作是六元酸，在溶液中有六级离解平衡：

$$H_6Y^{2+} \rightleftharpoons H_5Y^+ + H^+ \quad pK_{a1}=0.9$$

$$H_5Y^+ \rightleftharpoons H_4Y + H^+ \quad pK_{a2}=1.6$$

$$H_4Y \rightleftharpoons H_3Y^- + H^+ \quad pK_{a3}=2.1$$

$$H_3Y^- \rightleftharpoons H_2Y^{2-} + H^+ \quad pK_{a4}=2.67$$

$$H_2Y^{2-} \rightleftharpoons HY^{3-} + H^+ \quad pK_{a5}=6.16$$

$$HY^{3-} \rightleftharpoons Y^{4-} + H^+ \quad pK_{a6}=10.26$$

由上述解离平衡可知，EDTA 在水溶液中是以 H_6Y^{2+}、H_5Y^+、H_4Y、H_3Y^-、H_2Y^{2-}、HY^{3-}、Y^{4-} 七种形式存在的，各种存在形式的浓度决定于溶液的 pH。见表 6-2。

表 6-2 不同 pH 时 EDTA 的主要存在形式

pH 范围	<0.9	0.90~1.60	1.60~2.0	2.0~2.67	2.67~6.16	6.16~10.26	>10.26
主要形式	H_6Y^{2+}	H_5Y^+	H_4Y	H_3Y^-	H_2Y^{2-}	HY^{3-}	Y^{4-}

在 EDTA 的七种形式中，只有 Y^{4-} 才能与金属离子直接生成稳定的配合物，即称为 EDTA 的有效离子。从表 6-2 中得知，溶液的 pH>10.26 时，EDTA 主要是以有效离子 Y^{4-} 形式存在，因此 EDTA 在碱性溶液中与金属离子配位能力较强。Y^{4-} 可简写为 Y。

3. EDTA 与金属离子的配位特点

(1) 形成 1∶1 的配合物：EDTA 作为多齿配体具有很强的配位能力，几乎可与所有金属离子配位，且无论金属离子带多少电荷，一般都是以 1∶1 的形式配位，其反应可简化为：

$$M+Y \rightleftharpoons MY$$

(2) 形成的配合物稳定性高：这是因为 EDTA 与金属离子生成的配合物是具有多个五元环的螯合物。一些常见金属离子与 EDTA 形成配合物的 $\lg K_{稳}$ 见表 6-3。

表 6-3 一些金属 -EDTA 配合物的 $\lg K_{稳}$

离子	$\lg K_{稳}$	离子	$\lg K_{稳}$	离子	$\lg K_{稳}$	离子	$\lg K_{稳}$
Na^+	1.7	Mn^{2+}	13.9	Cd^{2+}	16.5	Sn^{2+}	22.1
Ag^+	7.3	Fe^{2+}	14.3	Pb^{2+}	18.0	Cr^{3+}	23.0
Ba^{2+}	7.8	Al^{3+}	16.1	Ni^{2+}	18.6	Fe^{3+}	25.1
Mg^{2+}	8.7	Co^{2+}	16.3	Cu^{2+}	18.8	Bi^{3+}	27.9
Ca^{2+}	10.7	Zn^{2+}	16.5	Hg^{2+}	21.8	Co^{3+}	36.0

在一定条件下，只有 $\lg K_{稳} \geq 8$ 时，才能用于配位滴定。

(3) 形成的螯合物多数易溶于水：EDTA 与金属离子形成的螯合物大多带有电荷，因此易溶于水，便于在水溶液中进行滴定。

(4) 配合物的颜色：EDTA 与无色金属离子形成的螯合物无色，与有色金属离子形成的螯合物颜色加深。

视频：螯合滴定操作

(三) 金属指示剂

螯合滴定和其他滴定分析一样，必须要有适当的方法来指示终点。在螯合滴定中，常用一种能与金属离子生成有色配合物的显色剂，以它的颜色改变来确定滴定过程中金属离子浓度的变化，这种显色剂称为金属离子指示剂，简称金属指示剂（metallochromic indicator）。

金属指示剂一般为有机染料 In，与被测金属离子 M 反应，生成一种与指示剂本身颜色不同的配合物 MIn。

例如，用 EDTA 滴定 Mg^{2+} 时，以铬黑 T(EBT) 为指示剂。

滴定前，加入少量铬黑 T 于待测 Mg^{2+} 溶液中，铬黑 T 与 Mg^{2+} 形成配合物 Mg-EBT，溶液呈酒红色。

$$\text{Mg+EBT(蓝色)} \rightleftharpoons \text{Mg-EBT(酒红色)}$$

滴定开始后，随着滴定剂 EDTA 的滴入，EDTA 与大部分游离的 Mg^{2+} 形成无色的配合物 MgY，故溶液仍呈酒红色。

终点前：$\text{Mg+Y} \rightleftharpoons \text{MgY}$

当滴定到计量点附近时，溶液中游离的 Mg^{2+} 浓度已降至很低，且 Mg-EBT 的稳定性小于 MgY 的稳定性，此时再滴入的 EDTA 就会将 Mg-EBT 中的 Mg^{2+} 夺取过来，使铬黑 T 游离出来，溶液呈铬黑 T 本身的颜色蓝色，指示滴定终点到达。

终点时：$\text{Mg-EBT(酒红色)+Y} \rightleftharpoons \text{MgY+EBT(蓝色)}$

虽然金属离子的显色剂很多，但用做金属指示剂时，必须具备下列条件：

1. 配合物 MIn 与金属指示剂 In 本身颜色有明显差别。

2. 配合物 MIn 要有足够的稳定性($K_{s(MIn)}>10^4$)，但又要比 MY 稳定性低，一般要求 $K_{s(MY)}/K_{s(MIn)}>10^2$。如果 MIn 稳定性太低，临近终点时 In 过早释放出来，使终点提前；稳定性太高，到达化学计量点时，过量的 EDTA 难以将 M 从 MIn 中夺取过来，使终点滞后。

3. 指示剂与金属离子显色反应灵敏、迅速，有较好的变色可逆性。

常用的金属指示剂有铬黑 T(简称 EBT)、二甲酚橙(简称 XO)、钙指示剂(简称 NN)等。

三、螯合物的护理应用

1. 生命体内的必需金属元素都以配合物的形式存在　目前认为生命必需的金属元素有 14 种，包括 Na、K、Mg、Ca、V、Cr、Mn、Fe、Co、Ni、Cu、Zn、Mo、Sn，都以配合物的形式存在于生命体中。而且生物体内的蛋白质、核酸、多糖、磷脂及其各级降解产物都可以作为金属元素的配体(即生物配体)。生命必需金属元素与生物配体之间的相互作用，构成了生命活动的基础。

生命必需元素在体内的含量都有生理浓度范围，当严重缺乏或过量时，对人的健康都是有害的。例如，当人体铁缺乏时，可出现贫血，但当铁积累过多时又会出现血红蛋白沉积症；铬缺乏时，可引起糖尿病、动脉硬化，过量的铬又具有致癌作用；缺锌可致发育停滞，抑制性成熟，降低免疫功能，过量的锌将导致胃癌；铜缺乏时将导致贫血，过量的铜将导致神经失常，动作震颤。

2. 作为有害金属离子的促排剂　配位剂能与体内有毒的金属原子(或离子)形成无毒、可溶的配合物排出体外，在医学上可作为解毒剂应用。职业中毒、环境污染、金属代谢障碍及过量服用金属元素药物均能引起有毒元素(Hg、As、Pb、Cd 等)在体内积累或必需元素的过量，造成金属中毒。对于金属中毒，临床上常用螯合疗法进行解毒。如柠檬酸钠可以和 Pb 形成稳定的配合物，是防治职业性铅中毒的有效解毒剂；EDTA 的钙盐是排除体内 U、Th、Pu、Sr 等放射性元素的高效解毒剂；二巯丙醇是治疗 As、Hg 中毒的首选药物。

3. 杀菌、抗病毒作用　多数抗微生物的药物属配体，和金属配位后往往能增加其活性。如丙基异烟酰肼与一些金属生成的配合物的抗结核杆菌能力比纯配体强。某些配合物具有抗病毒的活性。其原理是病毒的核酸和蛋白质均为配体，能与阳离子作用生成金属配合物。配阳离子或和细胞外病毒作用、或占据细胞表面防止病毒的吸附、或防止病毒在细胞内再生，从而阻止病毒的增殖。抗病毒的配合物一般以二价ⅦB、Ⅷ族过渡金属作为中心原子，以 1,10- 菲绕啉或其他乙酰丙酮为配体的配合物。

4. 作为血液抗凝剂　血液中的 Ca^{2+} 是重要的凝血因子，采集血浆标本时，常加入少量的柠檬酸钠或 EDTA 二钠盐，可以防止血液凝固，其原理是柠檬酸钠或 EDTA 二钠盐均可与血液中的 Ca^{2+} 结合成稳定的可溶液性配合物。

5. 有些药物是配合物　治疗恶性贫血的维生素 B_{12} 是钴的螯合物；治疗糖尿病的胰岛素是锌的配

合物；治疗缺铁性贫血的柠檬酸铁铵，治疗血吸虫病的酒石酸锑钾，具有抗癌作用的顺－二氯二氨合铂（Ⅱ）等均为配合物。

知识拓展

偶然的发现——金属抗肿瘤药物顺铂

配位化学物大量存在于自然界中，配位化学所涉及的范围及应用非常广泛。在医药学方面，抗癌、杀菌、抗风湿、治心血管病等重要药物的研制与配位化学密切相关，凝结了科学家的全部心血和智慧。有的药物的发现是在科学家的细心观察中意外发现的，从中我们可以得到宝贵的启示。

1964 年，美国物理学家 Rosenberg 偶然发现在以铂作电极的细菌生长室里通以交流电，细胞不再分裂，但继续生长成细丝。反之，先通电流再放入细菌也产生同样的结果。经过两年的观测，发现活性物质原来是铂电极表面形成的少量顺－$[PtCl_2(NH_3)_2]$（简称顺铂）。Rosenberg 认为既然顺铂能够阻止细菌分裂，就可以阻止癌细胞分裂。动物实验结果证实了这一想法。它不仅能强烈抑制一系列实验动物肿瘤，而且对人体生殖系统、头颈部以及其他软组织的恶性肿瘤有显著疗效，和其他抗癌剂联合作用时有明显的协同作用。

顺铂是亮黄色或橙黄色结晶性粉末，易溶于二甲基亚砜，微溶于水。临床上顺铂被用于治疗膀胱癌、肺癌、乳腺癌和白血病等，是公认的治疗睾丸癌和卵巢癌的一线药物。

顺铂之所以能抑制癌变，是由于顺铂在 Cl^- 离子浓度较高的条件下比较稳定，当进入人体后，通过扩散作用进入细胞，由于细胞中 Cl^- 浓度较低，顺铂水解生成阳离子水合物，再解离成为羟基配合物。在生物体内，羟基配合物能够与 DNA 的两个鸟嘌呤碱基 N^7 配位生成一个五元环的螯合物，破坏了 DNA 的双螺旋结构，使其局部失活而丧失复制能力，从而阻止癌细胞的分裂。

思考题

1. 写出 EDTA 的结构式并说明它与金属离子配位有哪些特点。
2. 简述螯合滴定的基本原理。

思路解析

扫一扫，测一测

目标检测

一、填空题

1. 由________和一定数目的________以________键结合而成的复杂离子，称为配离子。配离子和________所组成的化合物称为配合物。

2. 配合物一般分为________和________两个组成部分。

3. 在配离子中，中心原子必须有________，配位体的配位原子必须有________。

4. H_2O 分子能作配体时因为 O 原子有________。

5. 一个乙二胺分子中有__个 N 原子，若用 2 个乙二胺分子作为配位体，则有________个配位原子。

6. 具有________结构的配合物称为螯合物。能与中心原子形成螯合物的配位体必须具备的条件为________、________。

二、命名下列配位化合物，并指出配体数和中心原子配位数

1. $K[Ag(CN)_2]$　　2. $[Co(H_2O)_4Cl_2]Cl$
3. $Na_3[AlF_6]$　　4. $K_3[Ag(S_2O_3)_2]$
5. $[Fe(CN)_4(NO_2)_2]^{3-}$　　6. $[Cu(en)_2](OH)_2$

三、写出下列配位化合物的化学式

1. 硫酸四氨合锌(Ⅱ)　　2. 二氰合银(Ⅰ)酸钾
3. 四羰基合镍(0)　　4. 四碘合汞(Ⅱ)酸钾
5. 二氯·二氨合铂(Ⅱ)　　6. 氯化二氯·三氨·一水合钴(Ⅲ)

四、计算题

1. 分别计算 0.1mol/L $[Ag(NH_3)_2]^+$ 中和 0.1mol/L $[Ag(CN)_2]^-$ 中 Ag^+ 的浓度，并说明$[Ag(NH_3)_2]^+$和$[Ag(CN)_2]^-$的稳定性。

2. 用螯合滴定法测定奶粉中钙含量：将 5.00g 奶粉试样经灰化处理，并制成溶液。加入 NH_3–NH_4Cl 缓冲溶液调节溶液的 pH ≈ 10，以铬黑 T 为指示剂，用 0.01mol/L EDTA 标准溶液滴定，终点时消耗标准溶液 40.20ml，计算奶粉中钙的质量分数。

（柴利萍）

笔记

第七章 有机化合物概述

学习目标

1. 掌握:有机化合物的概念、结构;有机化合物的分类。
2. 熟悉:共价键的类型;官能团的概念和主要官能团;有机化合物的特点。
3. 了解:有机化学的发展。
4. 培养学生具有科学的思维方法、认真的学习态度、严谨的工作作风。

自然界中的物质数目众多,种类丰富,与人类的衣食住行和生老病死有密切的关系。如糖、脂肪、蛋白质三大营养物质都是有机化合物,疾病的发生、发展、预防、诊断和治疗过程均与有机物有关。人体本身是一个复杂的反应系统,生命现象就是一系列复杂的有机物相互制约、彼此协调的变化过程。

第一节 有机化合物的结构

尿素的合成

正常情况下,人和动物体内蛋白质分解代谢生成有毒的氨,氨的主要去路是在肝内合成无毒的尿素,由肾排出。因此,人们最初认为尿素只能由生命体产生。直到1828年,德国化学家维勒(F.Wöhler)在实验室加热氰酸铵水溶液,也得到了尿素,反应式如下:

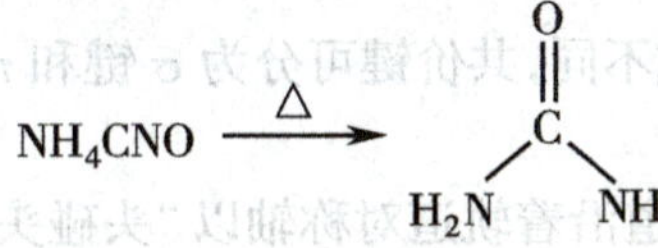

请思考:
1. 化学方程式中哪个是无机物?哪个是有机物?
2. 由氰酸铵合成尿素说明了什么?

一、有机化合物的概念

17世纪前,人们认为无机化合物来源于无生命的矿物质,有机化合物来源于有生命的动植物体。

人们只能从动植物体提取一些有机化合物。直到 1828 年，维勒在实验室中蒸发氰酸铵水溶液，合成了尿素；1845 年，柯尔柏(H.Kolbe)合成了醋酸；1854 年，贝特罗(Berthelot)又合成了脂肪等有机化合物，从此有机化合物进入合成时期。人们对有机化合物的认识发生了本质的变化。

通过研究发现，有机化合物元素组成特点是均含有碳元素，绝大多数含有氢元素，有的还含有氧、氮、硫、磷等元素。由于有机化合物分子中的氢元素可以被其他的原子或原子团取代，从而衍生出许多其他有机化合物，所以，人们把碳氢化合物及其衍生物称为有机化合物(organic compounds)，简称有机物。研究有机化合物的组成、结构、性质、合成及其变化规律的化学，称为有机化学(organic chemistry)。

结晶牛胰岛素

1965 年 9 月 17 日，我国科研人员首次成功合成具有生物活性的蛋白质——结晶牛胰岛素，经过严格鉴定，它的结构、生物活性、理化性质、结晶形状都和天然的牛胰岛素完全一样。这是世界上第一个人工合成的蛋白质，为人类认识生命、揭开生命奥秘做出了重大贡献。这项成果获 1982 年中国自然科学一等奖。

二、有机化合物的结构

(一) 碳原子的成键特点

组成有机化合物的骨架元素是碳元素，位于元素周期表的第 2 周期ⅣA 族，最外层有 4 个价电子，在化学反应中，既不易得到电子，也不易失去电子，而是通过共价键与 H、O、N、S 等元素形成稳定的共价化合物。因此，有机化合物分子中的化学键主要是共价键。

(二) 共价键的形成

价键理论告诉我们，共价键的形成可看作是原子轨道的相互重叠或电子配对的结果，而且电子云重叠部分越大，形成的共价键越牢固。

共价键具有饱和性，即自旋相反的 2 个电子配对成键后，就再不能与第三个电子配对。因此，在有机化合物中，C 原子通常为 4 价、O 原子为 2 价、N 原子是 3 价等。

原子间共用 1 对电子形成的共价键称为单键，共用 2 对或 3 对电子形成的共价键称为双键或三键。如：

单键	—C—C—（各 C 上下各有一键）	—C—N—（C、N 上方各有一键，C 下方有一键）	—C—O—（C 上下各有一键）
双键	>C═C<	>C═N—	>C═O
叁键	—C≡C—	—C≡N	

(三) 共价键的类型

根据成键时原子轨道的重叠方式不同，共价键可分为 σ 键和 π 键两种类型。

1. σ 键和 π 键

(1) σ 键：成键原子的 2 个原子轨道沿着轨道对称轴以“头碰头”方式重叠形成的共价键称为 σ 键。σ 键沿键轴呈圆柱形对称分布，其特点是 σ 键可围绕键轴自由旋转，原子间电子云密度大，比较牢固，可以单独存在。

(2) π 键：2 个互相平行 p 轨道，沿着两个轨道对称轴侧面以“肩并肩”的方式重叠形成的共价键称为 π 键。其特点是 π 键不能单独存在，必须先有 σ 键，才有 π 键。π 键的电子云对称分布在 σ 键的上下两方，π 键电子云重叠程度较小，键能较小，发生化学反应时，π 键容易断裂，因此具有较强的化学活性。σ 键和 π 键的形成见图 7-1。

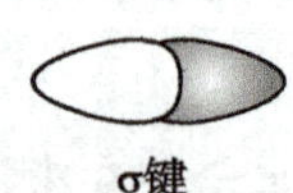
σ键

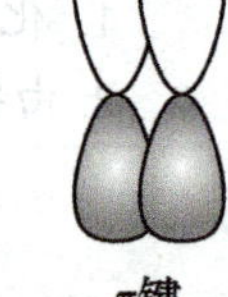
π键

图 7-1　σ键和π键的形成

在有机化合物中，共价单键都是σ键，如C—C键、C—O键等；共价双键由1个σ键和1个π键的组成，如C═O、C═N等；共价三键由1个σ键和2个π键组成，如C≡N、C≡C等。

2. 极性共价键和非极性共价键　原子间形成共价键的电子云发生偏移，从而导致形成共价键的原子具有微弱的电荷，称为极性共价键；如果电子云不发生偏移，形成共价键的电子为电中性，这样的共价键成为非极性共价键。

（四）共价键的表示

分子中原子相互连接的顺序和方式称为构造。表示分子构造的化学式称为构造式。有机化合物构造式的表示有三种方法：

1. 结构简式　为了书写方便，常常将单键省去（环状化合物环上的单键不能省去），分子中相同的原子合并，在该原子的元素符号的右下角用阿拉伯数字写出该原子的数目。例如：CH_3CH_2OH。

2. 蛛网式　用短线表示共价键，将有机物中各原子按一定的顺序和方式连接起来的式子称为蛛网式，又称结构式。例如：

例如：

甲烷　乙烯　乙炔　苯　乙醇

3. 键线式　键线式只需写出锯齿状骨架，用锯齿线的角及其端点表示碳原子，每个碳原子上所连接的氢原子可以省略，但除氢原子以外的其他原子必须写出。

例如：

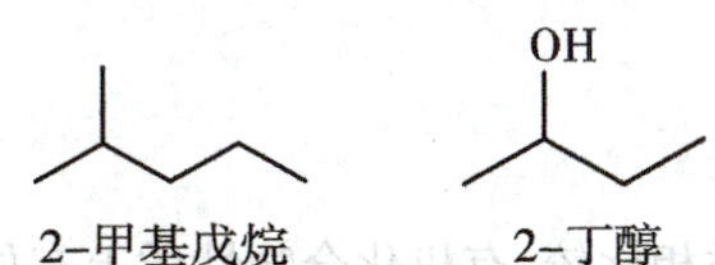

2-甲基戊烷　2-丁醇

（五）立体结构的表示

在具有确定构造的分子中，各原子在空间的排布称为分子的构型，即它们的立体结构。最常用的模型是球棍模型和比例模型。如甲烷分子的立体结构见图7-2。

图片：甲烷的3D结构

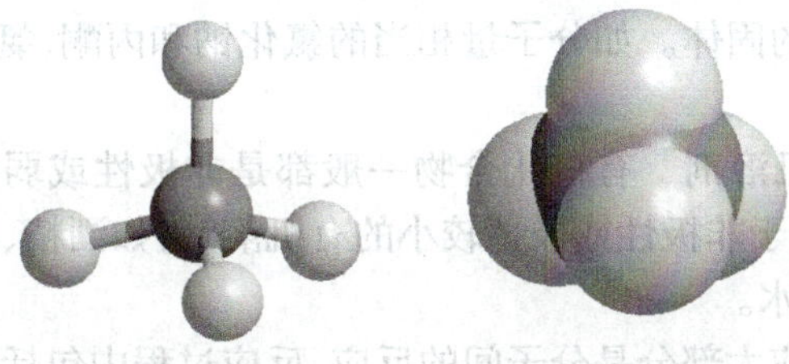
（a）球棍模型　（b）比例模型

图7-2　甲烷分子的模型

第二节　有机化合物的特点

有机物的特性

我们生活中常接触到许多有机物，如动物油（如猪油、牛油等）、棉花、人造纤维、食醋、酒等。也接

笔记

触到许多无机物，如水、食盐、小苏打等，它们的性质差别很大。如在两个白板上，分别放上动物油和食盐，同时加热，发现白板上的动物油很快燃烧，放出大量的热；而白板上的食盐几乎没有变化。将动物油和食盐同时放入水中，看到动物油不溶于水，而食盐溶于水。

请思考：

1. 实验中有机物与无机物性质有何不同？

2. 食醋和酒精的主要成分是什么？

一、有机化合物的结构特点

有机化合物之所以数目众多，究其原因，首先构成有机化合物的主体碳原子的成键能力很强。有机化合物分子中碳原子数目少至一两个，多至几万甚至几十万个；其次碳原子的连接方式多种多样，同分异构现象非常普遍。

视频：同分异构现象

我们把分子式相同，结构相异，因而其性质也不同的化合物互称同分异构体(isomer)。这种现象称为同分异构现象(isomerism)。

例如乙醇和甲醚的分子式均为 C_2H_6O，它们的结构如下：

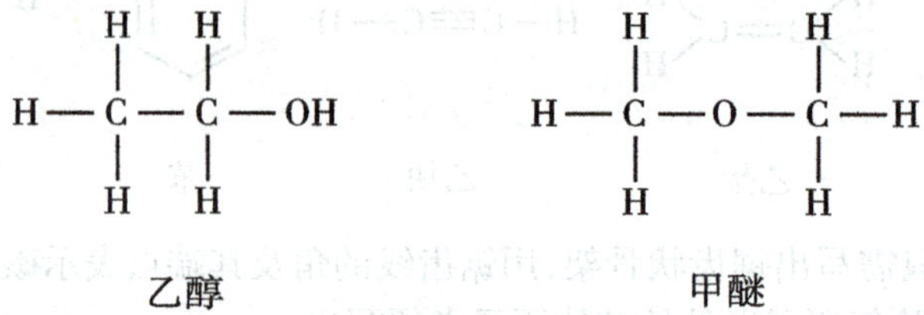

图片：乙醇和甲醚的3D结构

很显然它们的结构不同，导致它们的性质也不同，分属于两类化合物，它们两者之间互称为同分异构体。

二、有机化合物的性质特点

与无机化合物，特别是无机盐类相比较，有机化合物性质上有如下的特点：

1. 易燃性　大多数有机化合物容易燃烧，生成二氧化碳和水，同时放出大量的热量。

2. 热稳定性差　一般有机化合物的热稳定性较差，受热易分解，许多有机化合物在300℃以下就逐渐分解。

3. 熔沸点低　有机化合物室温下为气体、液体或低熔点的固体，其熔点多在400℃以下；而绝大多数无机化合物都是高熔点的固体。如分子量相当的氯化钠和丙酮，氯化钠的熔点为800℃，而丙酮的熔点为-95.2℃。

4. 难溶于水、易溶于有机溶剂　有机化合物一般都是非极性或弱极性的共价键，根据“相似相容”原理，多数难溶于水，易溶于非极性或极性较小的有机溶剂，如酒精、乙醚、丙酮、汽油、苯等。而无机化合物则相反，一般易溶于水。

5. 反应速度慢　有机反应大部分是分子间的反应，反应过程中包括旧键的断裂和新键的生成，所以反应速度比较慢。一般需要几小时，甚至几十小时才能完成。为了加速有机反应的进行，常采用加热、光照、搅拌或加催化剂等措施。

6. 副反应多、产物复杂　有机反应往往不是单一的反应，反应中心往往不局限于分子的某一固定部位，可以在不同部位同时发生反应，得到多种产物。一般把在某一特定条件下进行的反应称为主反应，其他的反应称为副反应。为了提高主产物的产率，控制好反应条件是十分必要的。

但是必须指出，上述有机化合物的性质是对于大多数的有机物而言的，不是绝对的。例如酒精可以与水以任意比例互溶，四氯化碳不易燃还可以作为灭火剂。

笔记

第三节　有机化合物的分类

甲醇的危害

刘某，以造酒为生，他梦想一夜暴富。有一次他以工业酒精勾兑成白酒出售，导致当地许多村民因假酒中毒死亡，他也锒铛入狱。工业酒精含有大量甲醇，甲醇有毒，误服 10ml 可致人失明，大于 30ml 可致人死亡。

请思考：

1. 从甲醇和乙醇的结构看，它们是同一类化合物吗？
2. 它们的官能团是什么？

有机化合物数目庞大，为便于系统学习和分析，对其进行分类。通常的分类方法有两种，一是按碳架分类；二是按官能团分类。

一、按碳架分类

有机化合物
- 开链化合物
- 闭链化合物（碳环化合物）
  - 碳环化合物
    - 脂环族化合物
    - 芳香族化合物
  - 杂环化合物

（一）开链化合物

这类化合物的碳架成直链或带有支链，它们最早是从动物脂肪中发现的，所以被称为脂肪族化合物。例如：

$CH_3—CH_2—CH_2—CH_3$　　$CH_2═CH—CH_3$　　$CH_3—CH_2—CH_2OH$

正丁烷　　丙烯　　正丙醇

（二）闭链化合物

这类化合物中原子相互连接成为环状的结构，根据成环原子不同又分为碳环和杂环化合物。

1. 碳环化合物　碳原子相互连接成为环状，根据碳原子成键的方式不同又分为以下两类。

(1)脂环族化合物：碳原子首尾连接成环，但性质与开链化合物相似。例如：

环戊烷　　环己烯

(2)芳香族化合物：含有苯环结构的化合物，使其具有一些特殊的性质。例如：

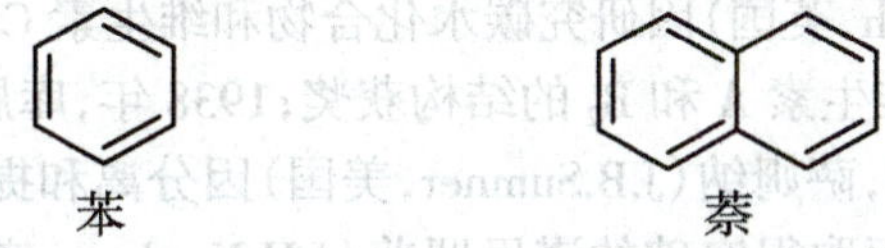

苯　　萘

2. 杂环化合物　由碳原子和杂原子（如：N、S、O、P 等）连接而成的环状化合物。例如：

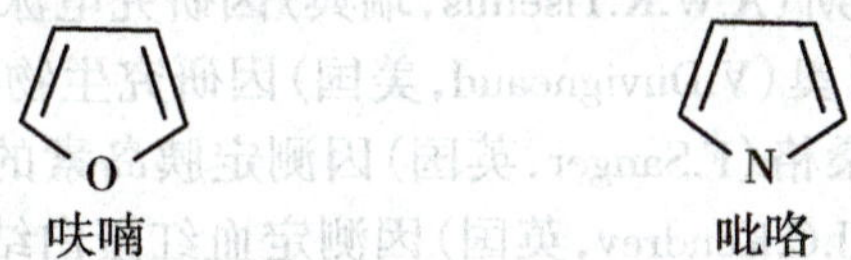

呋喃　　吡咯

二、按官能团分类

官能团（functional groups）也叫功能团，是指能决定有机化合物化学特性的原子或原子团。有机物中官能团种类较多，常见的官能团及结构见表 7-1。

表 7-1　常见官能团及其结构

化合物类别	官能团结构	官能团名称	实例结构式	实例名称
烯烃	$\gt C=C\lt$	碳碳双键	$H_2C=CH_2$	乙烯
炔烃	$-C\equiv C-$	碳碳三键	$HC\equiv CH$	乙炔
卤代烃	$-X$	卤素	CH_3Cl	一氯甲烷
醇	$-OH$	醇羟基	CH_3CH_2OH	乙醇
酚	$-OH$	酚羟基	C_6H_5-OH	苯酚
醚	$-O-$	醚键	$C_2H_5OC_2H_5$	乙醚
醛	$-\overset{O}{\overset{\|}{C}}-H$	醛基	CH_3CHO	乙醛
酮	$-\overset{O}{\overset{\|}{C}}-$	酮基	CH_3OCH_3	丙酮
羧酸	$-\overset{O}{\overset{\|}{C}}-OH$	羧基	CH_3COOH	乙酸
酯	$-\overset{O}{\overset{\|}{C}}-O-$	酯基	$CH_3COOCH_2CH_3$	乙酸乙酯
硝基化合物	$-NO_2$	硝基	CH_3NO_2	硝基甲烷
胺	$-NH_2$	氨基	CH_3NH_2	甲胺

当代有机化学发展的一个重要趋势——与生命科学的结合

20 世纪以来，在已颁发的 97 次诺贝尔化学奖中，研究领域涉及化学的方方面面，我们将其中与生命科学有关的成就加以统计，结果为 36 次（与其他方向有部分重叠计算），占总颁奖次数的 37.1%，而获奖科学家达 60 人次，占获得诺贝尔化学奖科学家（148 人次）的 40.5%，以上数据表明，化学在生命科学领域取得了丰硕的成果。

主要成果有：1928 年，文道斯（A.Windaus，德国）因研究胆固醇的组成及其与维生素的关系获奖；1937 年，霍沃思（W.Haworth，英国）因研究碳水化合物和维生素 C 的结构，卡雷（P.Karrer，瑞士）因研究类胡萝卜素、核黄素、维生素 A 和 B_2 的结构获奖；1938 年，库恩（R.Kuhn，德国）因研究类胡萝卜素和维生素获奖；1946 年，萨姆纳（J.B.Sumner，美国）因分离和提纯结晶蛋白质酶与在制备纯净状态的酶和病毒蛋白质方面取得突破的诺思罗普（J.H.Northrop，美国）、斯坦利（W.M.Stanley，美国）共同获奖；1948 年，梯塞留斯（A.W.K.Tiselius，瑞典）因研究电泳和吸附分析，发现血清蛋白的组分而获奖；1955 年，杜．维尼奥（V.Duvigneaud，美国）因研究生物化学中的重要含硫化合物，合成多肽激素而获奖；1958 年，桑格（F.Sanger，英国）因测定胰岛素的分子结构获奖；1962 年，佩鲁兹（M.F.Perutz，英国）、肯德鲁（J.C.Kendrey，英国）因测定血红蛋白结构获奖；1964 年，霍奇金夫人（D.C.Hodgkin，英国）因测定维生素 B_{12} 等复杂大分子的结构获奖；1965 年，伍德沃德（R.B.Woodword，美国）因人工合成维生素 B_{12}、胆固醇、叶绿素等复杂有机物获奖；1972 年，安芬森（C.B.Anfinsen，美国）、莫尔（S.Moore，美国）、斯坦（W.H.Stein，美国）因研究核糖核酸酶的三维结构与功能的关系和蛋

白质的折叠链的自然现象而获奖；1980 年，伯格（P.Berg，美国）因研究操纵基因重组脱氧核糖核酸分子，吉尔伯特（W.Gilbert，美国）、桑格（F.Sanger，英国）用化学方法确定脱氧核糖核酸中核苷酸的序列而共同获奖；1982 年，克卢格（A.Klug，英国）以电子显微镜和 X 射线衍射法研究核酸－蛋白质复合体而获奖；1984 年，梅里菲尔德（B.Merifield，美国）因研究多肽的合成获奖；1989 年，奥尔特曼（S.Altman，美国）、切赫（T.R.Ceeh，美国）因发现核糖核酸具有酶的催化功能而获奖；1993 年，穆利斯（K.B.Mullis，美国）因发明聚合酶链式反应技术式反应技术，史密斯（M.Smith，加拿大）因发明寡聚核苷酸定点诱变技术而共同获奖；2002 年，约翰 . 芬恩（John.B.Fenn，美国）、田中耕一（Koichi Tanaka，日本）因对生物大分子进行确认和结构分析方法和对生物大分子的质谱法，库尔特 . 维特里希（KurtWthrich，瑞士）因开创了利用磁共振测定溶液中生物大分子三维结构的方法共同获奖；2004 年，阿龙 . 西查诺瓦（以色列）、阿弗拉姆 . 赫尔什科（以色列）和伊尔温 . 罗斯（美国）因发现了泛素调节的蛋白质降解而获奖。

思考题

1. 和无机物相比，导致有机物数目繁多，数目庞大的原因是什么？
2. 乙烷、乙烯、乙炔中的碳碳键有何不同？

思路解析

扫一扫，测一测

目标检测

一、填空题

1. 绝大多数有机化合物______溶于水，______溶于有机溶剂。
2. 有机化合物分子中，由于成键的方式不同，共价键可分为______键和______键。
3. 有机化合物是指______及其______。

二、判断题

1. 决定一类有机化合物的化学性质的原子或原子团称为官能团。（　）
2. 乙醇和甲醚是同分异构体。（　）
3. 甲醇和甲醚是同分异构体。（　）

（余晨辉）

第八章 烃

1. 掌握：烃类的系统命名法；烷烃、烯烃、炔烃、芳香烃的结构。
2. 熟悉：烷烃、烯烃、炔烃、芳香烃的性质及护理应用。
3. 了解：简单烃类的空间结构特点；烃的分类。
4. 培养学生科学的思维方法、认真的学习态度、严谨的工作作风。

只由碳和氢两种元素组成的化合物称为碳氢化合物，简称烃(hydrocarbon)。烃分子中的氢原子被其他原子或原子团取代后，衍生出许多其他类别的有机物。因此，烃是有机物的母体，是最简单的有机物。烃的种类较多，根据烃分子中碳原子连接方式的不同，可分为开链烃和闭链烃。开链烃又分为饱和链烃和不饱和链烃；闭链烃又称环烃，可分为脂环烃和芳香烃。

- 烃
  - 开链烃
    - 饱和烃（烷烃）
    - 不饱和烃（烯烃和炔烃）
  - 闭链烃
    - 脂环烃
    - 芳香烃

第一节 饱和链烃

可 燃 冰

天然气水合物又称“可燃冰”，分布于深海沉积物或陆域的永久冻土中，由天然气与水在 0℃和 30 个大气压的作用下结晶而成的“冰块”，“冰块”里甲烷占 80%~99.9%，可直接点燃，使用方便，燃烧值高，燃烧后几乎不产生任何残渣，污染比煤、石油、天然气都小得多。可燃冰燃烧的化学方程式如下：

$$CH_4 \cdot 8H_2O \xlongequal{\text{点燃}} CO_2 + 10H_2O$$

我国国内“可燃冰”主要分布在南海海域、东海海域、青藏高原冻土带以及东北冻土带。2017 年 11 月 3 日，国务院正式批准将天然气水合物列为新矿种，成为我国第 173 个矿种。

请思考：

1. “可燃冰”的主要成分是什么？

2. 甲烷的空间结构有何特点？

一、烷烃的结构及命名

（一）烷烃的结构

烃分子中，碳原子之间都以碳碳单键连接成链状，碳原子的其余价键都与氢原子相结合的开链烃，称为饱和链烃，又称烷烃（alkane）。最简单的烷烃是甲烷，它是天然气和沼气的主要成分。

甲烷（methane）是无色、无味的气体，比空气轻，难溶于水。甲烷只含有1个碳原子，分子式为 CH_4。甲烷分子中的碳原子为 sp^3，4个杂化轨道指向空间正四面体的4个顶点，4个氢原子与4个 sp^3 杂化轨道形成4个完全相同的C—Hσ键，因此，甲烷分子是正四面体构型，碳原子位于正四面体的中心，4个氢原子位于正四面体的4个顶点上，键角都为109°28′，键长都是0.109nm，键能都是413kJ/mol。甲烷的分子结构见图8-1。

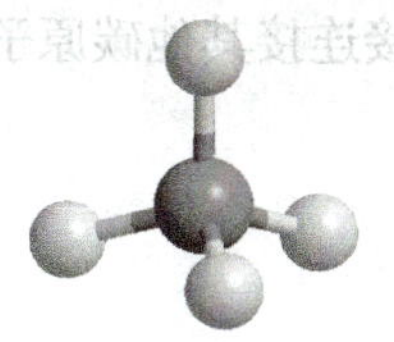
（a）甲烷分子的球棒模型

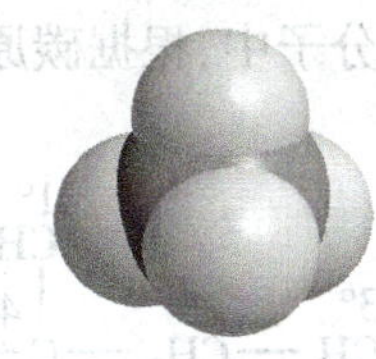
（b）甲烷分子的比例模型

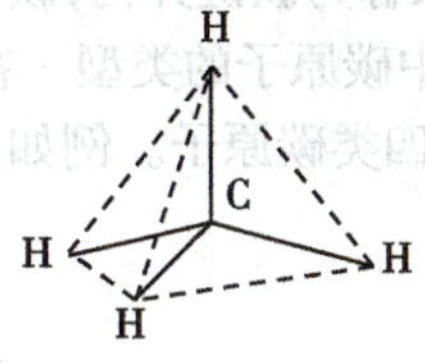

（c）甲烷分子中的空间结构

图8-1　甲烷分子的立体结构

图片：烷烃分子呈锯齿状结构

在烃类化合物中，除甲烷外，还有一系列结构和性质与甲烷很相似的烷烃，它们的碳原子也都是 sp^3 杂化，形成C—Cσ键和C—Hσ键，由于 sp^3 杂化键角有109°28′倾向，故烷烃的碳架结构呈锯齿状，而非直线型。

（二）烷烃的同系列和构造异构

1. 烷烃的同系列和同系物　随着碳原子数逐渐增加，可以得到一系列烷烃。表8-1中列出了几种烷烃的分子式和结构简式。

表8-1　几种烷烃的分子式和结构简式

名称	分子式	结构简式	相邻组成差
甲烷	CH_4	CH_4	CH_2
乙烷	C_2H_6	CH_3CH_3	CH_2
丙烷	C_3H_8	$CH_3CH_2CH_3$	CH_2
丁烷	C_4H_{10}	$CH_3CH_2CH_2CH_3$	CH_2
戊烷	C_5H_{12}	$CH_3CH_2CH_2CH_2CH_3$	CH_2
……	……	……	……

比较这些烷烃可以看出，它们结构相似，分子组成上都相差一个或几个 CH_2 原子团，在有机物中将这种结构相似，分子组成上相差一个或若干个 CH_2 原子团的一系列化合物称为同系列，同系列中的化合物互称同系物，CH_2 称为同系差。同系物化学性质相似，物理性质随着碳原子数的增加呈现出规律性的变化。

烷烃分子随着碳原子数的增加，碳链增长，氢原子数也随之增多。如果碳原子数是n，则氢原子数是2n+2，所以烷烃分子组成的通式为：C_nH_{2n+2}。

2. 烷烃的构造异构　构造异构是指分子式相同，分子中原子相互连接的次序和方式不同而引起的同分异构现象。烷烃中甲烷、乙烷、丙烷只能有一种结构，没有同分异构体，含4个碳原子以上的烷

笔记

烃都有同分异构体。例如：

C_4H_{10}　　$CH_3—CH_2—CH_2—CH_3$（丁烷）　　$CH_3—CH(CH_3)—CH_3$（异丁烷）

$CH_3CH_2CH_2CH_2CH_3$（戊烷）　　$CH_3CH(CH_3)CH_2CH_3$（异戊烷）　　$CH_3—C(CH_3)_2—CH_3$（新戊烷）

随着碳原子数目的增多，同分异构体数目明显增加，如丁烷有 2 种同分异构体，戊烷有 3 种同分异构体，己烷有 5 种同分异构体，庚烷有 9 种同分异构体。把具有相同分子式，仅由碳链构造不同而产生的同异构现象称为碳链异构，碳链异构是构造异构的一种。

3. 烷烃分子中碳原子的类型　在烷烃分子中，根据碳原子直接连接其他碳原子的数目不同，可以分为伯、仲、叔、季四类碳原子。例如：

$$\overset{1°}{CH_3}—\overset{3°}{CH}(\underset{1°}{CH_3})—\overset{2°}{CH_2}—\overset{4°}{C}(\overset{1°}{CH_3})(\underset{1°}{CH_3})—\overset{1°}{CH_3}$$

在上述结构中，只与一个碳原子直接相连的碳原子称为伯碳原子(primary carbon)，又称 1° 碳原子；与两个碳原子直接相连的碳原子称为仲碳原子(secondary carbon)，又称 2° 碳原子；与三个碳原子直接相连的碳原子称为叔碳原子(tertiary carbon)，又称 3° 碳原子；与四个碳原子直接相连的碳原子称为季碳原子(quaternary carbon)，又称 4° 碳原子。

伯、仲、叔碳原子上连接的氢原子分别称为伯氢原子(1° 氢原子)、仲氢原子(2° 氢原子)、叔氢原子(3° 氢原子)，三种氢原子所处的环境不同，在化学反应中的表现出不同的反应活性。

4. 烷基　烃分子中去掉一个氢原子剩下的基团称为烃基，烷烃分子中去掉一个氢原子剩下的基团称为烷烃基，简称烷基(alkyl substituent)，通常用(—R)表示，其通式为 $C_nH_{2n+1}—$，

常见的烷基有：

$CH_3—$（甲基）　　$CH_3CH_2—$（乙基）　　$CH_3CH_2CH_2—$（正丙基）　　$(CH_3)_2CH—$（异丙基）

$CH_3—CH_2—CH_2—CH_3$（正丁基）　　$CH_3—CH(CH_3)—CH_2—$（异丁基）　　$CH_3—C(CH_3)_2—$（叔丁基）

(三) 烷烃的命名

由于同分异构现象的普遍存在，使有机化合物种类繁多，数目庞大，结构复杂，合理的命名不仅能反映出分子组成，而且能表示分子的化学结构，还有助于推断其可能的理化性质。烷烃常有两种的命名方法：普通命名法和系统命名法。

1. 普通命名法　适用于结构比较简单的烷烃，命名原则如下：

(1)根据分子中碳原子总数称为“某烷”。对含有 1~10 个碳原子的烷烃，分别用天干(甲、乙、丙、丁、戊、己、庚、辛、壬、癸)表示碳原子数；含有 11 个以上碳原子的烷烃，用中文数字(十一、十二……)表示

碳原子数。例如：C_5H_{12}（戊烷）、$C_{13}H_{28}$（十三烷）、$C_{20}H_{42}$（二十烷）等。

（2）当烷烃存在同分异构体时，用“正”、“异”、“新”加以区分。常把直链的烷烃叫“正某烷”（“正”字常省略）；把在碳链一端第二位碳上连有 1 个甲基，此外别无支链的烷烃，按碳原子总数称为“异某烷”；把在碳链第二位碳上连有 2 个甲基，此外别无支链的烷烃，按碳原子总数称为“新某烷”。例如：

$$CH_3CH_2CH_2CH_2CH_3$$

正戊烷

$$\begin{array}{l} CH_3CHCH_2CH_3 \\ \quad\;\;\, | \\ \quad\; CH_3 \end{array}$$

异戊烷

$$\begin{array}{ccccc} & & CH_3 & & \\ & & | & & \\ CH_3 & — & C & — & CH_3 \\ & & | & & \\ & & CH_3 & & \end{array}$$

新戊烷

2. 系统命名法　系统命名法是根据国际纯粹与应用化学联合会（International Union of Pure and Applied Chemistry，IUPAC）制定的有机化合物命名原则，结合我国文字特点而制定的。

在系统命名法中，直链烷烃的名称和普通命名法相同，但不加“正”字。

带有侧链的烷烃命名原则如下：

（1）选主链：选择含碳原子数最多的碳链作为主链，按主链所含碳原子数称为“某烷”。主链以外的碳链作为支链。若有多条等长主链，则选择含有支链最多的那条作主链。

（2）编号：把支链作为取代基，从靠近取代基最近的一端开始，用阿拉伯数字给主链碳原子依次编号，确定取代基的位置。如两端距与支链等距离时，应使较小基团的位次较小；如两端与支链等距离且基团相同，应使支链位次之和最小。例如：

$$\begin{array}{ccccccccc} 1 & & 2 & & 3 & & 4 & & 5 \\ CH_3 & — & CH & — & CH_2 & — & CH_2 & — & CH_3 \\ & & | & & & & & & \\ & & CH_3 & & & & & & \end{array}$$

2-甲基戊烷

（3）定全名：把取代基的名称写在“某烷”之前，把取代基的位置用阿拉伯数字写在取代基名称的前面，中间用短线（“-”）隔开。如果有相同的取代基则合并起来，表示相同取代基位置的几个阿拉伯数字由小至大分别写在取代基前面，中间用“，”隔开，并在取代基前用汉字二、三、四等数字表示相同取代基的数目。

$$\begin{array}{ccccccccc} & & CH_3 & & & & & & \\ 1 & & | \,2 & & 3 & & 4 & & 5 \\ CH_3 & — & C & — & CH_2 & — & CH_2 & — & CH_3 \\ & & | & & & & & & \\ & & CH_3 & & & & & & \end{array}$$

2,2-二甲基戊烷

$$\begin{array}{ccccccccccc} & & & & & & & & CH_3 & & \\ 6 & & 5 & & 4 & & 3 & & | \,2 & & 1 \\ CH_3 & — & CH_2 & — & CH & — & CH & — & CH & — & CH_3 \\ & & & & | & & | & & & & \\ & & & & CH_3 & & CH_3 & & & & \end{array}$$

2,3,4-三甲基己烷

若几个取代基不同，则基团命名的先后顺序要遵循先简后繁的原则，简单的写在前面，复杂的写在后面，中间用短线隔开。例如：

$$\begin{array}{ccccccccccc} & & & & & & & & CH_3 & & \\ 6 & & 5 & & 4 & & 3 & & | \,2 & & 1 \\ CH_3 & — & CH_2 & — & CH & — & CH & — & CH & — & CH_3 \\ & & & & | & & | & & & & \\ & & & & CH_3 & & CH_2CH_3 & & & & \end{array}$$

2,4-二甲基-3-乙基己烷

视频：烷烃的系统命名法

二、烷烃的性质

（一）物理性质

在烷烃同系物中，随着碳原子数目的增加，物理性质也发生有规律的变化。烷烃分子中碳原子数目较少的称为低级烷烃，而碳原子数目较多的称为高级烷烃。

在常温状态下，直链烷烃的状态由气态经液态到固态，熔点和沸点都随着碳原子数的增加而升高。如 C_1~C_4 的直链烷烃是气体；C_5~C_6 是液体；C_{17} 以上是固体。在同分异构体中，沸点随支链的增多而降低。例如：正戊烷沸点 36.1℃，异戊烷沸点 25℃，新戊烷沸点 9℃。

烷烃的密度都小于 $1g/cm^3$，比水轻，属非极性化合物，难溶于水，易溶于乙醚、乙醇等有机溶剂。同时液态的烷烃也经常被用作有机溶剂，溶解某些有机化合物，例如戊烷和已烷的混合物，也称石油醚，常用来提取中草药中的活性成分。

（二）化学性质

1. 稳定性　烷烃分子中各原子间都以比较稳定的σ键相结合，因而化学性质比较稳定，通常不与强酸、强碱、强氧化剂作用。例如，将甲烷气体通入高锰酸钾酸性溶液，高锰酸钾溶液不褪色，说明甲烷不与强氧化剂（$KMnO_4$等）反应。

2. 氧化反应　烷烃在空气中燃烧，生成二氧化碳和水，同时放出大量热。例如：甲烷是一种很好的气体燃料，可以在空气中燃烧：

$$CH_4 + 2O_2 \xrightarrow{\text{点燃}} CO_2 + 2H_2O + \text{热}$$

如氧气不足，则会生成一氧化碳和水，因此在使用天然气时，应注意保持室内通风，以免发生一氧化碳中毒。

3. 取代反应　烷烃在光照、高温或催化剂的作用下，能与卤素发生反应。例如，在光照下，甲烷能与氯气发生反应，其反应是分步进行的。甲烷分子中的氢原子可逐一被氯原子所取代，生成一氯甲烷、二氯甲烷、三氯甲烷、四氯甲烷等。

$$CH_4 + Cl_2 \xrightarrow{\text{光照}} CH_3Cl + HCl$$

$$CH_3Cl + Cl_2 \xrightarrow{\text{光照}} CH_2Cl_2 + HCl$$

$$CH_2Cl_2 + Cl_2 \xrightarrow{\text{光照}} CHCl_3 + HCl$$

$$CHCl_3 + Cl_2 \xrightarrow{\text{光照}} CCl_4 + HCl$$

有机化合物分子中的某些原子或原子团，被其他原子或原子团所代替的反应，称为取代反应。有机化合物分子中的氢原子被卤素原子取代的反应称为卤代反应。

烃分子中的氢原子被卤素原子取代而生成的化合物，称为卤代烃。卤代烃是一种重要的烃的衍生物。甲烷的四种氯代物都不溶于水。常温下一氯甲烷是气体，其他 3 种都是液体。三氯甲烷又称氯仿，四氯甲烷又称四氯化碳，都是重要的有机溶剂。四氯化碳还是一种高效的灭火剂。

三、重要烷烃的护理应用

烷烃的主要来源是天然气和石油。石油含烷烃种类最多，根据需要，可以把石油进行分馏成不同的馏分加以应用。有些烷烃的混合物是制药工业及医药中常用的有机溶液或药物中软膏基质等。

1. 液状石蜡　液体石蜡主要成分是 18~24 个碳原子的液体烷烃混合物，呈透明状液体，无臭无味，不溶于水和醇，能溶于醚和氯仿中。

（1）治疗便秘：液体石蜡属于矿物质，在体内不被消化，吸收极少，对肠道起润滑作用，软化大便，可用于老人、小儿便秘，也可用于痔疮、高血压、心衰患者的便秘及预防术后排便困难。但久用可影响维生素 A、D、K 和钙磷的吸收，老年患者使用不慎，偶可致脂性肺炎。

（2）保湿护肤剂：由于液体石蜡具有矿物油的低致敏性及不错的封闭性，可以阻挡皮肤水分蒸发，故常用于婴儿油、乳液、乳霜中作润滑保湿剂。液状石蜡还具有良好的脂溶性质，常用于卸妆油或卸妆乳中。

2. 凡士林　又名石油脂，是含 18~22 个碳原子的烷烃的混合物，呈软膏状半固体，不溶于水，易溶于乙醚、氯仿、汽油和苯等有机溶剂，且具有良好的抗氧化性、稳定性和光稳定性。

（1）软膏基质：凡士林应用广泛，因其不能被皮肤吸收，且化学性质稳定，不易和软膏中的药物发生反应，所以在医药上常用作软膏基质。

（2）保湿护肤剂：由于凡士林不溶于水，涂抹在皮肤上可以保持皮肤湿润，可以用作唇膏、护手霜、

护肤品等，是非常好的保湿用品。

(3)保护皮肤，促使自身修复：凡士林能阻挡空气中细菌和皮肤接触，使伤口部位皮肤处于最佳状态，加速皮肤的自身修复。如婴儿臀部涂一层凡士林，可避免尿片长期接触皮肤引起湿疹；鼻出血的人可将凡士林涂抹在鼻孔内壁，阻止继续出血；口腔溃疡患者可以用纸巾擦干患处，再涂上一层凡士林，能防止口腔溃疡接触口腔内物质，有助于溃疡愈合。

石　油

石油是一种黏稠的、深褐色液体，被称为"工业的血液"。其主要成分是各种烷烃、环烷烃、芳香烃的混合物。按照其主要组成不同可分为：烷基石油(以开链烷烃为主要成分的原油)；环烷基石油(以环烷烃为主要成分的石油)；中间基石油(烷烃和环烷烃含量均较高)；芳香基石油(芳香烃)。石油的色泽依产地与成分不同可从黄色、红褐色、深褐色到黑色不等，颜色越深石油密度越大。石油经过炼制可产生汽油、煤油、柴油等轻质燃料以及润滑油、石油沥青等产品。

第二节　不饱和链烃

炔诺酮的鉴别

《中国药典》中口服避孕药炔诺酮的结构式为：

(炔诺酮结构式：含 CH_3、OH、$-C\equiv CH$ 的甾体骨架，3位 O=)

其鉴别方法是取本品约10mg，加乙醇1ml溶解后，加入硝酸银试液5~6滴，即生成白色沉淀。

请思考：

1. 该分子结构中有几类官能团？
2. 为什么该分子加入硝酸银能产生白色沉淀？

分子中含有碳碳双键和碳碳三键的链烃，称为不饱和链烃。不饱和链烃又分为烯烃和炔烃。

一、烯烃和炔烃的结构及命名

(一) 烯烃的结构和同系物

1. 烯烃的结构　分子中含有碳碳双键($\gt C=C\lt$)的不饱和链烃称为烯烃(olefine)，碳碳双键($\gt C=C\lt$)是烯烃的官能团。

根据所含双键的数目，可分为单烯烃和多烯烃，通常烯烃指的是单烯烃。

最简单的烯烃是乙烯(ethene)。其分子式为 C_2H_4，乙烯分子中的2个碳原子和4个氢原子都处在同一个平面上。碳碳双键的平均键长为0.134nm，比单键的键长0.154nm短；碳碳双键的平均键能是610.28kJ/mol，是单键的1.75倍左右，并不是2个碳碳单键的加和。

乙烯分子中，2个碳原子各用1个 sp^2 杂化轨道沿着键轴方向以"头碰头"重叠，形成1个C—Cσ键；每个碳原子的其余2个杂化轨道分别与2个氢原子的1s轨道重叠形成2个C—Hσ键；5个σ键都处

于同一平面，2个碳原子未杂化p轨道的对称轴都垂直于该平面，彼此互相平行，“肩并肩”从侧面相互重叠形成π键，这样就在2个碳原子间形成碳碳双键，其中一个是σ键，稳定，另一个是π键，容易断裂。所以烯烃性质比较活泼，容易发生化学反应。乙烯分子的结构见图8–2。

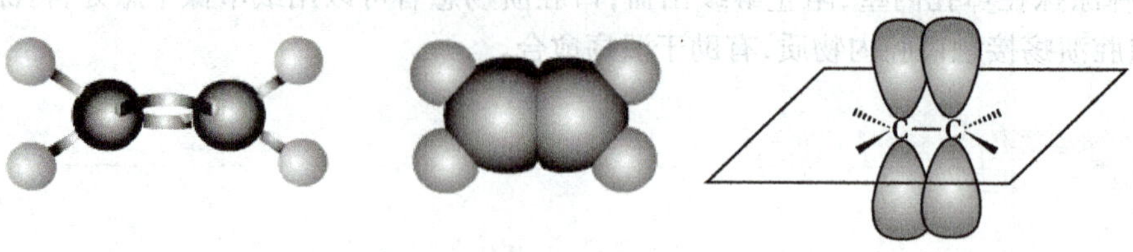

（a）乙烯分子的球棒模型　（b）乙烯分子的比例模型　（c）乙烯分子中π键的形成

图8–2　乙烯分子结构

图片：乙烯的 sp^2 杂化轨道

由于双键电子云密度高，对C—Hσ键产生斥力较强，使乙烯分子中的键角∠HCH为117.2°，小于120°。其他烯烃双键的形成和乙烯基本相同，双键碳都是 sp^2 杂化，一个σ键，一个π键，而烯烃分子中的单键碳和烷烃相似，都是 sp^3 杂化，全部是σ键。

2. 烯烃的同系列　丙烯、丁烯、戊烯等一系列化合物，在组成上也是相差一个或若干个 CH_2 原子团，都是烯烃的同系物，由于烯烃分子中碳碳双键的存在，使得烯烃分子中含有的氢原子数比同碳数的烷烃分子中所含氢原子数少2个，因此，烯烃的通式为 C_nH_{2n}。

由于碳碳双键的出现，碳原子个数相同的烯烃的异构体数目比相同的烷烃要多。除了碳链异构、双键位置异构，另外还有因双键而引起的顺反异构。产生顺反异构的原因是π键是2个未杂化的p轨道侧面重叠形成，使π键相连的2个碳原子不能像σ键那样自由旋转，在碳碳双键上所连的原子或原子团具有固定的空间排列，从而产生了顺反异构现象。

图片：反–2–丁烯分子结构

顺–2–丁烯　　反–2–丁烯

3. 烯烃的命名

（1）普通命名法：适用于简单烯烃。例如：

$CH_2=CH_2$　乙烯

$CH_3-CH=CH_2$　丙烯

$CH_3-C(CH_3)=CH_2$　异丁烯

（2）系统命名法：适用于复杂的烯烃，原则如下：①选主链：选择分子中包括双键在内的最长碳链作为“主链”，按主链中所含碳原子数称为“某烯”；多于10个碳的烯烃，常称为“某碳烯”。②编号：从离双键最近的一端开始，给主链碳原子编号，标出双键和取代基的位置，将双键的位次（以两个双键碳原子中编号较小的一个表示）写在“某烯”的前面，中间用“–”隔开。③定全名：把取代基的位置、数目和名称写在双键位置的前面。例如：

$CH_3-CH=CH-CH_3$　2–丁烯

$CH_3-CH(CH_3)-CH=CH-CH(CH_2CH_3)-CH_3$　2,5–二甲基–3–庚烯

$CH_3-CH(CH_3)-C(CH_2CH_3)=CH-CH_3$　4–甲基–3–乙基–2–戊烯

$CH_3-CH(CH_3)-C(CH_2CH_3)=CH_2$　3–甲基–2–乙基–1–丁烯

笔记

(二) 炔烃的结构及命名

1. 炔烃的结构 分子中含有碳碳三键(—C≡C—)的不饱和链烃称为炔烃(alkyne)。即炔烃的官能团为碳碳三键。

最简单的炔烃是乙炔(acetylene),分子式为 C_2H_2,分子中含有一个碳碳三键。乙炔分子中的 4 个原子都在同一直线上,即为直线形分子。

乙炔分子中,2 个碳原子各以 1 个 sp 杂化轨道沿对称轴重叠,形成 C—Cσ 键,每个碳原子的另一个 sp 杂化轨道,与氢原子的 1s 轨道重叠形成 C—Hσ 键,分子中 3 个 σ 键 4 个原子处于同一直线上。每个碳原子上的 2 个未杂化并相互垂直的 p 轨道,分别从侧面两两相互重叠,形成 2 个相互垂直的 π 键,对称地分布在 σ 键周围。因此,碳碳三键是由一个 σ 键和两个 π 键组成,π 键容易断裂。所以炔烃性质比较活泼,容易发生化学反应。乙炔的结构见图 8-3。

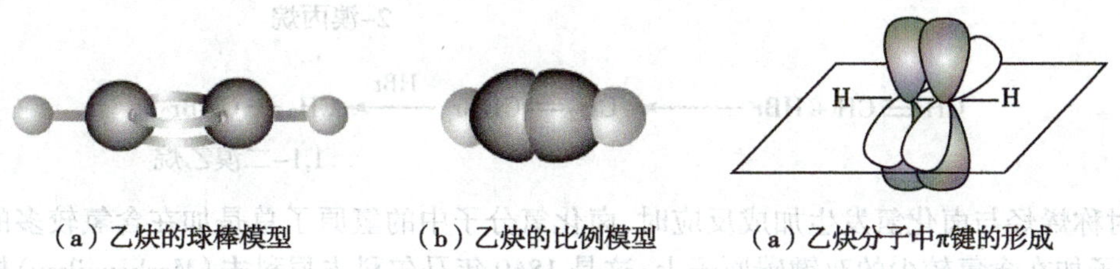

(a) 乙炔的球棒模型　(b) 乙炔的比例模型　(a) 乙炔分子中π键的形成

图 8-3 乙炔分子结构

图片:乙炔中的 sp 杂化结构

炔烃有丙炔、丁炔、戊炔等一系列化合物,在组成上也是相差一个或若干个 CH_2 原子团,都是炔烃的同系物,由于炔烃分子中碳碳三键的存在,使得炔烃分子中含有的氢原子数比同碳数的烯烃分子中所含氢原子数少 2 个,因此,炔烃的通式是 C_nH_{2n-2}。

2. 炔烃的命名 与烯烃相似,命名时只需将"烯"字改为"炔"字,并注明三键的位置即可。例如:

$$\underset{\text{3-甲基-1-戊炔}}{CH\equiv C\underset{\underset{CH_3}{|}}{C}HCH_2CH_3} \qquad \underset{\text{5-甲基-2-己炔}}{CH_3C\equiv CCH_2\underset{\underset{CH_3}{|}}{C}HCH_3}$$

二、不饱和链烃的性质

(一) 物理性质

不饱和链烃与烷烃的物理性质相似,在常温下含有 2~4 个碳原子的不饱和链烃为气体,5~18 个碳原子的不饱和链烃为液体,19 个碳原子以上的不饱和链烃为固体。它们的熔点,沸点,密度和溶解度,均随着碳原子数目的增加而呈规律性变化。简单的炔烃的熔沸点及密度比相同碳原子的烷烃和烯烃高。不饱和链烃的密度均小于 $1g/cm^3$,难溶于水,易溶于有机溶剂。

(二) 化学性质

烯烃和炔烃分子中都含有 π 键,使烯烃和炔烃的化学性质有很多相似之处,比烷烃活泼的多,容易发生加成、氧化、聚合等反应。

1. 加成反应 有机物分子中的双键或三键断裂加入其他原子或基团的反应,称为加成反应(addition reaction)。

(1) 加氢:在催化剂(铂或镍)的存在下,烯烃或炔烃都可以与氢气发生加成反应。例如:

$$CH_2=CH_2+H_2\xrightarrow{Pt}CH_3CH_3$$

$$CH\equiv CH+2H_2\xrightarrow{Pt}CH_3CH_3$$

(2) 加卤素:在常温下,烯烃和炔烃都能与卤素(氯或溴)发生加成反应,生成卤代烃。例如:

$$CH_2{=\!=}CH_2 + Br_2 \xrightarrow{CCl_4} CH_2BrCH_2Br$$

1,2-二溴乙烷

$$CH{\equiv}CH + 2Br_2 \xrightarrow{CCl_4} CHBr_2CHBr_2$$

1,1,2,2-四溴乙烷

将乙烯或乙炔通入溴的四氯化碳溶液中，红棕色很快褪去。因为反应易发生，操作简单，且有明显颜色变化，所以常用此反应来鉴别不饱和烃。

(3)加卤化氢：不饱和链烃能与卤化氢发生加成反应，生成卤代烃。

$$CH_3{-}CH{=\!=}CH_2 + HBr \longrightarrow CH_3{-}\underset{\underset{Br}{|}}{CH}{-}CH_3$$

2-溴丙烷

$$CH{\equiv}CH + HBr \longrightarrow CH_2{=\!=}CHBr \xrightarrow{HBr} CH_3{-}CHBr_2$$

1,1-二溴乙烷

当不对称烯烃与卤化氢发生加成反应时，卤化氢分子中的氢原子总是加在含氢较多的双键碳原子上，卤原子加在含氢较少的双键碳原子上，这是1869年马尔科夫尼科夫(Markovnikov)根据实验结果总结出来的一条经验规则，称为马尔科夫尼科夫规则(Markovnikov rule)，简称为马氏规则。

炔烃与HCl的加成反应在通常情况下较为困难，必须在催化剂存在下才能进行，而与HBr在暗处即可进行。

(4)加水：在酸的催化下，烯烃可与水加成生成醇，工业上常用此方法制备低分子量的醇。

$$CH_3CH{=\!=}CH_2 + HOH \xrightarrow{H_2SO_4} CH_3\underset{\underset{OH}{|}}{CH}CH_3$$

炔烃在汞盐(如硫酸汞)的催化下，也能与水发生加成反应。

$$HC{\equiv}CH + HOH \xrightarrow[\text{稀}H_2SO_4]{HgSO_4} \left[CH_2{=\!=}\underset{\underset{OH}{|}}{CH}\right] \xrightarrow{\text{重排}} CH_3{-}\underset{\underset{O}{\|}}{C}{-}H$$

乙醛

炔烃与水发生加成分两步进行，首先生成“烯醇式”中间体，它很不稳定，立刻发生分子重排转化为羰基化合物。若是乙炔，产物是乙醛；其他炔烃的产物均为酮。

不对称炔烃与水的加成反应，仍然遵循马氏规则。例如：

$$CH_3C{\equiv}CH + HOH \xrightarrow[\text{稀}H_2SO_4]{HgSO_4} \left[CH_3\underset{\underset{OH}{|}}{C}{=\!=}CH_2\right] \xrightarrow{\text{重排}} CH_3{-}\underset{\underset{O}{\|}}{C}{-}CH_3$$

丙酮

2. 氧化反应　不饱和烃分子中含有碳碳双键和碳碳三键，很容易被$KMnO_4$溶液(酸性)氧化，生成相应的羧酸(或CO_2)，而使$KMnO_4$溶液褪色。利用此性质可以鉴别烷烃和不饱和烃。例如：

$$CH_3CH{=\!=}CHCH_2CH_3 \xrightarrow{KMnO_4/H^+} CH_3COOH + CH_3CH_2COOH$$

2-戊烯　　　　乙酸　　　　丙酸

$$CH_3C{\equiv}CH \xrightarrow{KMnO_4/H^+} CH_3COOH + CO_2$$

丙炔　　　　乙酸

另外，烯烃、炔烃和烷烃一样，都能在空气里燃烧，生成二氧化碳和水。

3. 聚合反应 在一定条件下，烯烃或炔烃还能自身发生加成反应，生成大分子化合物，这种由小分子化合物结合成大分子化合物的过程，称为聚合反应（polymerization reaction），这种大分子化合物称为聚合物，合成聚合物的小分子称为单体。例如：在催化剂和加热条件下，乙烯发生聚合反应生成聚乙烯，聚乙烯是一种透明柔韧的塑料。

$$nCH_2=CH_2 \xrightarrow[\triangle]{\text{催化剂}} \left[CH_2-CH_2\right]_n$$

乙烯 聚乙烯

又如，乙炔在加热和催化剂存在下，能发生聚合反应，生成苯。

$$3CH\equiv CH \xrightarrow[120\sim140℃]{\text{催化剂}} C_6H_6$$

乙炔 苯

4. 金属炔化物的生成 凡是具有—C≡C—H结构的炔烃，由于三键碳上的氢原子性质活泼，容易被金属原子取代而生成金属炔化物。例如，将乙炔通入硝酸银（或氯化亚铜）的氨溶液中，则生成白色的乙炔银（或棕红色乙炔亚铜）沉淀。

$$HC\equiv CH + 2[Ag(NH_3)_2]NO_3 \longrightarrow AgC\equiv CAg\downarrow + 2NH_4NO_3 + 2NH_3\uparrow$$

硝酸银氨溶液 乙炔银（白色）

$$HC\equiv CH + 2[Cu(NH_3)_2]Cl \longrightarrow CuC\equiv CCu\downarrow + 2NH_4Cl + 2NH_3\uparrow$$

氯化亚铜氨溶液 乙炔亚铜（红色）

此反应非常灵敏，常用于R—C≡C—H和R—C≡C—R结构特征的鉴别。

三、重要不饱和链烃的护理应用

不饱和链烃化学性质活泼，同时具有诸多生理功能，许多天然产物含有不饱和键，如：油脂、维生素A、番茄红素、β-胡萝卜素等。

1. 乙烯 乙烯在常温下为无色、稍带甜味的气体，易燃，不溶于水，易溶于有机溶剂。乙烯有较强的麻醉作用，麻醉迅速但苏醒快，长期接触乙烯会有头晕，乏力和注意力不集中等症状。

聚乙烯塑料的临床应用

乙烯聚合生成聚乙烯塑料，其性质透明柔韧、无臭、无毒。手感似蜡，化学稳定性好，常温下不溶于一般溶剂，吸水性小，可用于制作临床材料，如注射器、血浆袋、输血输液用具、药剂容器、化验室和手术室用品等。

2. β-胡萝卜素 胡萝卜素最初是从胡萝卜中发现的，有α、β、γ三种异构体，其中β-胡萝卜素的活性最强，且最重要。β-胡萝卜素进入人体后，可被体内的酶转变为维生素A，又名视黄醇，所以又称为维生素A原。摄入过量的维生素A会造成中毒。人体所需维生素A通常可以通过储备足量的β-胡萝卜素转化而来。β-胡萝卜素，广泛存在于植物的花、叶、果实、蛋黄和奶油中，而胡萝卜中的含量是最高的。β-胡萝卜素是体内重要的抗氧化剂，可以防止和消除体内代谢过程中产生的自由基。β-胡萝卜素还具有防癌、抗癌、防止白内障及抗射线对人的伤害等功效。

3. 角鲨烯 角鲨烯最初是从鲨鱼的肝脏中发现的，又称鱼肝油萜。一般认为深海鲨鱼肝中含量

高。其他动物（如牛、猪）的油脂中也含有少量角鲨烯。角鲨烯广泛分布在人体内，尤其脂肪细胞中浓度很高。角鲨烯具有提高体内超氧化物歧化酶（SOD）活性、增强机体免疫力、抗衰老、抗疲劳、抗肿瘤等多种生理功能，是一种无毒性的具有防病治病作用的海洋生物活性物质。角鲨烯在人体内还是胆甾醇生物合成的中间体。

第三节　芳　香　烃

苯环结构的发现

德国化学家凯库勒（F.A.Kekule）对有机化学结构理论的建立做出了重要的贡献。1865 年，凯库勒提出苯的环状结构，一直是化学史上的趣闻。

有天夜晚，凯库勒在书房打盹。这时在他的眼前出现了一群旋转的原子，有一些像一群蛇一样，相互缠绕，边旋转边运动。突然，他看见其中一条蛇衔着自己的尾巴，开始旋转起来。凯库勒像被电击一样猛醒过来，为整理这一假说忙了一晚上，最终推导出苯的结构。

请思考：

1. 苯的结构式如何表示？
2. 苯是否是单双键交替的环状结构？

绝大多数芳香族化合物分子中含有苯环结构，通常把分子中含有一个或多个苯环结构的烃称为芳香烃（aromatic hydrocarbon），简称芳烃。

芳烃按照分子中苯环的数目不同，可分为单环芳烃和多环芳烃。多环芳烃又根据苯环连接方式不同又分为联苯、多苯代脂烃和稠环芳烃。

一、苯的结构

苯（benzene）是最简单的芳烃，分子式为 C_6H_6，其结构为平面正六边形分子，6 个碳原子和 6 个氢原子都在同一平面上。每个碳碳键的键长都相同，为 0.140nm，介于单双键之间，键角都是 120°。

根据杂化轨道理论，苯环的碳原子均采取 sp^2 杂化。每个碳原子的 3 个 sp^2 杂化轨道分别与 2 个相邻碳的 sp^2 杂化轨道和氢原子的 1s 轨道“头碰头”正面重叠，形成 2 个 C—Cσ 键和 1 个 C—Hσ 键，这样 6 个碳原子结合成一个平面的正六边形的环，分子中所有的原子都在同一平面上。苯环上每个碳原子还有 1 个未参加杂化的 p 轨道，均垂直于碳环的平面，6 个 p 轨道彼此平行重叠形成 1 个环形的大 π 键，整个苯环构成 1 个闭合的共轭体系。因此，苯分子很稳定，一般情况下不发生加成和氧化反应。苯分子结构见图 8-4。

图片：苯分子的结构

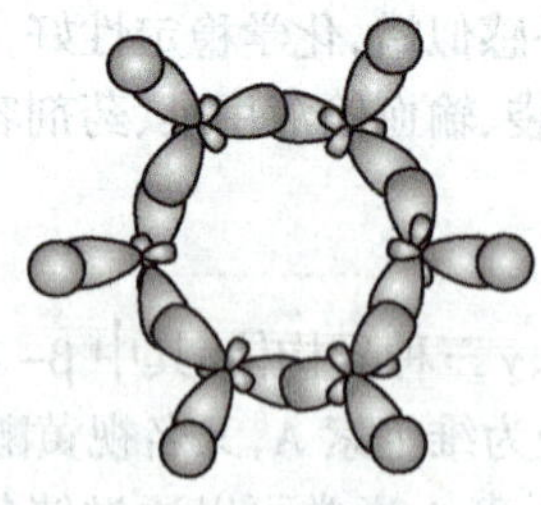

（a）苯分子中的σ键形成

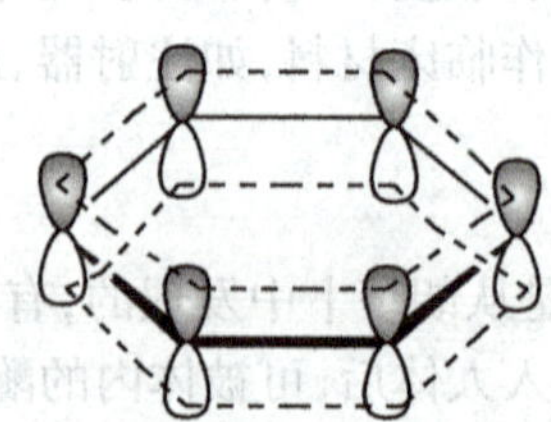

（b）苯分子中的π键形成

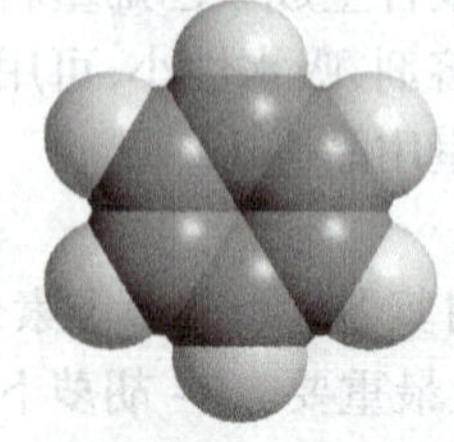

（c）苯分子中的π键形成

图 8-4　苯分子的结构

目前仍然沿用凯库勒式（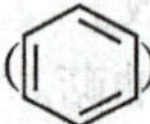）表示苯的分子结构，或者也可以用（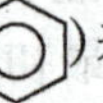）表示。

二、苯及苯的同系物命名

苯的同系物是指苯环上的氢原子被烃基取代所生成的化合物。苯及苯的同系物通式为：C_nH_{2n-6}（n ≥ 6）。

1. 一元取代苯　苯环上只有 1 个取代基时，以苯环为母体命名，烷基作取代基，称为“某烷基苯”，常把“基”字省略，称为某苯。

苯　　甲苯（CH_3）　　乙苯（CH_2CH_3）

2. 二元取代苯　苯环上有 2 个取代基时，以苯为母体，烷基为取代基进行命名，编号原则是所有取代基位次之和最小。当 2 个取代基相同时，则根据它们位置不同，在前面用“邻(o)、间(m)或对(p)”来表示取代基的相对位置。

1,2－二甲苯　　1,3－二甲苯　　1,4－二甲苯
邻二甲苯　　间二甲苯　　对二甲苯

3. 三元取代苯　苯环上有 3 个取代基时，以苯为母体，烷基为取代基进行命名，编号原则是所有取代基位次之和最小。当 3 个取代基相同时。则根据位置不同，可用“连、偏、均”来表示取代基的相对位置。

1,2,3－三甲苯　　1,2,4－三甲苯　　1,3,5－三甲苯
连三甲苯　　偏三甲苯　　均三甲苯

4. 苯环上连有较复杂的烷基或不饱和烃基　以烷烃或不饱和烃为母体，苯基作为取代基进行命名。

3－苯基己烷　　苯乙烯（$CH=CH_2$）　　苯乙炔（$C\equiv CH$）

苯或苯的同系物分子中，去掉一个氢原子剩下的原子团，称为芳香烃基，常用 Ar— 表示。最常见的芳基有：

苯基　或 C_6H_5—　　　苄基（CH_2—）　或 C_6H_5—CH_2—

三、苯及苯的同系物的性质

(一) 物理性质

苯是无色带有特殊气味的液体，比水轻，不溶于水，易溶于乙醚、四氯化碳等有机溶剂。沸点80.1℃，熔点5.5℃，易挥发。苯有毒，短时间吸入高浓度蒸汽，就会引起急性中毒，甚至危及生命。长时间吸入低浓度蒸汽，可引起慢性中毒，损害造血器官和神经系统，苯易被皮肤吸收引起中毒。因此，在使用此类物质时一定要采取防护措施。

(二) 化学性质

苯具有稳定的环状结构，化学性质比较稳定。苯的化学性质主要发生在苯环上，通常难加成、难氧化和易取代。一般情况下，不与氧化剂高锰酸钾反应，不能使酸性高锰酸钾褪色。

1. 取代反应　苯在催化剂存在下，容易发生取代反应。取代反应是芳香烃苯环上最主要的化学反应。

(1) 卤代反应：在卤化铁或铁粉的催化下，苯与卤素作用，苯环上的氢原子被卤原子取代，生成卤素取代物。例如：

$$C_6H_6 + Br_2 \xrightarrow[\triangle]{Fe或FeBr_3} C_6H_5Br + HBr$$

溴苯

(2) 硝化反应：在浓硫酸存在下，苯与浓硝酸作用，苯环上的氢原子被硝基（—NO_2）取代，生成硝基苯。例如：

$$C_6H_6 + HO-NO_2(浓) \xrightarrow[55\sim60℃]{浓硫酸} C_6H_5NO_2 + H_2O$$

硝基苯

(3) 磺化反应：苯在加热条件下与浓硫酸反应，苯环上的氢原子被磺酸基(-SO_3H)取代，生成苯磺酸。

$$C_6H_6 + HO-SO_3H(浓) \xrightarrow{80℃} C_6H_5SO_3H + H_2O$$

苯磺酸

2. 加成反应　苯的分子结构是一个闭合的共轭体系，由于共轭效应，使它的环系非常稳定，难以发生加成反应，但是在特殊情况下，例如用镍作为催化剂，在加热的条件下，苯能与氢气发生加成反应，生成环己烷。

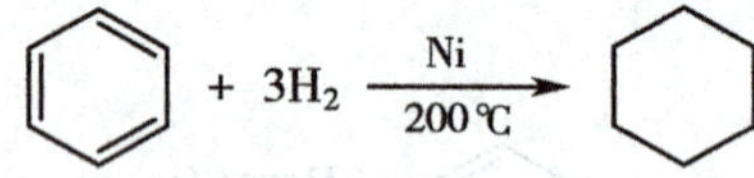

环己烷

视频：苯和甲苯的鉴别

3. 氧化反应　苯的同系物在性质上与苯有许多相似之处，如燃烧时都能产生带浓烟的火焰，都能发生取代反应等。但由于苯环和侧链的相互影响，使苯的同系物也有一些化学性质与苯不同。如苯不能被高锰酸钾氧化，而甲苯能被高锰酸钾氧化。利用这一性质，可以将苯的同系物与苯区分开。

$$C_6H_5CH_3 \xrightarrow{KMnO_4 + H_2SO_4} C_6H_5COOH$$

甲苯　　　苯甲酸

四、稠环芳香烃

稠环芳香烃是由两个或两个以上的苯环，共用相邻的两个碳原子相互稠合而成的多环芳香烃。重要的稠环芳烃有萘、蒽和菲，它们是合成染料、药物的重要原料。

1. 萘　萘的分子式为 $C_{10}H_8$，是最简单的稠环芳烃。萘的分子结构是平面的，可看成由两个苯环稠合而成，其结构式如下：

常温下，萘是一种白色固体，具有特殊气味，在室温下容易升华，熔点 80.5℃，不溶于水，易溶于有机溶剂。萘是工业上最重要的稠环芳香烃，广泛用作制备染料、树脂、溶剂等的原料，常用作防蛀剂，是樟脑丸、卫生球的主要成分。萘蒸汽或粉尘对人体有害。

萘的化学性质基本与苯相似，也容易发生取代和氧化反应。

2. 蒽和菲　蒽和菲的分子式都是 $C_{14}H_{10}$，它们互为同分异构体，两者都是由 3 个苯环以直线式稠合在一起而形成的。蒽和菲的结构式如下：

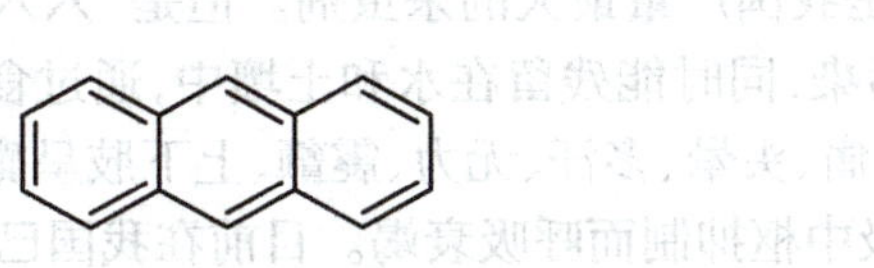

蒽　　　　菲

蒽和菲都存在于煤焦油中，蒽是无色片状晶体，是制造染料的重要原料。菲为无色晶体，可溶于乙醇或苯等有机溶剂中，用于制造染料和药物。

生物体内许多重要化合物的分子结构中都含有菲的骨架，即一个完全氢化了的菲与环戊烷稠合在一起的结构，称为环戊烷多氢菲。其结构式如下：

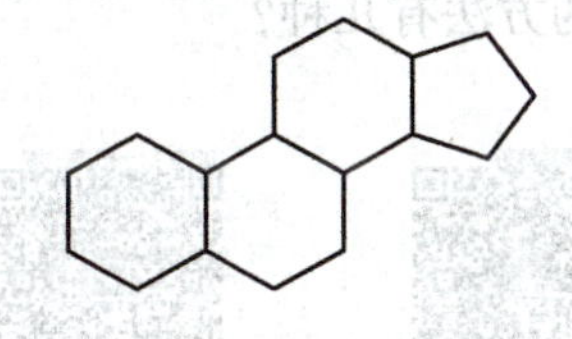

环戊烷多氢菲

环戊烷多氢菲本身并不存在于自然界，但它的衍生物却广泛存在于动植物体内，而且具有重要的生理作用。如胆固醇、胆酸、维生素 D 和某些激素等。含有环戊烷多氢菲的化合物称为甾体化合物。

致癌芳烃

致癌芳烃是指能引起恶性肿瘤的一类稠环芳烃。大多是蒽和菲的衍生物，多含有 4 个或 4 个以上苯环。在煤焦油、煤烟、石油、沥青、烟草的烟雾中以及各种机动车辆所排出的废气中，都含有多种致癌芳烃。例如：芘、苯并芘、二苯并菲、二苯并蒽等，其中 3，4- 苯并芘的致癌作用最强。

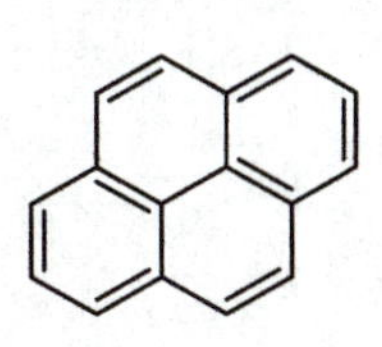

芘

苯并芘

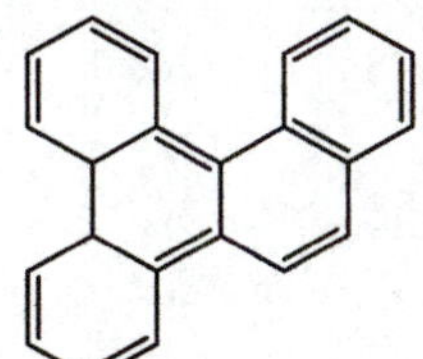

二苯并菲

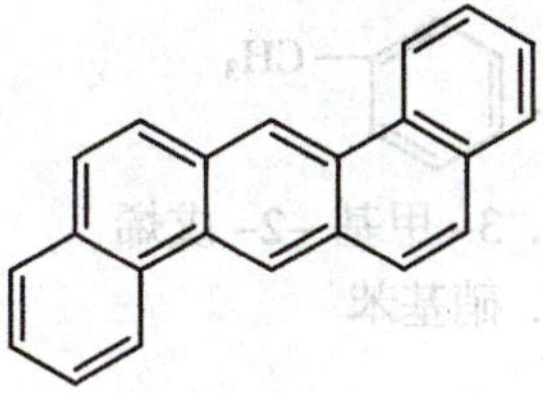

二苯并蒽

五、重要芳香烃的护理应用

1. 苯 苯是一种常用的有机溶剂，有毒，短时间内吸入苯蒸气会引起急性中毒，主要表现为中枢神经系统麻醉，甚至呼吸心跳停止。长期接触低浓度苯可引起慢性中毒，主要对造血器官、神经系统造成伤害，表现为头痛、头晕、失眠、白细胞持续减少、血小板减少等症状，甚至诱发白血病。

对于急性中毒患者，在急救时，要迅速将患者移至空气新鲜的场所，立即脱去被污染的衣物，清洗皮肤，遵医嘱可静脉注射葡萄糖和维生素 C，关键是恢复造血功能。

2. 甲苯和二甲苯 甲苯和二甲苯均为无色、带甜味、有芳香气味的液体，不溶于水，易溶于有机溶剂。两者毒性均较低，经呼吸道、皮肤、消化道吸收，主要对神经系统有麻醉作用、对皮肤黏膜有刺激作用，甲苯能引起肝、肾及心脏损害，还具有致癌、致畸和致突变作用，二甲苯能通过胎盘屏障直接作用于胚胎。

二甲苯常用于擦拭普通光学显微镜的油镜，可脱去油镜上的香柏油，保护镜头，现已慢慢被其他有机溶剂取代。

3. “六六六” 又名六氯环己烷，分子式 $C_6H_6Cl_6$。结构式因分子中含碳、氢、氯原子各 6 个，可以看作是苯的六个氯原子加成产物。“六六六”是作用于昆虫神经的广谱杀虫剂，兼有胃毒、触杀、熏蒸作用。由于用途广，制造工艺较简单，曾是我国产量最大的杀虫剂。但是“六六六”稳定性强，毒性大且不易分解，大量使用直接造成农作物污染，同时能残留在水和土壤中，通过食物链进入人体。当积累到一定程度，就会引起中毒。表现为头痛、头晕、多汗、无力、震颤、上下肢呈癫痫状抽搐、站立不稳、运动失调、意识迟钝甚至昏迷，并可因呼吸中枢抑制而呼吸衰竭。目前在我国已禁止使用。

思考题

1. 烃是只由碳氢两种元素组成的化合物，烃类物质用途广泛，且不同类烃的性质有明显差异，为什么饱和链烃、不饱和链烃、芳香烃的性质会有明显不同？

2. 鉴别乙烷、乙烯、乙炔和甲苯的方法有几种？

思路解析

扫一扫，测一测

|目|标|检|测|

一、写出下列化合物的名称和结构

1. $CH_3—CH(CH_3)—CH_2—CH(CH_2CH_3)—CH_3$

2. $CH_3—C\equiv C—CH(CH_3)—CH_3$

3. $C_6H_5—CH_3$

4. $C_6H_4(CH_3)_2$（两个 CH_3 处于邻位）

5. 3-甲基-2-戊烯

6. 苯乙烯

7. 硝基苯

8. 3-甲基-3-己炔

二、完成下列反应

1. $CH_3—CH═CH_2 + HBr \longrightarrow$

2. $HC≡CH + 2[Ag(NH_3)_2]NO_3 \longrightarrow$

3. $+ Br_2 \xrightarrow[\triangle]{Fe或FeBr_3}$

4. CH_3 $\xrightarrow{KMnO_4 + H_2SO_4}$

5. $CH_3—CH═CH_2 \xrightarrow{KMnO_4/H^+}$

6. $+ HNO_3(浓) \xrightarrow[50 \sim 60℃]{浓H_2SO_4}$

三、鉴别下列各组化合物

1. 乙烷、乙烯和乙炔
2. 苯、甲苯和乙烯
3. 1-丁炔和2-丁炔

（杨智英）

第九章 醇 酚 醚

1. 掌握：醇、酚和醚的结构及命名。
2. 熟悉：醇、酚的主要理化性质；醇酚常用鉴别方法。
3. 了解：醇、酚和醚的分类；常见的醇、酚和醚在护理工作中的应用。
4. 培养学生具有科学的思维方法、认真的学习态度、严谨的工作作风。

醇、酚和醚都是由C、H、O三种元素组成的，属于烃的含氧衍生物，与医学关系密切。医院里常见的消毒酒精、具有酚结构的抗氧化剂维生素E、曾用作全身麻醉剂的乙醚等都属于这类有机化合物。本章主要介绍醇、酚和醚的结构、分类和简单命名法；主要性质及护理应用。

第一节 醇

急性酒精中毒

王先生，35岁，朋友聚会时过量饮酒，出现严重呕吐和头痛症状，语无伦次、不能自持、走路摇晃、意识丧失。朋友将他送往医院，医生诊断为急性酒精中毒。

请思考：

1. 乙醇的结构中含有哪种官能团？
2. 酒精在体内发生了氧化反应，氧化产物是什么？

一、醇的结构、分类和命名

（一）醇的结构

脂肪烃、脂环烃分子中的氢原子或芳香烃分子中侧链上的氢原子被羟基（—OH）取代后生成的化合物，称为醇（alcohols）。醇分子的羟基又称醇羟基，是醇的官能团。例如：

图片：乙醇的分子结构

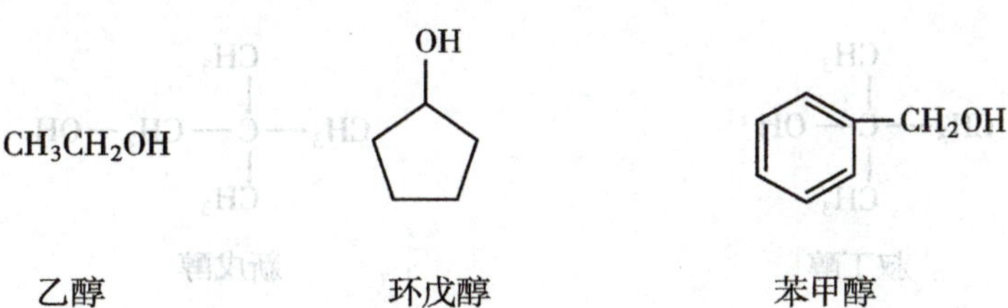

乙醇　　环戊醇　　苯甲醇

(二) 醇的分类

醇类可按其分子的结构特点进行分类。见表 9-1。

表 9-1 醇的分类

分类方法	类型	结构特点	实例	命名
按烃基的种类分	脂肪醇	羟基与脂肪烃基相连	$CH_3—OH$	甲醇
	脂环醇	羟基与脂环烃基相连	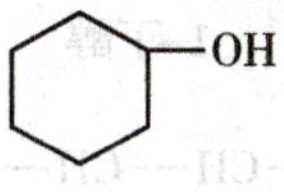 环己基—OH	环己醇
	芳香醇	羟基与芳香烃侧链相连	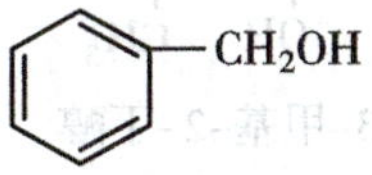 苯基—CH_2OH	苯甲醇
按羟基数目分	一元醇	含 1 个羟基	CH_3CH_2OH	乙醇
	二元醇	含有 2 个羟基	$CH_2(OH)—CH_2(OH)$	乙二醇
	多元醇	含有 3 个以上羟基	$CH_2(OH)—CH(OH)—CH_2(OH)$	丙三醇
按羟基连接的碳原子分	伯醇	羟基连接在伯碳原子上	$CH_3CH_2CH_2CH_2OH$	丁醇
	仲醇	羟基连接在仲碳原子上	$CH_3—CH(OH)—CH_3$	2- 丙醇
	叔醇	羟基连接在叔碳原子上	$CH_3—C(CH_3)(OH)—CH_3$	2- 甲基 -2- 丙醇

(三) 醇的命名

1. 普通命名法　结构简单的醇采用普通命名法，其命名原则与烃相似，即按醇分子所包含的碳原子数目称为“某醇”。三个碳原子以上的醇存在同分异构体，命名时按照醇的结构将“正”、“异”、“新”等字加在名称前面。例如：

CH_3OH 甲醇　　CH_3CH_2OH 乙醇　　$CH_3CH_2CH_2CH_2OH$ 正丁醇

$CH_3—CH(CH_3)—CH_2OH$ 异丁醇　　$CH_3—CH(OH)—CH_2—CH_3$ 仲丁醇

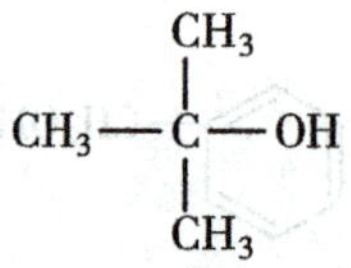

$$(CH_3)_3C-OH$$

叔丁醇

$$CH_3-C(CH_3)_2-CH_2-OH$$

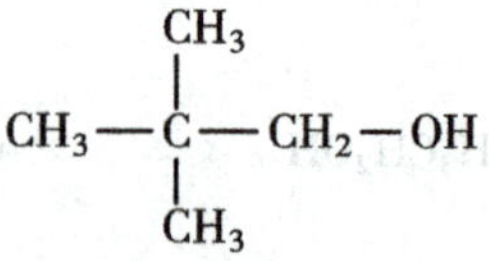

新戊醇

2. 系统命名法　对于结构复杂的醇则采用系统命名法,命名原则如下:

(1) 饱和一元醇:①选择含有羟基碳原子在内的最长碳链做主链,根据主链所含碳原子的数目称为“某醇”;②从靠近羟基碳原子的一端依次用阿拉伯数字给主链碳原子编号;③将羟基的位次用阿拉伯数字写在“某醇”的前面,并用短线隔开。如有取代基,则将取代基的位次、数目及名称写在醇名称的前面。例如:

$$CH_3-CH_2-CH_2-CH_2-OH$$

1-丁醇

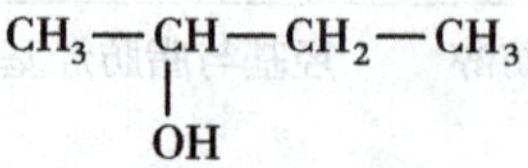

$$CH_3-CH(OH)-CH_2-CH_3$$

2-丁醇

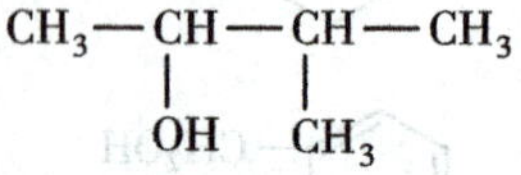

$$CH_3-CH(OH)-CH(CH_3)-CH_3$$

3-甲基-2-丁醇

$$CH_3-CH(CH_3)-CH_2OH$$

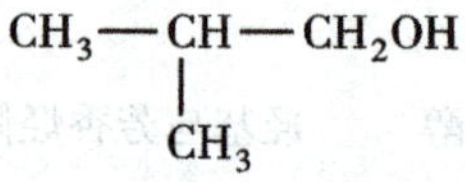

2-甲基-1-丙醇

(2) 不饱和一元醇:①选择含有羟基碳原子和不饱和键(双键或三键)碳原子在内的最长碳链作主链,根据主链所含碳原子的数目称为“某烯(或炔)醇”;②从靠近羟基碳原子的一端开始给主链碳原子用阿拉伯数字编号;③并分别在烯(或炔)、醇前面表示其位次。

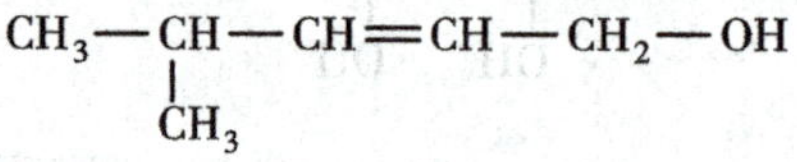

$$CH_3-CH(CH_3)-CH=CH-CH_2-OH$$

4-甲基-2-戊烯-1-醇

$$CH_3-CH(CH_2CH_3)-C\equiv C-CH_2-OH$$

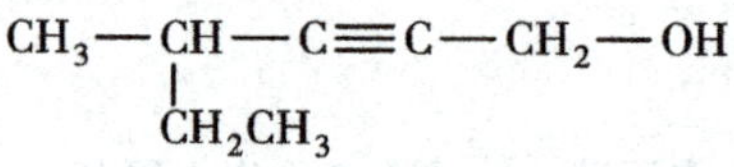

4-甲基-2-己炔-1-醇

(3) 脂环醇:①在脂环烃基的名称后加“醇”字来命名,通常省去“基”字,称为“环某醇”;②若脂环上有取代基,则从羟基所连碳原子开始给环上的碳原子编号,并尽可能使环上取代基的编号最小。

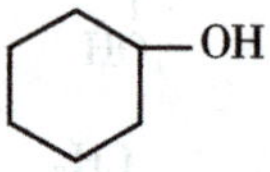

OH

环己醇

CH_3　CH_3　OH

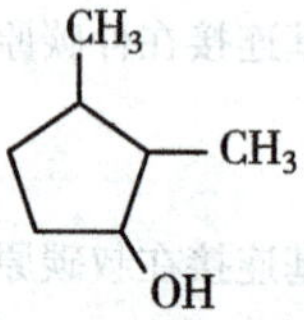

2,3-二甲基环戊醇

(4) 芳香醇:通常以脂肪链(侧链)为母体,芳香烃基作为取代基来命名。

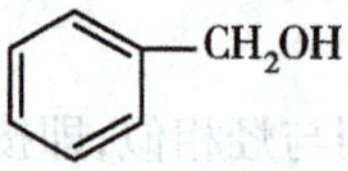

$$C_6H_5-CH_2OH$$

苯甲醇(苄醇)

$$C_6H_5-CH_2-CH(CH_3)-CH(OH)-CH_3$$

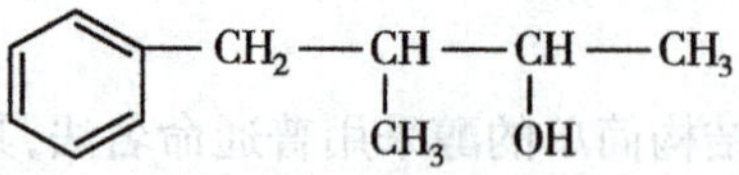

3-甲基-4-苯基-2-丁醇

(5) 多元醇:选择尽可能多的羟基碳原子在内的最长碳链作主链,根据主链上碳原子及羟基的数目命名为某二醇、某三醇等,并在碳原子数前标明羟基的位次。例如:

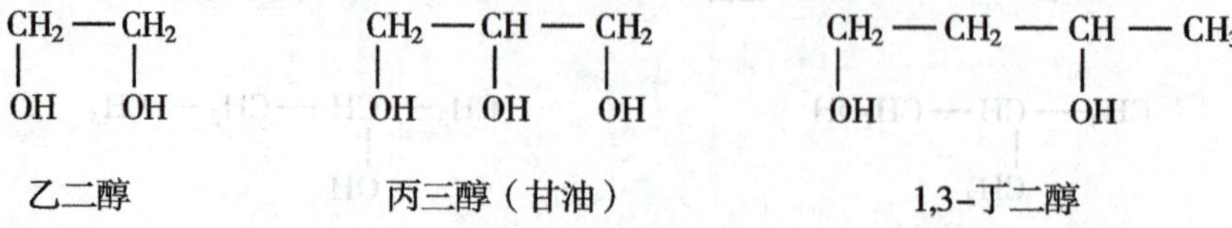

乙二醇　　丙三醇(甘油)　　1,3-丁二醇

二、醇的性质

(一) 物理性质

常温常压下，C_1~C_4 的低级醇为无色透明、易挥发，有酒味的液体，易溶于水，如甲醇、乙醇、丙醇都能与水以任意比例混溶。但随着碳原子数的增多，溶解度逐渐降低，C_7 以上的醇基本不溶于水，溶于丙酮和乙醚等有机溶剂。

饱和一元醇的沸点随碳原子数目的增加而上升。低级醇的沸点比分子量相近的烷烃要高很多。如：甲醇（相对分子量 32）的沸点为 65℃，而乙烷（相对分子量 30）沸点为 -88.6℃，低 153.45℃。随着分子量的增大，沸点差距越来越小。因为在液态中，醇分子可以通过氢键相互结合起来，而烷烃分子间不能形成氢键，所以低级醇的沸点比相应的烷烃高得多。随着碳链的增长，由于烃基的增大，烃基对羟基有遮盖作用，阻碍氢键的形成，烃基越大，这种作用越大，形成氢键的能力越小，所以高级醇与相应烷烃的沸点差距越来越小。

(二) 化学性质

醇的官能团是醇羟基，醇的化学反应主要发生在羟基及与羟基相连的碳原子上，主要包括 O—H 键和 C—O 键的断裂，此外，由于 α-H 原子和 β-H 原子有一定的活性，故还能发生氧化反应、消除反应等。表示如下：

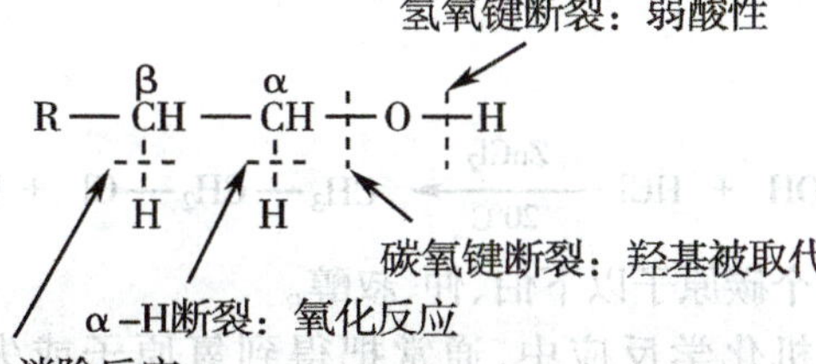

1. 与活泼金属的反应　因为 O—H 是极性键，因此醇和水在结构上相似，醇羟基中的氢原子能被活泼金属（钠、钾等）置换，例如：乙醇与金属钠反应生成乙醇钠和氢气。醇羟基中的氢原子受烷基的影响，其活性要比水分子的氢原子弱，因此醇与金属钠反应比水缓和，实验室常用此性质处理金属钠，以防钠与水剧烈反应引发危险。

$$2CH_3CH_2OH + 2Na \longrightarrow \underset{\text{乙醇钠}}{2CH_3CH_2ONa} + H_2\uparrow$$

生成的乙醇钠为白色固体，呈强碱性，不稳定，遇水立即水解为原来的醇并生成氢氧化钠，遇酚酞其溶液变红色。

$$CH_3CH_2ONa + H_2O \longrightarrow CH_3CH_2OH + NaOH$$

视频：乙醇与金属钠反应

2. 与无机酸反应

(1) 与无机含氧酸的酯化反应：醇与无机含氧酸（如硝酸、硫酸、磷酸等）作用，分子间脱水生成无机酸酯。醇与酸在强酸（如浓硫酸）催化下生成酯和水的反应称为酯化反应（esterification）。

$$\underset{\text{甘油}}{\begin{array}{l}CH_2—OH\\ |\\ CH—OH\\ |\\ CH_2—OH\end{array}} + \underset{\text{硝酸}}{3HO—NO_2} \xrightarrow{H_2SO_4} \underset{\text{甘油三硝酸酯}}{\begin{array}{l}CH_2—ONO_2\\ |\\ CH—ONO_2\\ |\\ CH_2—ONO_2\end{array}} + 3H_2O$$

甘油三硝酸酯又称硝酸甘油，是一种黄色油状的透明液体。稀释后制成 0.3% 的硝酸甘油片剂，舌下给药，具有扩张冠状动脉血管作用，可缓解冠状动脉狭窄引起的心绞痛。甘油三硝酸酯遇到震动会发生爆炸，可作为炸药使用，1866 年诺贝尔（Nobel）发明的安全炸药就是由甘油三硝酸酯和硅藻土等成分组成的。

硫酸与醇反应可生成硫酸酯，人体内软骨中的硫酸软骨素就含有硫酸酯结构；磷酸与醇反应可生成磷酸酯，生物体内广泛存在着磷酸酯，具有重要功能，例如组成细胞的重要成分 DNA、RNA 和磷脂

都具有磷酸酯结构。

(2)与氢卤酸的反应:醇分子中的羟基被卤素原子取代,生成卤代烃和水。反应如下:

$$ROH + HX \rightleftharpoons RX + H_2O$$

$$X = Cl, Br或I$$

反应速率取决于酸的性质和醇的结构。活性顺序为:HI>HBr>HCl;苄醇 > 叔醇 > 仲醇 > 伯醇。

醇与盐酸反应困难,须有无水氯化锌存在才能进行。由浓盐酸与无水氯化锌配成的溶液称卢卡斯(Lucas)试剂。叔醇与卢卡斯试剂立即反应产生卤代烃,不溶于盐酸而出现浑浊或分层(约1分钟内);仲醇需十几分钟后变浑浊;而伯醇在室温下放置数小时无浑浊。例如:

$$CH_3-C(CH_3)_2-OH + HCl \xrightarrow[20℃]{ZnCl_2} CH_3-C(CH_3)_2-Cl + H_2O \quad (立即浑浊)$$

$$CH_3-CH(CH_3)-OH + HCl \xrightarrow[20℃]{ZnCl_2} CH_3-CH(CH_3)-Cl + H_2O \quad (十几分钟后浑浊)$$

$$CH_3-CH_2-OH + HCl \xrightarrow[20℃]{ZnCl_2} CH_3-CH_2-Cl + H_2O \quad (数小时无浑浊)$$

此性质可用于鉴别6个碳原子以下伯、仲、叔醇。

3. 氧化反应 在有机化学反应中,通常把得到氧原子或失去氢原子的反应称为氧化反应(oxidation reaction);反过来,物质失去氧原子或得到氢原子的反应称为还原反应(reduction reaction)。由于羟基的影响,伯醇、仲醇分子中烃基α-碳原子上的氢原子较活泼,容易发生氧化反应。伯醇氧化先生成醛,醛在此条件下进一步被氧化生成羧酸;仲醇氧化生成相应的酮。

$$\underset{伯醇}{RCH_2OH} \xrightarrow[或-2H]{[O]} \underset{醛}{R-\overset{O}{\overset{\|}{C}}-H} \xrightarrow{[O]} \underset{羧酸}{R-COOH}$$

$$\underset{仲醇}{R-\overset{OH}{\overset{|}{\underset{H}{\underset{|}{C}}}}-R'} \xrightarrow[或-2H]{[O]} \underset{酮}{R-\overset{O}{\overset{\|}{C}}-R'}$$

常用的氧化剂为高锰酸钾的酸性溶液、重铬酸钾溶液,伯醇和仲醇发生氧化反应,高锰酸钾酸性溶液的紫红色消失;重铬酸钾溶液的颜色发生明显变化,由橙黄色($Cr_2O_7^{2-}$)逐渐变为绿色(Cr^{3+})。而叔醇没有α-氢原子,在同样条件下不被氧化。利用该反应能将叔醇与伯、仲醇区别开。

伯醇和仲醇也可以用催化脱氢法转变为醛或酮。将伯醇或仲醇的蒸气在300~325℃温度下,铜(或银、镍)等作催化剂,则伯醇或仲醇脱去一分子氢气生成醛或酮。

$$\underset{伯醇}{R-\overset{H}{\overset{|}{\underset{H}{\underset{|}{C}}}}-O-H} \xrightarrow{Cu} \underset{醛}{R-\overset{H}{\overset{|}{C}}=O}$$

$$R-\underset{\underset{H}{|}}{\overset{\overset{R}{|}}{C}}-O-H \xrightarrow{Cu} R-\overset{\overset{R}{|}}{C}=O$$

仲醇　　　　　　　　酮

酒精中毒

乙醇(CH_3CH_2OH)俗称酒精，是饮用酒的主要成分。在生物体内，羟基的氧化反应通常是在酶的催化下以脱氢的方式进行的。乙醇在人体内的代谢过程，主要在肝脏中进行，在乙醇脱氢酶的催化下，乙醇能被氧化生成乙醛，乙醛对人体有害，但它很快会在乙醛脱氢酶的作用下被氧化生成乙酸，而乙酸是可以被机体细胞利用的，所以适量饮酒并不会造成酒精中毒。

$$\underset{\text{乙醇}}{CH_3CH_2OH} \xrightarrow{[O]} \underset{\text{乙醛}}{CH_3CHO} \xrightarrow{[O]} \underset{\text{乙酸}}{CH_3COOH}$$

但酒精在人体内的代谢能力有限，如果过量饮酒，会引起酒精中毒，严重时出现昏迷，甚至发生死亡。

4. 脱水反应　醇在催化剂(如硫酸、磷酸、氧化铝、氧化锌等)存在下，易发生脱水反应。通常有两种方式，即分子内脱水和分子间脱水。前者生成烯烃，后者生成醚。例如：

(1)分子内脱水：乙醇与浓硫酸共热到170℃，发生分子内脱水生成乙烯。

$$\underset{H}{\underset{|}{CH_2}}-\underset{OH}{\underset{|}{CH_2}} \xrightarrow[170℃]{\text{浓}H_2SO_4} \underset{\text{乙烯}}{CH_2=CH_2} + H_2O$$

(2)分子间脱水：乙醇与浓硫酸共热到140℃，发生分子间脱水生成乙醚。

$$CH_3CH_2-OH + H-O-CH_2CH_3 \xrightarrow[140℃]{\text{浓}H_2SO_4} \underset{\text{乙醚}}{CH_3CH_2-O-CH_2CH_3} + H_2O$$

醇的脱水反应受温度条件影响，在较低温度下，通常发生的是分子间脱水，得到醚；在较高温度下，通常发生的是分子内脱水，得到烯烃。

5. 与氢氧化铜反应　具有两个或多个相邻羟基的醇(如乙二醇、丙三醇等)能与新配制的氢氧化铜反应，生成深蓝色的溶液。利用此性质可鉴别具有邻二醇结构的多元醇。例如：

$$\underset{\text{甘油}}{\begin{array}{l}CH_2-OH\\|\\CH-OH\\|\\CH_2-OH\end{array}} + Cu(OH)_2 \longrightarrow \underset{\text{甘油铜}}{\begin{array}{l}CH_2-O\\|\qquad\quad\ \ \rangle Cu\\CH-O\\|\\CH_2-OH\end{array}} + 2H_2O$$

三、重要醇的护理应用

(一)甲醇

甲醇(CH_3OH)是最简单的醇。最初由木材干馏得到，俗称木醇或木精。甲醇为无色、易挥发、易燃的有毒液体，沸点64.7℃，甲醇的火焰近乎无色，所以点燃甲醇时要格外小心，以免被烧伤。纯甲醇略带乙醇的气味，能溶于水和其他有机溶剂中。甲醇可作有机溶剂，也是重要的化工原料。

甲醇有毒，摄入少量就可引起中毒，误饮10ml即可失明，误饮30ml即可导致死亡。甲醇进入体内，

很快会被肝脏的脱氢酶氧化成甲醛，继而氧化成甲酸。

$$\underset{\text{甲醇}}{CH_3OH} \xrightarrow{[O]} \underset{\text{甲醛}}{HCHO} \xrightarrow{[O]} \underset{\text{甲酸}}{HCOOH}$$

甲醛不能被人体利用，却能凝固蛋白质，损伤视网膜，还可引起神经系统功能障碍。此外甲醛和甲酸又能抑制体内某些氧化酶，使有氧氧化出现障碍，于是体内产生乳酸和其他酸积聚，不能被机体很快代谢而滞留于血液中，导致出现酸中毒症状。甲醇经消化道、呼吸道、皮肤接触进入机体，这些组织受到的损害最大。先表现为眼睛胀、头痛、疲倦、恶心、视力减弱，后表现为循环性虚脱、呼吸困难甚至死亡。

(二) 乙醇

乙醇(CH_3CH_2OH)俗称酒精，是饮用酒的主要成分。乙醇在常温常压下是无色透明、易挥发、易燃的液体，沸点为78.5℃，能与水以任意比例混溶。乙醇在医药卫生方面用途广泛。

1. 无水乙醇　乙醇含量大于99.5%，它主要用作化学试剂。

2. 药用酒精　乙醇含量为95%，又称医用酒精，医药上主要用于配制碘酊(碘酒)，浸制药酒、配制消毒酒精和擦浴酒精等。

3. 消毒酒精　医学上把乙醇含量为70%~75%的乙醇溶液称为消毒酒精。消毒酒精能使组成细菌的蛋白质凝固变性，干扰微生物的新陈代谢，抑制细菌繁殖，导致细菌死亡。护士给病人打针时，用酒精消毒就是利用此原理；此外，消毒酒精还可用于消毒医疗器械；碘酒脱碘等。

4. 擦浴酒精　医学上用含量为25%~50%的酒精溶液给高热病人擦浴。利用酒精易挥发，能带走高热病人的热量，达到物理降温的目的。

5. 按摩酒精　医学上通常将40%~50%的乙醇溶液称为按摩酒精。按摩酒精具有抗菌、消炎、促进血液循环的作用。护理工作中用于按摩、预防压疮(褥疮)和冻疮。压疮是身体局部长期受到压力，受压部位的血液流动不畅而导致的压力性溃疡。

此外，护理工作中还经常用到20%~30%的酒精。吸氧时，置于急性肺水肿病人氧气瓶前的湿化瓶中，随吸氧进入肺内，能降低肺内泡沫表面张力，使泡沫消失，增加气体交换面积，改善肺功能。

(三) 丙三醇

$$\begin{array}{ccccc} CH_2 & - & CH & - & CH_2 \\ | & & | & & | \\ OH & & OH & & OH \end{array}$$

丙三醇俗称甘油，是一种无色、无臭，略带甜味的黏稠性液体，熔点17.9℃，沸点290℃，可以与水以任意比例混溶。将10%~20%的甘油水溶液涂在皮肤上可使皮肤保湿、光滑，防止皮肤干裂。纯甘油有较强的吸湿性，所以高浓度的甘油溶液对皮肤没有保湿作用，反而会使皮肤干裂。

甘油分子中有三个羟基，极性很强，易溶于水及醇中，因此对一些在水中溶解度不大的有机药物配制成水溶液时，常加入甘油作助溶剂，以增加药物的溶解度。甘油在药剂上可用作溶剂，如酚甘油、碘甘油等，在调剂上用作助溶剂、赋形剂和润滑剂。

临床上常用甘油栓或55%的甘油水溶液(开塞露)来灌肠润滑并刺激肠壁，软化大便，治疗便秘。

(四) 苯甲醇

$$C_6H_5-CH_2OH$$

苯甲醇又称苄醇，是最简单的芳香醇，为无色液体，沸点为205.2℃，具有芳香气味，微溶于水，可与乙醇混合，易溶于有机溶剂。

苯甲醇具有微弱的麻醉作用，既能镇痛又能防腐。含有苯甲醇的注射用水称为无痛水。20世纪70年代，临床上使用的青霉素稀释液是2%苯甲醇的灭菌溶液，能减轻注射部位疼痛，故含有苯甲醇的注射用水称为“无痛水”。但肌肉反复注射本品可引起臀肌挛缩症，导致周围肌肉的坏死，严重者甚

至影响骨骼的发育。2005 年国家药监局发文禁止苯甲醇作为青霉素溶剂注射使用。

(五) 山梨醇和甘露醇

$$\underset{\text{OH}}{\underset{|}{CH_2}}-\underset{\text{OH}}{\underset{|}{CH}}-\underset{\text{OH}}{\underset{|}{CH}}-\underset{\text{OH}}{\underset{|}{CH}}-\underset{\text{OH}}{\underset{|}{CH}}-\underset{\text{OH}}{\underset{|}{CH_2}}$$

山梨醇和甘露醇都是六元醇，二者是同分异构体，又称己六醇，都为白色结晶性粉末，味甜，都易溶于水，广泛存在于水果及蔬菜中。临床上用它们作脱水药、渗透性利尿药，静脉注射给药，可以提高血浆渗透压，产生脱水作用。

甘露醇口服不吸收，主要用 20% 的高渗溶液静脉注射或静脉点滴。临床用于治疗脑水肿及青光眼、急性肾衰竭。

山梨醇和 50% 的高渗葡萄糖溶液临床上主要用于脑水肿和急性肺水肿，效果不如甘露醇。

(六) 环己六醇

环己六醇又称肌醇、肌糖，为一种稳定的白色结晶，无臭、味甜，能溶于水。肌醇是动物、微生物的生长因子。最早从心肌和肝脏中分离得到，结构类似于葡萄糖。在动物细胞中，它主要以磷脂的形式出现，有时则称为肌醇磷脂。主要用于治疗肝硬化、肝炎、脂肪肝、血中胆固醇过高等症。

酒精分析仪的检测原理

酒精分析仪的检测原理是让司机呼出的气体接触铬酸试剂（重铬酸钾的酸性溶液），如果呼出的气体中含有乙醇蒸气，分析仪中橙黄色的铬酸试剂就会迅速与乙醇蒸气反应变为绿色，同时蜂鸣器发出声响。这样，通过颜色变化判断司机是否酒后驾车。

最新酒后驾车和醉酒驾车的判定标准为：20mg/dl ≤酒精含量 < 小于 80mg/dl 的驾驶行为属于饮酒驾车；酒精含量≥ 80mg/dl 的驾驶行为属于醉酒驾车。

视频：硫醇

第二节 酚

来苏儿的杀菌作用

1918 年 3 月，位于美国堪萨斯州的军营发生流感，许多士兵先后出现头痛、高热、肌肉酸痛和食欲减退等症状。但到了秋季则在全球大量暴发，至 1920 年春季，在全世界造成约 10 亿人感染，近 4000 万人死亡。因为当时西班牙有 800 万人感染了流感，甚至连西班牙国王也感染了此病，当时西班牙首先报道了这种疾病，所以被称为西班牙型流行性感冒。在此期间用“来苏儿”洗涤病室以及患者所接触到的一切用物，控制流感进一步传播。

请思考：

1. “来苏儿”属于哪类有机物？指出其官能团，写出其结构式。
2. 说出“来苏儿”的成分。

一、酚的结构、分类和命名

(一) 酚的结构

芳香烃分子中苯环上的氢原子被羟基取代后生成的化合物称为酚(phenol)。酚中的羟基称为酚羟基(—OH),是酚的官能团。例如:

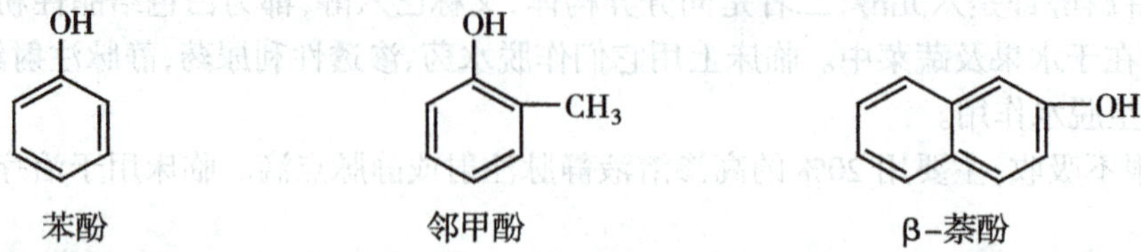

苯酚　　邻甲酚　　β-萘酚

组图:苯酚的比例模型

(二) 酚的分类和命名

根据酚中所含羟基的数目可分为一元酚、二元酚和多元酚,也可根据芳基不同,分为苯酚、萘酚、蒽酚等。

1. 一元酚命名　一元酚命名是以"酚"为母体,命名为"某酚"。芳环上的其他原子、原子团或烃基作为取代基,从酚羟基所连碳原子开始用阿拉伯数字给芳环编号,按系统命名原则命名。也可以用邻(o-)、间(m-)、对(p-)表示取代基与酚羟基间的位置。例如:

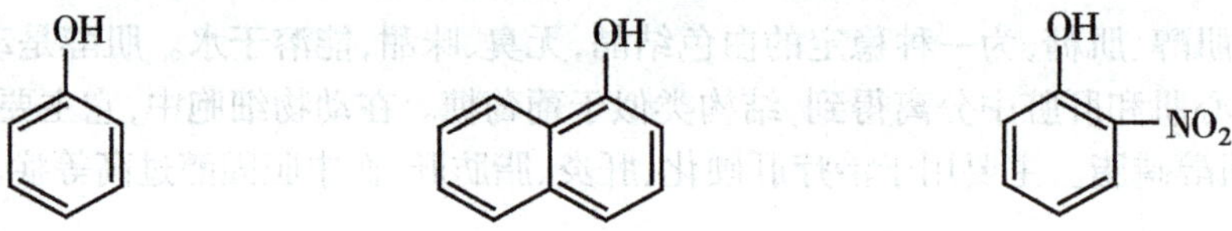

苯酚　　1-萘酚(α-萘酚)　　2-硝基苯酚(邻硝基苯酚)

2. 二元酚命名　二元酚命名为"某二酚",两个酚羟基间的位置用阿拉伯数字或邻、间、对等字表示。例如:

1,2-苯二酚(邻苯二酚)　　1,3-苯二酚(间苯二酚)　　1,4-苯二酚(对苯二酚)

3. 三元酚命名　三元酚命名"某三酚",酚羟基的位置用阿拉伯数字或连、偏、均表示。例如:

1,2,3-苯三酚(连苯三酚)　　1,2,4-苯三酚(偏苯三酚)　　1,3,5-苯三酚(均苯三酚)

二、酚的性质

(一) 物理性质

室温下酚类化合物大多为结晶性固体,少数烷基酚为液体。酚具有特殊的气味,有毒,对皮肤有腐蚀作用。纯净的酚无色,但由于酚易被空气氧化,所以常带有不同程度的红色或暗红色。

由于分子间能形成氢键,酚有较高的沸点,熔点也比相对分子质量相近的烃高。酚虽然含有羟基,但仅微溶或不溶于水,而易溶于乙醇、乙醚、苯等有机溶剂,这是因为芳基在分子中占有较大的比例。酚类在水中溶解度随酚羟基数增多而增大。

(二) 酚的主要化学性质

酚和醇都含有羟基,但由于与羟基相连的烃基不同,在性质上有显著差异。

1. 弱酸性　由于苯环对酚羟基的影响，使酚羟基的氢氧之间结合力减弱，酚羟基上的氢原子可质子化，具有一定的活泼性。在水中能电离少量的氢离子，具有弱酸性。

$$C_6H_5-OH \rightleftharpoons C_6H_5-O^- + H^+$$

在1支试管中加入少量苯酚晶体，加入2ml水，振荡试管，溶液呈浑浊状，若向浑浊液中加入5%的NaOH溶液，振荡试管，浑浊液变得澄清透明。这是因为苯酚微溶于水，具有弱酸性，易与NaOH反应生成了易溶于水的苯酚钠。

$$C_6H_5-OH + NaOH \longrightarrow C_6H_5-ONa + H_2O$$

若在苯酚钠溶液中通入CO_2即有苯酚游离出来，澄清液又变浑浊。

$$C_6H_5-ONa + H_2O + CO_2 \longrightarrow C_6H_5-OH + NaHCO_3$$

苯酚的酸性比醇强，比碳酸弱，它只能和强碱成盐，能和碱性较强的Na_2CO_3反应，而不能和$NaHCO_3$反应，所以不溶于碳酸氢钠溶液，可用$NaHCO_3$鉴别酚与有机酸。

2. 与三氯化铁的显色反应　凡是具有烯醇式结构的化合物都能与三氯化铁发生显色反应。

$$-\overset{|}{C}=\overset{OH}{\overset{|}{C}}- \quad \text{烯醇式结构}$$

结构不同的酚所显示的颜色不同。如苯酚、间苯二酚与三氯化铁溶液反应显紫色；邻苯二酚和对苯二酚与三氯化铁溶液反应显绿色；甲酚与三氯化铁溶液反应显蓝色。此反应常用于酚类的鉴别。

3. 苯环上的取代反应　酚类分子中，由于羟基的作用，苯环的电子云密度增大，活泼性增加，尤其是羟基的邻、对位更容易发生亲电取代反应。

(1) 卤代反应：苯酚与溴水在室温下立刻发生反应，苯环上邻、对位上的3个氢原子均被溴取代，生成不溶于水的2,4,6-三溴苯酚白色沉淀，反应非常灵敏。此反应常用于苯酚的鉴别和定量测定。

$$C_6H_5OH + Br_2 \longrightarrow C_6H_2Br_3OH\downarrow + 3HBr$$

苯酚　　2,4,6-三溴苯酚

除苯酚外，凡是酚羟基的邻、对位上有氢的酚类化合物与溴水反应，均能生成溴化物沉淀。该反应常用于酚类的鉴别。

(2) 硝化反应：苯酚在室温下即可与稀硝酸发生取代反应，生成邻硝基苯酚和对硝基苯酚的混合物。

$$C_6H_5OH + HNO_3 \longrightarrow o\text{-}NO_2C_6H_4OH + p\text{-}NO_2C_6H_4OH + H_2O$$

邻硝基苯酚　　对硝基苯酚

邻硝基苯酚可形成分子内氢键，水溶性低、沸点低，易随水蒸气蒸出；而对硝基苯酚因形成分子间氢键，沸点较高，不容易随水蒸气蒸出。因此可用水蒸气蒸馏法将其混合产物分离。

4. 氧化反应　酚类很容易被氧化，产物随氧化剂和反应条件而不同。如纯净的苯酚是无色的针状结晶，在空气中能慢慢氧化，颜色由无色变为粉红色、红色或暗红色。若与强氧化剂，如重铬酸钾、

高锰酸钾等的酸性溶液，则被氧化成对苯醌。

$$\text{C}_6\text{H}_5\text{—OH} \xrightarrow{[O]} \text{O=C}_6\text{H}_4\text{=O}$$

对苯醌

多元酚更易被氧化，如邻苯二酚和对苯二酚可被弱的氧化剂氧化成邻苯醌和对苯醌。因此酚类化合物储存时应尽量避免与空气接触，避光保存。

含有酚羟基药物的储存

常见的含酚羟基的药物有：苯酚、甲酚、水杨酸钠、肾上腺素类药物、维生素 E 等，具有酚羟基的药物，尤其是多元酚羟基的药物，都具有较强的还原性，在碱性条件下更易被氧化，对这类药物制备和贮存时，应选择适宜的 pH 和温度，并避光保存。此外，还可以在药物中加入抗氧剂，以避免或延缓药物氧化变质。

三、重要酚的护理应用

（一）苯酚

苯酚

苯酚俗称石炭酸，最初是从煤焦油中分离得到，有弱酸性。纯净的苯酚为无色针状结晶，熔点 43℃，具有特殊气味。常温下微溶于水，温度高于 65℃时能和水以任意比例混溶。苯酚可溶于乙醇、乙醚、苯等有机溶剂中。

苯酚有毒，对皮肤、眼睛有腐蚀性，当不小心把苯酚沾到皮肤上时，可以用消毒酒精洗去。苯酚能凝固蛋白质，使蛋白质变性，具有杀菌作用，是外科手术中使用最早的消毒剂。3%~5% 的苯酚溶液可用于消毒外科器械，1% 的苯酚可用于皮肤止痒。苯酚还可用做防腐剂。

苯酚易被氧化，应装于棕色瓶中避光保存。苯酚是重要的化工原料，用于制造塑料、染料、药物等。

（二）甲酚

图片：甲酚的球棒模型

甲酚来源于煤焦油，又称煤酚。有三种同分异构体，结构简式分别为：

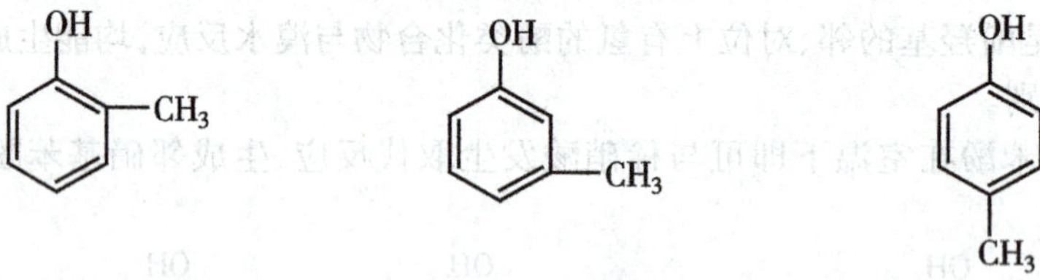

邻甲酚（2-甲酚） 间甲酚（3-甲酚） 对甲酚（4-甲酚）

由于它们沸点接近（191℃、202℃、202℃），不易分离，实际常使用其混合物，总称为甲酚。

甲酚杀菌能力比苯酚强。因为它难溶于水，易溶于肥皂溶液。医药上用 500ml 甲酚、300g 植物油、43g 氢氧化钠一起加热皂化，然后加水到总体积 1000ml，即配成 50% 的甲酚皂溶液，俗称来苏儿。它是一种黄棕色的黏稠液体，具有酚的臭味，可溶于水和乙醇。

来苏儿对皮肤有一定刺激作用和腐蚀性，稀释后可作为消毒剂，杀菌能力比苯酚强 3 倍，但毒性和腐蚀性较小。如 1%~2% 的水溶液用于皮肤消毒；3%~5% 的水溶液用于器械及用具的消毒；5%~10% 的水溶液用于环境及排泄物的消毒。如果不小心把"来苏儿"沾到皮肤上时，立即用大量清水冲洗至少 15 分钟，或用 50% 的酒精擦洗数遍，再用清水反复冲洗干净，再用饱和硫酸钠溶液湿敷。

（三）苯二酚

苯二酚有邻、间、对三种同分异构体，它们的结构简式分别为：

(结构式：苯环上 1,2 位各连一个 OH)	(结构式：苯环上 1,3 位各连一个 OH)	(结构式：苯环上 1,4 位各连一个 OH)
邻苯二酚 （1，2-苯二酚）	间苯二酚 （1，3-苯二酚）	对苯二酚 （1，4-苯二酚）

苯二酚的三种同分异构体均为无色结晶。邻苯二酚和间苯二酚易溶于水，而对苯二酚由于结构对称，它的熔点最高，在水中溶解度最小。

邻苯二酚具有升高血压和止喘的作用。人体内一些代谢中间产物和医药上常用的肾上腺素中均有邻苯二酚的结构。

间苯二酚具有抗细菌和真菌作用，强度仅为苯酚的 1/3，刺激性小，临床上用含 2%~10% 的间苯二酚油膏或洗液治疗皮肤病，如湿疹、癣症等。

对苯二酚常以苷的形式存在于植物体内，常用作还原剂、抗氧剂。

对乙酰氨基酚

对乙酰氨基酚又称扑热息痛，是白色结晶性粉末，无臭，味微苦。熔点是 168~172℃。其结构式为：

$$CH_3-\overset{\displaystyle O}{\overset{\|}{C}}-NH-C_6H_4-OH$$

对乙酰氨基酚具有解热镇痛作用。临床上用于感冒发热及缓解中度疼痛，是许多感冒药的主要成分，如克感敏、速效伤风胶囊、复方大青叶等。因无明显胃肠刺激，适合于不宜使用阿司匹林的头痛、发热病人。还可用于关节痛、神经痛及偏头痛、癌性疼痛及手术后止痛。

第三节 醚

乙醚的麻醉作用

1842 年 3 月 30 日，美国医生克劳福德·郎格（Crawford W.Long）应用乙醚吸入式麻醉方法，成功地为一个颈背部肿瘤患者进行了切除手术。这是人类历史上第一次运用乙醚麻醉病人并进行手术。

请思考：

1. 乙醚属于哪类有机物？指出其官能团，写出其结构式。
2. 临床工作中使用乙醚的注意事项有哪些？

一、醚的结构、分类和命名

1. 醚的结构　两个烃基通过一个氧原子连接起来的化合物称为醚（ethers）。醚的结构通式是 (Ar)R—O—R′(Ar′)，醚的官能团是醚键（$-\overset{|}{\underset{|}{C}}-O-\overset{|}{\underset{|}{C}}-$），分子中的两个烃基可以相同，也可以不同。

例如：

$CH_3—O—CH_3$　　　$CH_3—O—CH_2—CH_3$　　　$C_6H_5—O—CH_3$

甲醚　　　甲乙醚　　　苯甲醚

2. 醚的分类和命名　醚结构中与氧原子相连的两个烃基相同的称为单醚，两个烃基不同的称为混醚。根据烃基的不同，醚可分为饱和醚、不饱和醚和芳香醚。

单醚命名时，将烃基数目、名称写在“醚”字前，称为“二某醚”；若烃基是烷基时，把“二”字省略，称为“某醚”；但芳香烃基时，“二”字不能省略。例如：

$CH_3—O—CH_3$　　　$CH_3—CH_2—O—CH_2—CH_3$　　　$C_6H_5—O—C_6H_5$

甲醚　　　乙醚　　　二苯醚

混醚命名时，若都为脂肪烃基，烃基名称按先小后大的顺序放在“醚”字前；芳香烃基的名称放在脂肪烃基的前面，然后再加上“醚”字。例如：

$CH_3—CH_2—O—CH_2—CH_2—CH_3$　　　$C_6H_5—O—CH_2CH_3$

乙丙醚　　　苯乙醚

二、重要醚的护理应用

乙醚（$CH_3—CH_2—O—CH_2—CH_3$）是具有特殊气味的无色液体，沸点为 34.5℃，微溶于水，比水轻，会浮在水面上，极易挥发和着火，因此，使用乙醚时要特别小心，要远离明火，且失火时不能用水扑灭。

乙醚化学性质稳定，且能溶解许多有机物，是一种应用广泛的有机溶剂。乙醚长期与空气接触时可被氧化成过氧化乙醚。过氧化乙醚有毒，吸入少量时对呼吸道有刺激作用；吸入多量时能引起肺炎和肺水肿。因此过氧化乙醚必须避光密闭保存。

乙醚具有麻醉作用，在外科手术中是使用较早的麻醉剂之一，由于起效慢，可引起恶心、呕吐等副作用，现已被更好的氨氟醚和异氟醚代替。氨氟醚的药名为恩氟烷，异氟醚的药名为异氟烷，二者互为同分异构体，均为无色液体，是临床上较常用的吸入性麻醉剂。

麻 醉 药

麻醉药是指能使机体或机体局部暂时、可逆性失去知觉及痛觉的药物。根据作用范围可分为全身性麻醉药和局部性麻醉药；根据其作用特点和给药方式不同，又可分为吸入性麻醉药和静脉麻醉药，临床上常用的有麻醉乙醚、安氟醚和异氟醚。

思考题

1. 苯甲醇、苯酚都含有苯环和羟基，但性质却有很大差异，为什么？

2. 某化合物 A（$C_4H_{10}O$）能与金属钠反应放出 H_2，与浓硫酸共热生成烯烃 B（C_4H_8），B 与 HBr 反应生成 C（C_4H_9Br），C 与氢氧化钠醇溶液共热得烯烃 D（C_4H_8），D 与 B 是同分异构体，D 经酸性高锰酸钾氧化只得到一种产物。写出 A、B、C、D 的结构式。

思路解析

扫一扫，测一测

目标检测

一、填空题

1. 醇和酚的官能团结构式都为______，其中醇的官能团常被称为______，酚的官能团常被称为______。

2. 醇与酸在强酸（如浓硫酸）催化下生成酯和水的反应称为______。甘油和硝酸反应生成的酯称为______，又称为______，可缓解冠状动脉狭窄引起的心绞痛。

3. 乙醇在 $K_2Cr_2O_7$ 的酸性溶液中发生氧化反应，溶液由______色逐渐变为______色。乙醇被氧化生成______，此条件下进一步被氧化生成______。

4. 甲醇是最简单的醇，最初由木材干馏得到，俗称______或______。乙醇俗称______，结构简式为______。丙三醇俗称______，结构简式为______。

5. 药用酒精又称______，乙醇含量______，消毒酒精乙醇含量______，用于高热病人擦浴酒精的浓度为______，按摩酒精的浓度为______。

6. 山梨醇和甘露醇二者是同分异构体，又名______，在临床上用作组织脱水药，渗透性利尿药。

7. 苯酚俗称______，结构简式______，在空气中易被______。苯酚能凝固蛋白质，具有______，在医药上常用作______。

8. 凡是具有______的化合物都能与三氯化铁发生显色反应。如苯酚和间－苯二酚与三氯化铁溶液反应显______；邻－苯二酚和对－苯二酚与三氯化铁溶液反应显______；甲酚与三氯化铁溶液反应显______。此反应常用于酚类的鉴别。

9. 两个烃基通过一个氧原子连接起来的化合物称为______。其官能团称为______。

二、命名或写出结构简式

1. 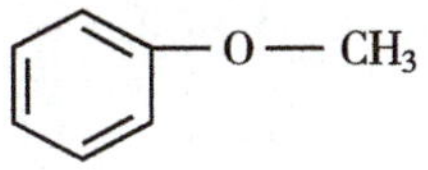 （苯环）—O—CH_3

2. CH_3CH_2—CH(—CH_3)—CH(—OH)—CH_3

3. CH_3CH_2—C(CH_3)(CH_3)—CH_2—OH

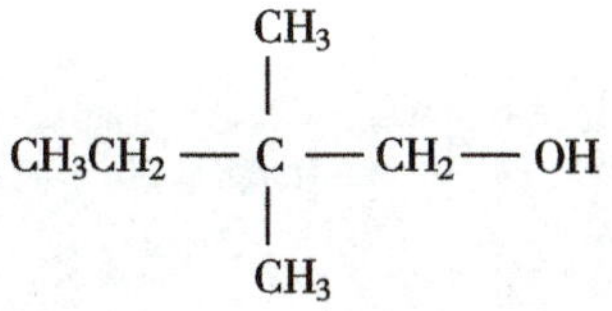

4. 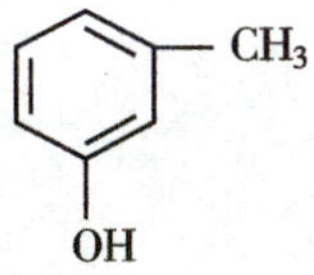 （苯环，间位取代）CH_3、OH

5. 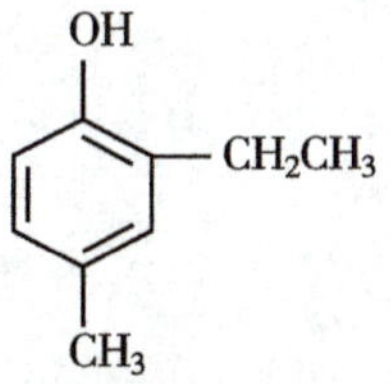 （苯环）OH、CH_2CH_3（邻位）、CH_3（对位）

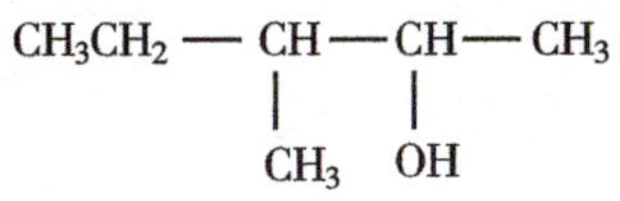

6. CH_3CH_2—O—CH_2CH_3

7. 2- 甲基 -2- 丙醇

8. 苯甲醇

9. 邻甲酚

10. 甲乙醚

三、鉴别下列各组化合物

1. 乙醇和甘油　2. 苯酚和苯甲醇　3. 正丁醇、仲丁醇和叔丁醇

四、完成下列反应方程式

1. $CH_3CH_2OH + Na \longrightarrow$

2. $\underset{H}{CH_2} - \underset{OH}{CH_2} \xrightarrow[170℃]{浓H_2SO_4}$

3. $CH_3 - \underset{OH}{CH} - CH_3 \xrightarrow{[O]}$

4. $CH_3 - \underset{OH}{CH} - CH_3 + HCl \xrightarrow[20℃]{ZnCl_2}$

5. $HO-C_6H_4-CH_2OH + NaOH \longrightarrow$

6. $C_6H_5OH + Br_2 \longrightarrow$

（段卫东）

笔记

第十章　醛　和　酮

学习目标

1. 掌握:醛和酮的命名;主要化学性质。
2. 熟悉:醛和酮的结构和分类;常见醛、酮的鉴别方法。
3. 了解:重要醛和酮的护理应用。
4. 培养学生观察实验现象和分析实验结果的能力。

醛和酮是醇的氧化产物,其中伯醇氧化生成醛,仲醇氧化生成酮。醛和酮的分子结构中都含有相同的官能团——羰基,因而统称为羰基化合物。羰基化合物在自然界中广泛存在,有些是有机合成中的重要物质,有些是药物的有效成分,有些是生物体内糖、脂肪及蛋白质代谢的中间体。因此羰基化合物是与人类联系密切的一类有机物。

第一节　醛和酮的结构、分类和命名

甲醛的危害

2010 年 1 月,上海复旦大学的青年教师于某被确诊为乳腺癌晚期,在与癌症顽强抗争一年零三个月后,这位 32 岁的海归博士后,两岁男孩的妈妈,永远地离开了这个世界。在她生命的最后阶段,用博客记录了自己患癌症前的生活,反思不健康的生活习惯,其中原因之一就是甲醛超标的生活环境。

请思考:

1. 甲醛属于哪类有机物?
2. 甲醛的官能团是什么?写出其结构式。
3. 如何去除室内的甲醛?

一、醛和酮的结构

碳原子以双键与氧原子相连所形成的原子团称为羰基(carbonyl group)($\begin{array}{c} O \\ \| \\ -C- \end{array}$)。羰基碳原子与

一个氢原子相连形成的原子团为醛基（$-\overset{\overset{\large O}{\|}}{C}-H$，简写为—CHO）；醛基与烃基相连而构成的化合物称为醛（aldehyde）（甲醛的结构为 $H-\overset{\overset{\large O}{\|}}{C}-H$），醛基是醛的官能团；羰基与 2 个烃基相连的化合物为酮（ketone），酮的官能团为酮基（$-\overset{\overset{\large O}{\|}}{C}-$）。醛和酮的结构通式可分别表示如下：

图片：乙醛的立体结构

$$R_1(Ar_1)-\overset{\overset{\large O}{\|}}{C}-H \qquad\qquad R_1(Ar_1)-\overset{\overset{\large O}{\|}}{C}-R_1(Ar_2)$$

醛 酮

从醛、酮的结构通式可以看出，醛分子中的醛基一定在碳链的首端，酮分子中的酮基则在两个烃基之间。醛和酮分子中的烃基可以是脂肪烃基，也可以是芳香烃基。

二、醛和酮的分类和命名

图片：丙酮的立体结构

（一）醛和酮的分类

1. 根据羰基所连烃基的不同，醛和酮可分为脂肪醛、脂肪酮、脂环醛、脂环酮、芳香醛和芳香酮。例如：

CH_3CHO

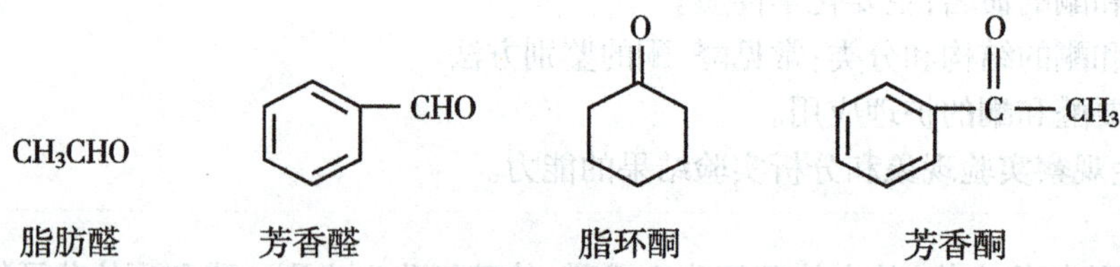

脂肪醛 芳香醛 脂环酮 芳香酮

2. 根据烃基是否饱和，醛和酮又可分为饱和醛、酮和不饱和醛、酮。例如：

$$CH_3CHO \qquad CH_3-\overset{\overset{\large O}{\|}}{C}-CH_3 \qquad CH_2=CHCHO \qquad CH_3-\overset{\overset{\large O}{\|}}{C}-CH=CH_2$$

饱和醛 饱和酮 不饱和醛 不饱和酮

3. 根据官能团的数目，醛、酮可分为一元醛、酮和多元醛、酮。例如：

$$CH_3CH_2CHO \qquad CH_3-\overset{\overset{\large O}{\|}}{C}-CH_3 \qquad CH-CH_2CH_2-CHO$$

一元醛 一元酮 多元醛

（二）醛和酮的命名

1. 普通命名法 简单的醛和酮一般采用普通命名法。脂肪醛的命名按所含碳原子数称为“某醛”；脂肪酮的命名与醚相似，可根据羰基所连的两个烃基命名，简单烃基在前，复杂烃基在后来命名，其中烃基的“基”字常省略，称为“某某酮”。如有芳基，则将芳基写在前面。例如：

$$CH_3CH_2CHO \qquad CH_3-\overset{\overset{\large O}{\|}}{C}-CH_2CH_3 \qquad C_6H_5-\overset{\overset{\large O}{\|}}{C}-CH_3$$

丙醛 甲乙酮 苯甲酮

2. 系统命名法 复杂的醛、酮的命名主要采用系统命名法。

（1）饱和一元脂肪醛、酮的命名：①选择含羰基的最长碳链作为主链，称为“某醛”或“某酮”；②给主链碳原子编号，醛从醛基碳开始，酮则从靠近羰基的一端开始；③将支链作为取代基，把取代基的位次、数目和名称写在醛或酮名称的前面；④醛基因位于碳链的首端，其位次不必标示，酮基的位次标在“某酮”前面，中间用短线隔开。编号也可以用希腊字母表示（与羰基碳直接相连的碳原子为 α 位，其

余碳原子依次为β、γ…位)。例如:

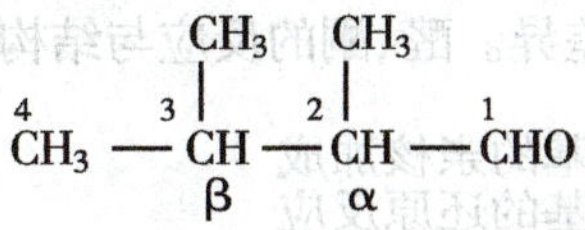

$$\overset{4}{CH_3}-\underset{\beta}{\overset{3}{CH}}(CH_3)-\underset{\alpha}{\overset{2}{CH}}(CH_3)-\overset{1}{CHO}$$

2,3-二甲基丁醛(α,β-二甲基丁醛)

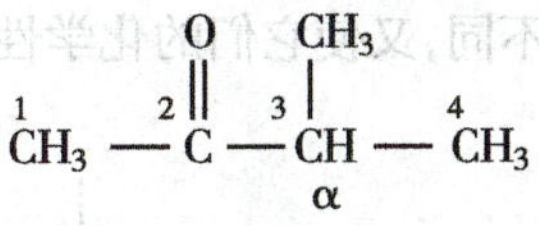

$$\overset{1}{CH_3}-\overset{2}{C}(=O)-\underset{\alpha}{\overset{3}{CH}}(CH_3)-\overset{4}{CH_3}$$

3-甲基丁酮(α-甲基丁酮)

(2)脂环醛是以脂肪醛为母体,环基为取代基。脂环酮根据构成环的碳原子总数称为"环某酮"。例如:

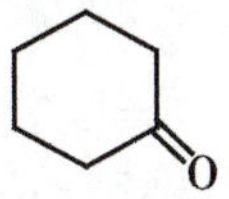

O

环己酮

CH_2CHO

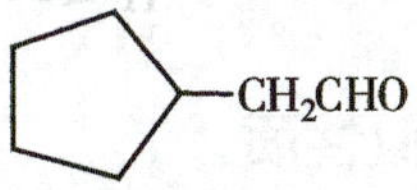

环戊基乙醛

(3)芳香醛、酮的命名 以脂肪醛、酮为母体,芳香烃基作为取代基,例如:

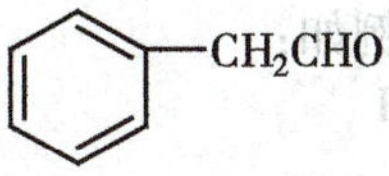

CH_2CHO

苯乙醛

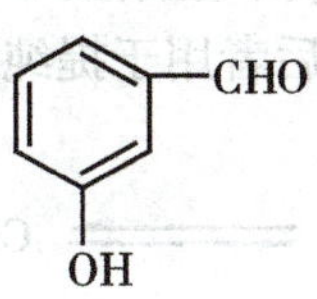

CHO

OH

间羟基苯甲醛

$C(=O)-CH_3$

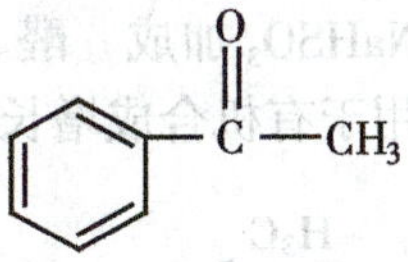

苯乙酮

第二节 醛和酮的性质

血液中的丙酮

丙酮是肝内脂肪酸代谢的中间产物,正常情况下,血液中丙酮的含量很低,糖尿病患者因脂类代谢发生紊乱,体内常有过量的酮体(含丙酮)产生,丙酮可从呼吸呼出或尿液排出。因此,临床上可嗅到患者烂苹果气味,尿丙酮检查阳性。

请思考:

1. 比较丙酮和乙醛的化学性质。
2. 尿液中丙酮的检验方法。

常温下除甲醛是气体外,其他低级醛、酮为液体,高级醛、酮和芳香酮多为固体。甲醛、乙醛和丙酮等低级醛、酮易溶于水,6个碳原子以上的醛、酮几乎不溶于水,而易溶于乙醚、甲苯等有机溶剂中。低级醛具有强烈刺激性气味,中级醛、酮在较低浓度时往往具有香味,可用于化妆品和食品工业,有些天然香料中都含有酮基,如樟脑、麝香等。

樟 脑

樟脑是一种脂环酮类化合物,学名2-莰酮。市售樟脑分为天然樟脑与合成樟脑。合成樟脑是由松节油为原料经水合等化学反应合成制得,大多呈白色,气味刺鼻,且沉于水中,被列为致癌物。天然樟脑则是从樟树枝叶及根部提炼出来的呈无色或白色的晶体,气味清香,会浮于水中。樟脑可用于防虫、防蛀、防霉,也用来制药、香料等,医药上用途很广,有兴奋血管运动中枢、呼吸中枢及心肌和功效,100g/L的樟脑酒精溶液称樟脑酊,有良好的止咳功效,成药清凉油、十滴水、消炎镇痛膏等均含有樟脑。

醛和酮都含有羰基，因此它们具有许多相似的化学性质，如还原反应等，但由于醛、酮分子中的羰基上所连基团的不同，又使它们的化学性质存在明显的差异。醛、酮的反应与结构关系如下：

$$
\begin{array}{c}
\text{羰基的亲核加成} \\
\text{羰基的还原反应} \\
-\overset{|}{\underset{\underset{\text{H}}{|}}{\text{C}}}-\overset{\text{O}}{\overset{\|}{\text{C}}}-\text{H(R)} \\
\text{醛基的氧化反应} \\
\alpha\text{-H的反应}
\end{array}
$$

一、醛和酮的相似性质

(一) 加成反应

羰基的 C=O 双键与 C=C 双键相似，由一个 σ 键和一个 π 键组成，也能发生加成反应。

1. 与 HCN 和 $NaHSO_3$ 加成　醛、脂肪族甲基酮及 8 个碳以下的环酮能与 HCN、饱和 $NaHSO_3$ 发生加成反应。前者用于有机合成增长碳键，后者用于提纯醛酮。例如：

$$\underset{\text{乙醛}}{CH_3CHO} + HCN \rightleftharpoons \underset{\alpha\text{-乙氰醇}}{CH_3-\overset{OH}{\overset{|}{\underset{CN}{\underset{|}{C}}}}-H}$$

$$\underset{\text{丙酮}}{(CH_3)_2C=O} + NaHSO_3 \rightleftharpoons \underset{\alpha\text{-羟基磺酸钠}}{CH_3-\overset{OH}{\overset{|}{\underset{SO_3Na}{\underset{|}{C}}}}-CH_3\downarrow}$$

2. 与氨的衍生物加成　醛和酮能与氨的衍生物（如羟胺、肼、苯肼、2,4- 二硝基苯肼等）发生加成反应，生成的产物继续脱水生成含碳氮双键的化合物。反应式如下：

$$\underset{R}{\overset{(R')H}{}}\!\!>C=O + H_2N-G \longrightarrow \underset{R}{\overset{(R')H}{}}\!\!>C=N-G + H_2O$$

G 代表不同的取代基，几种常见的氨的衍生物及其产物见表 10-1。

表 10-1　氨的衍生物及其与醛、酮反应的产物

氨的衍生物	与醛、酮反应的产物
羟胺 H_2N-OH	肟 $R-\underset{H(R')}{\underset{|}{C}}=N-OH$
肼 H_2N-NH_2	腙 $R-\underset{H(R')}{\underset{|}{C}}=N-NH_2$
苯肼 $H_2N-HN-C_6H_5$	苯腙 $R-\underset{H(R')}{\underset{|}{C}}=N-NH-C_6H_5$
2,4- 二硝基苯肼 $H_2N-NH-C_6H_3(NO_2)_2$	2,4- 二硝基苯腙 $R-\underset{H(R')}{\underset{|}{C}}=N-NH-C_6H_3(NO_2)_2$

例如：2,4-二硝基苯肼几乎能与所有的醛、酮迅速反应，生成橙黄色或橙红色的结晶，常用来鉴别醛、酮。

（二）还原反应

醛、酮分子中的羰基都可以被还原，不同的还原剂，还原产物不同。醛加氢还原成伯醇，酮加氢还原成仲醇。

$$\underset{\text{醛}}{R-\overset{\displaystyle O}{\overset{\|}{C}}-R'} + H_2 \xrightarrow{\text{Ni、Pt或Pd}} \underset{\text{伯醇}}{R-\underset{\displaystyle H}{\underset{|}{\overset{\displaystyle OH}{\overset{|}{C}}}}-R'}$$

$$\underset{\text{酮}}{R-\overset{\displaystyle O}{\overset{\|}{C}}-H} + H_2 \xrightarrow{\text{Ni、Pt或Pd}} \underset{\text{仲醇}}{R-\underset{\displaystyle H}{\underset{|}{\overset{\displaystyle OH}{\overset{|}{C}}}}-H}$$

（三）α-活泼氢的反应

因受羰基影响，醛、酮分子中α-H（α-碳原子上的氢）比较活泼，容易被其他原子或原子团所取代。

在酸或碱的催化下，醛、酮分子中的α-H可逐步被卤素取代生成α-卤代醛、酮。在酸催化下，可通过控制反应条件，得到一卤代产物。在碱催化下，生成多卤代产物。

$$R-\overset{\displaystyle O}{\overset{\|}{C}}-CH_3 + X_2 \xrightarrow{H^+\text{或}OH^-} R-\overset{\displaystyle O}{\overset{\|}{C}}-\underset{\displaystyle X}{\underset{|}{CH_2}}$$

具有 $H_3C-\overset{\displaystyle O}{\overset{\|}{C}}-H(R)$ 结构的醛或酮，在碱催化下，与卤素的氢氧化钠溶液作用生成三卤代物，三卤代物在碱性溶液中不稳定，立即分解成羧酸盐和卤仿（CHX_3），此反应称为卤仿反应。

最有代表性的是碘仿反应，碘仿是不溶于水的淡黄色结晶，容易观察，常用来鉴别乙醛和甲基酮。例如：

$$H_3C-\overset{\displaystyle O}{\overset{\|}{C}}-H(R) + I_2 \xrightarrow{NaOH} (R)H-\overset{\displaystyle O}{\overset{\|}{C}}-ONa + CHI_3\downarrow + NaI + H_2O$$

由于此反应中有氧化剂次碘酸钠生成，可把乙醇及具有 $CH_3-\overset{\displaystyle OH}{\overset{|}{CH}}-$ 结构的仲醇氧化成相应的乙醛或甲基酮，故也可发生碘仿反应。

二、醛的特殊性

在醛分子中，醛基上的氢原子由于受羰基的影响变得比较活泼，易被氧化，即使是一些弱氧化剂也能将其氧化，所以醛具有较强的还原性。

1. 银镜反应　托伦试剂是硝酸银的氨溶液，其主要成分为$[Ag(NH_3)_2]OH$，可将醛氧化成羧酸，其中的$[Ag(NH_3)_2]^+$被还原为金属银附着在试管内壁上，形成银镜，该反应也称为银镜反应（silver mirror reaction）。反应方程式如下：

视频：银镜反应

$$(Ar)R-\overset{\displaystyle O}{\overset{\|}{C}}-H + 2[Ag(NH_3)_2]OH \xrightarrow{\triangle} (Ar)R-\overset{\displaystyle O}{\overset{\|}{C}}-ONH_4 + 2Ag\downarrow + 3NH_3\uparrow + H_2O$$

所有的醛均能发生银镜反应，而酮不能发生，用此反应可以鉴别醛和酮。

2. 斐林反应　斐林试剂是硫酸铜溶液（斐林试剂甲）和酒石酸钾钠的氢氧化钠溶液（斐林试剂乙）等体积混合后组成，其主要成分是含有Cu^{2+}的配离子。在水浴加热的条件下，斐林试剂可以将脂肪醛

氧化为羧酸，其本身被还原为砖红色的 Cu_2O 沉淀，该反应称为斐林反应（Fehling reaction），反应方程式如下：

$$R-CHO + Cu^{2+}(\text{配离子}) \longrightarrow R-COO^- + Cu_2O\downarrow + H_2O$$

视频：斐林反应

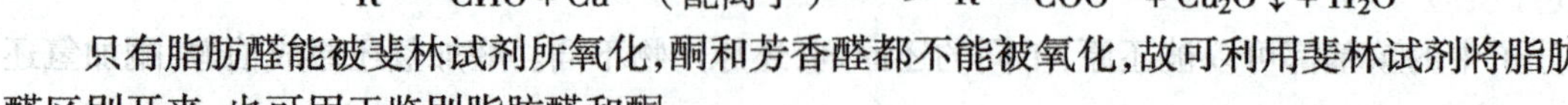

只有脂肪醛能被斐林试剂所氧化，酮和芳香醛都不能被氧化，故可利用斐林试剂将脂肪醛和芳香醛区别开来，也可用于鉴别脂肪醛和酮。

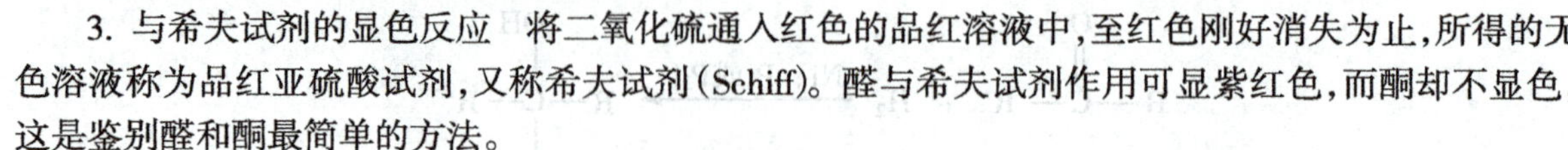

3. 与希夫试剂的显色反应　将二氧化硫通入红色的品红溶液中，至红色刚好消失为止，所得的无色溶液称为品红亚硫酸试剂，又称希夫试剂（Schiff）。醛与希夫试剂作用可显紫红色，而酮却不显色，这是鉴别醛和酮最简单的方法。

另外，甲醛与希夫试剂反应生成的紫红色产物，遇硫酸颜色不消失，而其他醛生成的紫红色产物遇硫酸后褪色，因此希夫试剂也可用于区别甲醛和其他醛。

4. 与醇加成　在干燥氯化氢作用下，醇与醛中羰基发生加成反应，生成半缩醛，分子中同时产生半缩醛羟基。

半缩醛羟基不稳定，在相同条件下，可继续与过量醇进一步反应，脱去一分子水生成较稳定的缩醛。

$$R-\overset{\overset{\displaystyle O}{\|}}{C}-H + H-OR' \underset{}{\overset{\text{干燥HCl}}{\rightleftharpoons}} R-\overset{\overset{\displaystyle OH}{|}}{\underset{\underset{\displaystyle H}{|}}{C}}-OR'$$

半缩醛羟基

半缩醛

$$R-\overset{\overset{\displaystyle OH}{|}}{\underset{\underset{\displaystyle H}{|}}{C}}-OR' + H-OR' \overset{\text{干燥HCl}}{\rightleftharpoons} R-\overset{\overset{\displaystyle OR'}{|}}{\underset{\underset{\displaystyle H}{|}}{C}}-OR' + H_2O$$

缩醛

半缩醛不稳定，易分解成醛和醇。

酮在上述条件下，得不到半缩酮和缩酮，但在特殊装置和条件下也可得到缩酮。环状的半缩醛和半缩酮比较稳定，是糖类环状结构的基础。

三、重要醛和酮的护理应用

1. 消毒剂福尔马林　甲醛（HCHO）俗称蚁醛，是最简单的醛，常温下为无色、具有刺激性气味的气体，沸点 -21℃，易溶于水。甲醛能使蛋白质凝固，具有杀菌防腐能力。

质量分数为 40% 的甲醛水溶液俗称为“福尔马林”。能使蛋白质凝固，具有杀菌作用，是广谱抗菌剂。对细菌、芽胞、病毒皆有效。2% 的溶液用于器械消毒（浸泡 1~2 小时）；10% 的溶液用于固定标本；如用于房间消毒，每平方米取 2~4ml 加等量水，加热蒸发；牙科用其配制干髓剂，填入髓洞，使牙髓失活。

甲醛与室内污染

室内空气污染是造成多种疾病的诱因，甲醛是室内污染物之一，它源于家具和建筑材料。人造板材中使用的黏合剂是以甲醛为主要成分的，板材中残留的甲醛会逐渐向室内环境散发，其释放期可长达 3~15 年。另外，油漆涂料、化纤地毯、墙纸墙布等装饰材料也会释放一定量的甲醛。甲醛对人体会造成很大的危害，偶尔接触可引起气喘、流泪、恶心、呕吐、咳嗽、胸闷等症状，长期接触可引发口腔、鼻腔、咽喉和消化道的癌症。去除室内的甲醛可采取通风换气、合理控制室内温度和湿度、放置绿色植物和活性炭等方法。

2. 尿道消毒剂乌洛托品　甲醛溶液与氨水共同蒸发时生成白色晶体，称环六亚甲基四胺，药名为乌洛托品，因其能在人体内分解产生甲醛，由尿道排出时将细菌杀死，故在医药上用作尿道消毒剂，用于治疗尿路感染。

3. 催眠药水合氯醛　乙醛为无色、易挥发、具有刺激性气味的液体，沸点 20.8℃，易溶于水。

将氯气通入到乙醛中可得到三氯乙醛，它易与水结合生成水合三氯乙醛，简称水合氯醛。水合氯醛为无色透明晶体，具有刺激性气味，易溶于水，是临床上可长期使用的催眠药和抗惊厥药，但对胃有刺激性，不宜口服，常用灌肠法给药。

4. 消毒剂戊二醛（$OHCCH_2CH_2CH_2CHO$）　纯净的戊二醛为无色或淡黄色油状液体，有微弱的醛气味，沸点 187~189℃，易溶于水和乙醇，戊二醛水溶液呈酸性。

戊二醛是一种新型消毒剂，具有广谱、高效的灭菌作用。因其对金属腐蚀性小、受有机物影响小等优点，常用于医疗器械，尤其是金属器械的消毒。因其对皮肤及黏膜的刺激性比甲醛小，也可用于消毒内镜及不能用加热法消毒的医疗器械，也可配制心脏瓣膜消毒液。

市售戊二醛的质量分数通常为 2%、25%、50% 的酸性溶液，用于消毒的戊二醛常配制成 2% 的碱性溶液，在 pH 为 7.5~8.5 时，杀菌作用最强，pH>9.0 时，杀菌作用迅速丧失。

5. 血液中的丙酮（CH_3COCH_3）　丙酮是无色、易挥发、易燃的液体，沸点 56.5℃，具有特殊气味，能与水以任意比混溶，并能溶解多种有机物，是常用的有机溶剂。

血液中的丙酮是体内脂肪代谢的中间产物。正常人血液中的丙酮含量很低，糖尿病患者由于代谢出现紊乱，体内常有过量的丙酮产生，并从尿液中排出。临床上检查尿液中是否含有过量的丙酮的方法是向尿液中滴加亚硝酰铁氰化钠溶液和氢氧化钠溶液，如有过量的丙酮存在，即显红色。

视频：丙酮的特性反应

思考题

1. 请说出醛和酮的性质异同的原因。
2. 有两瓶没有标签的无色液体，一瓶是乙醛，一瓶是丙酮，请设计一个实验检验这两种物质。

思路解析

扫一扫，测一测

目标检测

一、填空题

1. 醛和酮在结构上都含有______基，结构式为______，该基团的碳原子若一端与氢原子相连，形成的基团称为______基。

2. 羰基的碳原子分别与______及氢原子相连的化合物称为醛，醛的结构通式可写为______，羰基的碳原子与两个______相连的化合物称为酮，酮的结构通式为______。醛分子中______基一定在碳链的首端，酮分子中的______基则在两个烃基之间。

3. 根据羰基所连的烃基种类不同，可把醛、酮分为______、______、______。

4. 羰基经催化氢化可还原为羟基，醛被还原可生成______醇，酮被还原可生成______醇。

5. 甲醛是最简单的醛，俗称______，质量分数为 40% 的甲醛水溶液俗称为______，是医药上常用的______和______，用于______以及______。

6. 将氯气通入乙醛中可得到______，它易与水生成______，简称______，是临床上可长期使用的______和______,但对胃有刺激性,不宜口服,常用______给药。

二、鉴别下列各组化合物

(1)甲醛和丙酮　　(2)乙醛和苯甲醛

三、写出下列化合物的结构简式

(1)甲醛　　(2)乙醛　　(3)苯甲醛　　(4)丙酮

(范宏)

笔记

第十一章 羧酸和取代羧酸

学习目标

1. 掌握：羧酸及取代羧酸的结构、分类与命名；羧酸及 α- 氨基酸的主要化学性质。
2. 熟悉：羟基酸、酮酸的主要化学性质；羧酸的鉴别方法。
3. 了解：羧酸的物理性质；重要羧酸及取代羧酸的护理应用。
4. 培养学生科学的思维方法、认真的学习态度、良好的职业素养。

醋、苹果、酸奶等食品中由于含有醋酸、苹果酸、乳酸等羧酸或取代羧酸，所以酸爽可口。而羧酸、取代羧酸除了在自然界广泛存在，也是体内糖和脂肪代谢的中间产物，具有生物活性，参与生命活动。同时还是许多重要有机化合物及药物合成的重要原料，与我们的生活、医药、卫生关系密切。如苯甲酸是最常用的食品防腐剂；由乙酸制造的过氧乙酸是高效消毒剂；水杨酸能够杀灭真菌治疗脚气；乳酸易于吸收，还具有消毒杀菌作用，乳酸亚铁可补充血液中的铁，乳酸钙可用于防治人体缺钙等。

第一节 羧 酸

乙酸在护理中的应用

乙酸具有抗菌作用，在医药中常用作消毒剂和防腐剂。0.5%~2% 的乙酸溶液可用于烫伤或灼伤感染的创面洗涤；30% 的乙酸溶液可用于外搽治疗甲癣、鸡眼和赘疣等；而用含醋酸 3%~5% 的食醋在房间内进行熏蒸，可以有效预防流感。

请思考：

1. 乙酸属于哪类有机物？
2. 请写出乙酸的结构简式并指出其官能团。

一、羧酸的结构、分类和命名

(一) 结构

分子中含有羧基(carboxyl group)的有机化合物称为羧酸(carboxylic acid)。羧基(—COOH)是羧

酸的官能团。除甲酸外，羧酸可看成是烃分子（RH 或 Ar—H）中的氢原子被羧基取代后生成的化合物，其结构通式为

$$(Ar)R-\overset{\overset{\large O}{\|}}{C}-OH \quad 或 \quad (Ar)RCOOH$$

其中 R—为烷基，Ar—为芳基。

(二) 分类

根据分子中烃基的结构的不同，羧酸可分为脂肪羧酸、脂环羧酸和芳香羧酸；根据脂肪烃基的饱和程度的不同，又可分为饱和羧酸和不饱和羧酸；根据分子中所含羧基数目的不同，羧酸又分为一元羧酸、二元羧酸和多元羧酸等（表 11-1）。

表 11-1　羧酸的分类

类别	饱和脂肪酸	不饱和脂肪酸	脂环羧酸	芳香羧酸
一元酸	CH_3COOH 乙酸	$CH_2=CHCOOH$ 丙烯酸	(环戊基)—COOH 环戊基甲酸	(苯基)—COOH 苯甲酸
二元酸	HOOC—COOH 乙二酸	CHCOOH ‖ CHCOOH 丁烯二酸	(环己基) COOH, COOH 1,2-环已(基)二甲酸	(苯环) COOH, COOH 邻苯二甲酸
多元酸	HOOC—CH(COOH)—COOH α-羧基丙二酸			

(三) 羧酸的命名

1. 俗名　羧酸是人类认识较早的一类化合物，许多羧酸最初是从天然物质中获得，因此可根据它们的来源或性状而用俗名。如：甲酸（HCOOH）最初是蒸馏蚂蚁时得到，俗称蚁酸；乙酸（CH_3COOH）是食醋的主要成分，俗称醋酸；乙二酸（HOOC—COOH）因广泛存在于草本植物中而俗称草酸。苯甲酸（C_6H_5COOH）存在于安息香树中，俗称安息香酸，丁二酸（$HOOCCH_2CH_2COOH$）俗称琥珀酸等。

2. 系统命名法　羧酸的系统命名法与醛相似，只需把“醛”字改为“酸”字即可。

(1) 饱和脂肪酸的命名：选择含有羧基碳原子在内的最长碳链作为主链，根据主链碳原子数目称为“某酸”；给主链碳原子编号时，从羧基的碳原子开始，用阿拉伯数字依次给主链碳原子编号；把支链看作是取代基，将取代基的位次、数目、名称写在“某酸”之前。对于结构简单的羧酸，也可用 α、β、γ…等表示取代基的位次，和羧基相连的碳原子定为 α 位，其他依次为 β、γ、δ…等。例如：

视频：饱和一元脂肪酸的命名

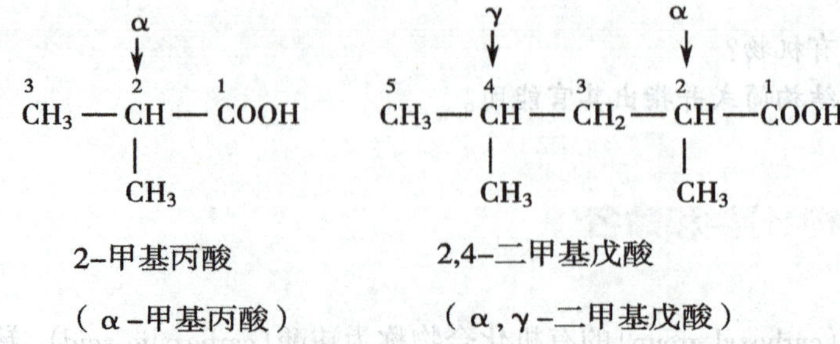

(2)不饱和脂肪酸的命名:选择包含羧基碳原子和不饱和键在内的最长碳链作为主链;从羧基碳原子开始,用阿拉伯数字依次给主链碳原子编号,根据主链碳原子数目称为"某烯酸"或"某炔酸";将双键或三键的位次写在"某烯酸"或"某炔酸"之前。例如:

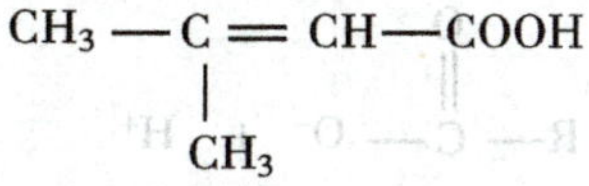

$CH_3-C(CH_3)=CH-COOH$　　$CH_3-CH=CH-COOH$

3-甲基-2-丁烯酸　　2-丁烯酸

(3)二元脂肪羧酸的命名:选择含有两个羧基碳原子在内的最长碳链作为主链,称为"某二酸",将取代基的位置和名称写在"某二酸"之前。例如:

$HOOC-COOH$　　$HOOC-CH_2-CH_2-COOH$

乙二酸　　丁二酸

(4)芳香羧酸和脂环羧酸的命名:以脂肪羧酸为母体,把芳环或脂环看作是取代基来命名。例如:

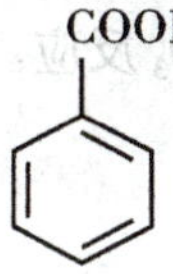

C_6H_5-COOH　　$C_6H_5-CH=CH-COOH$　　$C_5H_9-CH_2-COOH$

苯甲酸 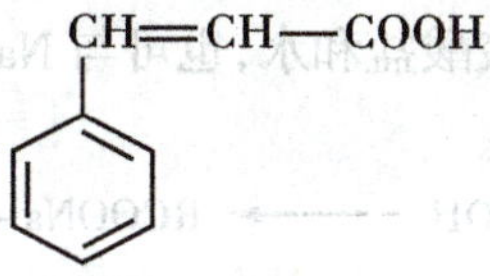　　3-苯基丙烯酸 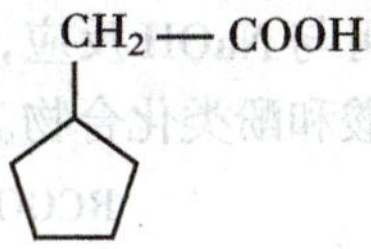　　环戊基乙酸

二、羧酸的性质

(一)物理性质

饱和一元羧酸中,甲酸、乙酸和丙酸是具有强烈刺激性气味的无色液体;含有4~9个碳原子的羧酸是具有腐败恶臭气味的油状液体;10个碳原子以上的羧酸是无味的蜡状固体;脂肪族二元羧酸和芳香羧酸都是结晶固体。

由于羧酸分子可与水分子形成氢键,低级脂肪羧酸能与水以任意比混溶;随着相对分子质量的增加,羧酸在水中的溶解度逐渐减小;碳原子数目为10以上的羧酸不溶于水,但能溶解于乙醇、乙醚、氯仿、苯等有机溶剂中。

直链饱和脂肪酸的沸点随着相对分子质量的增加而升高,而且比相对分子质量相近的醇的沸点要高。如甲酸与乙醇的相对分子质量相等,均为46,而甲酸的沸点为100.5℃,乙醇的沸点为78.5℃。这是因为羧酸分子间可以通过两个氢键彼此缔合为双分子二聚体,且羧酸分子间的氢键比醇分子间的氢键更强(甲酸分子间氢键键能约为30.2kJ/mol,而乙醇分子间氢键键能约为26kJ/mol)。

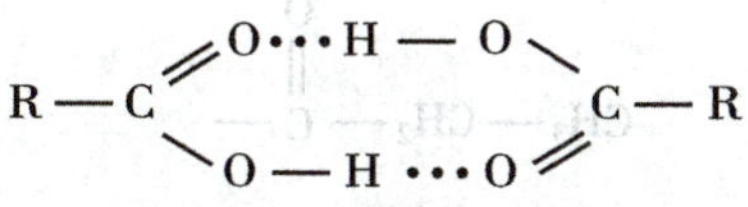

R—C(=O···H—O)(—O—H···O=)C—R

二聚体

(二)化学性质

羧酸的化学性质主要由其官能团羧基决定。羧基形式上由羰基和羟基相连构成,但由于羰基和羟基的相互影响,使羧酸表现出既不同于醛、酮,又不同于醇、酚的一些特殊性质。羧酸可发生反应的主要部位如下:

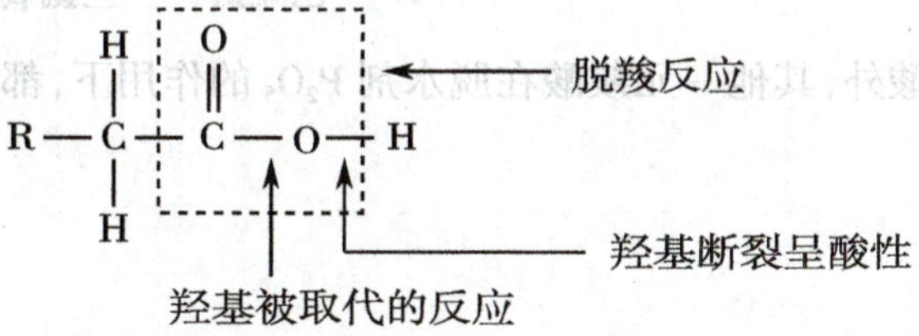

$R-CH_2-C(=O)-O-H$

脱羧反应

羟基断裂呈酸性

羟基被取代的反应

1. 酸性 羧酸分子中,羧基中羟基上的氢原子因受到羰基的影响,比较活泼,氧氢键(O—H)极性增强,在水溶液中能部分电离出氢离子,因此羧酸具有明显的酸性,能使紫色石蕊溶液变红。其电离方程如下:

视频:乙酸酸性的实验

$$R-\overset{O}{\overset{\|}{C}}-OH \rightleftharpoons R-\overset{O}{\overset{\|}{C}}-O^- + H^+$$

羧酸一般都属于弱酸,在水溶液中只能部分电离。通常饱和一元羧酸的酸常数 pK_a 在 3~5 之间,酸性比硫酸、盐酸等无机强酸要弱,但比碳酸(pK_a =6.35)和酚类的酸性(pK_a=10.0)要强。羧酸与其他化合物比较,酸性强弱顺序如下:

$$\underset{硫酸、盐酸}{H_2SO_4, HCl} > \underset{羧酸}{RCOOH} > \underset{碳酸}{H_2CO_3} > \underset{苯酚}{C_6H_5OH} > \underset{水}{H_2O} > \underset{醇}{ROH}$$

所以羧酸既可与 NaOH 反应,生成羧酸盐和水,也可与 Na_2CO_3、$NaHCO_3$ 反应。利用这一性质,可以分离和鉴别羧酸和酚类化合物。

$$RCOOH + NaOH \longrightarrow RCOONa + H_2O$$

$$2RCOOH + Na_2CO_3 \longrightarrow 2RCOONa + CO_2\uparrow + H_2O$$

$$RCOOH + NaHCO_3 \longrightarrow RCOONa + CO_2\uparrow + H_2O$$

羧酸的钾、钠、铵盐一般都易溶于水,因此医药上常把一些水溶性差的含羧基药物制成易溶于水的羧酸盐,以便配置水剂或注射液使用。如含有羧基的青霉素和氨苄西林的水溶性极差,但转变为钾盐或钠盐后,其水溶性增强,可配制成注射剂,供临床应用。

羧酸盐与强无机酸作用,羧酸可游离析出。利用这一性质可分离羧酸和其他非酸性物质,或从动植物中提取含有羧基的成分。

$$RCOONa + HCl \longrightarrow RCOOH + NaCl$$

2. 羧酸中羟基的取代反应 羧酸分子中羧基上的羟基被其他原子或原子团取代后的产物称为羧酸衍生物(carboxylic acid derivative),常见的有酰卤、酸酐、酯和酰胺。

羧酸分子中去掉羟基后余下的基团($R-\overset{O}{\overset{\|}{C}}-$)称为酰基(acyl group)。例如:

$$\underset{乙酰基}{CH_3-\overset{O}{\overset{\|}{C}}-} \qquad \underset{丙酰基}{CH_3-CH_2-\overset{O}{\overset{\|}{C}}-} \qquad \underset{苯甲酰基}{C_6H_5-\overset{O}{\overset{\|}{C}}-}$$

(1)酰卤的生成:羧酸与 PCl_5 或 PCl_3 作用,羧基中的羟基被氯原子取代生成酰卤(acyl halide)。

$$CH_3-\overset{O}{\overset{\|}{C}}-OH + PCl_5 \longrightarrow \underset{乙酰氯}{CH_3-\overset{O}{\overset{\|}{C}}-Cl} + \underset{三氯氧磷}{POCl_3} + HCl$$

(2)酸酐的生成:除甲酸外,其他一元羧酸在脱水剂 P_2O_5 的作用下,都可以分子间脱水生成酸酐(anhydride)。

$$R-\overset{\overset{O}{\|}}{C}-O-H + HO-\overset{\overset{O}{\|}}{C}-R \xrightarrow[\triangle]{P_2O_5} R-\overset{\overset{O}{\|}}{C}-O-\overset{\overset{O}{\|}}{C}-R + H_2O$$

(3)酯化反应：羧酸与醇在强酸（通常是浓硫酸）催化下脱水生成酯（ester）和水的反应称为酯化反应（esterification）。在同样条件下，酯也可以水解为对应的羧酸和醇。故此反应是可逆反应。

$$\underset{\text{羧酸}}{R-\overset{\overset{O}{\|}}{C}-OH} + \underset{\text{醇}}{H-O-R'} \underset{\triangle}{\overset{\text{浓}H_2SO_4}{\rightleftharpoons}} \underset{\text{酯}}{R-\overset{\overset{O}{\|}}{C}-O-R'} + H_2O$$

由羧酸和醇发生酯化反应生成的酯称为羧酸酯，结构通式为 RCOOR′，其官能团是—COO—，称为酯键。酯一般比水轻，难溶于水，易溶于有机溶剂。低级酯存在于各种水果和花草中，具有芳香气味，如乙酸乙酯有苹果香味，乙酸异戊酯有香蕉气味等。因此常用作制备饮料、糖果及日用品的香料。

(4)酰胺的生成：羧酸与氨作用生成羧酸的铵盐，铵盐受热发生分子内脱水生成酰胺（amide）。例如：

$$\underset{\text{乙酸}}{CH_3-\overset{\overset{O}{\|}}{C}-OH} + NH_3 \longrightarrow CH_3-\overset{\overset{O}{\|}}{C}-ONH_4 \xrightarrow{\triangle} \underset{\text{乙酰胺}}{CH_3-\overset{\overset{O}{\|}}{C}-NH_2} + H_2O$$

3. 脱羧反应　羧酸分子脱去羧基生成 CO_2 的反应称为脱羧反应（decarboxylation）。一般条件下，饱和一元羧酸对热相对稳定，不易发生脱羧反应，但在特殊条件下，如无水羧酸盐与碱石灰（NaOH 和 CaO 的混合物）共热，即可脱羧生成比原羧酸分子少一个碳原子的烷烃，实验室常利用这种方法制备低级烷烃。例如：

$$\underset{\text{乙酸钠}}{CH_3COONa} + NaOH \underset{\triangle}{\xrightarrow{CaO}} \underset{\text{甲烷}}{CH_4\uparrow} + Na_2CO_3$$

二元羧酸，由于分子中两个羧基间的相互影响，易发生脱羧反应，且两个羧基距离越近越容易脱羧。例如：

$$\underset{\text{乙二酸}}{HOOC-COOH} \xrightarrow{\triangle} \underset{\text{甲酸}}{HCOOH} + CO_2\uparrow$$

人体内的脱羧反应是在脱羧酶的作用下进行的，是人体内重要的生化反应。

三、重要羧酸的护理应用

1. 甲酸（HCOOH）　甲酸俗称蚁酸，存在于蜂类和蚁类等昆虫的分泌物中，也存在于荨麻、松针等植物中。甲酸是无色、有强烈刺激性气味的液体，沸点 100.5℃，能与水、乙醇、乙醚互溶。甲酸具有强烈腐蚀性，能刺激皮肤起泡，被蜂、蚁等昆虫蜇伤后引起的皮肤红肿疼痛，就是由甲酸刺激所致，在患处涂敷稀氨水、小苏打稀溶液或肥皂水均可缓解疼痛。

图片：甲酸分子的结构

甲酸分子的结构比较特殊，分子中的羧基直接与氢原子相连，既具有羧基结构，又具有醛基结构。其结构为：

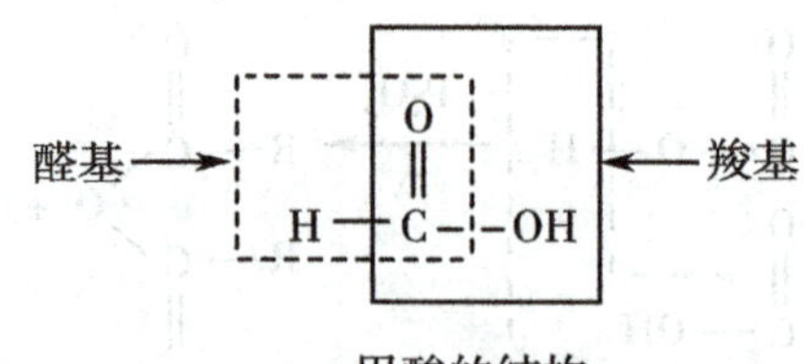

甲酸的结构

视频：甲酸的结构与性质

甲酸既具有羧酸的通性，且酸性比其他饱和一元羧酸都强；又具有醛的还原性，能与托伦试剂、斐林试剂、班氏试剂反应，还能使高锰酸钾酸性溶液褪色。利用这些性质可以区别甲酸与其他羧酸。

甲酸具有杀菌作用，可用作消毒剂或防腐剂。浓度为 12.5g/L 的甲酸水溶液称为蚁精，可用于治疗风湿症。

2. 乙酸（CH_3COOH）　乙酸俗称醋酸，是食醋的主要成分，一般食醋中含乙酸 3%~5%。纯净的乙酸为无色具有刺激性酸味的液体，沸点 118℃，熔点 16.6℃，在室温低于 16.6℃时，凝结成冰状固体，所以又称为冰醋酸。乙酸能与水以任何比例混溶，也能溶于乙醇、乙醚和其他有机溶剂。

乙酸具有抗细菌和真菌作用，可作为消毒剂和防腐剂。如 0.5%~2% 的乙酸溶液用于烫伤或灼伤感染的创面洗涤；30% 的乙酸溶液外搽可治疗甲癣、鸡眼等。

3. 过氧乙酸（CH_3COOOH）　临床上常用的消毒剂过氧乙酸就是由冰醋酸和过氧化氢制得。过氧乙酸为无色液体，有强烈刺激性醋酸气味，易挥发，可溶于水和有机溶剂。具有强氧化性，对细菌、芽胞、真菌、病毒等都有高效的杀灭能力。如过氧乙酸的 0.1%~0.2% 溶液用于洗手消毒；0.3%~0.5% 溶液用于器械消毒（但不能用于金属器械消毒）；0.04% 溶液用于餐具、空气及废弃物消毒；20% 的成品熏蒸用于无菌室消毒；1% 的溶液浸泡可治疗手足癣。

过氧乙酸易挥发，不稳定，须用前配制，15~25℃保存不宜超过 2 天，原液应贮于阴凉通风处。

4. 苯甲酸（C_6H_5COOH）　苯甲酸又称安息香酸，最早从安息香树脂中发现。苯甲酸为白色晶体，熔点 121.7℃，难溶于冷水，易溶于热水、乙醇、乙醚等有机溶剂，受热易升华，也能随水蒸气挥发。

苯甲酸及其钠盐具有防腐杀菌作用，且毒性较小，常用作食品、药物的防腐剂，如 0.01%~0.1% 的溶液可加入食品或药物作防腐剂；苯甲酸具有抑制真菌、细菌生长的作用，其酒精溶液可用作治疗癣病的外用药。

视频：健康小常识（草酸与菠菜豆腐汤）

5. 乙二酸（HOOC—COOH）　乙二酸俗称草酸，是最简单的二元羧酸，常以盐的形式存在于草本植物中。草酸是无色结晶，通常含有 2 分子结晶水，易溶于水、乙醇中。加热到 100℃时，草酸失去结晶水变为无水草酸。无水草酸熔点为 189℃，当温度超过熔点时则发生脱羧反应。

由于草酸分子中 2 个羧基直接相连，二者间相互影响，使得其更易电离出 H^+，因此，草酸的酸性比一元羧酸和其他饱和二元羧酸都强。草酸还具有还原性，能与高锰酸钾发生定量氧化还原反应，因此，在分析化学中常用作基准物来标定高锰酸钾溶液的浓度。高价铁盐也可以被草酸还原成易溶于水的低价铁盐，因此可以用草酸溶液去除铁锈或蓝墨水的污渍。

6. 丁二酸（$HOOCCH_2CH_2COOH$）　丁二酸俗称琥珀酸，最早是由蒸馏琥珀而得到的。琥珀是含琥珀酸约 8% 的松脂化石。丁二酸为无色结晶，熔点 185~187℃，能溶于水，微溶于乙醇、乙醚、丙酮等有机溶剂。

丁二酸是体内糖类、脂类和蛋白质代谢的中间产物，在医药中常用于抗痉挛、祛痰及利尿。

考点链接

花生四烯酸

花生四烯酸(5，8，11，14- 二十碳四烯酸)，是人体必需的不饱和高级脂肪酸。具有酯化胆固醇、增加血管弹性、降低血液黏度、调节细胞功能等一系列的生理和药理活性。它是人体大脑和视神经发育的重要物质，可以提高智力、增强记忆、改善视力。花生四烯酸能有效地降低高血脂、高血糖，预防心脑血管疾病、糖尿病等的发生。

第二节　取代羧酸

酮症酸中毒

患者，男性，16 岁。近 4 年多来无明显诱因出现烦渴、多饮、多尿、消瘦等症状。曾因反复上呼吸道感染后上述症状加重，2016 年 11 月无明显诱因出现昏迷入院就诊，经查血酮体显著增高，尿酮体强阳性；血气分析 pH 显著降低，呼吸急促。诊断为“1 型糖尿病型酮症酸中毒”。

请思考：

1. 什么是“酮体”，何谓“酮症酸中毒”？
2. 写出“酮体”成分的结构简式。

羧酸分子中烃基上的氢原子被其他原子或基团取代后得到的化合物称为取代羧酸（substituted carboxylic acid），根据取代基的种类不同，取代羧酸可分为卤代酸、羟基酸、酮酸和氨基酸等。本节主要介绍羟基酸、酮酸和氨基酸。

一、羟基酸

（一）羟基酸的结构、分类和命名

羧酸分子中烃基上的氢原子被羟基取代后生成的化合物称为羟基酸（hydroxy acid）。其分子中既含有羟基又含有羧基，是具有复合官能团的化合物。

羟基酸根据羟基所连烃基不同分为醇酸和酚酸。羟基与脂肪烃基相连的称为醇酸（alcoholic acid），羟基直接与芳环相连的称为酚酸（phenolic acid）。根据羟基和羧基的相对位置不同，又可分为 α- 羟基酸、β- 羟基酸和 γ- 羟基酸等。

醇酸的命名以羧酸为母体，羟基作为取代基，羟基的位置可用阿拉伯数字或希腊字母 α、β、γ…等标明。许多羟基酸来源于自然界，也常根据来源采用俗名。例如：

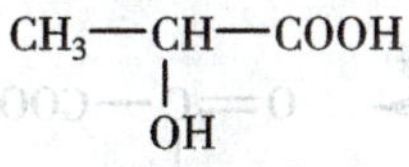

$CH_3-CH(OH)-COOH$
2-羟基丙酸
α-羟基丙酸
（乳酸）

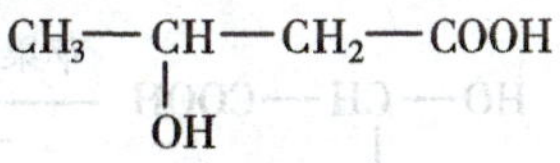

$CH_3-CH(OH)-CH_2-COOH$
3-羟基丁酸
β-羟基丁酸

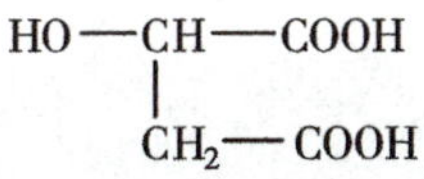

$HO-CH(COOH)-CH_2-COOH$
2-羟基丁二酸
α-羟基丁二酸
（苹果酸）

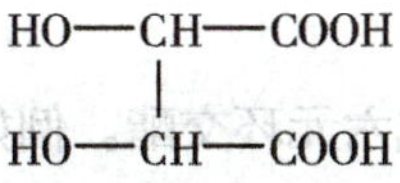

$HO-CH(COOH)-CH(COOH)-OH$
2,3-二羟基丁二酸
α,β-二羟基丁二酸
（酒石酸）

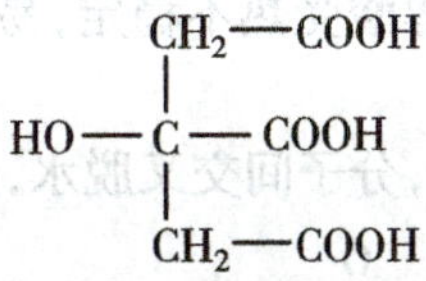

$HOOC-CH_2-C(OH)(COOH)-CH_2-COOH$
3-羟基-3-羧基戊二酸
（柠檬酸）

酚酸是以芳香羧酸为母体，羟基作为取代基来命名。例如：

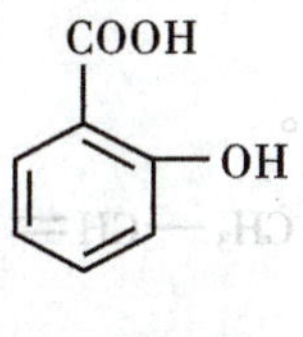

2-羟基苯甲酸
邻-羟基苯甲酸
（水杨酸）

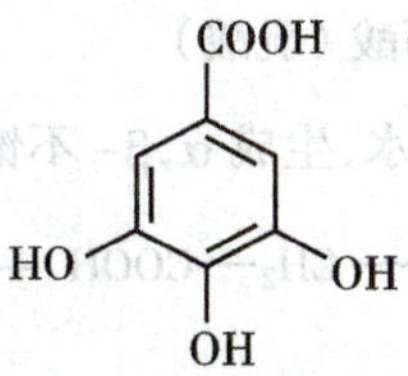

3, 4, 5-三羟基苯甲酸
（没食子酸）

（二）羟基酸的性质

醇酸一般为黏稠液体或结晶固体。由于羟基和羧基都能与水形成氢键，所以醇酸在水中的溶解度比相应的醇和羧酸都大。酚酸大多数是晶体，其熔点比相应的芳香酸高。

醇酸和酚酸由于含有羟基和羧基两种官能团，因此兼有醇、酚和酸的性质。如醇羟基能发生氧化、酯化、脱水等反应；酚羟基还能与三氯化铁溶液显色；羧基能发生成盐、成酯等反应。但由于两种官能团间的相互影响，又表现出一些特殊性质。

1. 酸性　由于羟基的吸电子效应，羟基酸的酸性比相应的脂肪羧酸强，而且羟基离羧基越近，对羧基的影响越大，酸性越强。例如：

$$\text{酸性：}\ \underset{\text{OH}}{\overset{\alpha}{\text{CH}_3\text{CHCOOH}}} > \underset{\text{OH}}{\overset{\beta}{\text{CH}_2\text{CH}_2\text{COOH}}} > \underset{\text{H}}{\text{CH}_3\text{CHCOOH}}$$

$$pK_a \quad 3.87 \qquad 4.51 \qquad 4.88$$

酚酸的酸性与羟基在苯环上的位置有关，其酸性强弱顺序为：邻位 > 间位 > 对位。

2. 氧化反应　醇酸分子中的羟基由于受到羧基的影响，比醇羟基更容易被氧化，能被托伦试剂、稀硝酸氧化成醛酸或酮酸。

$$\underset{\alpha\text{-羟基丙酸}}{\text{CH}_3-\underset{\text{OH}}{\text{CH}}-\text{COOH}} \xrightarrow[\triangle]{\text{Tollens试剂}} \underset{\text{丙酮酸}}{\text{CH}_3-\underset{\text{O}}{\overset{\|}{\text{C}}}-\text{COOH}}$$

$$\underset{\beta\text{-羟基丁酸}}{\text{CH}_3-\underset{\text{OH}}{\text{CH}}-\text{CH}_2-\text{COOH}} \xrightarrow{\text{稀HNO}_3} \underset{\beta\text{-丁酮酸}}{\text{CH}_3-\underset{\text{O}}{\overset{\|}{\text{C}}}-\text{CH}_2-\text{COOH}}$$

机体代谢过程中产生的醇酸，在酶的作用下氧化，如：

$$\underset{\text{苹果酸}}{\text{HO}-\underset{\text{CH}_2-\text{COOH}}{\text{CH}}-\text{COOH}} \xrightarrow[-2\text{H}]{\text{苹果酸脱氢酶}} \underset{\text{草酰乙酸}}{\text{O}=\underset{\text{CH}_2-\text{COOH}}{\text{C}}-\text{COOH}}$$

3. 脱水反应　醇酸受热不稳定，易发生脱水反应。但脱水的方式及生成的产物又因羟基的位置而有所不同。

α－醇酸受热时，分子间交叉脱水，生成六元环交酯。例如：

$$\underset{\alpha\text{-羟基丙酸（乳酸）}}{\begin{matrix}\text{CH}_3-\text{CH}-\overset{\text{O}}{\overset{\|}{\text{C}}}-\text{OH} & \text{H}-\text{O} \\ \text{O}-\text{H} & \text{HO}-\underset{\text{O}}{\underset{\|}{\text{C}}}-\text{CH}-\text{CH}_3\end{matrix}} \xrightarrow{\triangle} \underset{\text{丙交酯}}{\text{(六元环交酯)}} + 2\text{H}_2\text{O}$$

β- 醇酸受热时，分子内脱水，生成 α,β- 不饱和羧酸。

$$\underset{\beta\text{-羟基丁酸}}{\text{CH}_3-\underset{\text{OH}}{\text{CH}}-\text{CH}_2-\text{COOH}} \xrightarrow{\triangle} \underset{\text{2-丁烯酸}}{\text{CH}_3-\text{CH}=\text{CH}-\text{COOH}}$$

γ- 醇酸和 δ- 醇酸受热，易发生分子内的酯化反应，生成五元或六元环状内酯。

$$\begin{array}{l} CH_2-\overset{O}{\overset{\|}{C}}-OH \\ | \\ CH_2-CH_2OH \end{array} \xrightarrow{\text{常温}} \text{(γ-丁内酯)} + H_2O$$

γ-丁醇酸　　γ-丁内酯

$$\begin{array}{l} CH_2-CH_2-\overset{O}{\overset{\|}{C}}-OH \\ | \\ CH_2-CH_2-CH_2OH \end{array} \xrightarrow{\triangle} \text{(δ-戊内酯)} + H_2O$$

δ-戊醇酸　　δ-戊内酯

某些药物的有效成分中含有内酯结构。如具有抗菌消炎作用的穿心莲的主要成分穿心莲内酯就含有 γ- 内酯的结构。

4. 脱羧反应　羟基处于邻位或对位的酚酸，对热不稳定，当加热至熔点以上时，能脱去羧基生成相应的酚。

如水杨酸加热到 200~220℃时易脱羧生成苯酚。

$$\text{(水杨酸: 邻位 COOH, OH)} \xrightarrow{\triangle} \text{(苯酚: OH)} + CO_2$$

5. 显色反应　酚酸分子中由于含有酚羟基，因此能与 $FeCl_3$ 溶液发生显色反应。如水杨酸遇 $FeCl_3$ 溶液显紫红色。

视频：水杨酸与 $FeCl_3$ 溶液显色反应

二、酮酸

(一) 酮酸的结构、分类及命名

分子中既含有羧基又含有酮基的化合物称为酮酸(keto acid)。根据酮基和羧基的相对位置，酮酸可分为 α、β、γ…酮酸。其中 α- 酮酸和 β- 酮酸是生物体内糖、脂肪和蛋白质代谢的中间产物。

酮酸的命名是选择含有羧基和酮基在内的最长碳链作为主链，称为"某酮酸"；从羧基碳原子开始，用阿拉伯数字或希腊字母依次给主链碳原子编号，标明酮基的位置。例如：

$$CH_3-\overset{O}{\overset{\|}{C}}-COOH$$

丙酮酸

$$CH_3-\overset{O}{\overset{\|}{C}}-CH_2-COOH$$

β-丁酮酸（乙酰乙酸）

$$HOOC-CH_2-\overset{O}{\overset{\|}{C}}-COOH$$

β-丁酮二酸（草酰乙酸）

$$HOOC-CH_2-CH_2-\overset{O}{\overset{\|}{C}}-COOH$$

α- 酮戊二酸

(二) 酮酸的性质

酮酸一般为液体或晶体，水中溶解度大于相应的羧酸和酮。

酮酸由于同时含有酮基和羧基，而具有酮和羧酸的一般性质，但由于酮基和羧基的相互影响及相对位置的不同，α- 酮酸和 β- 酮酸又具有一些特殊的性质。

1. 酸性　由于酮基吸电子诱导效应强于羟基，使得羧基的氧氢键的极性增强，因此酮酸的酸性强于相应的醇酸。

2. 脱羧反应　α- 酮酸在稀硫酸作用下，受热发生脱羧反应，生成少一个碳原子的醛。

笔记

$$CH_3-\overset{O}{\overset{\|}{C}}-COOH \xrightarrow[\triangle]{稀H_2SO_4} CH_3-CHO + CO_2\uparrow$$

β- 酮酸受热更易脱羧，生成少一个碳原子的酮。

$$CH_3-\overset{O}{\overset{\|}{C}}-CH_2-COOH \xrightarrow{\triangle} CH_3-\overset{O}{\overset{\|}{C}}-CH_3 + CO_2\uparrow$$

3. 还原反应　酮酸还原生成羟基酸

$$CH_3-\overset{O}{\overset{\|}{C}}-COOH \underset{-2H}{\overset{+2H}{\rightleftharpoons}} CH_3-\overset{OH}{\overset{|}{CH}}-COOH$$

4. 氨基化反应　α- 酮酸与氨在催化剂的作用下可生成 α- 氨基酸。生物体内的转氨基作用则是 α- 酮酸与 α- 氨基酸在氨基转移酶的催化作用下，生成新的 α- 氨基酸和 α- 酮酸。例如：

$$HOOC-\overset{}{C}(=O)-(CH_2)_2-COOH + H_2N-\underset{CH_3}{\underset{|}{CH}}-COOH \xrightleftharpoons{丙氨酸转氨酶(ALT)} H_2N-\underset{(CH_2)_2-COOH}{\underset{|}{CH}}-COOH + CH_3-\overset{}{C}(=O)-COOH$$

α -酮戊二酸　　丙氨酸　　谷氨酸　　丙酮酸

三、氨基酸

(一) 氨基酸的结构、分类和命名

氨基酸(amino acid)可以看作是羧酸分子中烃基上的氢原子被氨基取代的化合物。氨基酸分子中同时含有氨基($-NH_2$)和羧基($-COOH$)，是具有复合官能团的化合物。

氨基酸根据分子中烃基的结构，可分为脂肪族氨基酸，芳香族氨基酸和杂环氨基酸。例如：

$$CH_3-\underset{NH_2}{\underset{|}{CH}}-COOH \qquad C_6H_5-CH_2-\underset{NH_2}{\underset{|}{CH}}-COOH \qquad (咪唑-4-基)-CH_2-\underset{NH_2}{\underset{|}{CH}}-COOH$$

丙氨酸（脂肪氨基酸）　　苯丙氨酸（芳香氨基酸）　　组氨酸（杂环氨基酸）

根据分子中氨基与羧基的相对位置，可分为 α-，β-，γ- 氨基酸。例如：

$$CH_3-\underset{NH_2}{\underset{|}{CH}}-COOH \qquad CH_3-\underset{NH_2}{\underset{|}{CH}}-CH_2-COOH \qquad \underset{NH_2}{\underset{|}{CH_2}}-\underset{CH_3}{\underset{|}{CH}}-CH_2-COOH$$

α- 氨基丙酸　　β-氨基丁酸　　β-甲基 -γ-氨基丁酸

根据分子中氨基和羧基的相对数目，可分为中性氨基酸、酸性氨基酸、碱性氨基酸。

中性 α- 氨基酸：氨基的数目等于羧基的数目，例如：

$$CH_3-\underset{CH_3}{\underset{|}{CH}}-\underset{NH_2}{\underset{|}{CH}}-COOH$$

β-甲基-α-氨基丁酸（缬氨酸）

酸性 α- 氨基酸：氨基的数目小于羧基的数目，例如：

$$HOOC-CH_2-CH_2-\underset{NH_2}{\underset{|}{CH}}-COOH$$

α-氨基丁二酸（天冬氨酸）

碱性α-氨基酸：氨基的数目大于羧基的数目，例如：

$$\underset{\displaystyle NH_2}{CH_2}-(CH_2)_3-\underset{\displaystyle NH_2}{CH}-COOH$$

α,ε-二氨基己酸（赖氨酸）

目前发现的天然氨基酸约有300多种，但生物体内合成蛋白质的氨基酸只有20余种。它们都是α-氨基酸，其结构通式如下：

$$\text{侧链部分}\rightarrow R-\overset{\displaystyle H}{\underset{\displaystyle NH_2}{C}}-COOH\leftarrow\text{羧基部分}$$

$\uparrow$ 氨基部分

氨基酸可按系统命名法命名，命名规则与羟基酸相似，即以羧酸为母体，氨基为取代基，称为“氨基某酸”。氨基的位次常用希腊字母表示，写在氨基酸名称前。氨基酸还可采用俗名命名，如甘氨酸、丝氨酸等。也常用英文名称缩写符号（通常为前3个字母）或用中文代号表示，如甘氨酸可用Gly或G或“甘”字来表示（表11-2）。

表11-2 组成蛋白质的20种氨基酸的分类、名称、符号、结构式及等电点

名称	中文	英文缩写		结构式	PI
中性氨基酸					
甘氨酸 （α-氨基乙酸）	甘	Gly	G	$\underset{\displaystyle NH_2}{CH_2}-CHOOH$	5.97
丙氨酸 （α-氨基丙酸）	丙	Ala	A	$CH_3-\underset{\displaystyle NH_2}{CH}-COOH$	6.02
丝氨酸 （α-氨基-β-羟基丙酸）	丝	Ser	S	$\underset{\displaystyle OH}{CH_2}-\underset{\displaystyle NH_2}{CHCOOH}$	5.68
半胱氨酸 （α-氨基-β-巯基丙酸）	半胱	Cys	C	$HSCH_2-\underset{\displaystyle NH_2}{CHCOOH}$	5.02
苏氨酸 * （α-氨基-β-羟基丁酸）	苏	Thr	T	$\underset{\displaystyle OH}{CH_3CH}-\underset{\displaystyle NH_2}{CHCOOH}$	6.53
蛋（甲硫）氨酸 * （α-氨基-γ-甲硫基丁酸）	蛋	Met	M	$CH_3S-CH_2CH_2-\underset{\displaystyle NH_2}{CHCOOH}$	5.75
缬氨酸 * （β-甲基-α-氨基丁酸）	缬	Val	V	$(CH_3)_2CH-\underset{\displaystyle NH_2}{CHCHOOH}$	5.97
亮氨酸 * （α-氨基-γ-甲基戊酸）	亮	Leu	L	$(CH_3)_2CH-CH_2-\underset{\displaystyle NH_2}{CH}-COOH$	5.98
异亮氨酸 * （β-甲基-γ-氨基戊酸）	异亮	Ile	I	$CH_3CH_2\underset{\displaystyle CH_3}{CH}-\underset{\displaystyle NH_2}{CH}-COOH$	6.02

续表

名称	中文	英文缩写		结构式	PI
苯丙氨酸 * （β－苯基－α－氨基丙酸）	苯丙	Phe	F	$C_6H_5-CH_2-\underset{NH_2}{\underset{\mid}{CH}}-COOH$	5.48
酪氨酸 （α－氨基－β－对羟苯基丙酸）	酪	Tyr	Y	$HO-C_6H_4-CH_2-\overset{NH_2}{\overset{\mid}{CH}}-COOH$	5.66
脯氨酸 （α－四氢吡咯甲酸）	脯	Pro	P	（四氢吡咯环，N—H，2位 COOH）	6.30
色氨酸 * ［α－氨基－β－(3－吲哚基)丙酸］	色	Trp	W	（吲哚-3-基，N—H）$-CH_2\underset{NH_2}{\underset{\mid}{CH}}-COOH$	5.89
天冬酰胺 （α－氨基丁酰胺酸）	天胺	Asn	N	$H_2N-\overset{O}{\overset{\parallel}{C}}-CH_2\underset{NH_2}{\underset{\mid}{CH}}-COOH$	5.41
谷氨酰胺 （α－氨基戊酰胺酸）	谷胺	Gln	Q	$H_2N-\overset{O}{\overset{\parallel}{C}}-CH_2CH_2\underset{NH_2}{\underset{\mid}{CH}}COOH$	5.65
酸性氨基酸					
天冬氨酸 （α－氨基丁二酸）	天冬	Asp	D	$HOOCCH_2\underset{NH_2}{\underset{\mid}{CH}}COOH$	2.97
谷氨酸 （α－氨基戊二酸）	谷	Glu	E	$HOOCCH_2CH_2\underset{NH_2}{\underset{\mid}{CH}}COOH$	3.22
碱性氨基酸					
组氨酸 ［α－氨基－β－(4－咪唑基)丙酸］	组	His	H	（咪唑-4-基，N—H）$-CH_2\underset{NH_2}{\underset{\mid}{CH}}-COOH$	7.59
赖氨酸 * （α，ω－二氨基己酸）	赖	Lys	K	$\underset{NH_2}{\underset{\mid}{CH_2}}-(CH_2)_3-\underset{NH_2}{\underset{\mid}{CH}}COOH$	9.74
精氨酸 （α－氨基－δ－胍基戊酸）	精	Arg	R	$H_2N-\overset{NH}{\overset{\parallel}{C}}-NHCH_2CH_2CH_2\underset{NH_2}{\underset{\mid}{CH}}COOH$	10.76

（二）氨基酸的性质

氨基酸都为无色晶体，熔点比相应的羧酸或胺类要高，一般在 200~300℃之间，熔化时易脱羧放出 CO_2。氨基酸一般能溶于水，且都能溶于强酸或强碱中，但不溶于乙醇、乙醚等有机溶剂。有的氨基酸有甜味、也有无味和苦味的。谷氨酸的钠盐则有鲜味，是味精的主要成分。

氨基酸分子由于同时含有氨基和羧基，所以氨基酸具有羧基和氨基的一般性质，又因羧基与氨基的相互影响，氨基酸又具有一些特殊性质。

1. 两性电离与等电点　氨基酸分子中既含有酸性的羧基，又含有碱性的氨基，因此，既可以进行酸式电离，又可以进行碱式电离，是两性电解质。

酸式电离：

$$\underset{\displaystyle NH_2}{R-\underset{|}{CH}-COOH} \rightleftharpoons \underset{\displaystyle NH_2}{R-\underset{|}{CH}-COO^-} + H^+$$

氨基酸阴离子

碱式电离：

$$\underset{\displaystyle NH_2}{R-\underset{|}{CH}-COOH} + H_2O \rightleftharpoons \underset{\displaystyle NH_3^+}{R-\underset{|}{CH}-CH_2OOH} + OH^-$$

氨基酸阳离子

氨基酸分子内的羧基和氨基也可以相互作用而成盐，使氨基酸分子成为同时带有正电荷和负电荷的两性离子（zwitterion），这种两性离子也称作内盐。

$$\underset{\displaystyle NH_2}{R-\underset{|}{CH}-COOH} \rightleftharpoons \underset{\displaystyle NH_3^+}{R-\underset{|}{CH}-COO^-}$$

两性离子（内盐）

氨基酸在水溶液中的存在形式，取决于溶液的 pH。在酸性溶液中，氨基酸分子中的羧基的酸式电离受到抑制，而氨基的碱式电离得到加强，氨基酸主要以阳离子形式存在，在电场作用下移向负极；在碱性溶液中，氨基酸分子中的氨基的碱式电离受到抑制，而羧基的酸式电离得到加强，氨基酸主要以阴离子形式存在，在电场作用下移向正极；调节溶液的 pH，使得氨基酸的酸式电离程度恰好等于碱式电离程度，此时氨基酸将以两性离子形式存在，氨基酸呈电中性，处于等电状态，在电场作用下既不移向正极，也不移向负极。此时，氨基酸溶液的 pH 称为氨基酸的等电点（isoelectric point）。常以 pI 表示。

$$\underset{\displaystyle NH_2}{R-\underset{|}{CH}-COOH}$$

$$\updownarrow$$

$$\underset{\displaystyle NH_3^+}{R-\underset{|}{CH}-COOH} \underset{OH^-}{\overset{H^+}{\rightleftharpoons}} \underset{\displaystyle NH_3^+}{R-\underset{|}{CH}-COO^-} \underset{OH^-}{\overset{H^+}{\rightleftharpoons}} \underset{\displaystyle NH_2}{R-\underset{|}{CH}-COO^-}$$

氨基酸阳离子	两性离子	氨基酸阴离子
pH<pI	pH=pI	pH>pI

不同氨基酸由于组成和结构不同，都有其特有的等电点，等电点是氨基酸的特征常数。通常，中性氨基酸的 pI 为 5~6.5；酸性氨基酸的 pI 为 2.5~3.5；而碱性氨基酸的 pI 为 7.6~10.8。

在等电点时，氨基酸在水中的溶解度最小，最易结晶析出。调节溶液 pH，可以从氨基酸的混合液中分离、提纯不同的氨基酸。

2. 成肽反应　在适当条件下加热，2 个 α- 氨基酸分子中一个氨基酸分子的氨基与另一个氨基酸分子的羧基之间脱去 1 分子水，缩合生成的化合物称为肽，此反应称为成肽反应（peptide reaction）。反应通式如下：

$$H_2N-\underset{\displaystyle R_1}{\underset{|}{CH}}-\overset{\displaystyle O}{\overset{\|}{C}}-\boxed{OH + H}-NH-\underset{\displaystyle R_2}{\underset{|}{CH}}-\overset{\displaystyle O}{\overset{\|}{C}}-OH \xrightarrow{-H_2O} H_2N-\underset{\displaystyle R_1}{\underset{|}{CH}}-\boxed{\overset{\displaystyle O}{\overset{\|}{C}}-\overset{\displaystyle H}{\overset{|}{N}}}-\underset{\displaystyle R_2}{\underset{|}{CH}}-\overset{\displaystyle O}{\overset{\|}{C}}-OH$$

二肽

由 2 个氨基酸分子缩合成的肽称为二肽。二肽分子中的酰胺键（$-\overset{O}{\overset{\|}{C}}-\overset{H}{\overset{|}{N}}-$）称为肽键。由于二肽分子中还存在自由的氨基和羧基，还可以与其他 α- 氨基酸进一步脱水缩合形成三肽、四肽、五肽……由多个氨基酸分子脱水缩合生成的化合物叫多肽（polypeptide）。例如：

$$H_2N-\underset{\underset{R_1}{|}}{CH}-\overset{O}{\overset{\|}{C}}-\overset{H}{\overset{|}{N}}-\underset{\underset{R_2}{|}}{CH}-\overset{O}{\overset{\|}{C}}-\overset{H}{\overset{|}{N}}-\underset{\underset{R_3}{|}}{CH}-\overset{O}{\overset{\|}{C}}\cdots\cdots-\overset{H}{\overset{|}{N}}-\underset{\underset{Rn}{|}}{CH}-\overset{O}{\overset{\|}{C}}-OH$$

多肽

多肽链中每个氨基酸单位叫氨基酸残基(residue)。肽链的一端存在游离氨基叫 N 端，常写在左端；另一端存在游离羧基称为 C 端，常写在右端。

视频：α- 氨基酸与茚三酮的显色反应

多肽链中的肽键在酸或酶作用下水解，又可生成多种 α- 氨基酸。由约 100 个以上氨基酸脱水缩合，形成相对分子质量 >10 000，并具有一定空间结构的多肽称为蛋白质。蛋白质属于生物大分子，是生命的物质基础，存在于一切细胞中。多肽和蛋白质之间没有明显的界限。

3. 茚三酮反应　α- 氨基酸在碱性溶液中与茚三酮作用，生成蓝紫色的物质。

此反应非常灵敏，是鉴别 α- 氨基酸的最迅速、最简单的方法。此外多肽和蛋白质都能发生此显色反应。

四、重要取代羧酸的护理应用

（一）重要羟基酸的护理应用

1. 乳酸（$CH_3CH(OH)COOH$）　因最初从酸牛奶中发现而得名。通常为无色黏稠液体，有酸味，吸湿性强，能溶于水、乙醇、乙醚中，但不溶于氯仿和油脂。

乳酸是体内糖类无氧代谢的产物。人在剧烈运动时，机体处于缺氧状态，肌肉中的糖原酵解产生乳酸，同时放出能量，以供生命活动急需。运动后肌肉有酸胀感，就是肌肉中乳酸含量增多所致，休息一段时间后，一部分乳酸经血液循环至肝脏，转化为糖原及丙酮酸，另一部分经肾脏随尿液排出，酸胀感消失。

乳酸有消毒防腐作用，可用于治疗阴道滴虫；临床上常用乳酸钙治疗如佝偻病等一些缺钙症；用乳酸钠纠正酸中毒；乳酸蒸汽可用于病房、手术室等场所消毒；此外在食品及饮料工业中也大量使用乳酸。

2. 柠檬酸（$HOOCCH_2C(OH)(COOH)CH_2COOH$）　又称为枸橼酸，主要存在于柑橘、山楂等果实中，尤以柠檬中的含量最高而得名。柠檬酸为无色晶体，不含结晶水的柠檬酸熔点为 153℃，易溶于水、乙醇和乙醚，有酸味，是食品工业中的调味剂。

临床采血时，常加入柠檬酸钠防止血液凝固，是常用的抗凝血剂。柠檬酸铁铵用作补血剂，治疗缺铁性贫血。柠檬酸钾用作祛痰剂和利尿剂，柠檬酸镁是温和的泻药。

柠檬酸是动物体内糖、脂肪和蛋白质代谢的中间产物。

3. 水杨酸（邻羟基苯甲酸：苯环上 —COOH、—OH）　水杨酸又名柳酸，存在于柳树及水杨树皮中，为白色针状结晶，熔点 159℃，微溶于冷水，易溶于乙醇、乙醚和氯仿中。

水杨酸具有杀菌防腐作用，其乙醇溶液可用于治疗真菌感染引起的皮肤病，水杨酸具有解热镇痛作用，但其对肠胃刺激性较大，不宜内服，医药上多用其衍生物，如乙酰水杨酸。

笔记

重要水杨酸衍生物在医药中的应用

水杨酸具有解热镇痛作用，但由于其对肠胃刺激性较大，不宜内服，医药上多用其衍生物，常见的有乙酰水杨酸(即阿司匹林)、水杨酸甲酯、对氨基水杨酸等。

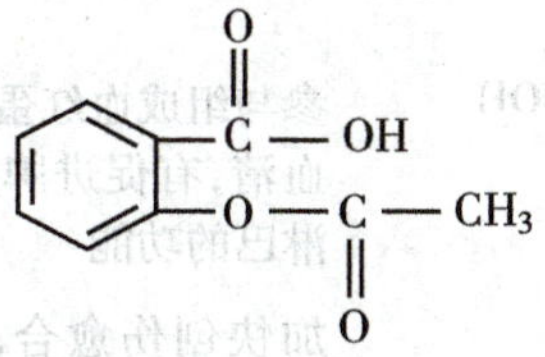

乙酰水杨酸 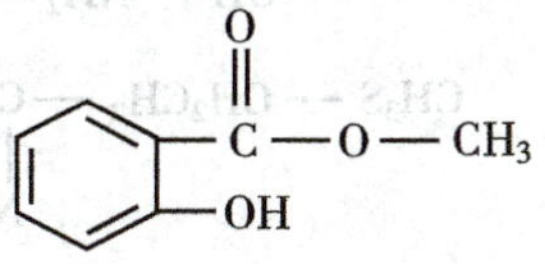　　水杨酸甲酯 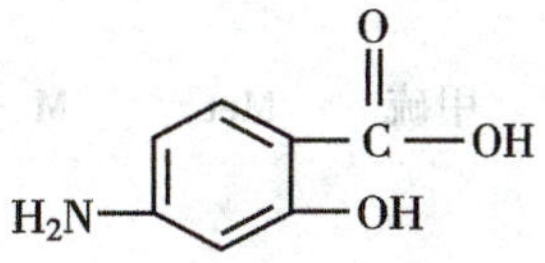　　对氨基水杨酸

阿司匹林具有解热、镇痛、抗风湿和抗血栓形成的作用，是常用的解热镇痛药。

水杨酸甲酯俗称冬青油，由冬青树叶中提取，为无色液体，有特殊的香味，可用作制造牙膏、糖果等的香精，也可用作治疗扭伤的外用药。

对氨基水杨酸化学名称为 4- 氨基 -2- 羟基苯甲酸，简称 PAS，为白色粉末，微溶于水，有酸性，其钠盐由于水溶性大，刺激性小，可制成针剂，用于结核病的治疗，常与链霉素或异烟肼合用，可增加疗效。

(二) 重要酮酸的护理应用

1. 丙酮酸($CH_3COCOOH$)　无色、有刺激性气味的液体，能与水混溶，酸性比丙酸和乳酸都强。丙酮酸是人体内糖、脂肪和蛋白质代谢的中间产物，在体内酶的催化作用下，易脱羧氧化成乙酸，也可被还原成乳酸。

2. β- 丁酮酸(CH_3COCH_2COOH)　β- 丁酮酸又称乙酰乙酸，是无色黏稠液体，酸性比丁酸和 β- 羟基丁酸强，可与水或乙醇混溶。

β- 丁酮酸是人体内脂肪代谢的中间产物，在体内还原酶作用下，被还原为 β- 羟基丁酸；在脱羧酶作用下，脱羧生成丙酮。

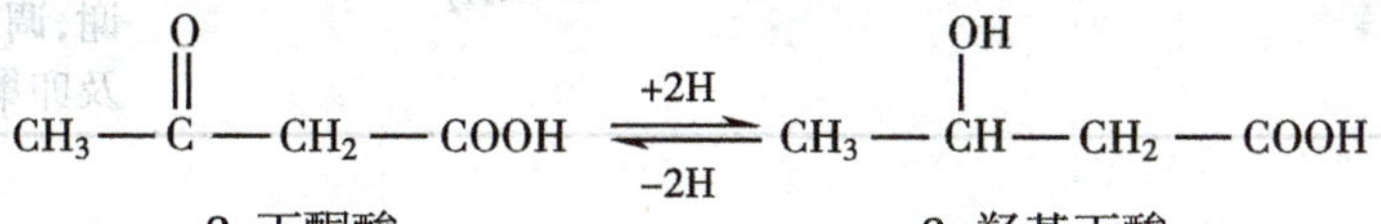

$$\underset{\beta\text{-丁酮酸}}{CH_3-\overset{O}{\overset{\|}{C}}-CH_2-COOH} \underset{-2H}{\overset{+2H}{\rightleftharpoons}} \underset{\beta\text{-羟基丁酸}}{CH_3-\overset{OH}{\overset{|}{C}H}-CH_2-COOH}$$

$$\underset{\beta\text{-丁酮酸}}{CH_3-\overset{O}{\overset{\|}{C}}-CH_2-COOH} \xrightarrow{\text{脱羧酶}} \underset{\text{丙酮}}{CH_3-\overset{O}{\overset{\|}{C}}-CH_3} + CO_2\uparrow$$

临床上把 β- 丁酮酸、β- 羟基丁酸和丙酮三者合称为酮体。酮体是脂肪酸在肝内的代谢产物，正常情况下酮体生成较少，在肝外组织中迅速分解，所以正常人体血液中酮体的含量很少。而糖尿病患者由于糖代谢存在障碍，脂肪代谢加速，导致血液和尿中的酮体含量增加，从而使血液的酸度增加，引起酸中毒，称为酮症酸中毒。严重时可引起患者昏迷或死亡，必须及时纠正。

(三) 重要氨基酸的护理应用

生物体内合成蛋白质的氨基酸有 20 种，其中苏氨酸、甲硫氨酸、缬氨酸、亮氨酸、异亮氨酸、苯丙氨酸、色氨酸、赖氨酸等 8 种氨基酸在人体内不能合成或合成量不足，营养上不可缺少，必须由食物提供，这些氨基酸被称为必需氨基酸(essential amino acids)。人体缺乏任何一种氨基酸，都会引起生理功能异常，导致疾病(表 11-3)。

表 11-3　必需氨基酸的结构与生理功能

名称	缩写符号			结构简式	生理功能
	中文	英文	字母代号		
苏氨酸	苏	Thr	T	$CH_3CH-CHCOOH$ $\quad\ \ |\qquad\ |$ $\quad OH\quad NH_2$	有转变某些氨基酸达到平衡的功能
甲硫氨酸	甲硫	Met	M	$CH_3S-CH_2CH_2-CHCOOH$ $\qquad\qquad\qquad\qquad |$ $\qquad\qquad\qquad\quad NH_2$	参与组成血红蛋白、组织与血清，有促进脾脏、胰腺及淋巴的功能
缬氨酸	缬	Val	V	$CH_3CH-CHCOOH$ $\quad\ \ |\qquad\ |$ $\quad CH_3\quad NH_2$	加快创伤愈合，治疗肝衰竭，提高血糖水平，增加生长激素
亮氨酸	亮	Leu	L	$(CH_3)_2CH-CH_2-CH-COOH$ $\qquad\qquad\qquad\quad |$ $\qquad\qquad\qquad NH_2$	平衡异亮氨酸
异亮氨酸	异亮	Ile	I	$CH_3CH_2CH-CH-COOH$ $\qquad\quad |\qquad |$ $\qquad CH_3\quad NH_2$	参与胸腺、脾脏及脑垂体的调节以及代谢；脑垂体属总司令部作用于甲状腺、性腺
苯丙氨酸	苯丙	Phe	F	$C_6H_5-CH_2-CH-COOH$ $\qquad\qquad\quad |$ $\qquad\qquad NH_2$	参与消除肾及膀胱功能的损耗
色氨酸	色	Trp	W	(吲哚-3-基)$-CH_2-CH-COOH$ $\qquad\qquad\qquad |$ $\qquad\qquad\quad NH_2$ （吲哚环 N 上连 H）	促进胃液及胰液的产生
赖氨酸	赖	Lys	K	$NH_2CH_2(CH_2)_3CHCOOH$ $\qquad\qquad\qquad\quad |$ $\qquad\qquad\qquad NH_2$	促进大脑发育，是肝及胆的组成成分，能促进脂肪代谢，调节松果体、乳腺、黄体及卵巢，防止细胞退化

复方氨基酸输液的临床应用

氨基酸在医药上主要用来制备复方氨基酸输液，也用作治疗药物和用于合成多肽药物。复方氨基酸注射液在临床上广泛应用。

复方氨基酸注射液是多种 *L*- 氨基酸根据营养或治疗需求以适当比例配制而成。按药理作用复方氨基酸注射液可分为平衡型和疾病适用型。其中，平衡型复方氨基酸注射液含有人体合成蛋白质所需的必需和非必需氨基酸。主要用于因消化、吸收功能障碍造成的蛋白质缺乏；改善大型外科手术前、后患者的营养状态；分解代谢旺盛者，如烧伤、严重创伤、感染所致的蛋白质损失；各种疾病引起的低蛋白血症等。小儿复方氨基酸注射液即属此种类型。而疾病适用型复方氨基酸注射液根据其配方特点及适应不同疾病状态，又分为肝病氨基酸输液制剂、肾病用氨基酸输液制剂及创伤用氨基酸输液制剂等。不同种类复方氨基酸注射液的配方组成不同，适应证也不同。临床应用过程中，应根据患者的年龄和病理状态合理选用。

思考题

1. 医药上制备青霉素时,为什么常制成青霉素钾或青霉素钠?

2. 谷氨酸的等电点为3.22,在pH为7.0的溶液中,谷氨酸主要以何种形式存在?在电场作用下,移向何极?

思路解析　　扫一扫,测一测

目标检测

一、填空题

1. 酮体包括______、______和______。如果血液中酮体含量升高,就可能引起______。

2. 实验室中,用______和______混合加热制备甲烷。

3. 邻-羟基苯甲酸俗称______,因为分子中含有______羟基,所以遇三氯化铁溶液显______色,乙酰水杨酸俗名为______,它是常用的______药。

4. 甲酸俗名______,其分子结构比较特殊,分子中既具有______基,又具有______基,是双官能团化合物。因此,甲酸不仅有酸性,而且有______性,能与______试剂发生银镜反应,能与______试剂反应产生砖红色沉淀,还能使高锰酸钾溶液______。

5. ______和______在浓硫酸催化作用下生成酯和水的反应称为酯化反应,其中______失掉的是羟基,而______失掉的是氢原子。

6. 在等电点时,氨基酸在溶液中以______形式存在,其溶解度______,在电场中______。

7. 根据氨基酸分子中氨基与羧基的相对数目,可将氨基酸为______、______和______氨基酸三类。

8. 多肽分子中的肽键是通过一个氨基酸的______基和另一个氨基酸的______基脱水缩合而成的。

二、写出下化合物的名称或结构式

1. $CH_3-\underset{\displaystyle CH_3}{\underset{|}{CH}}-COOH$

2. $CH_3-\underset{\displaystyle CH_3}{\underset{|}{CH}}-\underset{\displaystyle CH_3}{\underset{|}{CH}}-COOH$

3. $C_6H_5-CH_2-COOH$(苯环—CH_2—COOH)

4. $CH_3-\underset{\displaystyle O}{\underset{\|}{C}}-COOH$

5. $CH_3-\underset{\displaystyle OH}{\underset{|}{CH}}-CH_2-COOH$

6. $CH_3-\underset{\displaystyle NH_2}{\underset{|}{CH}}-COOH$

7. 乳酸　　8. 水杨酸　　9. β-丁酮酸　　10. 亮氨酸

三、完成下列反应式

1. $CH_3COOH + NaHCO_3 \longrightarrow$

2. $CH_3-\overset{\displaystyle O}{\overset{\|}{C}}-OH + CH_3CH_2-OH \underset{\triangle}{\overset{浓H_2SO_4}{\rightleftharpoons}}$

3. $CH_3—\underset{\underset{OH}{|}}{CH}—COOH \xrightarrow[\triangle]{Tollens试剂}$

4. $CH_3—\overset{\overset{O}{\|}}{C}—CH_2—COOH \xrightarrow{\triangle}$

四、用化学方法鉴别下列各组化合物

1. 乙醇与乙酸
2. 甲酸与乙酸
3. 丙酮、丙醛和丙酸
4. 乙酸和苯酚

（杨国富）

第十二章　酯和脂类

学习目标

1. 掌握：酯和油脂的组成、结构、命名和性质。
2. 熟悉：卵磷脂、脑磷脂的组成和结构。
3. 了解：甾体化合物的结构和功能；油脂的生理意义及护理应用。

酯(ester)是一类重要的羧酸衍生物。脂类(lipids)是油脂(grease)和类脂(lipoid)的总称。它是组成有机体的三大营养物质(糖类、脂类、蛋白质)之一，是生物体进行新陈代谢的物质基础及能量来源。

第一节　酯

水果飘香的来源

水果成熟后会散发出诱人的特殊香味，不同香味的芳香成分不一，其化学本质是酯类化合物。如苹果中含有戊酸异戊酯；香蕉中含有乙酸异戊酯；葡萄中含有邻氨基苯甲酸甲酯；菠萝中含有乙酸甲酯等。

请思考：

1. 上述水果中的芳香成分各是什么有机物?
2. 写出乙酸甲酯的结构简式，找出官能团。

酯是羧酸和醇发生脱水反应的产物。包括无机酸酯和有机酸酯，有机酸酯简称酯，它在生命活动中发挥着重要作用。

一、酯的结构和命名

(一) 酯的结构

酯可以看作是羧酸分子中羧基上的羟基被烃氧基取代后生成的化合物。其结构通式为：

$$R_1-\overset{\overset{\large O}{\|}}{C}-O-R_2$$

其中 R_1 和 R_2 可以相同,也可以不同。其中酯键($-\overset{\overset{\displaystyle O}{\|}}{C}-O-$),是酯的官能团。

(二) 酯的命名

酯可以根据生成酯的羧酸和醇的名称来命名,即把羧酸的名称写在前面,醇的名称写在后面,并把"醇"字改为"酯"字,称为"某酸某酯"。例如:

1201

图片:甲酸甲酯 3D 结构

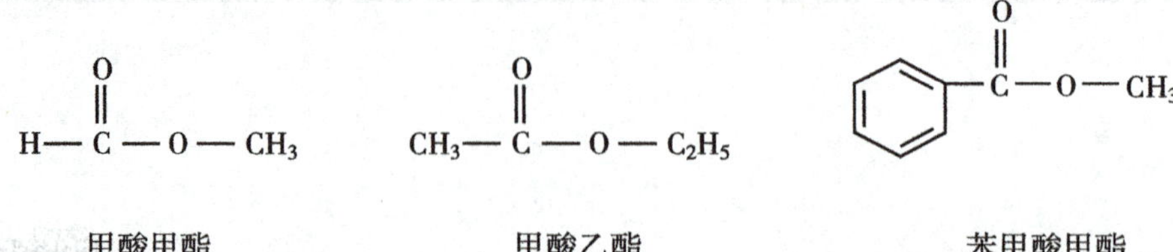

甲酸甲酯　　　　甲酸乙酯　　　　苯甲酸甲酯

二、酯的性质

(一) 物理性质

低级酯为无色有香味的液体,存在于各种水果和花草中,能溶解多种有机物,是良好的有机溶剂;高级酯为蜡状固体。酯一般比水轻,难溶于水,易溶于有机溶剂。由于酯分子间不能形成氢键,因此,它的沸点比相对分子质量相近的羧酸要低。

(二) 化学性质

酯能发生水解、醇解、氨解及异羟肟酸铁等反应。

1. 水解　酯为中性化合物,在一定条件下能发生水解反应。酯的水解反应是酯化反应的逆反应。

$$R-\overset{\overset{\displaystyle O}{\|}}{C}-O-R' + H-OH \underset{\text{酯化}}{\overset{\text{水解}}{\rightleftharpoons}} R-\overset{\overset{\displaystyle O}{\|}}{C}-OH + R'OH$$

通常情况下,酯水解反应的速率较慢,但在少量无机酸或碱催化下加热,可加快其反应速率。在强碱性(NaOH 或 KOH)条件下水解,碱中和了水解产生的酸,促使平衡向水解的方向进行,水解反应趋于完全。

$$CH_3-\overset{\overset{\displaystyle O}{\|}}{C}-O-C_2H_5 + H_2O \xrightarrow{NaOH} CH_3-\overset{\overset{\displaystyle O}{\|}}{C}-ONa + C_2H_5-OH$$

盐酸头孢他美酯的水解

头孢他美酯为第三代口服头孢菌素——头孢他美的前体药,口服后在体内迅速水解为具有抗菌活性的头孢他美而发挥作用。头孢他美酯的抗菌性在体外的活力远远不及在体内,体内头孢他美酯在肠壁和肝脏被酯酶水解,水解后的抗菌活性大大提高,对链球菌属、肺炎链球菌等革兰阳性菌及对大肠埃希菌、流感嗜血杆菌、克雷伯菌属、沙门菌属、志贺菌属、淋病奈瑟菌等革兰阴性菌都有很强的抗菌活性。

2. 醇解　酯和醇在酸或碱存在下相互作用,生成新的酯和醇,酯的醇解又称酯交换反应。

$$CH_3-\overset{\overset{\displaystyle O}{\|}}{C}-O-C_2H_5 + H-O-CH_3 \xrightarrow{NaOH} CH_3-\overset{\overset{\displaystyle O}{\|}}{C}-O-CH_3 + C_2H_5-OH$$

3. 氨解　酯与氨(或胺)发生反应生成酰胺和醇。

$$CH_3-\overset{O}{\overset{\|}{C}}-O-C_2H_5 + H-\overset{H}{\overset{|}{N}}-CH_3 \longrightarrow CH_3-\overset{O}{\overset{\|}{C}}-\overset{H}{\overset{|}{N}}-C_2H_5 + C_2H_5-OH$$

许多氨的衍生物，如胺($R—NH_2$)和肼($NH_2—NH_2$)等，只要氮原子上还有氢原子，都可与酯发生氨解反应。如异羟肟酸铁反应，就是酯与羟胺($NH_2—OH$)反应生成异羟肟酸，再与三氯化铁反应生成异羟肟酸铁，呈红色或紫红色。羧酸的衍生物(酯、酰胺、酰卤及酸酐)均能与羟胺发生酰化反应，生成异羟肟酸，再与三氯化铁反应生成红色或紫红色的异羟肟酸铁，此法可用于羧酸衍生物的鉴别。

香　豆　素

香豆素是一类由顺式邻羟基桂皮酸分子内脱水环合而成的内酯化合物。广泛地分布于植物界，被药典收载的有白芷、秦皮、独活、前胡、补骨脂、茵陈等。香豆素类化合物具有抗凝血、抗HIV、抗肿瘤、抗细菌、抗氧化及增强人体免疫功能等多方面的药理作用。香豆素内酯开环，并与盐酸羟胺缩合成异羟肟酸，再在酸性条件下与三价铁离子络合成盐而显红色。此法是鉴别含有酚羟基香豆素的一种重要方法。

第二节　油　　脂

油脂的营养价值

某粮油店出售大豆油、棉子油、花生油、猪油、亚麻油、茶油，其碘值见表12-1。

表12-1　油脂的碘值

油脂名称	大豆油	棉子油	花生油	猪油	亚麻油	茶油
碘值	124～136	103～115	93～98	46～66	170～204	92～109

请思考：

1. 油脂的营养价值与碘值有何关系？
2. 上述油脂中哪些油脂的营养价值高？

一、油脂的组成和结构

油脂是油(oil)和脂肪(fat)的总称。通常把室温下为液体的称为油，如菜籽油、玉米油、芝麻油等。常温下为半固体或固体的称为脂肪，如猪油、牛油等。

从化学结构和组成来看，油脂是1分子甘油和3分子高级脂肪酸组成的三酰甘油，又称为甘油三酯(triglyceride)，其通式为

$$\begin{array}{l} CH_2-O-\overset{O}{\overset{\|}{C}}-R_1 \\ | \\ CH-O-\overset{O}{\overset{\|}{C}}-R_2 \\ | \\ CH_2-O-\overset{O}{\overset{\|}{C}}-R_3 \end{array}$$

式中 R_1,R_2,R_3,相同的称为单甘油酯(也称单三酰甘油),不同的称混甘油酯(也称混三酰甘油)。天然油脂多为混甘油酯。

组成油脂的羧酸绝大多数是含偶数碳原子的高级脂肪酸,以 16 和 18 个碳原子的高级脂肪酸最为常见。常见的脂肪酸见表 12-2。

表 12-2 油脂中常见的脂肪酸

名称	结构特点	结构简式
月桂酸	十二碳、饱和	$CH_3(CH_2)_{10}COOH$
软脂酸	十六碳、饱和	$CH_3(CH_2)_{14}COOH$
硬脂酸	十八碳、饱和	$CH_3(CH_2)_{16}COOH$
花生酸	二十碳、饱和	$CH_3(CH_2)_{18}COOH$
油酸	十八碳、1 个双键	$CH_3(CH_2)_7CH{=}CH(CH_2)_7COOH$
亚油酸	十八碳、2 个双键	$CH_3(CH_2)_4(CH{=}CHCH_2)_2(CH_2)_6COOH$
亚麻酸	十八碳、3 个双键	$CH(CH_2CH{=}CH)_3(CH_2)_7COOH$
花生四烯酸	二十碳、4 个共轭双键	$CH_3(CH_2)_3(CH_2CH{=}CH)_4(CH_2)_3COOH$
EPA	二十碳、5 个双键	$CH_3(CH_2CH{=}CH)_5(CH_2)_3COOH$
DHA	二十六碳、6 个双键	$CH_3(CH_2)_4(CH_2CH{=}CH)_6(CH_2)_2COOH$

图片:甘油三酯的 3D 结构

高级脂肪酸有饱和与不饱和两类。饱和脂肪酸中以软脂酸分布最广,不饱和脂肪酸中最常见的是烯酸,如油酸、亚油酸。表 12-2 中,前 4 个脂肪酸为饱和脂肪酸,其余的都是不饱和脂肪酸。EPA 和 DHA 是近年来从海洋鱼类及甲壳类动物体内油脂中分离出来的不饱和脂肪酸,它们是大脑所需要的营养物质,同时也具有降血脂、抗动脉硬化、抗血栓等作用。

二、油脂的性质

物理性质

在室温下,纯净的油脂是无色无味的液体或固体,天然油脂多为混甘油酯,油脂中还含有少量游离脂肪酸、维生素和色素等其他物质,所以具有不同的气味和颜色,没有恒定的熔点和沸点。油脂的密度小于水,难溶于水,易溶于乙醚、汽油、氯仿等有机溶剂。

1. 油脂的皂化反应 油脂在酸、碱、酶的作用下发生水解反应,生成甘油和脂肪酸,在碱性条件下水解生成甘油和脂肪酸盐。常用的肥皂就是高级脂肪酸的钠盐,因此,油脂在碱性溶液中的水解称为皂化反应(saponification)。

$$\begin{array}{l} CH_2-O-\overset{O}{\overset{\|}{C}}-R_1 \\ | \\ CH-O-\overset{O}{\overset{\|}{C}}-R_2 \\ | \\ CH_2-O-\overset{O}{\overset{\|}{C}}-R_3 \end{array} + 3NaOH \xrightarrow{\triangle} \begin{array}{l} CH_2-OH \\ | \\ CH-OH \\ | \\ CH_2-OH \end{array} + \begin{array}{l} R_1COONa \\ \\ R_2COONa \\ \\ R_3COONa \end{array}$$

油脂　　　　甘油　　　　高级脂肪酸钠盐

完全皂化 1g 油脂所需要的氢氧化钾的毫克数称皂化值。皂化值越大,油脂的平均相对分子质量越小,也就是所含脂肪酸的平均分子量小,因此,可根据皂化值的大小判断油脂平均分子量的高低。

硬肥皂和软肥皂

由高级脂肪酸的钠盐组成的肥皂称为钠肥皂，又称硬肥皂（即普通肥皂）。由高级脂肪酸的钾盐组成的肥皂称为钾肥皂，它比钠肥皂软，又称为软肥皂。将亚麻油、橄榄油或茶子油与氢氧化钾一起共煮，即发生皂化反应。如向反应体系中加入食盐，就会发生盐析，肥皂浮起在水面，甘油的食盐溶液分层在下面，分离即可得到半胶状物质，就是软皂。由于软皂对人体皮肤、黏膜刺激性小，医药上常用作灌肠剂和乳化剂。

2. 油脂的加成反应　含有不饱和脂肪酸的油脂，其分子中含有碳碳双键，能与氢、卤素发生加成反应。

(1)加氢：不饱和度大的油脂熔点低，常温是液态。液态的油在高温、高压和金属催化剂（(Ni、Pt、Pd）的条件下加氢，不饱和脂肪酸油脂转化为饱和脂肪酸油脂。氢化后的油脂熔点升高，由原来液态的油变成半固态或固态的脂肪，这个过程称为油脂的氢化或硬化。氢化后的油脂不易变质，便于储存和运输，扩大了油脂的应用范围，如人造黄油就是利用了油脂的氢化反应。

$$\begin{array}{l} CH_2-O-\overset{O}{\overset{\|}{C}}-(CH_2)_7CH=CH(CH_2)_7CH_3 \\ | \\ CH-O-\overset{O}{\overset{\|}{C}}-(CH_2)_7CH=CH(CH_2)_7CH_3 \\ | \\ CH_2-O-\overset{O}{\overset{\|}{C}}-(CH_2)_7CH=CH(CH_2)_7CH_3 \end{array} + 3H_2 \xrightarrow{Ni} \begin{array}{l} CH_2-O-\overset{O}{\overset{\|}{C}}-(CH_2)_{16}CH_3 \\ | \\ CH-O-\overset{O}{\overset{\|}{C}}-(CH_2)_{16}CH_3 \\ | \\ CH_2-O-\overset{O}{\overset{\|}{C}}-(CH_2)_{16}CH_3 \end{array}$$

甘油三油酸脂　　　　　　　　　　甘油三硬脂酸酯

(2)加碘：油脂中不饱和脂肪酸与碘发生加成反应，可以根据碘的用量来测定油脂的不饱和程度。100g油脂与碘反应所需碘的克数称为碘值。碘值大，表示油脂的不饱和程度大，碘值小，表示油脂不饱和程度小。

3. 油脂的酸败　油脂在贮存过久，或是保存不当，受日光和空气中的氧或微生物的作用发生变质，产生难闻的气味，这种变化称为酸败。油脂的酸败主要有两个因素：一是不饱和油脂中的双键与空气中的氧作用，氧化成过氧化物，过氧化物继续分解或氧化，产生有刺激性气味的醛和羧酸；二是在微生物或酶的作用下，将油脂水解成脂肪酸，脂肪酸经氧化生成具有臭味的酮。

酸败的油脂不能食用。为防止油脂的酸败，须将油脂贮存在低温、避光的密闭容器中，也可加适当的抗氧化剂，以抑制酸败。

4. 干性　一些油脂在空气中可生成一层具有弹性而坚硬的固态薄膜，油脂的这种特性称为干性。它是一系列氧化、聚合的结果。油脂干性与其结构有关，油脂组成中含不饱和脂肪酸是油脂干化的必要条件，碳碳双键数目多、双键成为共轭体系时，干性更好。根据油脂干化的程度不同，可将油脂分为干性油、半干性油和不干性油，例如桐油是干性油，是一种很好的涂料。

知识拓展

油脂的乳化

油脂难溶于水，又比水轻。若将水和油混合后用力振荡，油脂以小油滴分散于水中形成一种不稳定的乳状液。放置后，小油滴互相碰撞聚集成大油滴，很快浮出水面分为油和水两层。如果要使油分散在水中得到稳定的乳状液，必须加入乳化剂，如洗涤剂、肥皂和胆汁酸盐等。乳化剂之所以能使乳状液稳定，是因为乳化剂分子中含有亲水基和亲油基两部分。如肥皂（$C_{17}H_{35}COONa$）

分子中 $C_{17}H_{35}$ 为亲油基，—COO^- 为亲水基。当乳化剂与油滴和水接触时，亲油基伸向油中，亲水基伸向水中。这样使油滴的表面形成了一层乳化剂分子的保护膜，防止小油滴互相碰撞而聚集，从而形成比较稳定的乳状液。这种利用乳化剂使油脂形成比较稳定的乳状液的作用，称为油脂的乳化。

油脂的乳化具有重要的生理意义，它可以促进油脂在体内的消化、吸收。油脂在小肠内经胆汁酸盐的乳化作用分散成小油滴，从而增大了与酶接触的面积，便于油脂的水解及消化，而且它还能与脂类消化产物形成胆汁酸混合微团，在脂类吸收中起作用。

三、油脂的生理意义

1. 储能与供能 人体中绝大部分油脂储存于脂肪组织中，包括皮下、肾周围、肠系膜、大网膜、腹后壁等处，称这些部位为脂库，其含量占体重的10%~30%。每氧化1g油脂平均可放出38.9kJ的热量。体内可大量储存油脂，一般可达到体重的1/5。由于油脂含水少，单位质量的油脂所占的体积小，为糖原所占体积的1/4，这样在单位体积中可以储存较多的能量，当人体需要时可及时动员，释放出来利用。因此，油脂成为饥饿或禁食时体内能量的主要来源。

2. 提供必需脂肪酸 亚油酸、亚麻酸和花生四烯酸为营养必需脂肪酸。营养必需脂肪酸是指机体需要但体内不能合成，必须通过食物摄取的脂肪酸。油脂中的必需脂肪酸是维持生长发育和皮肤正常代谢所必需的物质，如缺少必需脂肪酸，可出现生长缓慢、皮肤鳞屑多、变薄、毛发稀疏等症状。花生四烯酸是合成前列腺素、血栓素和白三烯等重要生物活性物质的原料。

3. 保温、保护内脏 油脂不易导热，皮下脂肪组织可以防止热量散失，有保温作用。内脏周围的脂肪组织有软垫作用，能缓冲外界的机械撞击，保护内脏。

此外，油脂是脂溶性维生素A、D、E、K等许多活性物质的良好溶剂，能促进其吸收；还可以参加构成血浆脂蛋白。

第三节 磷 脂

卵磷脂

卵磷脂是人体组织中含量最高的磷脂，是构成神经组织的重要成分，属于高级神经营养素，卵磷脂存在于每个细胞中，更多地集中在脑及神经系统、血液循环系统、免疫系统以及肝、心、肾等重要器官。卵磷脂具有神奇的功效，是肝脏的“保护神”，血管的“清道夫”，能促进大脑发育并增强记忆力，对心脏健康有积极保护作用，也是胎儿、婴儿神经发育所必需的。因此卵磷脂被誉为与蛋白质、维生素并列的“第三营养素”。

请思考：

1. 比较油脂和卵磷脂的结构有何不同？
2. 卵磷脂水解的产物有几部分？

磷脂(Phospholipid)是一类含磷酸酯结构的类脂化合物，广泛存在于动物的肝脏、脑、脊髓、神经组织和植物的种子中，具有重要的生理作用。磷脂可分为甘油磷脂和鞘磷脂(又称神经磷脂)，由甘油构成的磷脂称为甘油磷脂(phosphatidylcholine)，由鞘氨醇构成的磷脂称为鞘磷脂(sphingomyelin)。体内甘油磷脂含量较多。

一、甘油磷脂

甘油磷脂可看作是磷脂酸的衍生物。即甘油分子中 2 个羟基与高级脂肪酸成酯，第 3 个羟基与磷酸成酯。结构式如下：

```
                O
                ‖
CH2—O—C—R1
 |              O
 |              ‖
CH —O—C—R2
 |              O
 |              ‖
CH2—O—P—OH
                |
                OH
```

磷脂酸

1. 卵磷脂　又称磷脂酰胆碱，是磷脂酸分子中磷酸与胆碱通过酯键结合而成的化合物。因最初是从蛋黄中发现的，且含量丰富而得名。结构如下：

```
                O
                ‖
CH2—O—C —R1  ┐
 |              O     │ 亲
 |              ‖     │ 油
CH —O—C —R2  ┘ 基
 |              O
 |              ‖
CH2—O—P—OCH2CH2N+(CH3)3
                |   └──────────────┘
                OH   胆碱部分（亲水基）
```

卵磷脂

1 分子卵磷脂完全水解，可得到 1 分子甘油、2 分子脂肪酸、1 分子磷酸和 1 分子胆碱。天然卵磷脂是几种不同脂肪酸形成的卵磷脂的混合物。纯的卵磷脂是白色蜡状固体，有吸水性，不溶于水，易溶于乙醚、乙醇及氯仿中。卵磷脂不稳定，在空气中易被氧化而变成黄色或棕色。

1203

图片：卵磷脂结构示意图

2. 脑磷脂　又称磷脂酰胆碱，是磷脂酸分子中磷酸与胆碱（$HOCH_2CH_2NH_2$）通过磷酸酯键结合而成的化合物，因在脑组织中含量较多而得名。其结构如下：

```
                O
                ‖
CH2—O—C—R1
 |              O
 |              ‖
CH —O—C—R2
 |              O
 |              ‖
CH2—O—P—OCH2CH2NH2
                |   └──────────┘
                OH   胆碱部分
```

脑磷脂

1 分子脑磷脂完全水解，可得到 1 分子甘油、2 分子脂肪酸、1 分子磷酸和 1 分子胆碱。

脑磷脂易吸水，不稳定，在空气中易被氧化为黑棕色物质，易溶于乙醚，但不溶于乙醇，据此可以将卵磷脂与脑磷脂分离。

磷脂与脂肪肝

肝是合成和利用甘油三酯的主要器官，但不是储存脂肪的场所。正常人的肝只含有少量的脂肪，约占 4% ~7%。肝将合成的甘油三酯以极低密度脂蛋白的形式释放入血液进行代谢。极低密度脂蛋白的合成需要磷脂为原料。当肝受损或合成磷脂的原料减少时，导致磷脂缺乏，极低密度脂蛋白的合成减少，肝内甘油三酯不能正常运出，造成脂肪在肝中堆积，而导致“脂肪肝”。

二、鞘磷脂

鞘磷脂又称神经鞘磷脂，它不是磷脂酸的衍生物。它是由鞘氨醇、脂肪酸、磷酸及胆碱所组成，鞘氨醇结构如下：

$$CH_3-(CH)_{12}-CH=CH-\underset{\displaystyle OH}{\underset{|}{CH}}-\underset{\displaystyle NH_2}{\underset{|}{CH}}-CH_2OH$$

鞘氨醇

鞘磷脂是鞘氨醇以酰胺键与脂肪酸结合，再以酯键与磷酸结合，磷酸再通过酯键与胆碱结合，其结构如下：

$$\underbrace{CH_3-(CH)_{12}-CH=CH-\underset{\displaystyle OH}{\underset{|}{CH}}-\underset{\displaystyle NH-\overbrace{\underset{\displaystyle R}{\underset{|}{C}}=O}^{\text{脂肪酸部分}}}{\underset{|}{CH}}-CH_2}_{\text{鞘氨醇部分}}\;\underbrace{-O-\overset{\displaystyle OH}{\overset{|}{\underset{\displaystyle O}{\underset{\|}{P}}}}-O-}_{\text{磷酸部分}}\;\underbrace{CH_2CH_2-\overset{\displaystyle CH_3}{\overset{|}{\underset{\displaystyle CH_3}{\underset{|}{N^+}}}}-CH_3OH^+}_{\text{胆碱部分（亲水基）}}$$

鞘磷脂

鞘磷脂是白色晶体，比较稳定，在空气中不易被氧化，不溶于丙酮和乙醚，易溶于热乙醇中，这是鞘磷脂不同于卵磷脂、脑磷脂之处。

1204 
图片：比较鞘磷脂和甘油磷脂的结构

鞘磷脂是动植物细胞膜的重要成分，在大脑和神经组织中含量较多，在机体不同组织中发现的鞘磷脂所含的脂肪酸种类不同，组成鞘磷脂的脂肪酸主要有软脂酸、硬脂酸、二十四碳烯酸等。鞘磷脂有两条由鞘氨醇残基和脂肪酸残基构成的疏水性基团，有 1 个亲水性的磷酸胆碱残基，因此，在结构上与甘油磷脂类似，也具有乳化性质。

三、重要磷脂的护理应用

1205 
图片：磷脂双分子层示意图

1. 磷脂是构成生物膜、脂蛋白的重要成分　细胞膜主要是由蛋白质和磷脂组成，磷脂在细胞膜的结构和功能中起着十分重要的作用。鞘磷脂是细胞膜的重要成分之一，人体红细胞脂质中含 20%~30% 的鞘磷脂。鞘磷脂与蛋白质及多糖构成神经纤维或轴索的保护层，其作用类似于电线的绝缘层。

2. 卵磷脂及其合成原料能促进甘油三酯向肝外组织转运，促进肝中脂肪的运输，常用作抗脂肪肝的药物。

3. 脑磷脂与血液的凝固有关，血小板内能促使血液凝固的凝血激酶，就是脑磷脂和蛋白质组成的。

4. 脂肪乳注射液　是白色乳状复方制剂。由大豆油、卵磷脂、甘油和水制成的灭菌脂肪乳剂。可

以为机体提供能量和必需脂肪酸。按大豆油含量的不同分为 10%、20%、30% 三种，如早产儿及低体重新生儿，可适当补充 10%、20% 脂肪乳注射液。30% 脂肪乳注射液更适合输液量受限制和能量需求高度增加的患者。其中的卵磷脂可辅助治疗动脉粥样硬化、脂肪肝，以及小儿湿疹，神经衰弱症等，还在药用辅料中作增溶剂、乳化剂及油脂类的抗氧化剂。

第四节　甾体化合物

高脂血症

患者，男，56 岁，饮食喜好肉食、禽蛋、动物内脏（如猪肝、猪大肠）等，喜欢喝酒，每日必喝。一次晨练中，突感胸闷、胸痛、心悸、心慌、头晕、乏力，在好心人的帮助下，送往医院急诊科，诊断为“冠心病、心绞痛”。住院期间检查结果显示：血脂异常——胆固醇、甘油三酯等项指标显著升高。

请思考：

1. 血脂的主要成分有哪些？
2. 胆固醇的母核是什么？

甾体化合物又名类固醇化合物，广泛存在于动植物组织内，有其独特的生理功能，在临床上广泛使用，如胆固醇、胆汁酸、维生素 D、肾上腺皮质激素及性激素等。

一、甾体化合物的基本结构

甾体化合物分子基本骨架均为环戊烷并多氢菲母核和环上三个侧链构成，“甾”字很形象地表现了这种结构特征，“田”表示 4 个稠合环，“巛”表示环上有 3 条侧链。许多甾体化合物除这 3 个侧链外，甾核上还有双键、羟基和其他取代基。4 个环分别用 ABCD 表示，环上的碳原子有固定的编号顺序。大多数甾体化合物在 C_{10}、C_{13} 上各连有 1 个甲基，在 C_{17} 上连有 1 个取代基。其通式为：

甾核结构及环上碳原子的编号

图片：动物胆固醇（27 碳）结构示意图及编号

甾体化合物的命名比较复杂，通常以其来源或生理作用衍生出的俗名来命名。如睾酮、胆酸、雌酚酮、胆固醇、雄甾酮等。

二、重要甾体化合物的护理应用

（一）甾醇

甾醇又称为固醇（sterol），它们广泛存在于动植物体内，根据来源分为动物甾醇和植物甾醇两类，并分别以酯和苷的形式存在。

1. 胆固醇　又称为胆甾醇（cholesterol），是最早发现的一个甾体化合物，因最初从胆结石中发现而得名。胆固醇是无色或略带黄色的结晶，熔点 148℃，难溶于水，易溶于乙醇、乙醚、氯仿等有机溶剂。

胆固醇广泛存在于动物及人体的组织细胞中，在脑及神经组织中含量较多。胆固醇在体内常与脂肪酸结合成胆固醇酯，所以在血液中既有胆固醇，又有胆固醇酯。

胆固醇　　　　胆固醇酯

正常人体血液中胆固醇含量为2.82~5.95mmol/L，当摄入过多或胆固醇代谢发生障碍时，血液中的胆固醇含量就会增加。胆固醇及其酯沉积于血管壁会形成动脉粥样硬化，导致心、脑血管疾病。胆汁中胆固醇的沉积会形成胆结石，胆结石可引起剧烈疼痛，阻塞正常胆汁液流动，引起黄疸。

胆固醇在体内还可以转变成具有重要生理功能的物质，如胆汁酸盐、肾上腺皮质激素、性激素等。

胆固醇与人体健康

胆固醇是人体组织细胞所不可缺少的重要物质，胆固醇在体内参与细胞膜的组成，并维持和营养细胞膜，保持细胞膜的稳定性；胆固醇是合成胆汁酸、维生素D的原料；同时也是体内合成类固醇激素的重要原料，可合成皮质激素、孕酮、雄激素及雌激素等。

胆固醇在血液中存在于脂蛋白中，其存在形式包括高密度脂蛋白、低密度脂蛋白、极低密度脂蛋白等。医学上认为高密度脂蛋白对血管有保护作用，通常称为“好胆固醇”；而低密度脂蛋白超标一般被认为是心血管疾病的前兆，也就是动脉粥样硬化的元凶，患冠心病的危险因素会增加，通常把它称为“坏胆固醇”。

科学的饮食方法提倡适量摄入胆固醇。胆固醇含量多的食物有：蛋黄、动物脑、动物肝肾、墨斗鱼（乌贼）、蟹黄、蟹膏等。不含胆固醇和胆固醇含量少的食物有：所有植物性食物、禽蛋的蛋清、禽肉、乳品、鱼等。

2. 7-脱氢胆固醇　胆固醇在酶催化下氧化成7-脱氢胆固醇(7-dehydrocholesterol)，其结构与胆固醇不同之处在于C_7~C_8之间为双键。机体中的胆固醇可转变为7-脱氢胆固醇，由血液运输至皮肤组织中，在日光中经紫外线照射，发生开环反应，转变为维生素D_3。适当的晒太阳，有助于机体获得维生素D_3。

7-脱氢胆固醇　　　　维生素D_3

维生素D_3是从小肠吸收Ca^{2+}过程中的关键化合物。体内维生素D_3的浓度太低，会引起Ca^{2+}缺乏，不足以维持骨骼的正常生成而产生软骨病。

3. 麦角甾醇　麦角甾醇(ergosterol)是一种植物甾醇，最初是从麦角中得到的，但在酵母中更易得到。麦角甾醇在结构上比7-脱氢胆固醇在C_{24}上多了1个甲基，在C_{22}~C_{23}之间为双键。麦角甾醇经日光中紫外线照射后，B环开环而成前钙化醇，前钙化醇加热后形成维生素D_2(即钙化醇)。

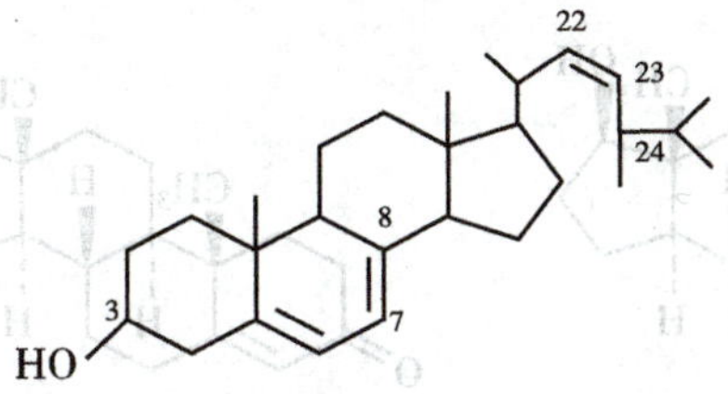

麦角甾醇 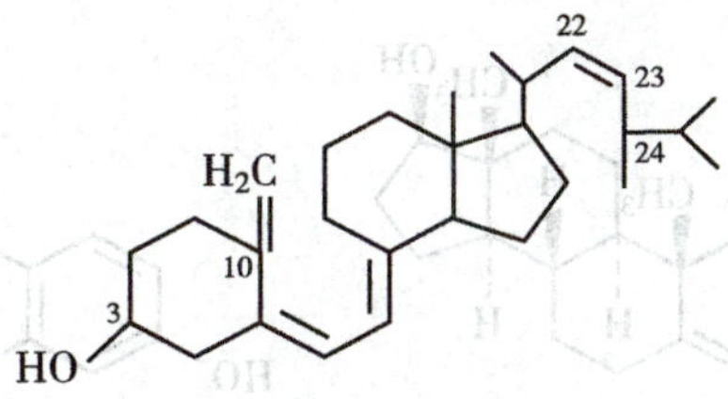　　　　维生素D_2

维生素 D_2 同维生素 D_3 一样，也能抗软骨病，因此，可以将麦角甾醇用紫外光照射后加入牛奶和其他食品中，以保证儿童能得到足够的维生素 D。

维生素 D 属于脂溶性维生素，其活性形式是 1,25-$(OH)_2$-D_3，其生理意义是调节钙、磷代谢，促进骨骼正常发育，临床上主要用于预防和治疗软骨症及佝偻病。

(二) 胆甾酸

胆甾酸包括胆酸、鹅脱氧胆酸、脱氧胆酸和石胆酸等。在人体肝细胞内以胆固醇为原料直接合成的胆酸、鹅脱氧胆酸及与甘氨酸或牛磺酸通过酰胺键结合形成的各种结合胆甾酸，称为初级胆汁酸。初级胆汁酸在肠道细菌作用下转变生成的脱氧胆酸和石胆酸及其结合型胆汁酸称为次级胆汁酸。

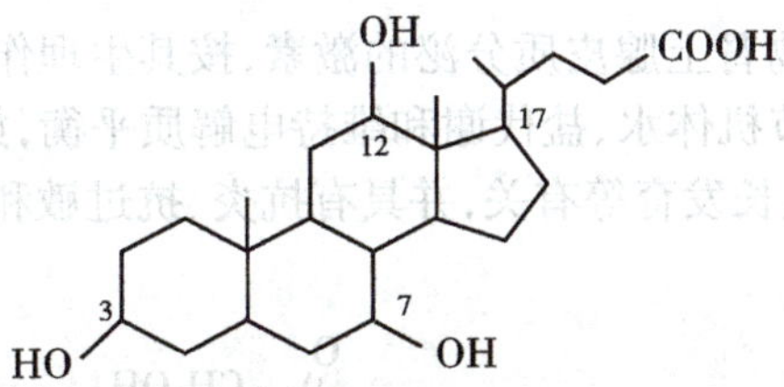

胆酸 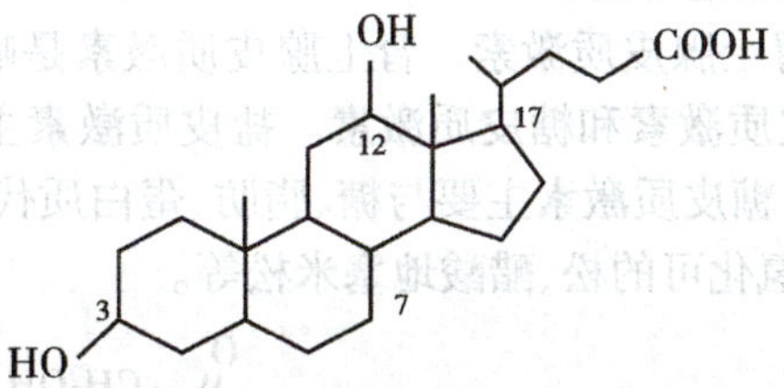　　　　7-脱氧胆酸

胆汁酸存在于动物的胆汁中，从人和牛的胆汁中所分离出来的胆汁酸主要以钠盐或钾盐的形式存在，即胆汁酸盐，简称胆盐。胆汁酸盐是良好的乳化剂，其生理作用是使脂肪乳化，促进它在肠中的消化和吸收。同时可以抑制胆汁中胆固醇的析出，可抑制结石的形成。临床上常用的利胆药——胆酸钠，就是甘氨胆酸钠和牛磺胆酸钠的混合物。

(三) 甾体激素

激素是由动物体内各种内分泌腺分泌的一类具有生理活性的化合物，它们直接进入血液或淋巴液中循环至体内不同组织和器官，对各种生理功能和代谢过程起着重要的协调作用。它们在体内的数量很少，但生理作用很强。

激素可根据化学结构分为两大类：一类为含氮激素，包括胺、氨基酸、多肽和蛋白质；另一类即为甾体激素。甾体激素根据其来源分为肾上腺皮质激素和性激素两类。甾体激素的结构特点是在 $C_{17}(R_3)$ 上没有长的碳链。

1. 性激素　性激素是高等动物性腺（睾丸、卵巢、黄体）分泌的激素，能起到控制性生理、促进动物发育、维持第二性征（如声音、体形等）的作用。性激素分为雄性激素和雌性激素两大类，两类性激素都有很多种，在生理上各有特定的生理功能。

(1) 雄性激素：主要在雄性动物的睾丸中产生，肾上腺皮质也分泌少量雄性激素。主要雄性激素为睾酮，有促进肌肉生长，声音变低沉等第二性征的作用，它是由胆甾醇生成的，并且是雌二醇生物合成的前体。

睾酮　　　　雌二醇　　　　黄体酮

雄性激素活性最强的是睾酮，它能促进男性器官的形成和副性器官的发育。临床上由于它在消化道中易被破坏，口服无效，多制成油剂供注射用。因作用不能持久，也多用它的衍生物，如甲基睾酮及睾酮酯等，甲基睾酮可供口服，睾酮酯的油剂可供注射用。

(2) 雌性激素：又称雌激素、女性激素，分为两大类即雌激素和孕激素。雌激素主要由卵巢的卵泡细胞等分泌，又称为卵泡激素，主要为雌二醇，对雌性的第二性征的发育起主要作用。另一类是哺乳动物卵泡排卵后的滤泡变为黄体，并能分泌黄体酮，又称孕激素，具有控制妊娠、哺乳，进一步促进第二性征发育成熟的功能。

黄体酮可在月经期的某一阶段及妊娠中抑制排卵，临床上用于治疗习惯性子宫功能性出血、痛经及月经失调等。炔诺酮是一种合成的女用口服有效的孕激素，产生排卵抑制作用，可与炔雌醇合用作为短效口服避孕药。

2. 肾上腺皮质激素　肾上腺皮质激素是哺乳动物肾上腺皮质分泌的激素，按其生理作用特点可分为盐皮质激素和糖皮质激素。盐皮质激素主要调节机体水、盐代谢和维持电解质平衡，如皮质醇、醛固酮。糖皮质激素主要与糖、脂肪、蛋白质代谢和生长发育等有关，并具有抗炎、抗过敏和抗休克等作用，如氢化可的松、醋酸地塞米松等。

皮质醇　　　　氢化可的松

思考题

1. 育儿专家会经常说多带宝宝进行户外活动，多给宝宝晒太阳。经常进行日光浴对人体健康有何意义？
2. 长期食用低碘值油脂对人体健康有何危害？

思路解析

扫一扫，测一测

笔记

目标检测

一、填空题

1. 羧酸与______脱水生成酯的反应叫______反应。
2. 油脂是油和脂肪的总称，常温下呈液态的称为______，呈固态的称为______。
3. 油脂可看成是由______和______生成的酯。
4. 油脂在______条件下的水解反应叫______。
5. 通常食用的猪油、牛油、花生油等在有机化学中统称______。

二、完成反应式

1. $CH_3-\overset{\overset{\displaystyle O}{\|}}{C}-O-C_2H_5 + H_2O \xrightarrow{NaOH}$

2. 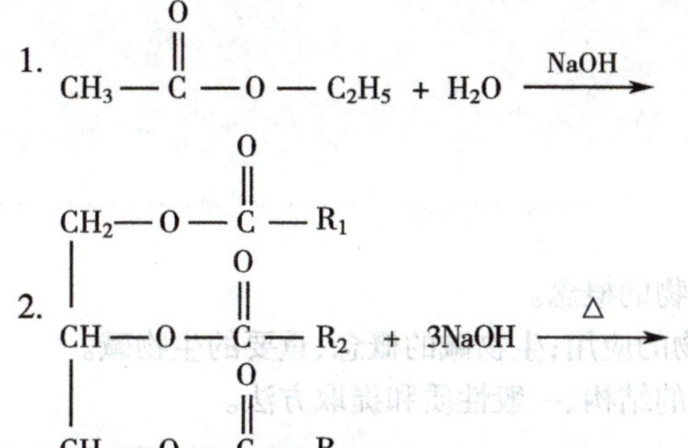

（陈晓玲）

第十三章　含氮有机化合物

1. 掌握：胺、酰胺的概念及化学性质；杂环化合物的概念。
2. 熟悉：胺、酰胺的分类、命名；常见杂环化合物的应用；生物碱的概念、重要的生物碱。
3. 了解：常见杂环化合物的分类、命名；生物碱的结构、一般性质和提取方法。

分子中含有氮元素的有机化合物称为含氮有机化合物。含氮有机化合物可以看成是烃分子中的一个或几个氢原子被含氮基团取代的化合物。主要包括硝基化合物、胺、酰胺、重氮化合物、偶氮化合物、氨基酸、含氮杂环化合物和生物碱等。在有机化合物中含氮有机化合物占有非常重要的地位，许多有机含氮化合物具有重要的生理活性，与生命活动现象密切相关；有的含氮有机化合物具有抗菌、镇痛等药理作用；有的是重要的化工原料。

第一节　胺类化合物

局麻药——普鲁卡因

普鲁卡因是一种局部麻醉药，因其对黏膜的穿透力弱，广泛用于浸润麻醉、传导麻醉、腰麻，硬膜外麻醉。属于短效局麻药，注射1~3分钟起效，维持30~60分钟。

普鲁卡因在水中溶解度较小，临床上常将其配制成盐酸盐注射液，以增大其水溶性，便于肌内注射。盐酸普鲁卡因的结构为：

$$\left[H_2N-C_6H_4-\overset{\displaystyle O}{\overset{\|}{C}}-O-CH_2-CH_2-\overset{\displaystyle CH_3}{\overset{|}{N}}-CH_3\right]\cdot HCl$$

请思考：

1. 盐酸普鲁卡因的官能团有几种？说出官能团的名称。
2. 碱性基团有几个？各属于哪类胺？

一、胺的结构、分类和命名

胺(amine)可以看作是氨的烃基衍生物,即氨分子中的氢原子被烃基取代生成的化合物。胺类化合物具有多种生理作用,在医药上用作解热、镇痛、局部麻醉、抗菌等药物。

(一) 胺的结构

胺的结构与氨相似,可以认为氨分子中氮原子上的氢原子逐步被烃基取代所得的化合物,氮原子上还有1对孤电子对。胺的通式可用下式表示:

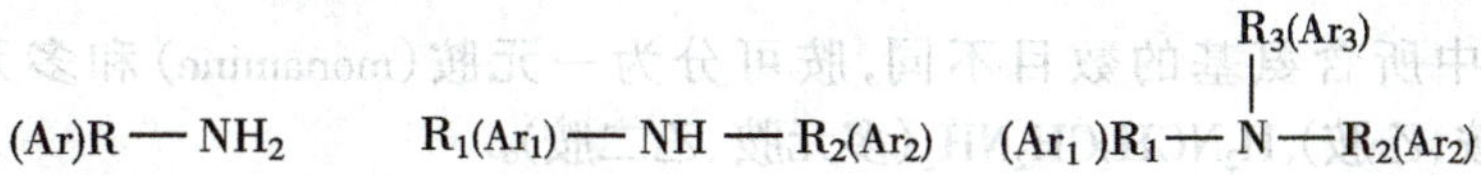

$(Ar)R—NH_2$　　$R_1(Ar_1)—NH—R_2(Ar_2)$　　$(Ar_1)R_1—N(R_3(Ar_3))—R_2(Ar_2)$

胺的官能团分别为:

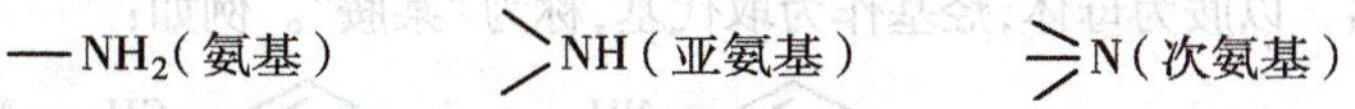

$—NH_2$(氨基)　　$>NH$(亚氨基)　　$>N—$(次氨基)

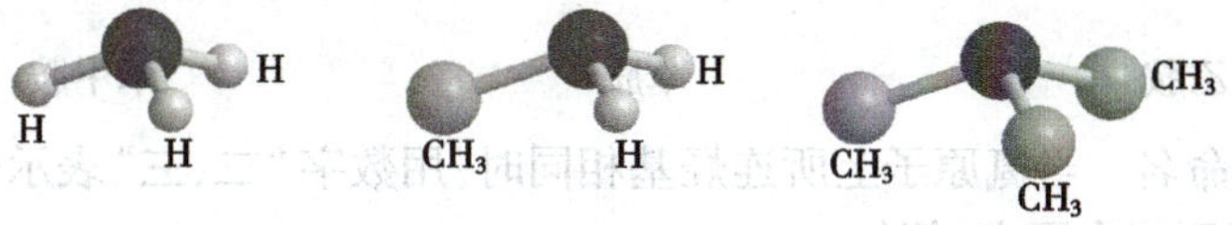

H　H　H　　CH_3　H　H　　CH_3　CH_3　CH_3

(a) 氨气　　(b) 甲胺　　(c) 三甲胺

图 13-1 氨、甲胺和三甲胺的结构模型

胺类化合物分子中氮原子上的孤对电子与胺的碱性和亲核性有密切关系。

(二) 胺的分类

1. 根据胺分子中烃基的种类,胺可分为脂肪胺和芳香胺。氮原子与脂肪烃基相连的胺称为脂肪胺(aliphatic amine),氮原子与芳香环直接相连的胺称为芳香胺(aromatic amine)。例如:

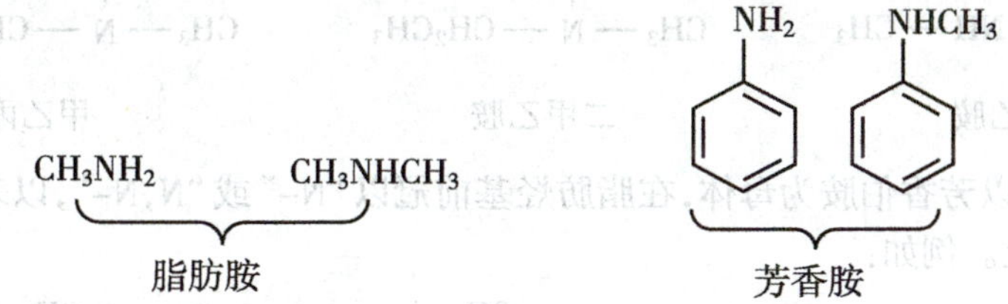

CH_3NH_2　CH_3NHCH_3　（脂肪胺）

$C_6H_5NH_2$　$C_6H_5NHCH_3$　（芳香胺）

2. 根据NH_3分子中氢原子被烃基取代的数目不同,可分为伯胺(1°胺)、仲胺(2°胺)、叔胺(3°胺)。

NH_3分子中1个氢原子被1个烃基取代的化合物称为伯胺(primary amine);2个氢原子被2个烃基取代的化合物称仲胺(second amine);3个氢原子被3个烃基取代的化合物称为叔胺(tertiary amine)。例如:

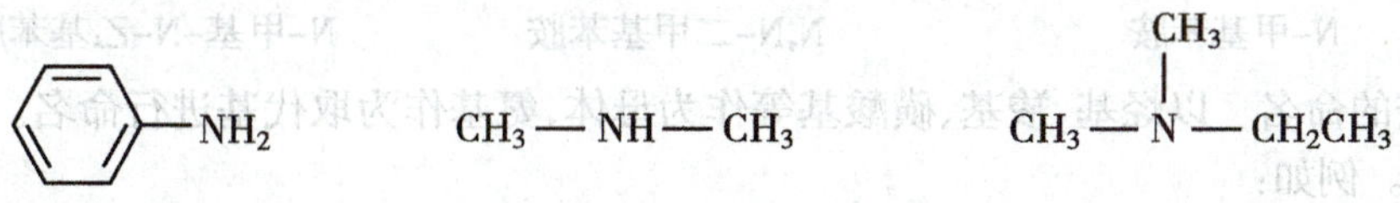

$C_6H_5—NH_2$　　$CH_3—NH—CH_3$　　$CH_3—N(CH_3)—CH_2CH_3$

苯胺(1°胺)　　二甲胺(2°胺)　　二甲乙胺(3°胺)

要注意的是:胺的伯胺、仲胺、叔胺的含义与醇的伯醇、仲醇、叔醇的含义完全不同。醇的分类依据羟基所连碳原子的类型;胺的分类依据氮原子上烃基的数目。例如:叔丁醇属于叔醇,因为羟基连在叔碳原子上,而叔丁胺则属于伯胺,因为氮原子上直接连有一个烃基。

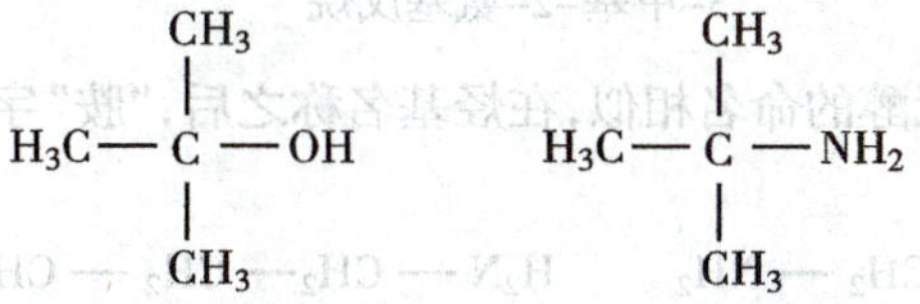

$H_3C—C(CH_3)_2—OH$　　$H_3C—C(CH_3)_2—NH_2$

叔丁醇　　叔丁胺

当 NH_4^+ 中的氮原子上的4个氢被烃基取代所得的离子称为季铵离子。季铵离子与酸根结合形成季铵盐，与 OH^- 结合形成季铵碱。季铵盐和季铵碱统称为季铵类化合物。例如：

$$\left[\begin{array}{c} CH_3 \\ | \\ H_3C-C-CH_3 \\ | \\ CH_3 \end{array}\right]^+ Cl^- \qquad \left[\begin{array}{c} CH_3 \\ | \\ H_3C-C-CH_3 \\ | \\ CH_3 \end{array}\right]^+ OH^-$$

季铵盐　　季铵碱

3. 根据分子中所含氨基的数目不同，胺可分为一元胺(monamine)和多元胺(diamine)。如 $CH_3CH_2NH_2$(一元胺、乙胺)，$H_2NCH_2CH_2NH_2$(多元胺、乙二胺)。

(三) 胺的命名

1. 简单胺的命名　以胺为母体，烃基作为取代基，称为"某胺"。例如：

$CH_3CH_2-NH_2$　　$C_6H_5-NH_2$　　$C_6H_5-CH_2-NH_2$

乙胺　　苯胺　　苯甲胺

2. 仲胺和叔胺的命名　当氮原子上所连烃基相同时，用数字"二、三"表示烃基的数目；若所连烃基不同时，则按次序规则依次写出，例如：

$CH_3-NH-CH_3$　　$CH_3-N(CH_3)-CH_3$　　$C_6H_5-NH-C_6H_5$

二甲胺　　三甲胺　　二苯胺

$CH_3CH_2-NH-CH_3$　　$CH_3-N(CH_3)-CH_2CH_3$　　$CH_3-N(CH_2CH_3)-CH_2CH_2CH_3$

甲乙胺　　二甲乙胺　　甲乙丙胺

芳香仲胺或叔胺以芳香伯胺为母体，在脂肪烃基前冠以"N-"或"N,N-"，以表示烃基直接与氮相连，而不是连在芳环上。例如：

$C_6H_5-NH-CH_3$　　$C_6H_5-N(CH_3)-CH_3$　　$C_6H_5-N(CH_3)-CH_2CH_3$

N-甲基苯胺　　N,N-二甲基苯胺　　N-甲基-N-乙基苯胺

3. 复杂胺的命名　以烃基、羧基、磺酸基等作为母体，氨基作为取代基进行命名。但需标出氨基的个数和位置。例如：

$CH_3CH_2CH[N(CH_2CH_3)_2]CH_2CH_3$　　$CH_3CH_2CH(CH_3)CH(NH_2)CH_3$　　$H_2N-C_6H_4-COOH$

3-二乙氨基戊烷　　3-甲基-2-氨基戊烷　　对氨基苯甲酸

4. 多元胺的命名　与多元醇的命名相似，在烃基名称之后，"胺"字之前加上二、三等数目来命名，同时标出氨基的位置。例如：

$H_2N-CH_2-CH_2-NH_2$　　$H_2N-CH_2-CH_2-CH_2-CH_2-NH_2$

乙二胺　　1,4-丁二胺

5. 季铵类化合物的命名　与无机铵盐及氢氧化物的命名相似。例如

$$\left[\begin{array}{c} CH_3 \\ | \\ H_3C-N-CH_3 \\ | \\ CH_3 \end{array}\right]^+ Cl^- \qquad \left[\begin{array}{c} CH_3 \\ | \\ H_3C-N-CH_2CH_3 \\ | \\ CH_3 \end{array}\right]^+ OH^-$$

氯化四甲铵　　　　氢氧化三甲乙铵

视频：胺的分类及命名

命名时应注意"氨"、"胺"和"铵"字的用法不同。"氨"用于表示 NH_3 或基团，如氨基，亚氨基，甲氨基（CH_3NH-）等；"胺"作为母体用来表示氨的烃基衍生物时，如二甲胺等；"铵"用来表示氨或胺的盐类和季铵类化合物。

二、胺的性质

（一）物理性质

相对分子质量较低的胺（如甲胺、二甲胺和乙胺等）在常温下均是无色气体，丙胺以上为液体，高级胺为固体。6 个碳原子以下的胺可溶于水，但随着胺中烃基碳原子数的增多，水溶性减小，高级胺难溶于水。胺有难闻的气味，许多脂肪胺有鱼腥臭，丁二胺与戊二胺有腐烂肉的臭味，它们又分别被叫作腐胺与尸胺。

（二）化学性质

1. 碱性及成盐反应　与氨相似，胺在水中呈碱性。这是因为胺分子氮原子上有孤对电子，易接受水解离出的质子而成 NH_4^+，游离出 OH^-。

$$R-NH_2 + H_2O \rightleftharpoons R-\overset{+}{N}H_3 + OH^-$$

胺的碱性强弱可用它的解离常数 K_b 或 pK_b 表示。K_b 值越大或 pK_b 越小，碱性越强。一些常见胺类的 pK_b 见表 13-1。

表 13-1　一些常见胺的碱性（25℃）

名称	结构式	pK_b	名称	结构式	pK_b
氨	NH_3	4.75	二乙胺	$(CH_3CH_2)_2NH_2$	3.0
甲胺	CH_3NH_2	3.38	三乙胺	$(CH_3CH_2)_3NH_2$	3.25
二甲胺	$(CH_3)_2NH_2$	3.27	苄胺	$C_6H_5-CH_2NH_2$	4.66
三甲胺	$(CH_3)_3NH_2$	4.21	苯胺	$C_6H_5-NH_2$	9.38
乙胺	$CH_3CH_2NH_2$	3.29	二苯胺	$(C_6H_5)_2NH_2$	13.21

从表 13-1 可以看出，甲胺、二甲胺、三甲胺的碱性强弱顺序为：

二甲胺 > 甲胺 > 三甲胺 > 氨

季铵碱是离子型化合物，是强碱，其碱性与 NaOH 相当。所以不同种类的胺其碱性强弱次序为：季铵碱 > 脂肪胺 > 氨 > 芳香胺。

胺具有碱性，可与酸作用生成铵盐。芳香胺碱性较弱，只能与强酸反应生成盐。

$$CH_3NH_2 + HCl \longrightarrow CH_3\overset{+}{N}H_3Cl^-$$

氯化甲铵

$$C_6H_5-NH_2 + HCl \longrightarrow C_6H_5-\overset{+}{N}H_3Cl^- \quad (C_6H_5-NH_2 \cdot HCl)$$

氯化苯铵　　　　苯胺盐酸盐

铵盐一般是固体，易溶于水和乙醇，且比较稳定，无胺的难闻气味，因此，常将一些胺类药物制成其盐。由于铵盐为弱碱所形成的盐，当铵盐遇强碱时又能游离出胺来。这一性质可用于胺的鉴别、分离和提纯。

2. 酰化反应　在有机分子中引入酰基的反应称为酰化反应（acylating reaction）。能提供酰基的试剂称为酰化剂（acylating agent），如酰卤和酸酐等。

伯胺、仲胺与酰化试剂（如酰卤、酸酐等）作用，氮原子上的氢原子被酰基（RCO—）取代生成N-取代酰胺。叔胺的氮原子上因无氢原子，则不能发生此反应。

$$CH_3CH_2-NH_2 + CH_3-\overset{O}{\overset{\|}{C}}-Cl \longrightarrow CH_3CH_2-NH-\overset{O}{\overset{\|}{C}}-CH_3 + HCl$$

N-乙基乙酰胺

$$C_6H_5-NH_2 + CH_3-\overset{O}{\overset{\|}{C}}-Cl \longrightarrow C_6H_5-NH-\overset{O}{\overset{\|}{C}}-CH_3 + HCl$$

苯胺　　　　乙酰苯胺

酰化反应在医药上具有重要意义。在胺类药物分子中引入酰基后常可增加药物的脂溶性，有利于机体的吸收，以提高或延长疗效，并可降低毒性。

解热镇痛药

乙酰苯胺类解热镇痛剂，如非那西丁具有解热镇痛作用，因毒副作用强，目前已被其活性代谢产物乙酰氨基酚（即扑热息痛）所代替，该药品是对氨基酚乙酰化而得，目前是乙酰苯胺类药物中最好的品种。许多抗感冒药均含乙酰氨基酚，适用于缓解轻度至中度疼痛，如感冒引起的发热、头痛、关节痛、神经痛以及偏头痛、痛经等。

由于苯胺易氧化，而苯的酰基衍生物比较稳定，所以在有机合成中常用于保护氨基。

3. 与亚硝酸反应　胺都能与亚硝酸反应，不同的胺反应结果不同。这里只讨论伯胺与亚硝酸的反应。由于亚硝酸不稳定易分解，常用亚硝酸盐和盐酸代替亚硝酸。

(1) 脂肪伯胺的反应：脂肪伯胺与亚硝酸反应，能定量放出氮气，此反应常用于脂肪伯胺或其他有机物中伯胺基的定量测定。

$$R-NH_2 + HNO_2 \longrightarrow N_2\uparrow + R-OH + H_2O$$

脂肪伯胺　　　　醇

(2) 芳香伯胺的反应：芳香族伯胺与亚硝酸在低温下（0~5℃），强酸溶液中作用，生成重氮盐的反应称为重氮化反应（diazotization）。芳香重氮盐比脂肪重氮盐稳定，置于0~5℃不发生放出氮气的反应。但当重氮盐受热也会放出氮气。

$$C_6H_5-NH_2 + NaNO_2 + HCl \xrightarrow{0\sim5℃} C_6H_5-\overset{+}{N}\equiv NCl^- + NaCl + H_2O$$

苯胺　　　　氯化重氮苯

$$C_6H_5-\overset{+}{N}\equiv NCl^- \xrightarrow[\triangle]{H_2O} C_6H_5-OH + N_2\uparrow + HCl$$

在合适的条件下，芳香重氮盐还可以与酚类化合物及芳香胺发生偶联反应，形成偶氮化合物。偶氮化合物都带有颜色。偶氮化合物均含有偶氮基（—N=N—），且偶氮基两端都与碳原子直接相连。这是偶氮化合物的结构特征。

4. 芳环上的卤代反应　苯胺和卤素（Cl_2、Br_2）能迅速反应。苯胺与溴水作用，室温下立即生成2，4，6-三溴苯胺白色沉淀，此反应可用于苯胺的定性或定量分析。

$$C_6H_5NH_2 + Br_2 \longrightarrow C_6H_2Br_3NH_2\downarrow + HBr$$

2，4，6–三溴苯胺（白色沉淀）

三、重要胺的护理应用

1. 苯胺　最初由煤焦油中分离得到，纯净的苯胺为油状液体，沸点184.4℃，无色，有特殊气味，微溶于水，易溶于有机溶剂。在空气中久置的苯胺易被氧化而变成褐色。苯胺有毒，能透过皮肤或吸入蒸气而使人中毒，当空气中的浓度达到百万分之一时，几小时后就会出现中毒症状，如头痛、头晕、皮肤苍白、全身无力等。中毒的主要原因是苯胺能使血红蛋白氧化为高铁血红蛋白而使中枢神经系统受到抑制。苯胺是合成药物及染料的重要原料。

2. 胆碱和乙酰胆碱　胆碱因最初是在胆汁中发现且具有碱性，故称为胆碱。胆碱是易吸湿的白色结晶，易溶于水和醇，不溶于乙醚、氯仿。是人体中常见的一种季铵碱，其碱性与氢氧化钠相似。胆碱广泛分布于生物体内，脑组织和蛋黄中含量较高，为卵磷脂的组成成分。胆碱在体内参与甘油磷脂合成代谢，能促进肝内脂蛋白合成，防止脂肪在肝内沉积，有抗脂肪肝的作用。食用富含卵磷脂的食物，如鱼类、蛋类、豆类和瘦肉等，有利于健脑。

$$\left[HOCH_2CH_2-\overset{CH_3}{\underset{CH_3}{N}}-CH_3\right]^+OH^- \qquad \left[CH_3-\overset{O}{\overset{\|}{C}}-OCH_2CH_2-\overset{CH_3}{\underset{CH_3}{N}}-CH_3\right]^+OH^-$$

胆碱　　　　乙酰胆碱

乙酰胆碱是胆碱分子中羟基上的氢原子被乙酰基取代生成的产物。存在于相邻的神经细胞中，通过神经节传导神经刺激，是一种重要的传递神经信息的化学物质（即神经递质）。乙酸胆碱具有重要的生理作用，人的记忆力减退与乙酰胆碱不足有一定的关系。除此之外，乙酰胆碱对摄食、饮水、体温、血压等调节中枢都有特定的作用。

乙酰胆碱与阿尔茨海默病

阿尔茨海默病（AD）是一种起病隐匿的进行性发展的神经系统退行性疾病。临床上以记忆障碍、失语、失用、失认、视空间技能损害、执行功能障碍以及人格和行为改变等全面性痴呆表现为特征，病因迄今未明。65岁以前发病者，称早老性痴呆；65岁以后发病者称老年性痴呆。

中枢胆碱能系统与学习、记忆密切相关，乙酰胆碱（ACh）是中枢胆碱能系统中重要的神经递质之一，其主要功能是维持意识的清醒，在学习记忆中起重要作用。胆碱能系统阻滞能引起记忆、学习能力减退，与正常老年的健忘症相似。如果加强中枢胆碱能活动，则可以改善老年人的学习、记忆能力。因此，胆碱能系统改变与AD的认知功能损害程度密切相关，即所谓的胆碱能假说。拟胆碱治疗目的是促进和维持残存的胆碱能神经元的功能。这类药主要用于AD的治疗。

3. 新洁尔灭(苯扎溴铵)　化学名为溴化二甲基十二烷基苄铵，简称溴化苄烷铵，属季铵盐类，常温下为微黄色黏稠状液体，吸湿性强，易溶于水，水溶液呈碱性，芳香而味苦，无刺激性。由于分子中同时含有疏水的烷基和亲水的季铵离子，它是一种表面活性物质，在水溶液中能降低溶液表面张力，乳化脂肪，而具有清洁去污作用。它又能渗入细菌内部，引起细胞破裂或溶解，从而起到抑菌或杀菌的作用。临床上常以 1∶(1000~2000) 的稀释液用于皮肤、黏膜、创面、手术器械和术前手的消毒。

$$\left[C_6H_5-CH_2-\underset{CH_3}{\overset{CH_3}{N}}-C_{12}H_{25}\right]^+Br^-$$

苯扎溴铵

4. 盐酸普鲁卡因　盐酸普鲁卡因为白色结晶，熔点为 153~157℃，在空气中稳定，但对光敏感，应避光保存。用于外周神经产生传导阻滞作用，具有良好的局部麻醉作用，是临床上常用的局麻药。配制成注射液，常用于肌内注射。

$$\left[H_2N-C_6H_4-\overset{O}{\overset{\|}{C}}-O-CH_2-CH_2-\overset{CH_3}{N}-CH_3\right]\cdot HCl$$

5. 肾上腺素　从动物的肾上腺中提取而得名。为白色固体，无臭味苦，熔点为 206~212℃(分解)。它遇空气、日光易氧化变色，应密封、避光、冷藏。

$$(HO)_2C_6H_3-\underset{OH}{CH}-CH_2-NHCH_3$$

肾上腺素具有收缩血管、升高血压、加速心率、松弛平滑肌等作用，临床上常用于过敏性休克，支气管哮喘及心脏骤停的急救。

第二节　酰　　胺

青霉素

青霉素为无色或淡黄色粉末，是一种高效、低毒、价廉的广谱抗生素。其结构式为：

$$C_6H_5-CH_2-\overset{O}{\overset{\|}{C}}-\overset{H}{N}-\text{(}\beta\text{-内酰胺并噻唑环: S, }CH_3\text{, }CH_3\text{, O=, N, COOH)}$$

由于分子中含有—COOH，常制成钠盐和钾盐，可供注射用。但青霉素会引起个别人发生过敏反应，严重者出现过敏性休克。

请思考：

1. 为什么说青霉素是有机酸？
2. 从青霉素的结构中你能找出几个酰胺键？

一、酰胺的结构和命名

（一）酰胺的结构

酰胺（amide）是氨或胺分子中氮原子上的氢原子被酰基取代所形成的化合物。酰胺可看作是氨或胺的衍生物，也可看作是羧酸的衍生物。酰胺的通式可表示为：

$$\text{(Ar)R}-\overset{\overset{\displaystyle O}{\|}}{C}-N\begin{matrix}\diagup H(R_1, Ar_1)\\ \diagdown H(R_2, Ar)\end{matrix}$$

（二）酰胺的命名

简单酰胺的命名是在酰基的名称后面加“胺”字，称为“某酰胺”。例如：

图片：乙酰胺的3D结构

$$CH_3-\overset{\overset{\displaystyle O}{\|}}{C}-NH_2$$
乙酰胺

$$H_3C-\overset{\overset{\displaystyle O}{\|}}{C}-\overset{H}{N}-\overset{\overset{\displaystyle O}{\|}}{C}-CH_3$$
二乙酰胺

$$C_6H_5-\overset{\overset{\displaystyle O}{\|}}{C}-NH_2$$
苯甲酰胺

酰胺分子中氮原子上连有取代基时，则将取代基放在酰胺名称前面，并冠以“N-”或“N,N-”，以表示取代基与氮原子直接相连。例如：

$$CH_3-\overset{\overset{\displaystyle O}{\|}}{C}-N(CH_3)_2$$
N,N-二甲基乙酰胺

$$C_6H_5-\overset{\overset{\displaystyle O}{\|}}{C}-NHCH_3$$
N-甲基苯甲酰胺

$$C_6H_5-NH-\overset{\overset{\displaystyle O}{\|}}{C}-CH_3$$
N-苯基乙酰胺

二、酰胺的性质

（一）酸碱性

在酰胺分子中，由于氮原子上的孤对电子与羰基形成共轭体系，使其结合质子的能力减弱，因而酰胺一般呈中性，仅在强酸、强碱条件下显示出弱碱性或弱酸性。

当氮原子上的氢原子被两个酰基取代而生成酰亚胺时，由于受两个酰基影响，氮氢键极性增加，显弱酸性。如邻苯二甲酰亚胺可与 NaOH 水溶液成盐。

$$C_6H_4(CO)_2NH + NaOH \longrightarrow C_6H_4(CO)_2N^-Na^+ + H_2O$$

（二）水解

酰胺在强酸、强碱或酶的催化下，发生水解反应生成羧酸（或羧酸盐）和氨、胺（或铵盐）。酰的水解反应比酯的水解难，需加热回流。

$$R-\overset{\overset{\displaystyle O}{\|}}{C}-NH_2 + H_2O \begin{cases}\xrightarrow{H^+} RCOOH + NH_4^+\\ \xrightarrow{OH^-} RCOO^- + NH_3\\ \xrightarrow[\triangle]{\text{酶}} RCOOH + NH_3\end{cases}$$

(三) 与亚硝酸反应

酰胺与亚硝酸作用,生成相应的羧酸,并放出氮气。

$$R-\overset{\overset{\displaystyle O}{\|}}{C}-NH_2 + HNO_2 \longrightarrow RCOOH + N_2\uparrow$$

三、重要酰胺的护理应用

(一) 尿素

尿素(urea)简称脲,在结构上可以看作碳酸分子中的 2 个羟基被氨基取代而形成的化合物,也称为碳酰二胺。

$$\underset{\text{碳酸}}{HO-\overset{\overset{\displaystyle O}{\|}}{C}-OH} \qquad \underset{\text{尿素}}{H_2N-\overset{\overset{\displaystyle O}{\|}}{C}-NH_2}$$

尿素为白色结晶,熔点 133℃,易溶于水和乙醇,难溶于乙醚。尿素是人和哺乳动物体内蛋白质代谢的最终产物。成人每日从尿中排泄出尿素 25~30g。尿素的用途很广泛,它是含氮量很高的氮肥,又是合成塑料和一些药物的原料。临床上尿素可配成注射液使用,对降低颅内压及眼压有显著的疗效,可用于治疗急性青光眼和脑外伤引起的脑水肿等。

尿素除具有酰的一般通性外,因其结构上的特点,又具有以下特殊性质。

1. 弱碱性　尿素显弱碱性,能与强酸反应生成盐,其硝酸盐和草酸盐难溶于水,易结晶,利用此性质可以鉴别尿素或从尿液中提取尿素。

$$H_2N-\overset{\overset{\displaystyle O}{\|}}{C}-NH_2 + HNO_3 \longrightarrow H_2N-\overset{\overset{\displaystyle O}{\|}}{C}-NH_2 \cdot HNO_3\downarrow$$

硝酸脲生成(白色沉淀)

2. 水解反应　尿素在酸、碱或尿素酶的催化下水解,生成二氧化碳、氨或铵。

$$H_2N-\overset{\overset{\displaystyle O}{\|}}{C}-NH_2 + H_2O \longrightarrow CO_2\uparrow + 2NH_3\uparrow$$

3. 与亚硝酸反应　尿素与亚硝酸反应,生成碳酸并定量释放出氮气。通过测量氮气的体积,可定量测定溶液中尿素的含量。同时,常利用此反应来破坏和除去亚硝酸。

$$H_2N-\overset{\overset{\displaystyle O}{\|}}{C}-NH_2 + HNO_2 \longrightarrow \left[HO-\overset{\overset{\displaystyle O}{\|}}{C}-OH\right] + N_2\uparrow + H_2O$$

$$\left[HO-\overset{\overset{\displaystyle O}{\|}}{C}-OH\right] \longrightarrow CO_2\uparrow + H_2O$$

4. 缩二脲的生成和缩二脲反应　将尿素缓慢加热到 150~160℃,则 2 分子尿素发生缩合反应,脱去 1 分子氨,生成缩二脲。、

$$H_2N-\overset{\overset{\displaystyle O}{\|}}{C}-\boxed{NH_2 + H}-NH-\overset{\overset{\displaystyle O}{\|}}{C}-NH_2 \xrightarrow{150\sim160℃} H_2N-\overset{\overset{\displaystyle O}{\|}}{C}-NH-\overset{\overset{\displaystyle O}{\|}}{C}-NH_2 + NH_3\uparrow$$

缩二脲

缩二脲是白色结晶,熔点为 190℃,难溶于水,能溶于碱液。在缩二脲碱性溶液中,滴加少许稀硫酸铜溶液,即显紫红色,这种特殊的颜色反应称为缩二脲反应(biuret reaction)。凡分子中含有两个或两个以上酰胺键的化合物都可发生这种颜色反应,因此常利用缩二脲反应鉴别多肽和蛋白质。

（二）胍

胍（guanidine）可看作是尿素分子中的氧被亚氨基（—NH—）取代所形成的化合物，也称为亚氨基脲。胍为无色结晶，熔点为 50℃，吸湿性强，易溶于水，显强碱性，其碱性与氢氧化钠相当。在胍分子中，去掉氨基上的 1 个氢原子后剩余的基团称为胍基，去掉 1 个氨基后的基团称为脒基。

$$H_2N-\overset{\overset{\displaystyle NH}{\|}}{C}-NH_2 \qquad H_2N-\overset{\overset{\displaystyle NH}{\|}}{C}-\overset{H}{N}- \qquad H_2N-\overset{\overset{\displaystyle NH}{\|}}{C}-$$

胍　　　　胍基　　　　脒基

在人体内，含有胍基结构的化合物主要存在于肌肉中，如肌酸、磷酸肌酸等，后者是肌肉中的一种储存能量的物质，因肌肉耗能较多，所以肌肉中含有丰富的肌酸和磷酸肌酸。

许多胍的衍生物具有生理活性，如二甲双胍，吗啉胍（病毒灵）和链霉素等分子中均含有胍基结构。

降　糖　药

盐酸二甲双胍是首选一线降糖药，对 2 型糖尿病人降血糖作用明显。它不影响胰岛素分泌，主要通过促进外周组织摄取葡萄糖、抑制葡萄糖异生、降低肝糖原输出、延迟葡萄糖在肠道吸收，由此达到降低血糖的作用。二甲双胍（格华止，美迪康）毒性较小，对正常人无降糖作用；与磺酰脲类药比较，本品不刺激胰岛素分泌，因而很少引起低血糖；此外，本品具有增加胰岛素受体、减低胰岛素抵抗的作用，还有改善脂肪代谢及纤维蛋白溶解、减轻血小板聚集作用，有利于缓解心血管并发症的发生与发展，是儿童、超重和肥胖型 2 型糖尿病的首选药物。由于它对胃肠道的反应大，应于进餐中或餐后服用。肾功能损害患者禁用。

（三）丙二酰脲

丙二酰脲是无色结晶，熔点为 245℃，微溶于水，由丙二酰氯或丙二酸二乙酯与尿素发生酰化反应生成丙二酰脲。

$$H_2C(COCl)_2 + (H_2N)_2C{=}O \longrightarrow H_2C\begin{matrix}\diagup C(=O)-NH \diagdown \\ \diagdown C(=O)-NH \diagup\end{matrix}C{=}O + HCl$$

丙二酰氯　　尿素　　　　丙二酰尿

丙二酰脲分子中含有 1 个活泼亚甲基和 2 个二酰亚氨基，能发生酮式－烯醇式互变异构。

$$H_2C\begin{matrix}\diagup C(=O)-NH \diagdown \\ \diagdown C(=O)-NH \diagup\end{matrix}C{=}O \rightleftharpoons HC\begin{matrix}\diagup C(OH){=}N \diagdown \\ \diagdown C(OH){=}N \diagup\end{matrix}C-OH$$

酮式结构　　　　烯醇式结构

烯醇式式丙二酰脲显微酸性（pK_a=4.01），因此，丙二酰脲又称为巴比妥酸。其本身无生物活性，但它的 C_5 亚甲基上的 2 个氢原子被烃基取代所得到的一系列化合物，是临床上常用的镇静、催眠和麻醉药物。巴比妥类药物在水溶液中的溶解度较小，常利用其酸性制成钠盐水溶液，供口服或注射用。

巴比妥类药物

巴比妥类药物是巴比妥酸的衍生物，具有镇静、催眠和麻醉等作用，其通式为：

巴比妥　$R_1=R_2=—C_2H_5$

苯巴比妥　$R_1=—C_2H_5$　$R_2=—C_6H_5$

异戊巴比妥　$R_1=—C_2H_5$　$R_2=—CH_2CH_2CH(CH_3)_2$

巴比妥类药物对中枢神经的抑制作用选择性很低，随剂量增加，其抑制作用逐渐增强，依次出现镇静、催眠、抗惊厥和麻醉，过量会引起延脑呼吸中枢抑制、麻痹，导致死亡。此类药物有成瘾性，用时遵医嘱。

第三节　杂环化合物和生物碱

DNA 分子中的碱基配对原则

DNA 双螺旋结构中，两条脱氧核苷酸链上的碱基配对遵循“碱基互补”原则。即腺嘌呤（A）与胸腺嘧啶（T）；鸟嘌呤（G）与胞嘧啶（C）配对。

请思考：

1. A 和 G、C 和 T 的杂环母体。
2. 四个碱基的化学结构。

一、杂环化合物

杂环化合物（heterocyclic compound）是由碳原子和非碳原子共同组成环状骨架结构的一类有机化合物。环中的非碳原子称为杂原子，常见的杂原子有氧、硫、氮等。例如：

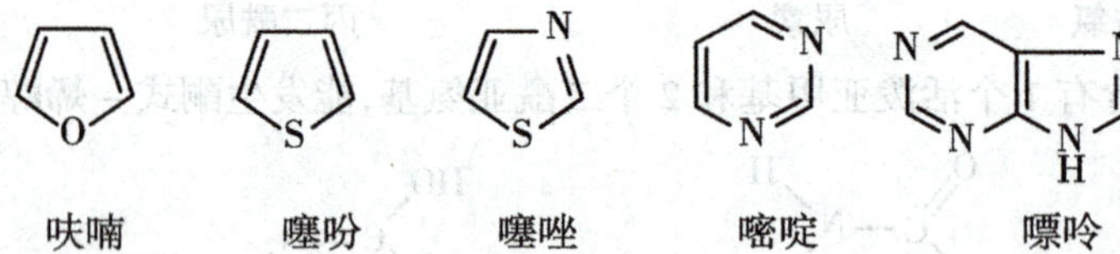

呋喃　噻吩　噻唑　嘧啶　嘌呤

多数杂环化合物环系比较稳定，不容易开环，且具有不同程度的芳香性，因此杂环化合物通常系指芳香杂环化合物（aromatic heterocycle）。像交酯、内酯、内酰胺和环状酸酐等化合物，因它们的性质与其同类的脂肪族化合物相似，故通常不列为杂环化合物。

杂环化合物种类繁多，数量庞大，多数具有生理活性，在自然界中分布广泛。例如，在动物体内起着重要生理作用的血红素、核酸的碱基等都含有杂环结构。重要的合成药物如维生素、抗生素、中草药的有效成分生物碱等都含有杂环。

（一）杂环化合物分类

根据杂环母体中所含环的数目，杂环化合物分为单杂环和稠杂环两大类。单杂环又可根据成环原子数的多少分类，其中最常见的有五元杂环和六元杂环。稠杂环有芳环稠杂环和杂环稠杂环两种。此外，还可以根据所含杂原子的种类和数目进一步分类。表 13-2 列出了常见的杂环化合物母环的结

构、分类和名称。

表 13-2　常见杂环化合物的结构、分类和名称

分类		含有 1 个杂原子的杂环	含有 2 个杂原子的杂环
单杂环	五元杂环	 呋喃 　噻吩 　吡咯	 吡唑 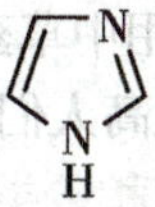　咪唑 　噻唑 　噁唑
	六元杂环	 吡啶 　吡喃	 嘧啶 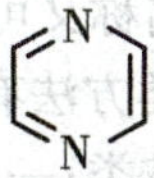　吡嗪 　哒嗪
稠杂环		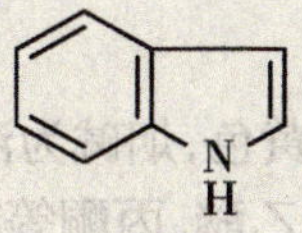 吲哚 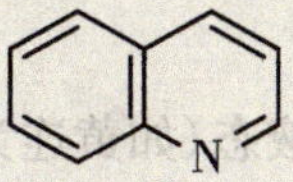　喹啉 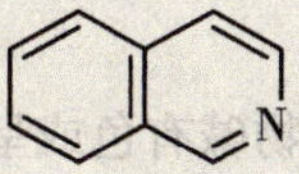　异喹啉	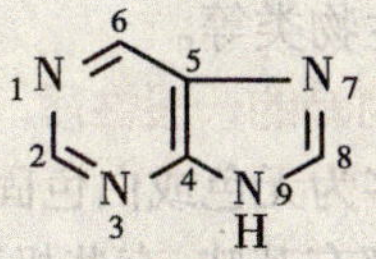 嘌呤（特定编号）

(二) 杂环化合物命名

杂环化合物的命名方法有音译法和根据结构命名法两种。目前我国主要采用音译法，即根据国际通用英文名称译音，选用同音汉字，加“口”字旁表示杂环化合物的名称。如呋喃(furan)，吡啶(pyridine)等(见表 13-2)。

当杂环上有取代基时，以杂环为母体，将杂环上的原子编号。编号原则：当环上只有 1 个杂原子时，从杂原子开始（个别例外）依次用 1、2、3…（或与杂原子相邻的碳原子依次用 α、β、γ…）编号；环上有不同的杂原子时，则按 O、S、NH、N 的顺序编号，并使这些杂原子位次的数字之和为最小；取代基的位次、数目和名称写在杂环母体名称的前面。如果是稠杂环一般有固定编号。例如：

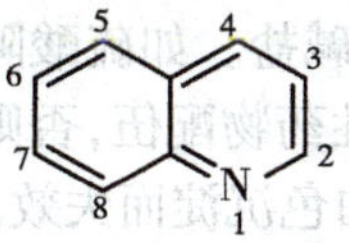

喹啉 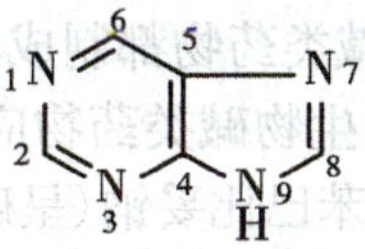　　嘌呤

当杂环上含有—CHO、—COOH、—S_3OH 等基团时，将杂环作为取代基来命名。例如：

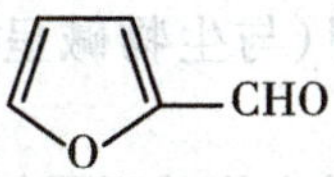

α-呋喃甲醛 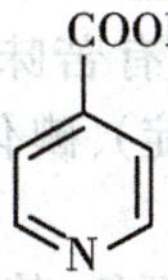　　β-吡啶甲酸 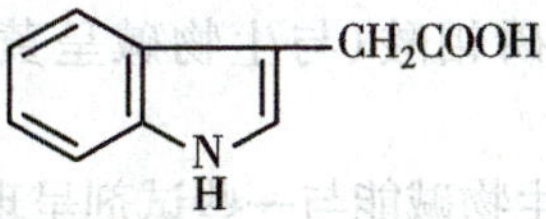　　β-吲哚乙酸

二、生物碱

我国中草药的使用已有数千年的历史，许多中草药如麻黄、当归、贝母、曼陀罗和黄连等的有效成分都是生物碱。

(一) 生物碱的概念

生物碱(alkaloid)存在于生物体内（多为植物），具有强烈生理作用的含氮碱性有机化合物。生物碱的分子结构多属于仲胺、叔胺或季铵类，少数为伯胺类，大多数含有氮杂环，也有少数不含杂环，如秋水仙碱。

生物碱大多数具有明显的生理活性，量小可治疗疾病，量大时可引起中毒，使用时应注意用量。也有一些生物碱是毒品，如海洛因、可卡因、冰毒等。

目前，近百种已知结构的生物碱都是很有价值的药物，它们都有很强的生理作用。如吗啡碱有镇痛的作用，麻黄碱有止咳平喘的效用。许多中草药的有效成分都是生物碱，如当归、甘草、贝母、常山、麻黄、黄连等。我国使用中草药医治疾病的历史已有数千年之久，积累了非常丰富的经验。这对于开发我国的自然资源和提高人们的健康水平起着十分重要的作用。

（二）生物碱的命名和分类

生物碱多根据来源的植物命名，例如麻黄碱由麻黄中提取得到而得名，烟碱由烟草中提取得到而得名。生物碱的名称又可采用国际通用名称的译音，例如，烟碱又称为尼古丁。

生物碱的分类方法有多种。较常用和比较合理的分类方法是根据生物碱的化学构造进行分类，如麻黄碱属有机胺类；一叶萩碱、苦参碱属吡啶衍生物类；莨菪碱属莨菪烷衍生物类；喜树碱属喹啉衍生物类；常山碱属喹唑酮衍生物类；茶碱属嘌呤衍生物类；小聚碱属异喹啉衍生物类；利血平、长春新碱属吲哚衍生物类等。

（三）生物碱的一般性质

生物碱多为无色或白色固体，只有少数生物碱有色或呈液态（如黄连为黄色，烟碱为液态），生物碱及其盐一般都有苦味，有些极苦而辛辣，有烧灼感。难溶于水，易溶于乙醇、乙醚、丙酮等有机溶剂，也可溶于稀酸溶液中。这些性质常用于提取、分离和制备生物碱制剂。

1. 碱性　大多数生物碱分子构造中氮原子上含有未共用的电子对，对质子有一定的接受能力，所以具有碱性，能与酸作用成盐，遇强碱，生物碱则从它的盐中游离出来，利用这一性质可提取和精制生物碱。

$$\underset{（水中析出）}{生物碱} \underset{+NaOH}{\overset{+HCl}{\rightleftharpoons}} \underset{（溶于水中）}{生物碱盐}$$

生物碱类药物的应用

临床上使用的生物碱类药物都制成易溶于水的生物碱盐。如硫酸阿托品、磷酸可待因、盐酸吗啡等。在使用过程中，生物碱类药物应注意不能与碱性药物配伍，否则会出现沉淀。如在硫酸奎宁的水溶液中，加少量苯巴比妥钠（呈碱性），立刻析出白色沉淀而失效。

2. 沉淀反应　多数生物碱及其盐的水溶液能与一些试剂反应生成沉淀，这些试剂称为生物碱沉淀剂。生物碱遇不同的沉淀剂可呈现不同颜色、不同形态的沉淀。利用这种沉淀反应可检验中草药中存在的生物碱。常见的生物碱沉淀剂有苦味酸（与生物碱呈黄色沉淀）、鞣酸（与生物碱呈白色沉淀）、磷钼酸（与生物碱呈黄褐色沉淀）、碘化铋钾（与生物碱呈红棕色或橘红色沉淀）等。

3. 显色反应　生物碱能与一些试剂呈现出各种颜色，其颜色随生物碱不同各有特征，这些试剂称为显色剂。如浓硫酸、浓硝酸、甲醛浓硫酸等。如吗啡遇甲醛浓硫酸显紫色；可待因遇甲醛浓硫酸显蓝色等。利用颜色反应可检测和鉴别生物碱。

三、重要杂环化合物和生物碱的护理应用

（一）血红素分子中的杂环

血红素是高等动物体内输送氧的物质，血红蛋白是由珠蛋白与血红素结合而成，存在于红细胞中，其功能是运输氧气和二氧化碳。从结构上看它是吡咯的衍生物，其骨架都是卟吩环。即：

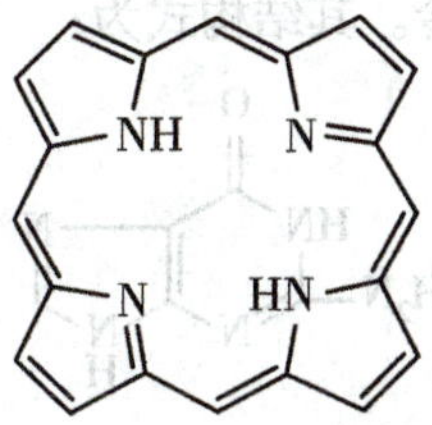

叶吩环 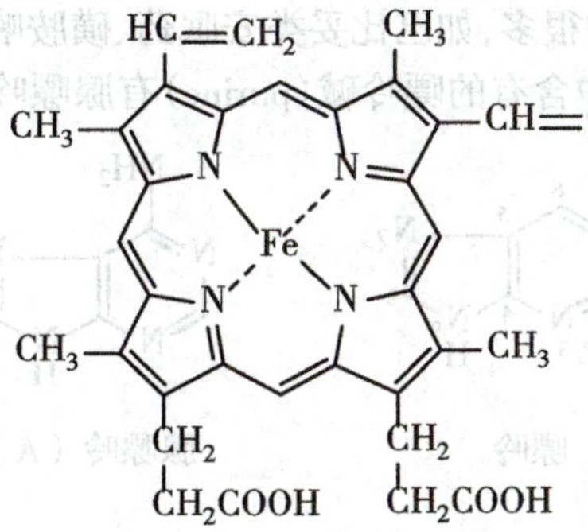　　　　血红素

图片：卟吩环的3D结构

从结构上看，卟吩环是由4个吡咯环与4个次甲基交替连接而成的共轭体系。4个吡咯环中间的空隙里，以共价键和配位键与2价铁离子结合，同时4个吡咯环的β-位连有不同的取代基。具有卟吩环骨架的化合物除血红素外还有叶绿素、维生素B_{12}及多种生物碱等，它们都具有重要的生理作用。

（二）蛋白质分子中的杂环化合物

1. 色氨酸　是人体必需氨基酸之一，其结构中含有吲哚环。结构如下：

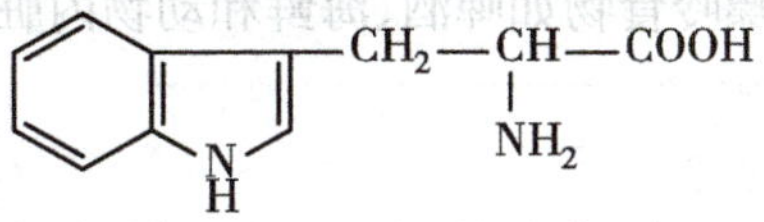

色氨酸

色氨酸在色氨酸羟化酶的催化下生成5-羟色氨酸，再经脱羧酶催化生成5-羟色胺。

5-羟色胺分布于神经组织、胃肠、乳腺细胞等，尤其是脑组织含量较高。脑中的5-羟色胺为抑制性神经递质，与睡眠、疼痛和体温调节有关。

2. 组氨酸　分子结构中含有咪唑环。结构如下：

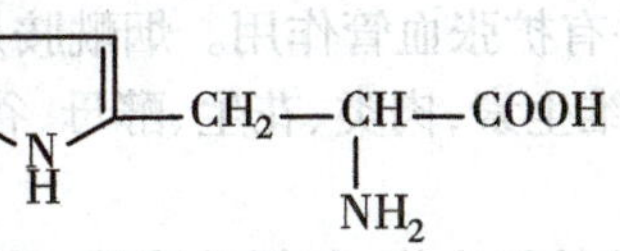

组氨酸

组氨酸是许多酶蛋白的主要组成部分，其中的咪唑环参与形成酶的活性中心。在脱羧酶的作用下，组氨酸脱羧生成组胺：

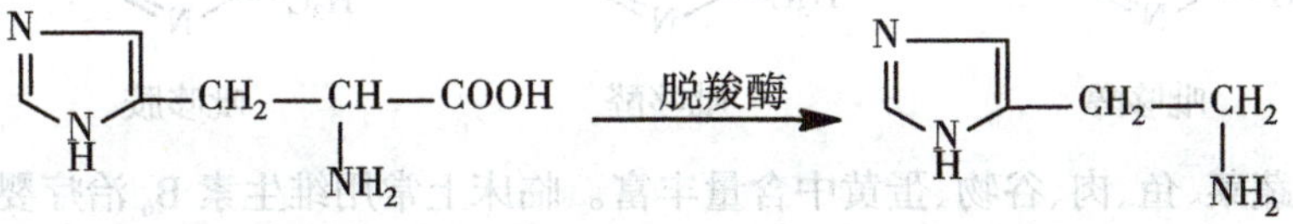

组氨酸 —脱羧酶→ 组胺

组胺广泛存在于动物的组织和血液中，具有收缩血管的作用，当人体内组胺含量过多时，会发生过敏反应。临床可用组胺的磷酸盐刺激胃酸分泌，诊断真性胃酸缺乏症。

（三）核酸分子中的杂环化合物

1. 嘧啶碱　核酸中含有的嘧啶碱（pyrimidine）有胞嘧啶、尿嘧啶和胸腺嘧啶。其结构式为：

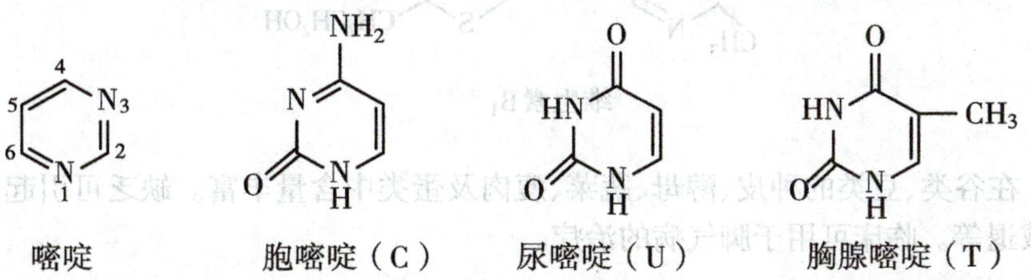

嘧啶　　胞嘧啶（C）　　尿嘧啶（U）　　胸腺嘧啶（T）

具有嘧啶环的药物很多，如巴比妥类安眠药、磺胺嘧啶等。

2. 嘌呤碱　核酸中含有的嘌呤碱（purine）有腺嘌呤、鸟嘌呤。其结构式为：

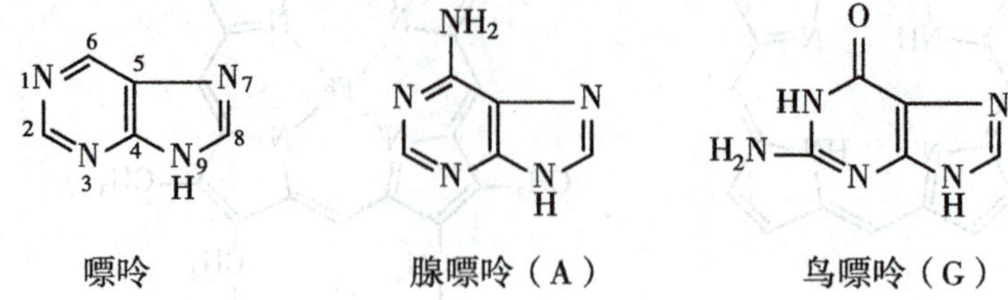

嘌呤　　腺嘌呤（A）　　鸟嘌呤（G）

尿酸与痛风症

血尿酸正常含量为 0.12~0.36mmol/L，其溶解度低。当进食高嘌呤膳食时，体内核酸大量分解（白血病，恶性肿瘤），肾脏疾病尿酸排泄障碍时，血尿酸浓度升高，称高尿酸血症。尿酸超过 0.48mmol/L 时，尿酸盐结晶易沉积，导致关节炎、尿路结石及肾脏疾病，即“痛风症”。95% 痛风患者为男性，痛风患者应少摄入高嘌呤食物如啤酒、海鲜和动物内脏。

（四）维生素分子中的杂环化合物

1. 维生素 PP　维生素 PP 属于 B 族维生素，由 β- 吡啶甲酸（烟酸）和 β- 吡啶甲酰胺（烟酰胺）组成，均为吡啶的衍生物。它们的结构式为：

烟酸（3-吡啶甲酸）　　烟酰胺（3-吡啶甲酰胺）

烟酸能促进细胞的新陈代谢，并有扩张血管作用。烟酰胺是辅酶 I 的组成成分，作用与烟酸类似。烟酸和烟酰胺都是人体不可缺少的维生素，肉类、花生、酵母、谷类中含量丰富。烟酸作为药物可用于治疗高脂血症。

2. 维生素 B_6　维生素 B_6 是吡啶的衍生物，包括吡哆醇、吡哆醛和吡哆胺。它们的结构式为：

吡哆醇　　吡哆醛　　吡哆胺

维生素 B_6 在蔬菜、鱼、肉、谷物、蛋黄中含量丰富。临床上常用维生素 B_6 治疗婴儿惊厥、妊娠呕吐和精神焦虑等。

3. 维生素 B_1　维生素 B_1 由含硫的噻唑和含氨基的嘧啶环通过甲烯基连接而成，又称硫胺素，其结构式为：

维生素 B_1

维生素 B_1 在谷类、豆类的种皮、酵母、蔬菜、瘦肉及蛋类中含量丰富。缺乏可引起多发性神经炎、脚气病、食欲减退等。临床可用于脚气病的治疗。

(五) 抗生素中的杂环化合物

1. 青霉素　天然青霉素是从青霉素菌培养液中提取出来的一类抗生素的总称。天然青霉素有七种，其中以青霉素 G 含量较高，疗效好，它们都有一个共同的基本结构，A 环为 β- 内酰胺环，B 环为氢化噻唑环，由 2 个环稠合而成。

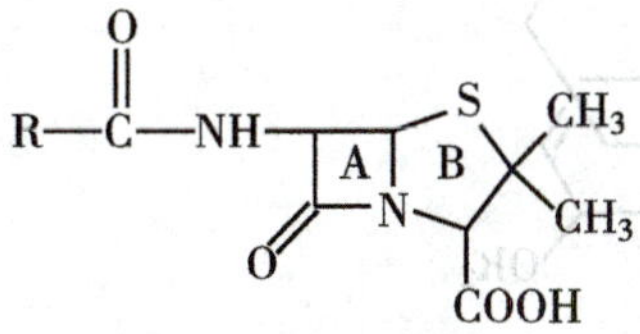

青霉素的基本结构

青霉素具有消炎杀菌作用，对多数因细菌感染而引起的疾病有较好的疗效，且毒性低，临床应用范围广，缺点是个别病人有严重的过敏反应，青霉素难溶于水，因其分子中含有羧基，一般制成钠盐或钾盐使用，增加其溶解度。

青霉素水溶液不稳定，室温下 4 小时效价已开始下降，24 小时后抗菌能力已减大半，且容易起过敏反应。而干燥的粉末在室温下保存 2~3 年不失效。因此，临床上常用其粉剂。

2. 甲硝唑(灭滴灵)和阿苯哒唑(肠虫清)　咪唑的衍生物，其结构式为：

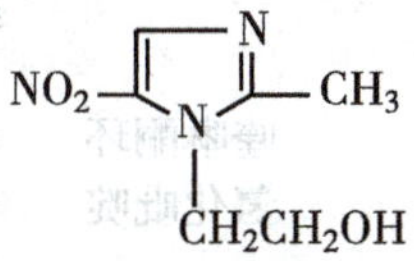

甲硝唑 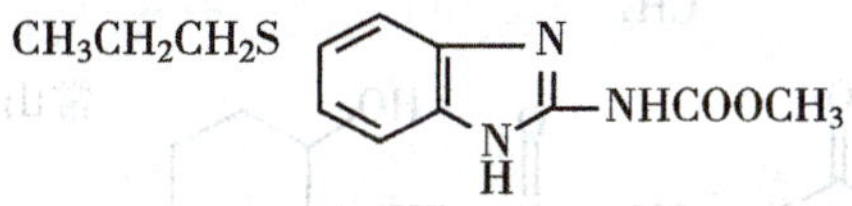　　阿苯哒唑

甲硝唑是常用的抗厌氧菌药物，是阑尾、结肠手术、妇产科手术后的常用药，能降低或避免手术感染。

阿苯哒唑对人、畜体内线虫、吸虫、绦虫及钩虫均有高效的杀灭作用。

3. 诺氟沙星和氧氟沙星　喹啉的衍生物，它们的结构式如下：

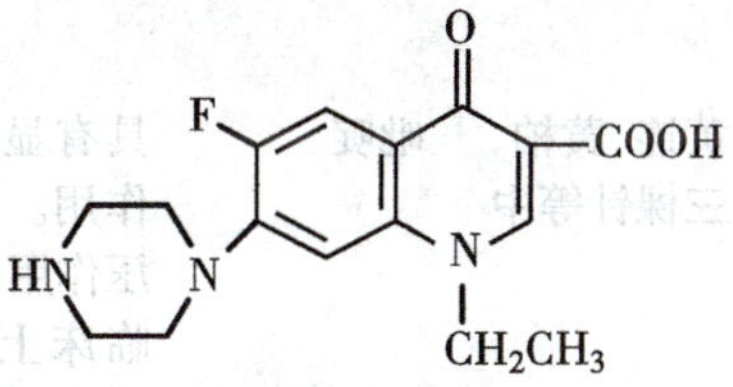

诺氟沙星 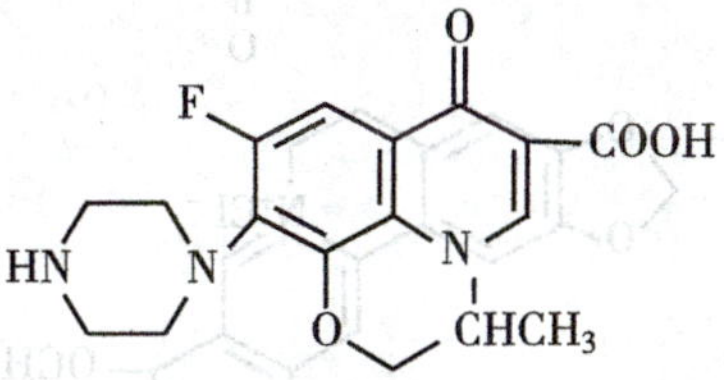　　氧氟沙星

诺氟沙星和氧氟沙星均为氟喹诺酮类药物，是临床上常用的合成抗菌药，主要用于泌尿道感染和肠道感染的治疗。

(六) 生物碱的护理应用

药物中常见的生物碱及护理应用见表 13-3。

表 13-3　药物中常见的生物碱及护理应用

名称	结构式	来源	所含杂环	生理作用及疗效
麻黄素(麻黄碱)	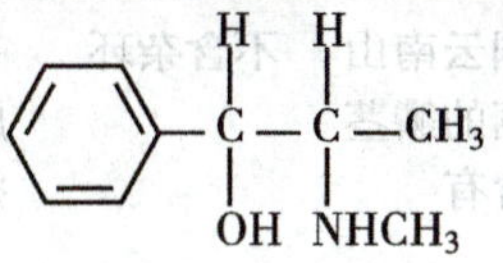	麻黄	不含杂环	兴奋交感神经、升高血压、扩张支气管、收缩黏膜血管、发汗、止喘等。临床上常用其盐酸盐治疗支气管哮喘、过敏性反应、鼻黏膜肿胀和低血压等

续表

名称	结构式	来源	所含杂环	生理作用及疗效
吗啡、可待因、海洛因	$R_1=R_2=H$　吗啡 $R_1=-CH_3$　$R_2=H$　可待因 $R_1=R_2=-\overset{O}{\overset{\parallel}{C}}-CH_3$　海洛因	罂粟(阿片)	异喹啉	镇痛、止痉、止咳、安眠、麻醉中枢神经等。临床上常用盐酸吗啡做镇痛剂、用磷酸可待因做镇咳药和镇痛药。应注意的是：吗啡有强效镇痛作用，易成瘾，严格控制下使用。可待因镇咳效果较好，但也能成瘾。而海洛因极易成瘾，从不作为药用
咖啡碱		茶叶、咖啡	嘌呤	具有兴奋中枢神经、兴奋呼吸和利尿作用。临床上常用其作为中枢兴奋药和利尿、强心药
常山碱乙		常山	喹唑酮环 氢化吡啶	对良性或恶性疟疾均有疗效。但恶心强烈及催吐，应用上受一定限制。
喜树碱		喜树	喹啉 吡啶	具有显著的抗癌活性，是一种抗癌药。临床上用于治疗胃癌、肠癌、直肠癌、白血病
小檗碱（又名黄连素）		黄连、黄柏、三棵针等中	吡啶	具有显著的抗菌、消炎作用。也具有镇静、降压作用。临床上常用其盐酸盐治疗肠炎和细菌性痢疾
阿托品（莨菪碱）		颠茄、莨菪、曼陀罗、洋金花等茄科植物	氢化吡咯 氢化吡啶	抑制腺体分泌；解除平滑肌痉挛；在眼科用做散瞳剂。临床用于全身麻醉前给药；也可用于治疗胃、十二指肠溃疡等
秋水仙碱		我国云南山慈菇的鳞茎中含有	不含杂环	一种抗癌药，尤其对乳腺癌疗效甚佳。也可治疗痛风。但毒性较大

冰　毒

$C_6H_5—CH_2—CH(CH_3)—NHCH_3$

麻黄碱的脱氧衍生物甲基苯丙胺具有使中枢神经兴奋的作用和极强的成瘾性。甲基苯丙胺是一种无味或略有苦味的透明晶体，因形状像冰糖又似冰，俗称“冰毒”，是严重危害人体健康的毒品，是国际、国内严禁的毒品。冰毒对人体的损害甚于海洛因，吸食或注射过量可致死。通常吸食1~2 周，即产生严重依赖性而成瘾，并对心、肺、肝、肾及神经系统有严重的毒害作用。广义上的冰毒制品还包括摇头丸等苯胺类药物。冰毒成瘾尚无有效药物可以治疗，多年来临床对冰毒成瘾的治疗主要局限在对症治疗。

思考题

1. 为何医药上常将一些胺类药物制成盐使用？
2. 为什么叔胺不能发生酰化反应？

思路解析

扫一扫，测一测

目标检测

一、填空题

1. 苯胺、甲胺、二甲胺、氨四种物质中，碱性最强的是______，碱性最弱的是______。
2. 根据与氮原子相连的烃基数目不同，胺可分为______、______、______胺。
3. 组成环的原子除碳原子外还有其他原子的环状化合物称为______，常见的杂原子有______等。
4. 伯胺、仲胺、叔胺中不能发生酰化反应的是______。
5. 生物碱是一类存在于______体内的具有明显生理活性的含氮______性的有机化合物。

二、完成反应式

1. $CH_3CH_2NH_2+HCl \longrightarrow$

2. $C_6H_5—NH_2 + CH_3—\overset{\overset{O}{\|}}{C}—Cl \longrightarrow$

3. $H_2N—\overset{\overset{O}{\|}}{C}—NH_2+H—NH—\overset{\overset{O}{\|}}{C}—NH_2 \xrightarrow{150\sim160℃}$

（陈晓玲）

第十四章 糖 类

1. 掌握:糖的概念、分类;单糖的结构特点;葡萄糖的主要理化性质。
2. 熟悉:双糖的结构及主要理化性质;重要糖的护理应用。
3. 了解:多糖的结构和特性。

视频:糖的概述

糖类(saccharide)是自然界存在最多、分布最广的一类天然有机物,也是人体所必需的营养物质之一。如淀粉、糖原、蔗糖、乳糖、葡萄糖、核糖等都是糖类化合物。糖类是生物体重要的结构物质和能源物质。某些糖类还有特殊的生理功能,如肝脏中的肝素有抗凝血作用,血型中的糖与免疫活性有关,氨基糖苷类抗生素是一大类含糖的抗生素,如链霉素、庆大霉素C复合物等。

糖类又叫碳水化合物(carbohydrate)。这是因为最初发现的糖类由C、H、O三种元素组成,而且组成符合通式$C_n(H_2O)_m$。随着科学的发展,人们发现碳水化合物这个名称不能正确的反映糖类化合物的组成、结构特征。糖类中的氢原子和氧原子的个数比并非都是2:1,也并不以水分子的形式存在。组成符合这个通式的化合物,有的并不具有糖的性质,如甲醛HCHO,乙酸CH_3COOH等,所以虽然碳水化合物这个名称仍在沿用,但已失去了原来的意义。

从分子结构看,糖类是多羟基醛或多羟基酮及其脱水缩合产物和衍生物。根据水解情况,可将糖类分为单糖、低聚糖和多糖。

单糖(monosaccharide)是指不能水解的多羟基醛或多羟基酮。如葡萄糖为多羟基醛,果糖为多羟基酮。

低聚糖(oligosaccharide)又称寡糖,是指在酸性条件下能够水解成2~10个单糖分子的糖。根据水解生成单糖的数目,低聚糖又分为二糖、三糖、四糖等。其中重要的二糖有蔗糖、麦芽糖、乳糖。

多糖(polysaccharide)是指在酸性条件下能够水解成10个以上单糖分子的糖。多糖大多为天然高分子化合物。如纤维素、淀粉、糖原等。

糖类命名常根据来源采用俗名,如葡萄糖、果糖、麦芽糖等。

第一节 单 糖

血 糖

人体血液中的葡萄糖称为血糖,正常人血糖浓度为3.9~6.1mmol/L,糖尿病的诊断标准是空腹血糖浓度≥7.0mmol/L,尿糖定性检验阳性。

请思考：1. 血糖的主要成分是什么？写出其化学结构式。

2. 有人认为，糖尿病是吃糖多引起的，你支持这种观点吗？

单糖根据分子结构分为醛糖和酮糖，多羟基醛称为醛糖，多羟基酮称为酮糖。根据分子中碳原子的数目，又可分丙糖，丁糖，戊糖，己糖等。生物体内戊糖、己糖最普遍，与生命活动密切相关的是葡萄糖、果糖、核糖和脱氧核糖。

一、单糖的结构

（一）葡萄糖的结构

1. 开链式结构　葡萄糖是己醛糖，分子式是 $C_6H_{12}O_6$。实验证明葡萄糖具有开链的 2,3,4,5,6-五羟基己醛的基本结构。

$$\underset{\large OH}{CH_2}—\underset{\large OH}{CH}—\underset{\large OH}{CH}—\underset{\large OH}{CH}—\underset{\large OH}{CH}—CHO$$

化学上把有机物分子中与 4 个不相同原子或原子团相连的碳原子称为手性碳原子，有手性碳原子的分子是手性分子，存在旋光异构现象，互为旋光异构关系的异构体称为旋光异构体，都具有旋光性。

葡萄糖的结构中含有 4 个不同的手性碳原子（C_2、C_3、C_4、C_5），有 2^4=16 个旋光异构体，葡萄糖只是其中的一个。经过研究，葡萄糖 4 个手性碳原子上的羟基和氢原子的空间排布，用费歇尔投影式表示如下：

```
      ¹CHO                      CHO
       |                         |
  H —²C — OH                     |— OH
       |                         |
 HO —³C — H               HO —   |
       |                         |
  H —⁴C — OH                     |— OH
       |                         |
  H —⁵C — OH                     |— OH
       |                         |
      ⁶CH2OH                   CH2OH
```

D-葡萄糖　　　　*D*-葡萄糖（简写）

单糖的构型表示仍沿用 *D*、*L* 表示法。这种方法只考虑与羰基相距最远（编号最大）的那个手性碳原子上的羟基构型。即与羰基相距最远的那个手性碳原子上的羟基在右边的为 *D*-型，羟基在左边的为 *L*-型。自然界存在的单糖大多数属于 *D*-型。

2. 氧环式结构　进一步研究证明，在溶液中葡萄糖开链式结构很少，绝大多数是以环状形式存在。这是由于葡萄糖分子既含有醛基又含有羟基，两者可发生缩合反应。一般是醛基与 5 位碳上的羟基发生反应生成环状的半缩醛结构。糖分子中的半缩醛羟基又称苷羟基。由于 1 位碳上的苷羟基与氢原子在空间有两种排列方式，通常把苷羟基排在右边的称 α-型，排在左边的称 β-型。

这两种异构体在溶液中可以通过开链式结构相互转变，成为一个平衡体系。α-葡萄糖和 β-葡萄糖的氧环式结构及其相互转化如下：

```
  H   OH ← 苷羟基                                    苷羟基 → HO   H
   \ /                                                         \ /
   ¹C ———————┐                  CHO                            ¹C ———————┐
    |         |                  |                              |         |
 H — C — OH   |             H — C — OH                      H — C — OH   |
    |         |                  |                              |         |
HO —³C — H    O    ⇌       HO — C — H        ⇌            HO —³C — H    O
    |         |                  |                              |         |
 H — C — OH   |             H — C — OH                      H — C — OH   |
    |         |                  |                              |         |
 H —⁵C ———————┘             H — C — OH                      H —⁵C ———————┘
    |                            |                              |
   CH2OH                        CH2OH                          CH2OH
```

α-葡萄糖（约占37%）　　开链式葡萄糖（微量）　　β-葡萄糖（约占63%）

3. 哈沃斯式结构 上述葡萄糖的环状结构是用直立费歇尔投影式表示的。但从环的稳定性来看，这种碳原子直线排列及过长而又弯曲的氧桥键是不合理的，英国学者哈沃斯（Haworth）用平面六元环表示的透视式代替了费歇尔投影式。葡萄糖的哈沃斯式如下：

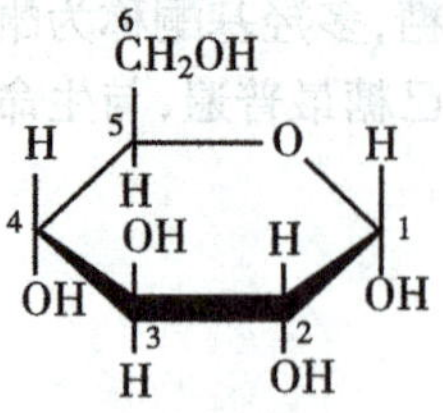

α-吡喃葡萄糖 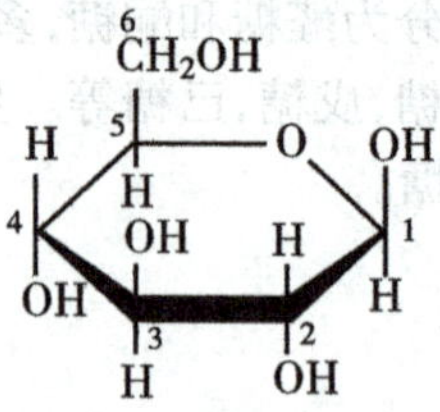　　β-吡喃葡萄糖

在哈沃斯式中，成环的碳原子和氧原子构成一个六边形平面，垂直于纸平面。其中粗线表示的键在纸平面前方，细线表示的键在纸平面后方。氧原子在环的右上角，碳原子编号按顺时针方向排列。把氧环式中连在右边的氢原子（包括5位碳上的氢原子）和羟基写在环平面之下，连在左边的氢原子、羟基和6位碳（羟甲基）写在环平面之上。在哈沃斯式中，苷羟基和羟甲基在环平面异侧的为α-葡萄糖，同侧的为β-葡萄糖。由于葡萄糖的环状结构为含氧六元杂环，与吡喃的环型相似，称为吡喃环。具有吡喃环的单糖称为吡喃糖（pyranose）。

图片：葡萄糖的球棍模型

（二）果糖的结构

1. 开链式结构 果糖和葡萄糖是同分异构体，分子式也为 $C_6H_{12}O_6$，两者结构和构型，从 C_3 到 C_6 完全相同，所不同的是果糖的 C_2 为酮基，属于已酮糖。其开链式结构为：

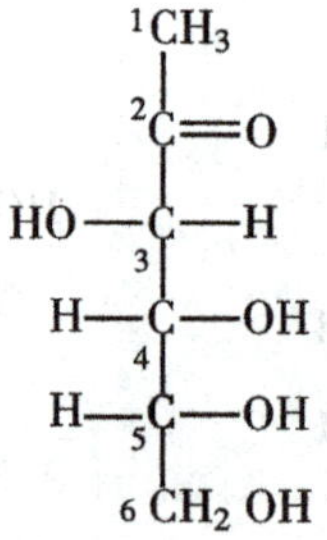

2. 环状结构 由于果糖分子中与酮基相邻的碳原子上都有羟基，提高了酮基的活泼性，使酮基可与 C_5 和 C_6 上的羟基作用形成半缩酮结构。因此，果糖也有α-和β-两种环状构型。果糖有两种不同的环状结构，即六元杂环的吡喃果糖和五元杂环的呋喃果糖。它的开链式和哈沃斯式结构之间也可以相互转化。

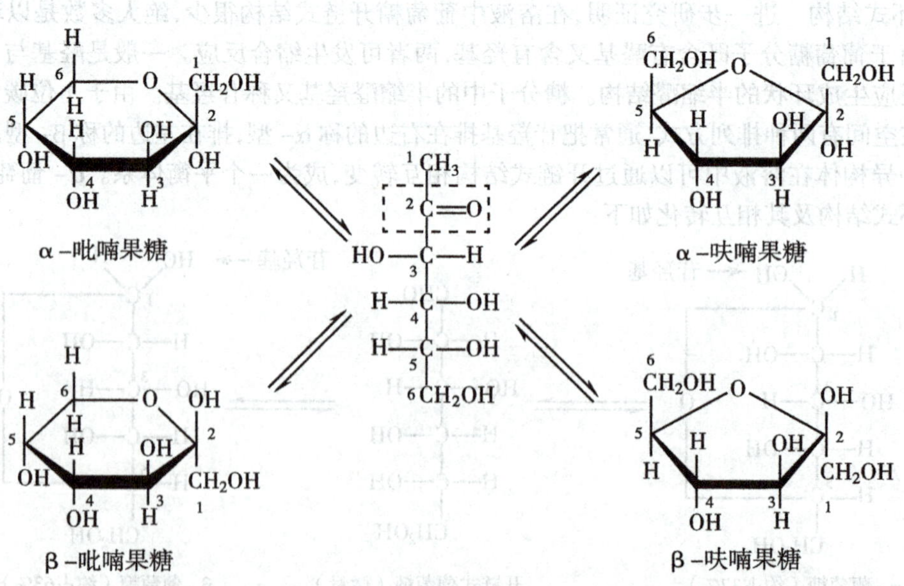

α-吡喃果糖　　α-呋喃果糖

β-吡喃果糖　　β-呋喃果糖

单糖在医药中的应用

在临床上，葡萄糖作为营养剂，50g/L 的葡萄糖溶液是临床上输液常用的等渗溶液，并有强心、利尿和解毒的作用。在制药工业中，葡萄糖是制备葡萄糖酸钙和维生素 C 等的原料。

人体内果糖和葡萄糖都能与磷酸作用形成磷酸酯，作为体内糖代谢的重要中间产物。果糖-1，6-二磷酸酯是高能营养性药物，有增强细胞活力和保护细胞的功能，可作为心肌梗死以及各类休克的辅助药物。

（三）核糖和脱氧核糖的结构

核糖（$C_5H_{10}O_5$）和脱氧核糖（$C_5H_{10}O_4$）都是戊醛糖，它们结构上的差异在于核糖的 C_2 上是羟基，而脱氧核糖的 C_2 上是氢原子。核糖和脱氧核糖分子中因同时存在羰基和羟基，在分子内也能形成半缩醛而构成环。环状构型也有 α- 和 β- 型两种。

核糖（开链式）　　β-呋喃核糖（哈沃斯式）

脱氧核糖（开链式）　　β-2-脱氧呋喃核糖（哈沃斯式）

二、单糖的性质

单糖是无色或白色的结晶，有甜味，具有吸湿性，易溶于水，难溶于乙醇等有机溶剂。

单糖具有醛基、羰基及环状半缩醛（酮）的结构，为多官能团化合物。因此，发生化学反应时，根据加入试剂的不同和反应部位的不同，有的反应是以开链结构进行，如与托伦试剂、斐林试剂、氨的衍生物的反应；有的以环状半缩醛（酮）结构进行，如成苷反应。

（一）氧化反应

1. 与碱性弱氧化剂反应　单糖都可以与碱性弱氧化剂发生氧化反应。常用的碱性弱氧化剂有托伦试剂（Tollen reagent）、费林试剂（Fehling reagent）和班氏试剂（Benedict reagent）。在碱性条件下，单糖能将托伦试剂还原生成单质银，能将斐林试剂或班氏试剂还原生成氧化亚铜砖红色沉淀，而单糖被氧化成比较复杂产物。

$$\text{单糖} + [Ag(NH_3)_2]^+ \xrightarrow[\triangle]{OH^-} Ag\downarrow + \text{复杂的氧化产物}$$

（托伦试剂）

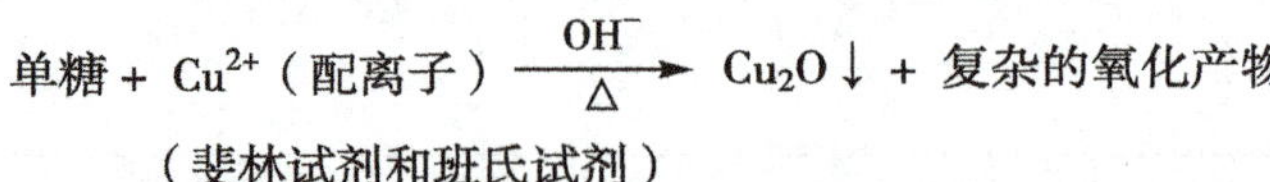

视频：葡萄糖与硝酸银溶液反应

凡能被弱氧化剂氧化的糖称为还原糖，单糖都是还原糖。利用单糖的还原性可作定性定量检查。如临床检验上常用班氏试剂检验尿中是否含有葡萄糖，并根据产生 Cu_2O 沉淀的颜色深浅以及量的多少来判断葡萄糖的含量。

2. 与酸性氧化剂的反应　溴水是一种酸性弱氧化剂，醛糖能被溴水氧化成糖酸，酮糖则不能。例如，醛糖加入溴水，稍加热后，溴水的棕红色即可退去，而酮糖与溴水无作用，利用此性质可以鉴别醛糖和酮糖。

硝酸是酸性强氧化剂，醛糖与稀硝酸作用氧化成糖二酸。酮糖与稀硝酸则发生 C_1–C_2 键断裂，生成较小分子的二元酸。

视频：葡萄糖与新制氢氧化铜反应

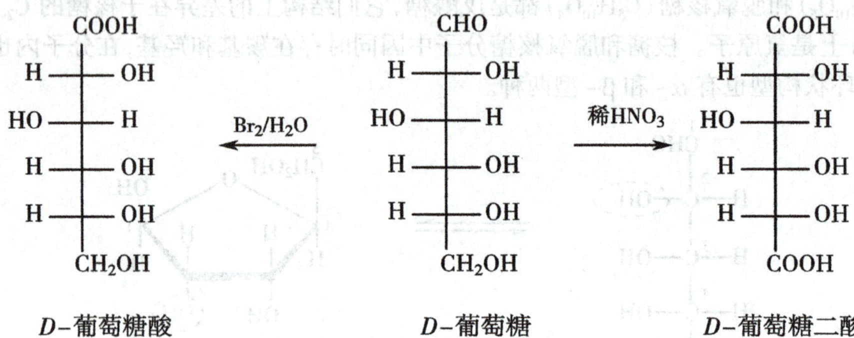

D–葡萄糖酸　D–葡萄糖　D–葡萄糖二酸

葡萄糖在肝内酶的催化下，葡萄糖的伯醇羟基被氧化成羧基，生成葡萄糖醛酸。

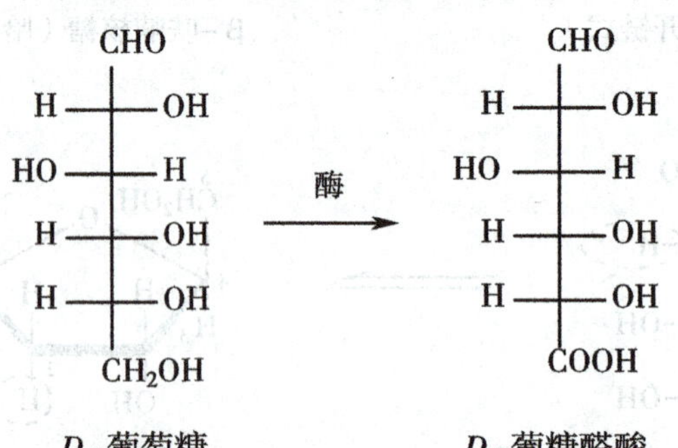

D–葡萄糖　D–葡糖醛酸

葡糖醛酸在肝内能与一些有毒物质，如醇、酚等结合成无毒的化合物，由尿排出体外，从而起到解毒和保护肝脏的作用，葡糖醛酸的药名叫“肝泰乐”，是临床上常用的护肝药物，可以治疗肝炎、肝硬化以及药物中毒等。

（二）成酯反应

单糖环状结构中的羟基都可酯化。单糖的磷酸酯是体内许多代谢过程的中间产物，在生命过程中具有很重要的意义。例如，人体内的葡萄糖在体内酶的作用下可与磷酸作用生成葡萄糖 -1- 磷酸酯（俗称 1- 磷酸葡萄糖）、葡萄糖 -6- 磷酸酯（6- 磷酸葡萄糖）或葡萄糖 -1,6- 二磷酸酯（俗称 1,6- 二磷酸葡萄糖）。葡萄糖 -1- 磷酸酯和葡萄糖 -6- 磷酸酯两者区别仅在于磷酸基的位置不同，在酶的作用下，可相互转变。

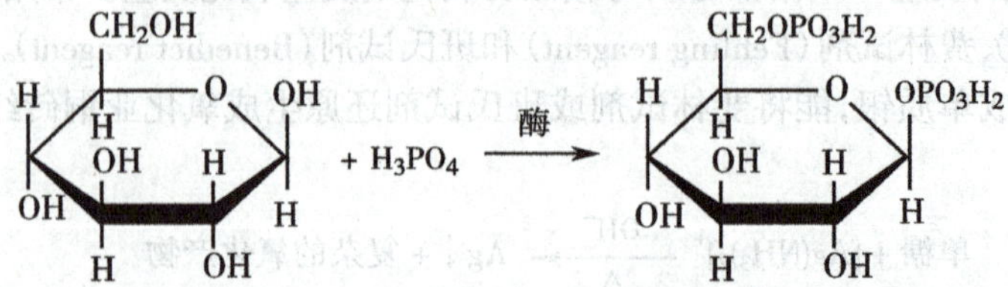

β–葡萄糖-1,6-二磷酸酯

β-D-葡萄糖 + H_3PO_4 —酶→ β-葡萄糖-6-磷酸酯

6-磷酸葡萄糖 ⇌（磷酸变位酶）1-磷酸葡萄糖

糖在体内首先要经过磷酸化，然后才能进行一系列的化学反应。因此，糖的磷酸酯是体内糖代谢的中间产物。例如，1-磷酸葡萄糖是合成糖原的原料，也是糖原分解的最初产物。因此糖的磷酸酯是体内糖原的储存和分解的基本步骤之一。

（三）成苷反应

在单糖的环状结构中的苷羟基是半缩醛羟基，能与含活泼氢的化合物（如糖、醇或酚等）中的羟基脱水生成缩醛化合物，这种缩醛化合物称为糖苷（或甙）。例如葡萄糖在干燥氯化氢的作用下，能与甲醇反应脱去一分子水生成葡萄糖甲苷。

β-葡萄糖 + CH_3OH —干HCl→ β-葡萄糖甲苷

糖苷由糖和非糖两部分组成，糖的部分称为糖苷基，非糖部分称为苷元或配糖基。例如葡萄糖甲苷中的葡萄糖基就是糖苷基，甲基则是配糖基（或苷元）。糖苷基和配糖基相结合的键称为糖苷键，糖苷键是糖类所特有的键。大多数天然糖苷中的配糖基为醇类或酚类，它们与糖苷基之间是由氧连接的。称为氧苷键。糖苷类化合物在自然界分布很广，大多数具有生物活性，是许多中草药的有效成分之一。如水杨苷有止痛功效；苦杏仁苷有止咳作用；葛根黄素具有改善心脑血管功能，同时也具有抗癌、降血糖等作用。此外，单糖与含氮杂环生成的糖苷是生命活动的重要物质核酸的组成部分。

（四）脱水与显色反应

单糖与醇一样，在较浓的酸中发生分子内脱水反应，如戊醛糖生成α-呋喃甲醛。酮糖也发生类似反应，且反应速度更快。二糖和多糖在浓酸的存在下，可部分水解成单糖，然后发生分子内脱水反应，也生成呋喃甲醛类化合物。

呋喃甲醛类化合物能与酚或芳胺缩合生成有颜色的物质，利用这些颜色反应可鉴别糖类化合物。

1. 莫利许反应 α-萘酚的乙醇溶液称为莫利许试剂。在糖的水溶液中加入莫利许试剂，然后沿试管壁慢慢加入浓硫酸，勿振荡，在浓硫酸和糖溶液的交界面很快出现紫色环，此颜色反应称为莫利许（Molish）反应，所有糖都有发生此反应，而且反应很灵敏，常用于糖类物质的鉴别。

2. 塞利凡诺夫反应 塞利凡诺夫（Seliwanoff）试剂是间苯二酚的盐酸溶液。在酮糖溶液中，加入塞利凡诺夫试剂，加热很快出现红色，而在相同条件下，醛糖几乎观察不到变化。可用此反应区别醛糖和酮糖。

三、重要单糖的护理应用

（一）葡萄糖

葡萄糖(glucose)为无色或白色结晶形粉末，熔点为146℃，甜度约为蔗糖的70%。广泛存在于水果、蜂蜜及植物的种子、叶、根、花中，是最重要的单糖。

1. 血糖及尿糖　人和动物的血液和尿液中都含有葡萄糖。血液中的葡萄糖称为血糖(blood sugar)。正常人的血糖含量为3.9~6.1mmol/L。尿液中的葡萄糖称为尿糖(urine sugar)。糖尿病患者的血液和尿液中含有过量的葡萄糖。

检测血液和尿液葡萄糖浓度是了解体内糖代谢状况的重要指标，在糖尿病诊断、治疗中具有重要意义。

尿糖的测定原理

糖尿病患者因糖代谢紊乱，尿液中的葡萄糖增高，临床上常用尿样和本尼迪克特试剂反应，根据反应呈现的颜色判断尿糖的含量。

若为蓝色，表明尿样中无糖，为阴性结果，表示为“-”。

若为绿色，表明每100ml尿中含糖量0.3~0.5g，表示为“+”。

若为黄绿色，表明每100ml尿中含糖量0.5~1g，表示为“++”。

若为橘黄色，表明每100ml尿中含糖量1~2g，表示为“+++”。

若为砖红色，表明每100ml尿中含糖量2g以上，符号为“++++”。

2. 葡萄糖注射液　不同浓度的葡萄糖注射液在临床上的用途不同。

(1)50%的葡萄糖注射液：是高渗溶液，静脉注射时，可产生脱水和渗透性利尿作用，常用于肺、脑水肿的脱水利尿。50%的葡萄糖还可用于重症低血糖静脉注射治疗。近年来高渗性的葡萄糖注射液还可促进切口愈合，可治疗创口溃疡、分泌性中耳炎、静脉炎、急性肠道感染、颈部囊状水瘤、肥厚性鼻炎、鼻出血、宫外孕等。

(2)5%的葡萄糖注射液：是临床上输液最常用的等渗溶液，临床上药物的稀释要用等渗溶液，才能保证不会因为渗透压变化引起红细胞皱缩或溶血。因此，没有糖尿病的患者一般多用5%的葡萄糖注射液作为药物滴注的稀释剂。

(3)其他浓度的葡萄糖溶液：葡萄糖可不经过消化过程而直接为人体所吸收，对进食不足或呕吐、腹泻造成大量体液丢失的患者，临床上静脉注射25%葡萄糖注射液，以补充能量和体液；高血钾症，应静脉注射10%~25%葡萄糖注射液。

3. 葡萄糖酸盐和葡糖醛酸

(1)葡萄糖酸盐：人体内的微量元素含量虽然很少，但对于维持人体的生长发育、保护人体的健康和防治疾病意义重大。如果缺少微量元素，会导致很严重的后果。有些微量元素补充多配制成葡萄糖酸盐的形式，便于吸收、安全、无胃肠刺激，收到良好的效果。如葡萄糖酸钙、葡萄糖酸锌、葡萄糖酸亚铁等，作为营养强化剂和药物吸收剂，均有很好的预防和治疗效果。

(2)葡糖醛酸：葡萄糖在肝酶的作用下，能被氧化为葡糖醛酸，葡糖醛酸在肝内能与一些有毒物质，如醇、酚等结合成无毒的化合物，随尿排出体外，从而起到解毒保肝的作用。

4. 氧化供能　葡萄糖是人体内主要的供能物质，有些器官完全依靠葡萄糖供给所需的能量，如大脑每日需要100~120g葡萄糖。此外，肾髓质、肺组织和红细胞等也必须依靠红细胞供能。

（二）果糖

果糖是自然界中分布较广的一种单糖，存在于水果和蜂蜜中。纯净的果糖是无色晶体，熔点为102℃，易溶于水、乙醇和乙醚。果糖是最甜的糖，甜度是蔗糖的133%。果糖的临床应用主要表现在：

1. 糖尿病患者能量补充剂　果糖不需要依赖胰岛素控制，可以绕过糖酵解限速酶进行代谢，其代

谢快慢取决于果糖的浓度，无论有无胰岛素，高浓度的果糖均可代谢为糖原。果糖代谢速度快的特点可使其在补充糖尿病患者能量的同时，有效控制血糖的波动。果糖注射液和葡萄糖注射液在机体供能方面效果相当，但果糖对病人血糖、胰岛素、血尿素都无明显的影响。对于糖尿病患者，果糖注射液用于常规输液治疗，不会引起血糖、血压的波动。

2. 烧伤、创伤及手术患者的能量补充剂　烧伤、创伤及手术患者对葡萄糖的代谢水平会显著下降，容易出现高血糖现象，此时再补充葡萄糖，就会导致血糖升高等现象，而果糖能突破胰岛素抵抗，在体内代谢速度快，使用果糖给患者供能的同时，不会引起体内糖、水分、电解质的丢失，同时它还可以减少蛋白质的水解，调节患者体内氮平衡。

3. 肝炎患者的能量补充剂　肝炎和肝硬化患者会出现胰岛素抵抗情况，由于肝细胞受损，导致胰岛素分泌减少，引起葡萄糖利用障碍。果糖不依赖胰岛素代谢，肝病患者体内用于氧化供能的果糖升高，肝脏的负担就会减轻。所以，可作为肝病患者的能量补充剂

4. 治疗急性酒精中毒的辅助药物　果糖还可以加速乙醇代谢，可用于急性酒精中毒的辅助治疗。一般采用静脉注射或静脉滴注，用量视病情而定，常用量 500~1000ml。通常情况下，果糖注射液和纳洛酮注射液配合治疗急性酒精中毒，可共同促进乙醇的解毒、快速催醒、使肢体短时间内恢复正常活动，疗效明显，无明显不良反应。

（三）核糖和脱氧核糖

天然核糖是结晶性固体，熔点为 87℃。核糖和脱氧核糖是两种极为重要的戊醛糖。均可与苷羟基和含氮的有机碱结合，形成核苷。核苷再以 C_5 上的羟基和磷酸成酯形成核苷酸。核糖和脱氧核糖分别是组成核苷酸和脱氧核苷酸的基本成分。

脱氧核苷酸钠是一种免疫增强剂，由来自鱼精蛋白或小牛胸腺中提取的脱氧核糖核酸经酶解制成，含脱氧核糖胞嘧啶核苷酸钠、脱氧核糖腺嘌呤核苷酸钠、脱氧核糖胸腺嘧啶核苷酸钠和脱氧核糖鸟嘌呤核苷酸钠，有片剂和注射剂两种剂型，临床上主要用于肝炎、白细胞减少症、特发性血小板减少性紫癜和再生障碍性贫血等的辅助治疗。

各种含有核糖的核苷类似物已被开发作为抗病毒和抗癌的药物。*L*- 核糖作为 *D*- 核糖的对映体，比 *D*- 核糖有更多的优势，近年来在医药行业的应用越来越多。

第二节　二　　糖

乳糖不耐受症

牛乳中含有乳糖，正常情况下，乳糖在小肠经乳糖酶分解为单糖而吸收，但随年龄的增长，乳酸酶活性逐渐降低。若饮用牛奶后，乳酸不被分解而停留在大肠内发酵，并生成酸和气体，引起胃肠道不适，胀气、痉挛、腹泻等。

请思考：

1. 乳糖是哪类糖？

2. 乳糖的结构和性质如何？

二糖是能水解生成 2 分子单糖的糖，单糖分子可以相同也可以不同。是最简单最重要低聚糖。常见的二糖有蔗糖、麦芽糖和乳糖等，其分子式为 $C_{12}H_{22}O_{11}$，均有甜味。

从分子结构看，二糖是由 1 分子单糖的苷羟基与另 1 分子单糖的羟基（醇羟基或苷羟基）脱水所形成的糖苷。

根据形成的二糖分子是否保留有苷羟基，分为还原性二糖和非还原性二糖。还原性二糖与单糖一样，能被碱性氧化剂氧化，能发生成酯和成苷反应。

一、二糖的结构和性质

(一) 蔗糖

蔗糖(sucrose)为无色晶体，易溶于水，较难溶于乙醇，其甜味仅次于果糖，是最重要的甜味食物，存在于许多植物体内，以甘蔗(含糖 11%~17%)和甜菜(含糖 14%~26%)的含量较多。

从结构上看，蔗糖是由 1 分子 α-*D*- 吡喃葡萄糖 C_1 上的苷羟基与 1 分子 β-*D*- 呋喃果糖 C_2 的苷羟基脱去 1 分子水缩合，通过 α-1，2- 苷键结合而成的糖苷，其哈沃斯式为：

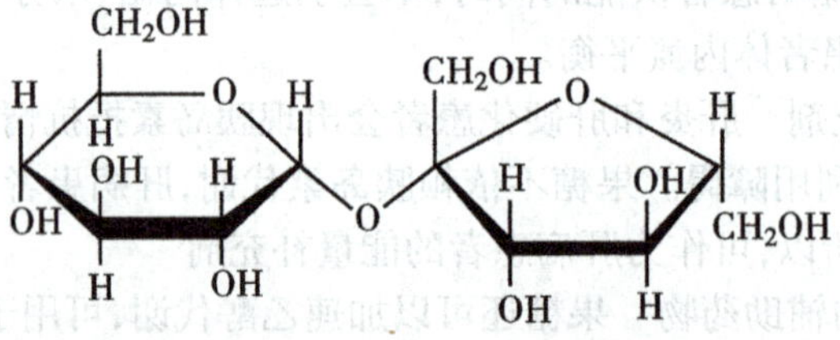

α -葡萄糖部分　　β -果糖部分

1405

图片：蔗糖的球棒模型

1406

图片：糖的甜度比较

蔗糖分子中已无苷羟基，在水溶液中不能转变成含醛基或酮基的开链结构，因而无还原性，是非还原性二糖，与托伦试剂、斐林试剂、本尼迪克特试剂均不反应。蔗糖在酸或转化酶的作用下，水解生成等量的葡萄糖和果糖的混合物。因此，蔗糖水解后能发生银镜反应。

$$C_{12}H_{22}O_{11} + H_2O \xrightarrow{H^+或酶} C_6H_{12}O_6 + C_6H_{12}O_6$$

蔗糖　　　　　　葡萄糖　果糖

(二) 麦芽糖

麦芽糖(maltose)为白色晶体，易溶于水，有甜味，主要存在于发芽的谷物种子中，尤其麦芽中含量高。在人体内，食物中的淀粉先经淀粉酶作用水解成麦芽糖，再经过麦芽糖酶的作用水解生成 2 分子葡萄糖，故麦芽糖是淀粉水解过程中的中间产物。

麦芽糖是由 1 分子 α-*D*- 吡喃葡萄糖 C_1 上的苷羟基与另一分子 *D*- 吡喃葡萄糖的 C_4 上的醇羟基之间脱水缩合，通过 α-1，4- 苷键结合而成的糖苷。其结构式为：

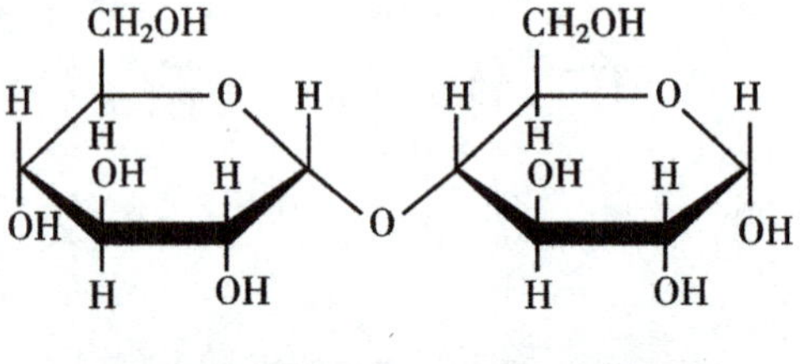

α-葡萄糖部分　　α-葡萄糖部分

因为麦芽糖分子中仍有一个自由的苷羟基，所以具有还原性，是还原性糖。能与托伦试剂、斐林试剂、本尼迪克特试剂等弱氧化剂反应，也能发生成苷反应。在酸或酶的作用下，麦芽糖可水解生成 2 分子葡萄糖。

1407

图片：麦芽糖的球棒模型

$$C_{12}H_{22}O_{11} + H_2O \xrightarrow{H^+或酶} 2C_6H_{12}O_6$$

麦芽糖　　　　　　葡萄糖

(三) 乳糖

乳糖(lactose)为白色结晶，通常含 1 分子结晶水，易溶于水，微甜。存在于哺乳动物的乳汁中，人奶中含 6%~8%，牛奶中含 4%~5%，它是婴儿发育必需的营养物质。

乳糖是由 1 分子 β-*D*- 吡喃半乳糖 C_1 上的苷羟基与另 1 分子 *D*- 吡喃葡萄糖 C_4 的醇羟基脱水，通过 β-1，4- 苷键结合而成。其结构式为：

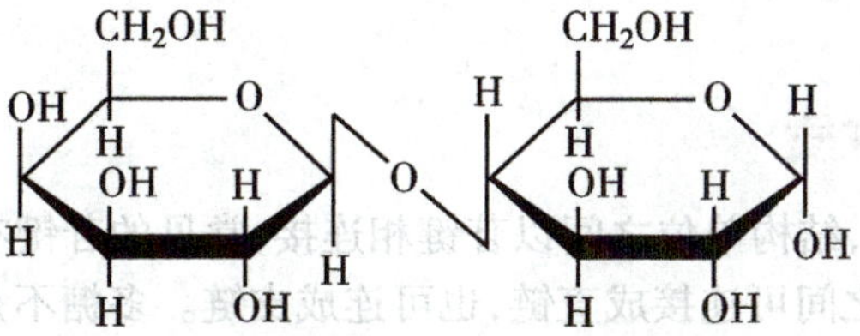

β-D-吡喃半乳糖　　　D-吡喃葡萄糖

乳糖分子中保留有苷羟基，属于还原性二糖。在稀酸或酶的作用下，乳糖水解生成半乳糖和葡萄糖。

$$\underset{乳糖}{C_{12}H_{22}O_{11}} + H_2O \xrightarrow{H^+或酶} \underset{葡萄糖}{C_6H_{12}O_6} + \underset{半乳糖}{C_6H_{12}O_6}$$

二、重要二糖的护理应用

1. 蔗糖　日常食用的白糖、红糖、冰糖的主要成分均为蔗糖，富有营养，主要供食用。

(1) 解毒保肝：蔗糖对肝病患者有提高肝的解毒能力，促进肝细胞恢复，保护肝脏的作用。食物中毒的患者，无医疗救助条件时，可立即服用大量的白糖水，能起到解毒保肝的作用。

(2) 防腐抗氧：无医疗救助条件时，对于轻度烫伤、擦伤及创口出血，可将蔗糖敷在清洗后的伤口上，能起到抑菌、消炎、止血的效果，有助于伤口的愈合，高浓度蔗糖能抑制细菌生长。浓度越高，渗透压越大，细菌无法生长，因此，蔗糖在医药上可作为防腐剂和抗氧剂。

(3) 其他应用：在医药上主要用作矫味剂和配制糖浆。蔗糖还能增加机体 ATP 的合成，提高氨基酸的活力与促进蛋白质的合成。

2. 乳糖　乳糖是哺乳动物乳腺分泌的一种双糖，是乳汁中最主要的一种碳水化合物。乳糖是婴幼儿及动物幼子哺乳期的营养的主要来源，是婴儿发育必须的营养物质；利用其易压缩成形和吸水性低的特点，在医药上常用作散剂、片剂的填充剂，在食品工业中，用作婴儿食品及炼乳品种。

乳糖在人体中不能直接被吸收，需要在乳糖酶的作用下分解才能被吸收，缺少乳糖分解酶的人群在摄入乳糖后，未被消化的乳糖直接进入大肠，刺激大肠蠕动加快，造成腹鸣、腹泻等症状称乳糖不耐受症。乳糖不耐症对婴幼儿影响较大，并会同时伴有尿布疹、呕吐、生长发育迟缓等，成人有时伴恶心反应。食用酸奶、低乳糖奶可以减缓乳糖不耐受症。

第三节　多　糖

生物体内的多糖

生物体内的多糖根据功能分为两类。一类主要参与形成动植物的支撑组织，如植物中的纤维素、甲壳类动物的甲壳素等；另一类在动植物体内贮存养分，如植物的淀粉、动物的糖原等。多糖在生物体内具有重要的生理活性。

请思考：

1. 植物多糖和动物多糖能不能相互转化？

2. 为什么把蔬菜类食物叫膳食纤维？

多糖是多个单糖分子脱水缩合，通过苷键连接而成的高分子化合物。广泛存在于动植物体内。根据其水解后的单糖是否相同，分为均多糖和杂多糖。水解生成同种单糖的称为均多糖，例如淀粉、糖原、纤维素等，可用通式 $(C_6H_{12}O_5)_n$ 表示。水解后生成两种或两种以上单糖或单糖衍生物的称为杂

多糖，如透明质酸、肝素等。

一、多糖的结构和性质

多糖的结构单位是单糖，结构单位之间以苷键相连接，常见的苷键有 α-1，4- 苷键，α-1，6- 苷键和 β-1，4- 苷键。结构单位之间可连接成直链，也可连成支链。多糖不是纯净物，而是聚合程度不同的混合物。

多糖的性质与单糖和二糖有较大的区别。多糖一般为无定形粉末，没有甜味，大多数不溶于水，个别能与水形成胶体溶液。多糖的相对分子量很大，只有糖链末端的单糖保留了苷羟基，因此，多糖无还原性和旋光现象。多糖是糖苷，在酸或酶作用下逐步水解，生成一系列复杂的中间产物，但最终完全水解为单糖。

多糖是与生命现象有关的一类化合物。如淀粉是植物体内储存的养料，也是人类食物的主要成分；糖原是动物体内糖的储存形式；纤维素是形成植物骨干的原料等。

（一）淀粉

主要存在于植物的种子或块根里，其中谷类含淀粉较多。如大米约含淀粉 80%，小麦约含 70%，马铃薯约含 20% 等。

淀粉是一种白色、无气味、无味道的粉末状物质。根据结构不同，淀粉可分为直链淀粉（amylose）和支链淀粉（amylopectin）。

淀粉分子中约含有几百个到几千个葡萄糖单元，它的相对分子质量从几万到几十万。天然淀粉由直链淀粉和支链淀粉组成。天然淀粉是直链淀粉和支链淀粉的混合物。如玉米淀粉中，直链淀粉占 27%，其余为支链淀粉；糯米几乎全部是支链淀粉，直链淀粉比支链淀粉容易消化。

1. 直链淀粉　又称可溶性淀粉，溶于热水呈胶体溶液，是一种没有分支的长链多糖，其分子含有 1000~4000 个 α- 葡萄糖单元。它们是 α- 吡喃葡萄糖通过 α-1，4- 苷键反复连接的线状聚合物。直链淀粉的结构式为：

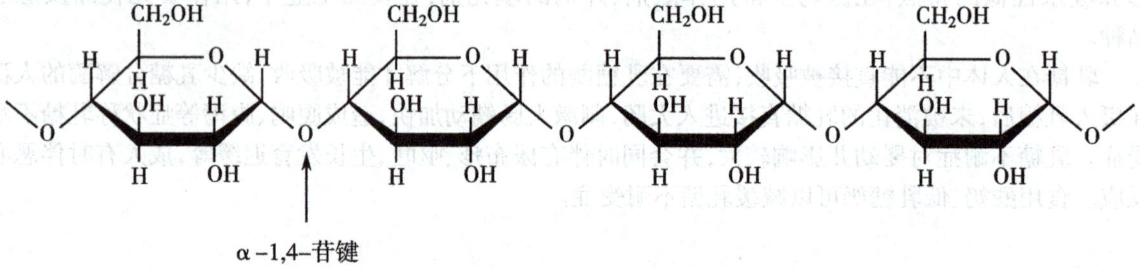

α-1,4-苷键

直链淀粉分子内通过氢键相互作用，有规律的卷曲成螺旋状，每个螺旋圈约有 6 个葡萄糖结构单位（图 14-1）。

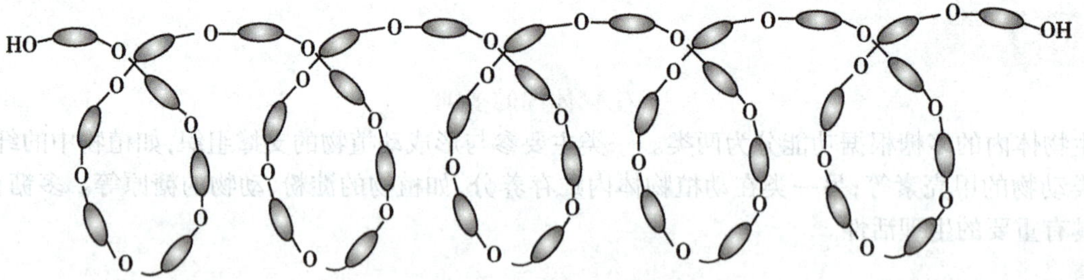

图 14-1　直链淀粉结构示意图

直链淀粉遇碘呈深蓝色，这个反应非常灵敏，加热时蓝色消失，冷却时又出现，常用于淀粉或碘的互相鉴别。

2. 支链淀粉　支链淀粉不溶于热水，但遇热水膨胀变黏而成糊状，又称为不溶性淀粉。是一种分支较多，相对分子质量比直链淀粉更大的多糖，它一般含有 145 万个葡萄糖单元。其结构式如下：

α-1,6-苷键

α-1,4-苷键

支链淀粉中 *D*- 葡萄糖之间以 α-1,4- 苷键连接成直链，直链上每隔 20~25 个葡萄糖单位便分出 1 个分支，而所有支链的分支处连接点都以 α-1,6- 苷键连接。支链淀粉的结构见图 14-2。

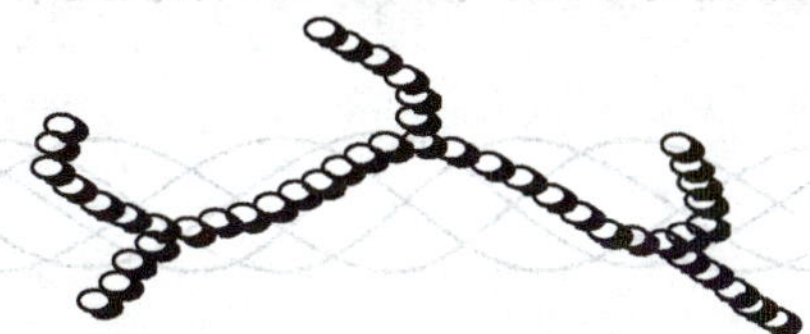

图 14-2 支链淀粉结构示意图

纯支链淀粉遇碘呈蓝红色，因天然淀粉是直链淀粉和支链淀粉的混合物，遇碘显蓝紫色。

通常淀粉不显还原性，但它在催化剂（如酸）存在和加热条件下可逐步水解，生成一系列比淀粉分子小的化合物，最后生成还原性葡萄糖。

$$\underset{\text{淀粉}}{(C_6H_{10}O_5)_n} \xrightarrow{H_2O} \underset{\text{糊精}}{(C_6H_{10}O_5)_m} \xrightarrow{H_2O} \underset{\text{麦芽糖}}{C_{12}H_{22}O_{11}} \xrightarrow{H_2O} \underset{\text{葡萄糖}}{C_6H_{12}O_6}$$

淀粉在人体内也可进行水解。人们在咀嚼米饭或馒头时，淀粉受唾液淀粉酶的催化作用，水解成一部分麦芽糖，因此会感到有甜味。淀粉在小肠里，在胰腺分泌的淀粉酶作用下，最终水解成葡萄糖，经小肠壁进入血液，供人体组织的营养需要。

（二）糖原

糖原是人和动物体内储存的一种多糖。人体将食物中的淀粉在小肠水解为葡萄糖，吸收后经血液循环运送到全身，一部分可在肝脏和肌肉组织合成糖原储存，分别称为肝糖原和肌糖原。人体内约含糖原 400g。

糖原的结构单位是 α-*D*- 葡萄糖，相对分子质量可高达 1×10^8。糖原的结构和支链淀粉相似，葡萄糖单位之间以 α-1,4- 苷键结合直链，直链上每隔 8~10 个 *D*- 葡萄糖单位就有 1 个以 α-1,6- 苷键连接的分支，每条短链是 12~18 个 *D*- 葡萄糖单位。糖原比支链淀粉相对分子质量更大，分支更密，结构更为复杂（图 14-3）。

糖原是无定形粉末，可溶于水形成透明的胶体溶液，遇碘液呈棕红色。

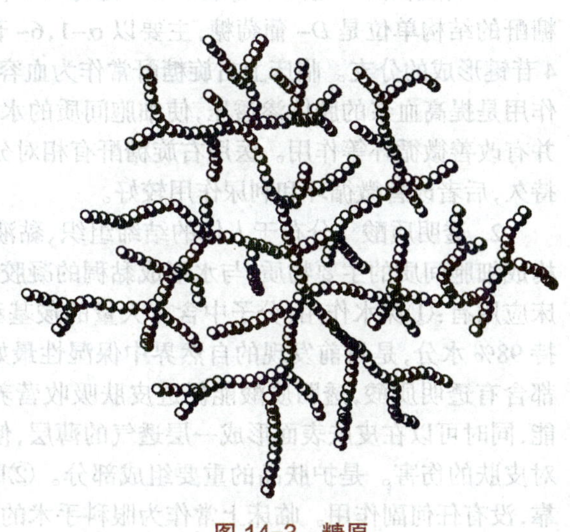

图 14-3 糖原

糖原代谢对维持人体血糖浓度恒定有着重要的调节作用。当血液中葡萄糖含量增高时，在激素和酶作用下，肝把多余的葡萄糖转化成糖原储存；当血糖浓度降低时，肝糖原立即分解为葡萄糖进入血液，以维持血糖水平，为脑、心肌等组织提供能量。肌糖原可分解为乳酸，在肝脏异生为葡萄糖。

（三）纤维素

纤维素是自然界中分布最广、存在量最多的多糖，是构成植物细胞壁的主要成分，也是植物体的支撑物质。一切植物中均含有纤维素。纤维素是*D*-葡萄糖单位通过β-1,4-糖苷键连接而不含支链的线性高分子化合物。其结构如下：

β-1,4-苷键

每个分子中至少含有约1500个葡萄单元，每100~200条彼此平行的纤维素通过分子间氢键作用呈绳索状排列（图14-4）。

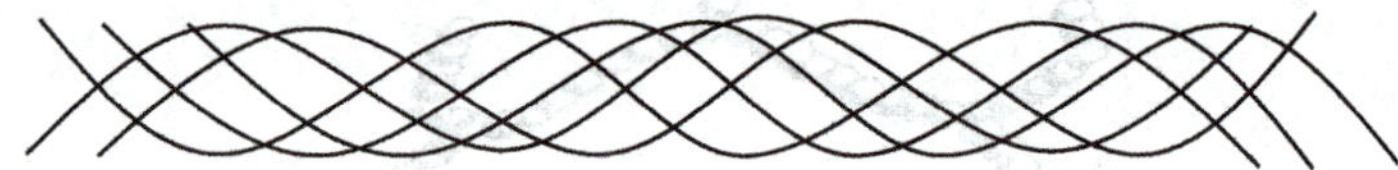

图14-4 纤维素的绳索状排列

纤维素是白色物质，不溶于水，韧性很强，在高温、高压下经酸水解的最终产物是葡萄糖。纤维素没有还原性。

纤维素虽然是由葡萄糖组成，但人体内没有水解纤维素的酶，因此，纤维素不能直接作为人类的能源物质。膳食中的纤维虽不能被人体消化吸收，但能刺激胃肠蠕动、防止便秘、排除有害物质、减少胆酸和胆固醇的肝肠循环、降低血清胆固醇、影响肠道菌、抗肠癌等作用，因此，食物中含有一定量纤维素有益健康。牛、马、羊等食草动物的胃能分泌纤维素水解酶，能将纤维素水解成葡萄糖，所以纤维素可作为食草动物的饲料。纤维素的用途很广，医用纱布、脱脂棉是临床上的必需品，在药物制剂中，纤维素经处理后可用作片剂的黏合剂、填充剂、崩解剂、润滑剂和良好的赋形剂。

二、重要多糖的护理应用

1. 右旋糖酐　是人工合成的*D*-葡萄糖聚合物，因它是右旋糖的脱水产物，故名右旋糖酐。右旋糖酐的结构单位是*D*-葡萄糖，主要以α-1,6-苷键连接成长链，还有少量通过α-1,3-苷键或α-1,4苷键形成的分支。临床上右旋糖酐常作为血容量扩充剂使用，用于大失血后补充血容量。它的主要作用是提高血浆的胶体渗透压，使细胞间质的水和电解质回流到血管内，从而扩充血容量，维持血压；并有改善微循环等作用。医用右旋糖酐有相对分子质量为70 000和40 000两种，前者扩充血容量较持久，后者改善微循环和利尿作用较好。

2. 透明质酸　分布于人体的结缔组织、黏液组织、眼球的晶状体等组织中。与蛋白质结合后，是构成细胞间质的主要物质；与水形成黏稠的凝胶，有很大的黏性，有黏合、润滑和保护细胞的作用。临床应用有：①保水作用：分子中含有大量的羧基和羟基，具有强大保水作用，2%纯透明质酸能牢固保持98%水分，是目前发现的自然界中保湿性最好的物质，被称为理想的天然保湿因子。真皮和表皮都含有透明质酸，透明质酸能促进皮肤吸收营养，增加皮肤弹性，延缓皮肤衰老，具有强大的除皱功能，同时可以在皮肤表面形成一层透气的薄层，使皮肤紧致、光滑和湿润，并可阻隔细菌、灰尘、紫外线对皮肤的伤害。是护肤品的重要组成部分。②眼科的理想材料：透明质酸作为医用新型材料安全可靠，没有任何副作用。临床上常作为眼科手术的理想材料，应用于眼球晶体手术移植等。透明质酸可

以用作隐形眼镜的保湿剂和透皮保湿剂。透明质酸添加于眼药水中，可以保护和润湿眼睛。③透明质酸还具有刺激免疫系统，阻止癌细胞扩散，促进细胞修复和伤口愈合，防止感染和术后粘连等特殊功效。

3. 肝素 是由 *D*- 葡糖胺、*L*- 艾杜糖醛酸、N- 乙酰葡糖胺及葡糖醛酸交替组成的黏多糖硫酸酯，分布在肝、肺、血管壁、肠黏膜等组织中，因最初在肝中发现，故名肝素。肝素是人和动物体内的一种天然抗凝血物质，是凝血酶的对抗物。临床上利用肝素的抗凝血作用，广泛用作血液的抗凝剂，也用于防止某些手术后可能发生的血栓及脏器的粘连。还可用作静脉留置针头的封管药物。

思考题

如何用化学方法鉴别葡萄糖、果糖、蔗糖和淀粉？

思路解析

扫一扫，测一测

目 标 检 测

一、名词解释

1. 糖
2. 单糖
3. 糖原

二、填空题

1. 葡萄糖可以发生银镜反应，同时可以和新制的氢氧化铜发生反应生成砖红色的沉淀，表明葡萄糖有________性。

2. 把氢氧化钠溶液和硫酸铜溶液加入到病人的尿液中，微热时如果观察到红色沉淀，说明这名病人的尿液中含有________。

3. 在麦芽糖、蔗糖和葡萄糖中，不能发生银镜反应的是________。可以发生水解反应的是______、______。

4. 正常成人的血糖含量是__________mmol/L。

三、区分下列各组化合物

1. 葡萄糖和果糖
2. 葡萄糖和蔗糖
3. 果糖和蔗糖

（查诚）

笔记

第十五章 常用化学消毒剂

1. 掌握：医院常用化学消毒剂的配制、使用方法及注意事项。
2. 熟悉：化学消毒剂的分类及适用范围。
3. 了解：化学消毒剂的概念及作用机制。
4. 培养学生具有严谨认真的职业道德与职业素质。

在日常生活和医疗卫生工作中，我们会接触形形色色的致病微生物。护理实践中需要掌握一定的消毒灭菌知识，才能有效预防疾病传播和控制医院感染。只有熟悉各种化学消毒剂的理化性质，才能更好地发挥消毒灭菌作用。

消毒灭菌（sterilization）是指用物理或化学的方法杀灭或清除传播媒介上的病原微生物的过程。消毒灭菌法有物理消毒灭菌法和化学消毒灭菌法。凡不适于热力消毒灭菌的物品都可以用化学消毒灭菌法。化学消毒灭菌法是利用化学物质抑制微生物的生长繁殖或杀灭微生物的方法。用于消毒的化学物质称为化学消毒剂，简称消毒剂。

化学消毒剂（chemosterilant）的作用原理是：①破坏细胞膜的结构，改变细胞膜通透性，影响细胞传递活性或能量代谢，甚至引起细胞破裂、溶解。如表面活性剂、酚类及醇类等。②药物渗透到菌体内，使蛋白质变性或凝固，从而影响蛋白质结构、造成蛋白质变性。如乙醇、氧化剂、醛类等。③改变蛋白质与核酸功能基团或改变酶的活性，如氧化剂、重金属盐与细菌内酶的化学基团结合使其失去活性。

常用的化学消毒法有熏蒸、喷洒、浸泡和擦拭消毒等。

化学消毒剂按照杀菌能力可分为灭菌剂、高效消毒剂、中效消毒剂、低效消毒剂；按照其化学成分的不同，消毒剂包括无机消毒剂和有机消毒剂。

第一节 无机消毒剂

化学消毒剂

消毒灭菌是护理实践中预防疾病传播和控制院内感染的重要手段。化学消毒剂是进行消毒灭菌的重要物质，包括无机消毒剂和有机消毒剂。

请思考：常用的无机消毒剂有哪些？

常用的无机消毒剂有含氯消毒剂、含碘消毒剂、过氧化物类消毒剂和高锰酸钾等。

一、含氯消毒剂

(一) 作用机制

含氯消毒剂是指溶于水产生次氯酸，具有消灭微生物活性的一类消毒剂，包括次氯酸钠、次氯酸钙、氯化磷酸三钠、氯胺T等，属于高效消毒剂。次氯酸具有较强的氧化能力，可作用于细菌细胞壁、病毒外壳，而且分子量小，不带电荷，易扩散到细菌表面，并穿透细胞膜进入菌体内，使菌体蛋白氧化导致细菌死亡。含氯消毒剂可以杀灭各种微生物，包括细菌繁殖体、病毒、真菌、结核杆菌和抵抗力很强的细菌芽胞。含氯消毒剂是以其含有效氯多少来确定消毒能力的，有效氯的含量越高，消毒能力越强。

(二) 适用范围

含氯消毒剂常用于环境、物品表面、餐具、饮用水、污水、排泄物、废弃物及疫源地的消毒。常用方法有浸泡、擦拭、喷洒等，通常将待消毒的物品放入装有含氯消毒剂的加盖容器中浸泡消毒。

(三) 使用方法

1. 浸泡法和擦拭法　含有效氯0.02%的消毒液，用于被细菌繁殖体污染的物品，浸泡时物品应浸没，容器应加盖。时间10分钟以上，不能浸泡时可进行擦拭；含有效氯0.2%的消毒液，用于被肝炎病毒、结核杆菌和细菌胞芽污染的物品，时间30分钟以上。

2. 喷洒法　一般物品表面用含有效氯0.05%的消毒液均匀喷洒，时间30分钟以上；被肝炎病人、结核杆菌污染的物品表面，用含有效氯0.2%的消毒液喷洒，时间60分钟以上。

3. 干粉消毒法　将排泄物5份加含氯消毒剂1份进行搅拌，放置2~6小时；尿液100ml加漂白粉1g，放置1小时。

(四) 注意事项

1. 固体稳定而水溶液不稳定，消毒液应密封保存在阴凉、干燥、通风处，以减小有效氯的丧失，并现用现配。
2. 对皮肤有刺激作用，使用时应做好防护。不能用于手术缝合线的消毒。
3. 对纺织品有漂白作用，不能用于有色衣物及油漆家具的消毒。
4. 对金属有腐蚀性，一般不用于金属器械的消毒。
5. 消毒餐具后应用水冲洗，以除去残留氯。
6. 有机物和pH升高均降低其杀菌能力，污染程度高时要提高消毒液的浓度。

二、含碘消毒剂

(一) 作用机制

含碘消毒剂包括碘酊和碘附，属于中效消毒剂。能卤化微生物蛋白质使其死亡，可杀灭细菌繁殖体、真菌和部分病毒，作用迅速而持久，且无毒害。常用于皮肤黏膜消毒、医疗器械应急处理及外科洗手消毒。

视频：含碘消毒剂

(二) 适用范围和使用方法

碘酊主要用于手术前注射部位的皮肤消毒及小切口及擦伤处理；碘附主要用于皮肤和黏膜的消毒，外科手术和注射部位的消毒，口腔黏膜，妇科冲洗，烧伤、创伤消毒，术后洗手，术者洗手，医疗器械消毒，餐具、茶具消毒，水果蔬菜消毒，污染的衣物、用具等的消毒。

2%碘酊用于皮肤消毒和一般皮肤感染，涂擦后20秒，再用75%乙醇溶液脱碘。0.5%碘附溶液用于皮肤消毒，2%碘附溶液用于消毒体温计，应连续浸泡2次，每次30分钟。

(三) 注意事项

1. 碘对皮肤黏膜有刺激作用，浓度过高会引起皮肤发泡，形成碘伤，因此，碘酊不能用于眼、口腔、黏膜消毒，破伤处不能涂擦，消毒后要用75%乙醇溶液脱碘。
2. 碘对金属有腐蚀作用，不能浸泡金属器械。

3. 碘易挥发，应密闭于棕色瓶、置阴凉处、避光保存。
4. 对碘皮肤过敏者禁用。新生儿慎用。
5. 碘附用离子表面活性剂配制，故受溶液中拮抗物质的影响。避免与拮抗物质同用。

护考考点链接 1

三、无机消毒剂的配制

(一) 根据有效成分含量配制

含氯消毒剂、含碘和过氧化氢等消毒剂，根据消毒剂的种类不同，原液和消毒液有效成分含量不同，可根据浓度计算公式或稀释定律进行配制。使用前要检测其有效成分。

常见含氯消毒剂的有效氯含量：次氯酸钠 10%~12%，漂白粉 25%，漂白精 80%，氯胺 5.5%~6.5%；84 消毒液 1.0%~1.2%；含有效氯高浓度的为高效消毒剂，低浓度的为中效消毒剂。

碘酊原液直接可以消毒。碘附是碘与表面活性剂的不定型结合物。5% 的溶液含有效碘 250mg/L，20% 的溶液含有效碘 1000mg/L，用时按有效碘含量用灭菌蒸馏水配制。碘附用于阴道黏膜消毒时，将 5% 的碘附稀释 10 倍即得所需浓度；用于口腔黏膜消毒，将其稀释 2~5 倍即得所需浓度。

(二) 用固体物质配制消毒液

高锰酸钾、漂白粉等固体物质，可根据所需浓度计算用量，称量后加蒸馏水配制。消毒液盛放的容器应加盖，使用过程中应强化其浓度的检测。

例 15-1　如何配制 0.1% 的高锰酸钾溶液 5000ml？

解：水的密度是 $1g/cm^3$，而 0.1% 的溶液是极稀的溶液，1000ml 溶液可看作质量约 1000g。

根据质量分数 $\omega=\frac{m_B}{m}$，得：

$$m_B=m\times\omega=5000\times0.1\%=5(g)$$

配制方法：称取 5g 高锰酸钾，加入 5000ml 蒸馏水溶解即可。

例 15-2　用 5% 的碘附消毒液配制 0.5% 的碘附消毒液 10L，如何配制？

解：根据稀释定律：$C_1\times V_1=C_1\times V_2$

$$V_1=\frac{C_2\times V_2}{C_1}=\frac{0.5\%\times10}{5\%}=1.0(L)=1000ml$$

配制方法：取 1000ml 5% 的碘附消毒液，加蒸馏水至 10L，混匀即可。

过氧化氢

过氧化氢（H_2O_2），可以任意比例与水混溶，是一种强氧化剂，水溶液俗称双氧水，为无色透明液体。双氧水分医用、军用和工业用三种，日常消毒的是医用双氧水，医用双氧水可杀灭肠道致病菌、化脓性球菌，一般用于物体表面消毒。因为过氧化物不稳定，故过氧化氢很容易发生下列反应：

$$H_2O_2 \longrightarrow H_2O + (O)$$

当它与皮肤、口腔和黏膜的伤口、脓液或污物相遇时，立即分解生成氧。这种尚未结合成氧分子的氧原子，具有很强的氧化能力，与细菌接触时，能破坏细菌菌体，杀死细菌。杀菌后剩余的物质是无任何毒害、无任何刺激作用的水，不会形成二次污染。因此，双氧水是伤口消毒理想的消毒剂，但不能用浓度大的双氧水进行伤口消毒，以防灼伤皮肤及患处。医疗上常用 3% 的双氧水进行伤口或中耳炎消毒，此外，2%~3% 的双氧水经常会作为冲洗药物而应用于口腔医学。

第二节　有机消毒剂

新型消毒剂——戊二醛

戊二醛是近年来使用较广泛的化学消毒剂，具有广谱高效杀菌作用，对金属腐蚀小，受有机物影响小等特点。市售戊二醛是质量分数2%的酸性溶液，而戊二醛消毒液常为2%的碱性溶液。

请思考：

1. 如何将2%的戊二醛酸性溶液调为碱性溶液？
2. 如何检测戊二醛消毒液是否失效？

常见的有机消毒剂有醛类、醇类、酚类、烷基化类、季铵盐类等。

一、醛类消毒剂

醛类消毒剂属高效广谱消毒剂，常用的有甲醛和戊二醛两种。其消毒原理是通过作用于微生物蛋白质中的氨基、羧基、羟基和巯基，从而破坏蛋白质分子，使微生物死亡。甲醛和戊二醛可以杀灭各种微生物，但它们对人体皮肤、黏膜有刺激和固化作用，并可使人致敏，因此，不可用于空气、食具等消毒，仅用于医疗器械的消毒或灭菌，且经过消毒或灭菌的物品，必须用灭菌水将残留的消毒液冲洗干净才可使用。

（一）甲醛

40%的甲醛水溶液称为福尔马林，有较强的杀菌作用，是常用的高效消毒剂和防腐剂，适用于皮毛、人造纤维、丝织品等不耐热物品。

1. 消毒作用及影响因素　甲醛为广谱杀菌剂，可杀灭各种微生物。浓度增加，时间延长，温度升高，杀菌作用均增强；有机物可降低其杀菌作用。

2. 适用范围　甲醛可用于大多数物品的消毒或灭菌，特别适于忌湿物品，如毛、皮制品的熏蒸消毒、生物制品的防腐，但不能用于食品的消毒。

10%的甲醛水溶液用于浸泡解剖材料或病理组织标本；0.3%~0.4%的甲醛用于疫苗生产中灭活病毒；8%甲醛－醇（70%乙醇）溶液用于浸泡医疗器械，5~10分钟达到消毒，18小时达到灭菌；用4%甲醛－硼砂（5%）溶液，浸泡金属器械过夜可以灭菌。也可用甲醛蒸气杀灭细菌芽胞。

3. 注意事项　甲醛对人体有一定的刺激性，使用时应注意防护，浸泡消毒的物品应用无菌水冲洗干净，熏蒸消毒后要充分通风散气。甲醛在低于5℃下易聚合，故不宜放冰箱内保存。

（二）戊二醛

1. 消毒作用和影响因素　戊二醛属广谱高效灭菌剂。温度升高，戊二醛杀菌作用增强；在pH 7.5~8.5时，戊二醛杀菌作用最强，pH>9.0，戊二醛则迅速发生聚合，杀菌作用也迅速丧失。

2. 适用范围　戊二醛对多种细菌、真菌和乙肝病毒等有杀灭作用。常用于消毒或灭菌医疗器械，特别适用于金属器械和耐湿忌热的精密仪器，也可用于卫生防疫消毒。常用戊二醛溶液浸泡外科或产科、牙科、泌尿科手术器械、内镜、麻醉装置、人工呼吸器、体温计、橡胶和塑料制品；戊二醛溶液也常用于擦拭门窗、桌椅、床、墙、地面等；常用喷雾或熏蒸的方法对空气进行消毒。

戊二醛原液用0.3% $NaHCO_3$溶液配制成2%水溶液，供消毒使用。杀灭细菌需10~20分钟；肝炎病毒需30分钟；芽胞需4~12小时。2%戊二醛常用于浸泡金属器械及内镜等，消毒时间需30~60分钟，灭菌时间需10小时。5%~10%的戊二醛溶液可用于除去面部以外的寻常疣。

3. 注意事项　戊二醛对皮肤、黏膜有刺激性，特别是在接触浓溶液时应戴橡皮手套；防止溅入眼内或吸入，若不慎溅入眼内时，应立即用大量水冲洗；乳胶及聚氯乙烯等制品用戊二醛浸泡后应用水

冲洗 10 分钟或在水中浸泡 2 小时后才能使用；戊二醛适用于不耐热医疗器械的消毒杀菌，对手术刀片等有腐蚀性，使用中应加入 0.5% 亚硝酸钠防锈。

护考考点链接 2

二、醇类消毒剂

（一）作用机制

醇类消毒剂属中效消毒剂，具有消毒作用快、无毒、无色、无不良气味、作用于皮肤挥发快、不遗留残渣和毒性、不损害皮肤、价廉易得等优点。

醇类消毒剂杀灭微生物的作用原理是：①破坏蛋白质的肽链，使之变性；②侵入菌体，破坏蛋白质表面的水膜，使之失去活性，引起微生物新陈代谢障碍；③溶菌作用。

医学上常用乙醇和异丙醇两种，其中应用最广的是乙醇。

（二）适用范围

由于醇类易挥发，应采用浸泡式消毒或反复擦拭以保证作用时间。

50% 以上的乙醇水溶液具有杀菌作用，而 70%~75% 时杀菌力最强，更高浓度时由于很容易凝固蛋白，蛋白沉淀于微生物细胞表面，因而降低杀菌作用。

75% 的乙醇用于皮肤消毒，也可用于浸泡锐利金属器械及体温计；20% 的乙醇溶液可用于涂擦卧床病人的皮肤，以防发生褥疮；25%~30% 的乙醇溶液可用于擦浴，以降低病人的体温。

醇类可作为某些消毒剂的溶剂，而且有增效作用。如在临床上乙醇可与碘酊、氯已定、新洁尔灭协同杀菌，能迅速杀灭细菌繁殖体，革兰阴性菌尤为敏感。因其对芽胞及病毒无作用，故不能用于外科手术器械消毒。

（三）注意事项

1. 乙醇易挥发，需加盖保存，定期测试，保持有效浓度。
2. 乙醇有刺激性，不宜用于黏膜及创面消毒。
3. 乙醇易燃，应存放于阴凉，使用时切记远离明火。

三、酚类消毒剂

（一）作用机制

酚类消毒剂包括苯酚、甲酚、卤代苯酚及酚的衍生物等，属于中效消毒剂。其杀菌机制是：酚类作用于细胞膜，导致细胞成分嘌呤、嘧啶、核糖等丢失，同时也作用于呼吸酶系统，如六氯酚抑制微生物细胞色素氧化酶，导致微生物死亡。

（二）适用范围

医药上使用最普遍的是来苏尔。含甲酚为 48%~52% 的甲酚皂溶液，俗称来苏儿，为黄棕色至红棕色黏稠液体，有甲酚特殊气味，能与乙醇混合成澄清液体。

甲酚的 2%~5% 的消毒液可杀灭细菌繁殖体，可破坏肉毒毒素。来苏儿对结核杆菌有一定杀灭作用，能灭活亲脂病毒，不能灭活亲水病毒，不能杀灭细菌芽胞。

来苏儿常用于手、器械、环境及排泄物等消毒；用 1%~3% 溶液作擦拭或喷洒，可对污染物体表面进行消毒，如家具、地板、便器、运输工具等，需 30~40 分钟；用 1%~5% 溶液浸泡实验室器皿，需 30~60 分钟；用 5% 的溶液对结核杆菌污染的物品进行浸泡消毒，需 1~2 小时；用 5%~10% 的溶液可对排泄物消毒。

（三）注意事项

1. 使用来苏儿不宜用硬水配制，因硬水可沉淀其中的肥皂，降低杀菌力。
2. 来苏儿毒性大，气味易滞留，勿用于食品或食具消毒。
3. 因来苏儿属于天然酚类，其对人体有毒，且不易裂解，对水及环境有害，目前已较少用作常规消毒，并逐渐被其他消毒剂代替。

此外，卤代苯酚可增强苯酚的杀菌作用，例如三氯羟基二苯醚作为防腐剂以及广泛用于临床消毒、防腐。

四、过氧乙酸消毒剂

过氧乙酸是无色透明液体，易挥发，有刺激性酸味，易溶于水和乙醇等有机溶剂，遇热、有机物、重金属离子、强碱等易分解。

(一) 作用机制

过氧乙酸的杀菌原理是：①溶于水产生过氧化氢，发挥氧化作用。直接氧化微生物外层结构，使其内外物质平衡受到破坏导致死亡。可直接与微生物蛋白质、核酸作用，导致其死亡。②其强酸性和电离出的乙酸可改变细菌内 pH，影响微生物的正常代谢。③与强酸、碱、无机氧化剂和还原剂均能发生剧烈反应，放出大量热。

(二) 适用范围

过氧乙酸是一种杀菌能力较强的高效消毒剂，是强氧化剂，它可以迅速杀灭各种微生物，包括病毒、细菌、真菌及芽胞。常用于皮肤、体温计、便器、室内表面、餐具等。通常可用浸泡、喷洒、涂抹等消毒方法。0.1%~0.2% 溶液用于洗手消毒，浸泡 1 分钟；0.3%~0.5% 溶液用于器械消毒，浸泡 15 分钟；0.04% 溶液用于餐具、空气及垃圾物消毒；20% 的成品熏蒸用于无菌室消毒；1% 的溶液浸泡可治疗手足癣。2% 过氧乙酸喷雾或加热过氧乙酸，可在密闭条件下用于空气消毒，需 1 小时后开窗通风。

(三) 注意事项

1. 市售的过氧乙酸的浓度为 16%~40% 的；原液浓度低于 12% 时禁用。
2. 稳定性差，室温下分解放出氧气，遇明火、高温发生自燃或爆炸。需放在有盖的塑料瓶或桶内，密封保存。应现配现用。
3. 高浓度溅上皮肤、黏膜、眼睛，立即用大量清水洗涤。
4. 消毒被血液、脓液污染的物品，需用较长的时间。
5. 过氧乙酸腐蚀性极强，必须按比例稀释后使用，否则会造成灼伤。
6. 过氧乙酸具有腐蚀性和漂白性，因此，一些物品及衣物消毒后必须立即洗涤干净。
7. 由于过氧乙酸对金属有腐蚀性，不能浸泡金属类物品。

五、季铵盐类消毒剂

(一) 作用机制

季铵盐类消毒剂是一种阳离子表面活性剂。常用的有新洁尔灭、杜米芬和消毒净。它们均属于低效消毒剂。

季铵盐类消毒剂中应用最广泛的是新洁尔灭。新洁尔灭的分子式为 $C_{21}H_{38}NBr$，相对分子质量 384。新洁尔灭在常温下为黄色胶状体，低温时可逐渐形成蜡状固体，芳香气味，味极苦，水溶液呈碱性，振摇多泡沫，易溶于水和乙醇，微溶于丙酮，不溶于乙醚或苯中。其结构为：

$$\left[\mathrm{C_6H_5}-\mathrm{CH_2}-\overset{\mathrm{CH_3}}{\underset{\mathrm{CH_3}}{\mathrm{N}}}-\mathrm{C_{12}H_{25}}\right]^+ \mathrm{Br^-}$$

杀菌原理是：①改变细胞渗透性，使菌体破裂；②使蛋白质变性，灭活菌细胞内的脱氢酶、氧化酶以及分解葡萄糖、琥珀酸盐、丙酮酸盐的酶系统；③具有良好的表面活性剂作用，可高度聚集于菌体表面，影响细菌新陈代谢，从而导致细菌死亡。

(二) 适用范围

新洁尔灭对化脓性细菌、肠道菌及部分病毒有一定的杀灭能力；对结核杆菌、真菌的杀灭效果不好；对细菌芽胞仅能起抑制作用。对革兰阳性菌杀灭能力强，而对革兰阴性菌及肠道病毒作用弱。不能用于灭活乙肝病毒、结核杆菌的消毒，也不能用于杀灭细菌芽胞。新洁尔灭主要用于医疗与卫生防疫消毒，不能用于灭菌。

消毒方法有浸泡法、擦拭法和喷洒法。0.05%~0.1% 的溶液可用于外科手术前的洗手，浸泡 5 分钟；0.1% 的溶液用于器械浸泡消毒，须加入 0.5% 亚硝酸钠防锈，煮沸 15 分钟，再浸泡 30 分钟；0.1% 的溶

液可用于皮肤消毒和霉菌感染，需 5 分钟；0.1%~0.2% 溶液用于环境表面消毒，需 30 分钟。

新洁尔灭消毒时，温度升高，杀菌作用将增强；而有机物、硬水可降低消毒效果；pH 越低，杀菌效果越好；多种盐类及金属离子对新洁尔灭有拮抗，如碘、碘化钾、硝酸银、硫酸锌、水杨酸盐等盐类及钙、镁、铁、铝等金属离子。

（三）注意事项

1. 新洁尔灭为低效消毒剂，易被微生物污染。外科洗手液必须是新鲜的。每次更换时，盛器必须进行灭菌处理。用于消毒其他物品的溶液，最好随用随配，放置时间一般不超过 2~3 天。使用次数多，或发现溶液变黄、浑浊及产生沉淀时，应随时更换。

2. 苯扎溴铵是阳离子表面活性剂，对阴离子表面活性剂（如肥皂）有拮抗作用，不能与肥皂或其他阴离子洗涤剂同用，也不可与碘或过氧化物等消毒剂合用。消毒物品或皮肤表面黏有拮抗物质时，应清洗后再消毒。

3. 新洁尔灭有吸附作用，溶液内勿投入纱布、毛巾等，以免降低药效。

4. 新洁尔灭对铝制品有破坏作用，不可用铝制容器盛装。

5. 新洁尔灭不宜用于消毒粪、尿、痰等；不能用于外科手术器械灭菌处理；不能用于结核杆菌与乙肝病毒的消毒。

护考考点链接 3

6. 很多因素如有机物、硬水、拮抗物质都能减低其杀菌效果。若消毒含有机物的物品时，要加大消毒剂的浓度或延长作用的时间。

六、烷基化类消毒剂

（一）作用机制

烷基化类消毒剂是一类主要通过微生物的蛋白质、DNA 和 RNA 的烷基化作用而将微生物灭活的消毒灭菌剂，主要用其气体消毒，是一类高效灭菌剂。常用的有环氧乙烷和环氧丙烷等。这里主要介绍环氧乙烷。

环氧乙烷分子式为 C_2H_4O，相对分子质量 44。低温时为无色液体，具乙醚气味，沸点 10.8℃，贮于钢瓶、耐压铝瓶或玻璃瓶内，能溶于水、乙醇和乙醚，可溶解聚乙烯和聚氯乙烯。在常温下为无色气体，易燃、易爆，在空气中浓度达 3% 以上即有爆炸危险。

环氧乙烷的杀菌原理是通过对微生物的蛋白质、核酸的烷基化作用，干扰酶的正常代谢而使微生物死亡。环氧乙烷可杀灭各种微生物，属高效灭菌剂。具有活性高，穿透力强，不损伤物品，不留残毒等优点。

影响环氧乙烷杀菌作用的因素有：①温度升高，杀菌作用增强；②浓度增高，杀菌时间可缩短；③相对湿度对小型容器以 30%~35% 为宜，容积超过 $0.15m^3$ 以 60%~80% 为宜；④有机物可降低杀菌作用；⑤对玻璃、金属等无孔材料消毒效果差，对棉、布、纸等有孔材料消毒效果好。

（二）适用范围

环氧乙烷常用于各种物品的熏蒸消毒或灭菌，多用于一次性使用的医疗卫生用品的灭菌及皮毛的消毒，也可用于医疗忌热、忌湿物品的灭菌与卫生防疫消毒，但不适于食品或饮料的消毒，也不能用于房间的消毒。环氧乙烷不损害消毒的物品且穿透力较强，故大多数不宜用一般方法消毒的物品均可用环氧乙烷消毒或灭菌。如气管镜、膀胱镜、胃镜、手术器械和一次性使用的诊疗用品等。

（三）注意事项

1. 按环氧乙烷消毒装置说明书要求检查设备的安全及可靠性。

2. 环氧乙烷存放处，应无火源，无转动马达，无日晒，通风好，温度低于 40℃，杜绝任何火源，但不能将其放置冰箱内。

3. 使用时必须在环氧乙烷灭菌箱内进行，严格控制用量，空气浓度达到 3% 以上即有爆炸危险，切忌使用时不可有明火。禁止吸烟、阴凉通风。

4. 吸取或分装液态环氧乙烷时，须先将容器用冰水冷却，操作员应戴防毒口罩，若不慎将液体落于皮肤黏膜上必须立即用水冲洗 0.5 分钟。

5. 消毒完后，必须打开门窗充分通风散气后，再开照明灯；消毒后的物品，放入解析器内清除残留

环氧乙烷，其残留量应低于 10ppm。

6. 环氧乙烷遇水后，形成有毒的乙二醇，故不可用于食品的灭菌。

7. 若工作人员发现头晕、恶心、呕吐等中毒症状，应立即离开现场至通风良好处休息，重者立即送医院治疗。

七、有机消毒剂的配制

（一）根据有效成分含量配制

季铵类消毒液、双胍类消毒液、过氧乙酸、来苏儿等消毒液的配制，根据有效含量按稀释定律加蒸馏水，将原液稀释成所需浓度。使用前检测其有效成分。

例 15-3　如何用 50% 的来苏儿配制 5% 的消毒液 1000ml？

解：根据稀释定律：$C_1 \times V_1 = C_2 \times V_2$

$$V_1 = \frac{C_2 \times V_2}{C_1} = \frac{5\% \times 1000}{50\%} = 100\text{ml}$$

配制方法：取 50% 的来苏儿 100ml 加灭菌蒸馏水稀释到 1000ml。

（二）按消毒箱说明操作

甲醛气体由福尔马林和多聚甲醛置于甲醛消毒箱中产生，再进行消毒，使用时参照甲醛消毒箱使用说明；环氧乙烷消毒液的配制，根据灭菌箱的要求进行；臭氧消毒根据臭氧消毒机的使用说明进行。

（三）调节溶液的酸碱性

市售戊二醛消毒液质量分数为 2% 的酸性、中性溶液，消毒用的戊二醛通常为 2% 碱性溶液，使用时应加入碳酸氢钠，调节 pH 为 7.5~8.5，静置 1 小时后可直接使用。

总之，在临床护理工作中，必须根据各类消毒剂的特性，合理选用和使用消毒剂。首先，消毒剂用于医疗器械和物品消毒时，凡通过皮肤或黏膜而进入无菌组织的或器官内部的高危器材，必须选用灭菌方法处理。凡仅与破损的皮肤、黏膜接触而不进入无菌的组织内的中危器材，可选用中效或高效的消毒剂。直接或间接地和健康无损的皮肤接触的低危器材可选用低效消毒剂，但特殊情况下需做特殊处理。其次，针对不同病原体的特点也应选择不同的消毒剂，如炭疽病应选用高效消毒剂，结核分枝杆菌和乙型肝炎病毒应选用高效或中效消毒剂。同时在使用消毒剂时需加强个人防护，在使用气体和液体消毒剂时，应防止有害消毒气体的泄漏、过敏现象发生及对皮肤、黏膜的损伤。经常检测消毒环境中该类气体的浓度，确保在国家规定的安全范围之内，对环氧乙烷气体消毒剂，还应严防发生燃烧和爆炸事故。

临床上使用的消毒剂需要有相应的卫生许可证明，符合消毒产品外包装的有关规定；需要正确掌握消毒剂使用方法、坚持现配现用原则；严格按照使用期限应用，按要求进行浓度检测；防止消毒剂受到污染。对微生物污染严重的消毒物品，应加大消毒剂的使用剂量和延长消毒时间；凡被病毒性肝炎、艾滋病、炭疽病等病人的排泄物、分泌物、血液污染的器材和物品，应先消毒再清洗。同时注意温度、湿度、酸碱度、化学拮抗物质，水质硬度等因素对消毒剂的影响。

消毒液不能与日化用品混用

洁厕灵是酸性洗涤剂，主要成分是盐酸；84 消毒液是碱性消毒剂，其主要成分是次氯酸钠，二者不能混合使用，否则起不到洁净作用，而会产生有毒气体（Cl_2）。其反应式为：

$$2HCl+NaClO = NaCl+Cl_2\uparrow+H_2O$$

彩漂（主要成分是过氧碳酸钠，其水解产物是 H_2O_2）和漂白剂（主要成分是 NaClO）二者不能混合使用。否则二者都不能发挥有效消毒作用。其化学反应为：

$$HClO+H_2O_2 = HCl+O_2\uparrow+H_2O$$

思考题

医院医务工作者对化学消毒剂的基本性质和使用方法的了解，直接影响他们对化学消毒剂的使用、管理和选择，因此，需要有说明书以外的比较全面完整的消毒剂灭菌知识。在使用消毒剂的过程中，我们应该如何防止消毒剂的污染？

思路解析

扫一扫，测一测

目标检测

一、填空题

1. 消毒剂按照杀菌能力可分为____、____、____和____。

2. 碘对皮肤黏膜有刺激作用，因此，碘酊不能用于眼、口腔、黏膜消毒，破伤处不能涂擦，消毒后要用____溶液脱碘。

3. 使用2%的戊二醛浸泡手术刀片时，为了防锈，使用前加入____防锈。

4. 环氧乙烷易燃易爆，具有一定毒性，储存温度应低于____，杜绝任何火源，以防爆炸。

5. ____的乙醇用于皮肤消毒，也可以用于浸泡金属器械及体温计，25%~30%____的乙醇溶液用于擦浴，以降低病人的体温。

6. 来苏儿不宜用硬水配制，因硬水可沉淀其中的____，降低杀菌力。

二、计算题

1. 用50%的来苏儿配制5%的甲酚消毒液10L，应如何配制？

2. 某含氯消毒剂的有效含氯量为5%(50 000mg/L)，需要配制有效氯含量为1000mg/L的消毒液10L(10 000ml)，应取消毒剂原液多少毫升？加水多少升？

（杨智英）

第十六章 实验指导

化学是一门以实验为基础的自然科学，化学实验是化学教学的重要环节。

第一节　常用玻璃仪器的洗涤和干燥

玻璃仪器的洁净程度，直接影响实验结果。通常要求洗涤后器皿内壁附着一层均匀的水膜，不挂水珠。

一、洗涤方法

一般用自来水冲洗，如需要可用试管刷刷洗。若洗不干净，再用毛刷蘸少量肥皂水或洗衣粉刷洗，然后用自来水冲洗，必要时用少量蒸馏水淋洗。如用上述方法仍洗不干净，选用铬酸洗液或其他洗涤液浸泡后按上述方法洗涤。

二、干燥方法

常用晾干或烘干。洗净后的玻璃仪器，可倒置于干燥处自然晾干；也可在除去水分后放入电烘箱或红外干燥箱内烘干。

第二节　配制溶液常用仪器及使用方法

一、容量瓶

1. 容量瓶的形态和规格　容量瓶常用于准确配制和稀释溶液的容器，为细长颈梨形平底玻璃瓶，配有磨口玻璃塞；规格有 50ml、100ml、250ml、500ml、1000ml 等，使用时根据需要选择。

2. 容量瓶的使用方法　容量瓶的使用有检漏、洗涤、转移、定容、摇匀等五步。

(1) 检漏：容量瓶使用前必须检查是否漏水。检查方法是在瓶内注入适量水，塞紧塞子，一手按住瓶塞，一手手指握住瓶底，把瓶倒立 2 分钟，观察瓶塞周围是否有水渗出。如果不漏水，将转动瓶塞 180° 再检查 1 次，仍不漏水才可使用。

(2) 洗涤：和其他玻璃仪器的洗涤方法相同，尽可能用自来水冲洗，再用蒸馏水荡洗。

(3) 定量转移：配制溶液时，先将称好的固体放入小烧杯中，加入少量蒸馏水溶解，然后在玻璃棒的引流下，将溶液转移到容量瓶中，溶液全部流完后，将烧杯嘴沿玻璃棒向上提起 1~2cm，并同时直立，使附着在玻璃棒和烧杯嘴之间的溶液流回烧杯中，再用少量蒸馏水洗涤烧杯 2~3 次，洗涤液一并转入容量瓶中（图 16–1）。

(4) 定容：定量转移后，加蒸馏水到容量瓶容积的 2/3，旋摇容量瓶，使溶液初步混合均匀。再慢慢加蒸馏水至液面距刻度线 1~2cm 处，改用滴管滴加至凹液面最低点与标线相切。

(5)摇匀:盖好瓶塞,一只手手指握住瓶底,另一只手示指压住瓶塞,将容量瓶倒转摇动数次,再直立。如此反复10~20次,使溶液混合均匀。

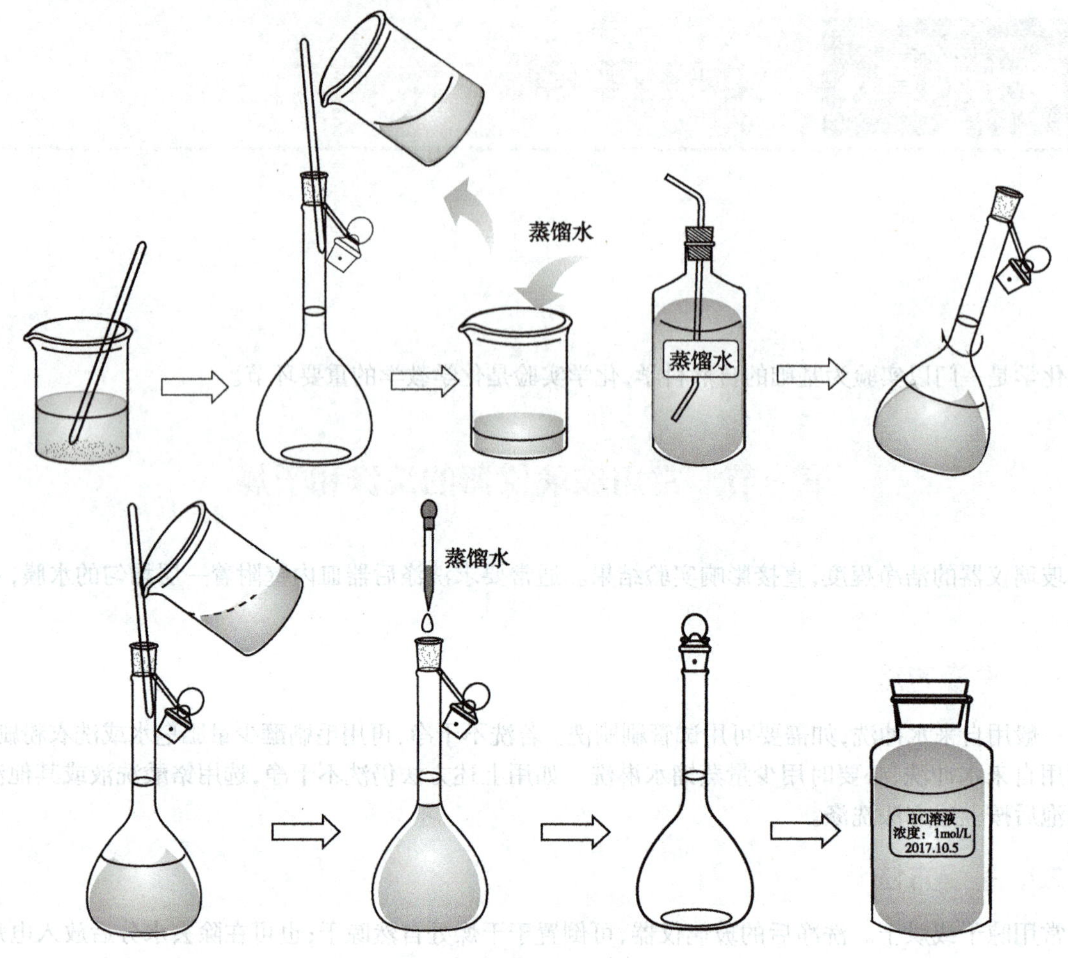

图16-1 容量瓶的操作和溶液的配制

二、电子天平和电子秤

1. 电子天平

(1)电子天平的结构:电子天平是依据电磁力平衡原理设计的新一代天平。具有自动校正、自动除皮、质量电信号输出、超重指示和故障报警等功能。性能稳定、操作简单、灵敏度高等优点。主要部件有秤盘、质量显示器、ON/OFF键、除皮键(TAR)、水平仪、水平调节脚等。

电子天平用于精确度较高的称量,规格有万分之一、十万分之一等规格,可精确到0.0001g、0.00001g(图16-2)。

(2)电子天平的使用:①使用前检查并调节天平水平,接通电源预热30分钟。②轻按天平ON键,系统自动实现自检功能,当显示器为0.0000后,自检完成,即可称量。③称量时将洁净并干燥的表面皿或小烧杯放在秤盘上,关上天平门,稍候,轻轻按下除皮键,显示0.0000后,打开天平门,在表面皿上直接加入待称试样,直到所需质量为止。记录所称物质的质量。④称量结束后,取出称量物,关上天平门,轻按天平OFF键,切断电源,罩天平罩,并作登记。

2. 电子秤:用于较粗略的称量,可精确到0.1g、0.01g。用法和电子天平基本相同(图16-3)。

三、量筒和量杯

量筒和量杯是用于粗略量取溶液的体积或配制一定体积的量器。量筒的规格有10ml、25ml、50ml、100ml等,使用时根据需要选择。加液时,距离刻度2ml左右改用滴管滴加;读数时应将量筒平放在台面上,使视线和凹液面最低点刻度线保持水平(图16-4)。

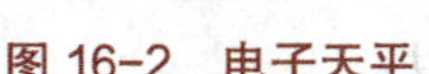

图 16-2 电子天平

图 16-3 电子秤

四、移液管

1. 移液管的形状和规格 移液管又称吸量管，是精密转移一定体积溶液的量器。通常有 2 种形状，一种管体中部膨大，两端细长的称为移液管或腹式吸管。常有 10ml、20ml、25ml、50ml、100ml 等规格。另一种为直形管，带有准确刻度，称为吸量管或刻度吸管。常有 1ml、2ml、5ml、10ml 等规格（图 16-5）。

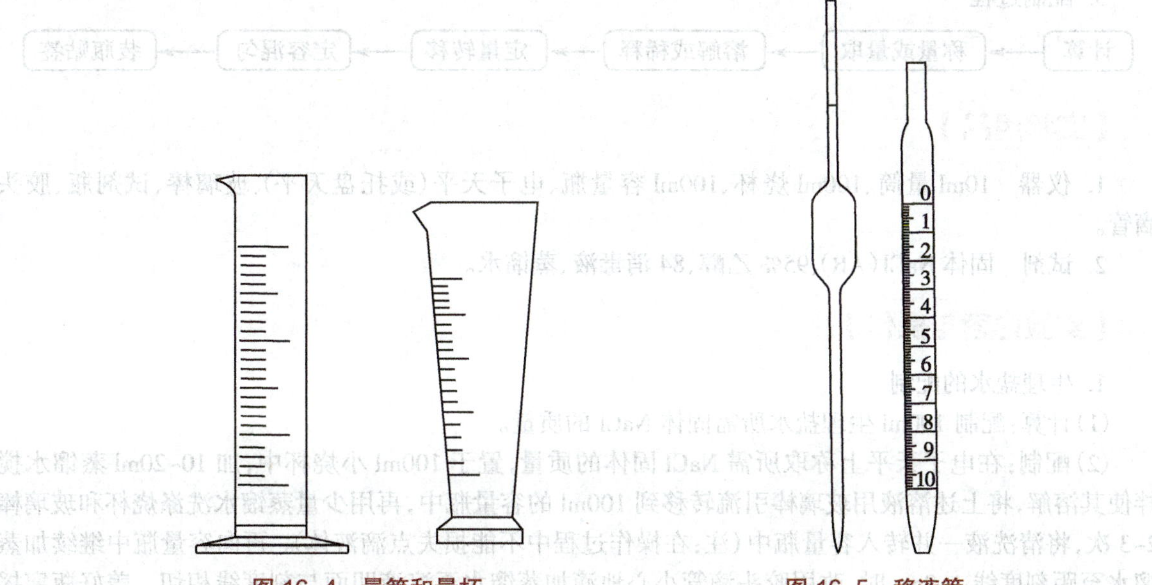

图 16-4 量筒和量杯　　图 16-5 移液管

2. 移液管的使用方法 检查、洗涤、荡洗、吸液、放液。

（1）检查：使用前应检查管尖是否完整，若有破损，则不能使用。

（2）洗涤：洗涤方法与滴定管相同。尽可能用自来水冲洗、蒸馏水荡洗，必要时采用洗液浸洗。

（3）荡洗：用右手拇指和中指持移液管刻度线以上部分，左手拿洗耳球，将移液管下口插入欲吸取的溶液中。先挤出洗耳球内空气，然后将球的尖嘴插入移液管颈的管口中，慢慢放开左手指，使溶液吸入管内 1/3 左右。用右手的示指按紧管口，取出横放，转动移液管，使内壁被完全浸润，然后弃去。反复荡洗 3 次即可。

（4）吸液：荡洗后的移液管放入待吸溶液中，吸取溶液至刻度线以上时，移取洗耳球，立即用右手的示指按紧管口，使尖嘴离开液面，管体始终保持垂直，稍减示指压力，使液面缓慢下降至凹液面下缘与

刻度线相切，立即紧按管口，使液体不再流出。

(5)放液：移液管竖直，容器倾斜，移液管尖与容器内壁接触，松开右手示指，溶液自然流出，待溶液全部流尽，再停留15秒，方可取出移液管。残留在尖嘴部分的溶液，不要吹出。因移液校准时，这部分液体没计算在内。移液管用完立即洗净，置于移液管架上备用。

第三节　化学实验

实验一　生理盐水的配制和消毒液的稀释

【实验目的】

1. 掌握溶液的配制和稀释方法。
2. 学会电子天平(或托盘天平)、量筒、容量瓶等仪器的使用方法。
3. 培养学生具有严谨求实的学习态度和认真细致的操作习惯。

【实验原理】

1. 用固体直接配制溶液　质量浓度：$\rho_B=\frac{m_B}{V}$(也可以用浓度的其他形式)
2. 用稀释法配制溶液　稀释前后溶质的量不变，即：$C_1 \times V_1 = C_2 \times V_2$
3. 配制过程

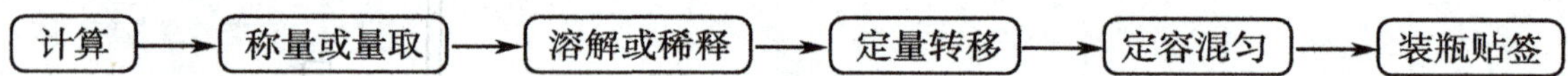

【实验用品】

1. 仪器　10ml量筒、100ml烧杯、100ml容量瓶、电子天平(或托盘天平)、玻璃棒、试剂瓶、胶头滴管。

2. 试剂　固体NaCl(AR)、95%乙醇、84消毒液、蒸馏水。

【实验内容与操作】

1. 生理盐水的配制

(1)计算：配制100ml生理盐水所需固体NaCl的质量。

(2)配制：在电子天平上称取所需NaCl固体的质量，置于100ml小烧杯中，加10~20ml蒸馏水搅拌使其溶解，将上述溶液用玻璃棒引流转移到100ml的容量瓶中，再用少量蒸馏水洗涤烧杯和玻璃棒2~3次，将清洗液一并转入容量瓶中(注：在操作过程中不能损失点滴液体)。再向容量瓶中继续加蒸馏水至距刻度线1~2cm时，改用胶头滴管小心地滴加蒸馏水至溶液凹面与刻度线相切。盖好瓶塞摇匀。将配好的溶液转入试剂瓶中并贴上标签(试剂名称、浓度和配制日期)，保存备用。

2. 75%消毒酒精的配制

(1)计算：配制10ml 75%消毒酒精所需95%酒精的体积。

(2)配制：用10ml量筒量取所需95%酒精的体积，再加蒸馏水稀释至溶液的凹面与10ml刻度线相切为止，并用玻璃棒搅拌均匀，最后转入试剂瓶并贴上标签(试剂名称、浓度和配制日期)，保存备用。

3. 0.5%的84消毒液配制

(1)计算：配制10ml 0.5%的84消毒液所需原溶液(5%)的体积(注：原液有效氯含量≥5%，相当于50g/L)。

(2)配制：用10ml量筒量取所需原溶液的体积，再加蒸馏水稀释至溶液的凹面与10ml刻度线相切为止，并用玻璃棒搅拌均匀，最后转入试剂瓶并贴上标签(试剂名称、浓度和配制日期)，保存备用。

【注意事项】

1. 在配制溶液时，应根据要求选取所用仪器。如果对溶液浓度的准确度要求不高，可用托盘天平、台秤、量筒等仪器进行配制，这种配制溶液的方法称为粗配；如果对溶液浓度的准确度要求较高，则应用电子天平（或分析天平）、精确度较高的电子秤、吸量管或移液管及容量瓶等高准确度的仪器，这种配制溶液的方法称为精配。

2. 称量 NaCl 固体时，不要取多，取多的药品，不能倒回原瓶。

3. 容量瓶不能长期存放溶液，尤其是碱性溶液会侵蚀瓶塞，使之无法打开，应转移到试剂瓶中保存，必要时试剂瓶应先用配好的少量溶液荡洗 2~3 次。

4. 容量瓶用完应洗净，且在瓶口和瓶塞处夹上纸片，防止瓶口和瓶塞粘接再用时打不开。

5. 在稀释消毒液时，不要溅到衣服或皮肤上。

【问题讨论】

1. 能否在量筒、容量瓶中直接溶解 NaCl 固体？为什么？

2. 用容量瓶配制溶液时，是否要用干燥的容量瓶？为什么？

（王金玲）

实验二　缓冲溶液的配制及性质

【实验目的】

1. 掌握缓冲溶液的配制原理及操作技术。

2. 学会刻度吸管的规范使用和精密 pH 试纸测定溶液的 pH。

3. 了解缓冲容量与总浓度、缓冲比的关系。

4. 培养学生具有严谨求实的学习态度和认真细致的操作习惯。

【实验原理】

能抵抗外来少量强酸、强碱或稀释，而保持溶液 pH 基本不变的作用称为缓冲作用，具有缓冲作用的溶液称为缓冲溶液。缓冲溶液应由足够浓度、适当比例的共轭酸碱对组成。缓冲溶液的近似 pH 可用 Henderson–Hasselbalch 方程式计算：

$$\mathrm{pH}=\mathrm{p}K_\mathrm{a}+\lg\frac{c_\mathrm{b}}{c_\mathrm{a}}$$

其中，K_a 为共轭酸的解离平衡常数，c_a、c_b 分别为共轭酸和共轭碱的浓度。若配制缓冲溶液时，所用共轭酸碱的浓度相同，则上式可写为：

$$\mathrm{pH}=\mathrm{p}K_\mathrm{a}+\lg\frac{V_\mathrm{b}}{V_\mathrm{a}}$$

改变两者体积之比，可得到一系列 pH 不同的缓冲溶液。

缓冲能力的大小与缓冲溶液的总浓度以及共轭酸碱对的缓冲比有关。缓冲比一定时，总浓度越大，则缓冲能力越强；总浓度一定时，缓冲比等于 1，缓冲能力最大。

【实验用品】

1. 仪器　试管、玻璃棒、试管架、白色点滴板、5ml 吸量管、10ml 吸量管、洗耳球、精密 pH 试纸和比色卡等。

2. 试剂　0.1mol/L HAc、0.1mol/L NaAc、0.1mol/L KH_2PO_4、0.1mol/L Na_2HPO_4、0.1mol/L $NH_3·H_2O$、0.1mol/L NH_4Cl、0.1mol/L HCl、0.1mol/L NaOH、1mol/L HAc、1mol/L NaAc、1mol/L NaOH、溴酚红指示剂。

【实验内容与操作】

(一) 缓冲溶液的配制

按表 16-1 所示的 pH 计算所需缓冲对的体积并填入表 16-1 中(浓度均选 0.1mol/L 的溶液;HAc 的 pK_a=4.75、NaH_2PO_4 的 pK_a=7.2、$NH_3·H_2O$ 的 pK_b=4.75)。

取 3 支大试管,标记Ⅰ、Ⅱ、Ⅲ,用 10ml 吸量管量取缓冲对的体积,配制成 10ml 的缓冲溶液,摇匀,并用精密 pH 试纸测定溶液的 pH,填入表 16-1 中。

表 16-1 缓冲溶液的配制(缓冲对浓度均为 0.1mol/L)

试管编号	缓冲对	V_b(ml)	V_a(ml)	pH(理论)	pH(测定)
Ⅰ	NaAc/HAc			5	
Ⅱ	Na_2HPO_4/KH_2PO_4			7	
Ⅲ	$NH_3·H_2O/NH_4Cl$			9	

(二) 缓冲溶液的性质

1. 缓冲溶液的抗酸作用 取 4 支试管并标记,分别加入上述 3 种缓冲溶液和蒸馏水各 3ml,再各加入 2 滴 0.1mol/L HCl,用精密 pH 试纸测定溶液的 pH。填入表 16-2。解释实验现象。

表 16-2 缓冲溶液的抗酸作用

试管编号	①缓冲液Ⅰ	②缓冲液Ⅱ	③缓冲液Ⅲ	④蒸馏水
HCl/ 滴	2	2	2	2
pH				
△ pH				

2. 缓冲溶液的抗碱作用 取 4 支试管并标记,分别加入表 16-3 中 3 种缓冲溶液和蒸馏水各 3ml,再各加入 2 滴 0.1mol/L NaOH,用精密 pH 试纸测定溶液的 pH,填入表 16-3。解释实验现象。

表 16-3 缓冲溶液的抗碱作用

试管编号	①缓冲液Ⅰ	②缓冲液Ⅱ	③缓冲液Ⅲ	④蒸馏水
NaOH/ 滴	2	2	2	2
pH				
△ pH				

3. 缓冲溶液的抗稀释作用 取 5 支试管并标记,分别加入表 16-4 中 3 种缓冲溶液、0.1mol/L HCl 和 0.1mol/L NaOH 各 0.5ml,再各加入 5ml 蒸馏水,用精密 pH 试纸分别测定其 pH,填入表 16-4。解释实验现象。

表 16-4 缓冲溶液的抗稀释作用

试管编号	蒸馏水(ml)	pH	△ pH
①缓冲液Ⅰ	5		
②缓冲液Ⅱ	5		
③缓冲液Ⅲ	5		
④ HCl 溶液	5		
⑤ NaOH 溶液	5		

（三）缓冲容量的比较

1. 缓冲溶液与总浓度的关系　取 2 支试管并标记，Ⅰ号试管中加入 0.1mol/L HAc 和 0.1mol/L NaAc 各 2ml，Ⅱ号试管中加 1mol/L HAc 和 1mol/L NaAc 各 2ml，摇匀。再各加入 2 滴溴酚红指示剂，然后向 2 支试管中分别滴加 1mol/L NaOH 溶液，边加边振荡试管，直到溶液变红色，记录 2 支试管中加入 NaOH 的滴数，填入表 16-5。并解释现象。

表 16-5　缓冲容量与总浓度的关系

试管号	溴酚红指示剂 / 滴	NaOH/ 滴
Ⅰ（总浓度 0.2mol/L 缓冲溶液）	2	
Ⅱ（总浓度 2mol/L 缓冲溶液）	2	

2. 缓冲容量与缓冲比的关系　取 2 支试管并标记，Ⅰ号试管中加入 0.1mol/L HAc 和 0.1mol/L NaAc 各 5ml，Ⅱ号试管中加 0.1mol/L HAc 1ml 和 0.1mol/L NaAc 9ml，摇匀。计算两种溶液的缓冲比，用精密 pH 试纸测定溶液的 pH。再向 2 支试管中各加入 0.1mol/L NaOH 溶液 1ml，测定溶液的 pH，填入表 16-6。解释观察到的现象。

表 16-6　缓冲容量与缓冲比的关系

试管号	pH	NaOH/ml	加碱后 pH
Ⅰ（缓冲比为 1/1 的缓冲溶液）		1	
Ⅱ（缓冲比为 9/1 缓冲溶液）		1	

【注意事项】

1. 配制缓冲溶液时应根据实验要求选择合适的量器。

2. 用精密 pH 试纸测定 pH 时，不能直接把试纸伸到待测液中，可将一小片试纸，放在洁净的表面皿或白色点滴板上，用玻璃棒蘸取少许待测液，滴在试纸上，在 30 秒内将试纸显示的颜色与标准比色卡对照，确定待测溶液的 pH。

3. 溴酚红指示剂的变色范围为 5.0~6.8，pH<5.0 呈黄色，pH>6.8 呈红色。

【思考题】

1. 利用精密 pH 试纸检测溶液的 pH 时，应注意哪些问题？
2. 缓冲溶液的 pH 由哪些因素决定？
3. 影响缓冲容量的因素有哪些？

（孙彦坪）

实验三　醋酸解离常数的测定

【实验目的】

1. 掌握 pH 计法测定醋酸解离常数的原理和方法。
2. 通过测定醋酸的解离常数，加深对弱电解质解离常数的理解。
3. 学会 pH 计的使用。
4. 培养学生具有严谨求实的学习态度和认真细致的操作习惯。

【实验原理】

醋酸是一元弱酸，在溶液中存在解离平衡，当 $\alpha<5\%$ 时，其平衡常数 K_a 可用醋酸原始浓度 c 和平衡时 $[H^+]$ 来计算：

$$HAc \rightleftharpoons H^+ + Ac^-$$

$$K_a = \frac{[H^+][Ac^-]}{[HAc]} = \frac{[H^+]^2}{c-[H^+]} \approx \frac{[H^+]^2}{c}$$

测定已知浓度的醋酸溶液的 pH，计算 $[H^+]$，继而求出 K_a 值。为了获得较为准确的实验结果，在一定温度下，可测定一系列不同浓度的 HAc 溶液的 pH，求得一系列的 K_a 值，取其平均值。

【实验用品】

1. 仪器　pH S-3C 型酸度计、复合 pH 玻璃电极、容量瓶（50ml）、移液管（25ml、10ml、5ml）、烧杯（50ml）。

2. 试剂　0.1000mol/L HAc、pH=4.00 和 pH=6.66 标准缓冲溶液、蒸馏水。

【实验内容与操作】

1. 配制不同浓度的醋酸溶液　用移液管分别量取 5.00ml、10.00ml、25.00ml 已标定过的 HAc 溶液于 3 个 50ml 容量瓶中，用蒸馏水稀释至刻度，摇匀，编号备用。

2. 测定醋酸溶液的 pH　用干燥的 50ml 烧杯，分别取 25ml 上述 3 种浓度的 HAc 溶液及未经稀释的原始 HAc 溶液，按照浓度由小到大的顺序分别用酸度计测定 pH。

3. 测定数据记录于表 16-7 中，并计算 HAc 的 K_a 值。

【实验结果与数据记录】

表 16-7　K_a 测定实验数据及处理（温度：__℃）

HAc 溶液编号	1	2	3	4
c(HAc)/mol/L				
pH				
$[H^+]$/mol/L				
K_a				
K_a 平均值				

【注意事项】

1. 配制不同浓度醋酸溶液时，接近容量瓶刻度时要改用胶头滴管滴加。

2. 使用 pH 计时，要注意保护电极。测定时，要先用缓冲溶液校准仪器；测定结束时，清洗电极，带上装有保护液的电极帽。

3. 测定 HAc 溶液的 pH 时应按浓度由小到大的顺序。

4. pH 计每次测定时，电极必须先用蒸馏水清洗，再用待测 pH 的标准溶液润洗 1 次。

【问题讨论】

1. 对醋酸来说，溶液越稀，解离度越大，酸度也越大，这种说法对吗？为什么？

2. 改变醋酸的浓度或温度，K_a 值有无变化？为什么？

（马丽英）

实验四 水的总硬度的测定

【实验目的】

1. 掌握水的总硬度测定方法及相关计算。
2. 掌握使用铬黑T指示剂的条件和滴定终点的判断。
3. 熟悉用EDTA测定水的总硬度的原理。
4. 了解水的硬度的表示方法。

【实验原理】

1. 水的总硬度表示 水的总硬度是指溶于水中Ca^{2+}、Mg^{2+}的总含量，含量越高，表示硬度越大。水的硬度分为暂时硬度和永久硬度，二者的总和称为总硬度。

水的硬度用1L水中含$CaCO_3$的质量多少毫克来表示，单位“mg/L”。

2. 水的总硬度测定方法 一般采用螯合滴定法，在pH=10的氨性缓冲溶液中，加三乙醇胺为掩蔽剂，以铬黑T为指示剂，用EDTA标准溶液滴定Ca^{2+}、Mg^{2+}的总量。化学计量点前，钙、镁离子与铬黑T形成酒红色配合物，当用EDTA滴定至化学计量点时，指示剂游离出来，溶液由酒红色变为铬黑T的纯蓝色。

【实验用品】

1. 仪器 酸式滴定管(50ml)、容量瓶(100ml)、移液管(50ml)、洗耳球、锥形瓶(250ml)。

2. 试剂 乙二胺四乙酸二钠($Na_2H_2Y \cdot 2H_2O$，AR)、铬黑T指示剂、氨－氯化铵缓冲溶液(pH=10)、三乙醇胺(1.5mol/L)。

【实验内容与操作】

1. 0.01mol/L EDTA标准溶液的配制 精密称取干燥的分析纯$Na_2H_2Y \cdot 2H_2O$ 0.38~0.40g于小烧杯中，加纯化水约30ml，微热使之溶解，定量转移到100ml容量瓶中，稀释至刻度，摇匀备用。按下式计算EDTA滴定液的浓度：

$$C_{EDTA}=\frac{m_{EDTA}}{V_{EDTA}M_{EDTA}}\times 10^3 \qquad M_{EDTA}=372.2\text{g/mol}$$

2. 水的硬度测定 用移液管精密吸取水样50.00ml，置于250ml锥形瓶中，加5ml三乙醇胺溶液、10ml氨－氯化铵缓冲溶液(pH=10)及铬黑T指示剂少许(此时溶液为酒红色)。用0.01mol/L EDTA标准溶液滴定至溶液由酒红色变为纯蓝色，即为终点。记录所消耗EDTA标准溶液的体积。平行测定3次。填入表16-8。

【实验结果】

表16-8 数据记录

记录项目	1	2	3
C_{EDTA}			
V水样(ml)			
V_{EDTA}终(ml)			
V_{EDTA}初(ml)			
V_{EDTA}(ml)			
水的总硬度($CaCO_3$ mg/L)			
水的总硬度平均值			

计算公式：

水的总硬度 $CaCO_3(mg/L)=\frac{c_{EDTA}V_{EDTA}M_{CaCO_3}}{V_{水样}}\times 10^3$ $M_{CaCO_3}=100.09g/mol$

【注意事项】

1. 测定总硬度时用氨性缓冲溶液调节 pH。
2. 加入掩蔽剂掩蔽干扰离子，掩蔽剂要在指示剂之前加入。
3. 测定总硬度在滴定近终点时，EDTA 置换指示剂的反应速率略慢，需多摇慢滴。也可加热以加快反应速率，但加热温度不宜过高，否则氨逸出过多将改变溶液的 pH，影响滴定。

【思考题】

1. 铬黑 T 指示剂如何指示滴定终点的？
2. 配位滴定中为什么要加入 $NH_3\cdot H_2O-NH_4Cl$ 缓冲溶液？

（柴利萍）

实验五 醇酚醛酮的化学性质

【实验目的】

1. 熟练掌握醇、酚、醛、酮的鉴别方法。
2. 学会验证醇、酚、醛、酮的主要化学性质。
3. 培养学生具有严谨求实的学习态度和认真细致的操作习惯。

【实验原理】

1. 醇 乙醇和水在结构上有相似之处，醇羟基中的氢原子能被活泼金属（如钠、钾等）置换，生成醇钠。醇钠遇水立即水解为原来的醇并生成氢氧化钠，遇酚酞变红色。

乙二醇、丙三醇等具有邻二醇结构的多元醇，能与新配制的氢氧化铜反应，生成深蓝色的溶液。此反应可以鉴别具有邻二醇结构的化合物。

2. 酚 凡是具有烯醇式结构的化合物都能与三氯化铁发生显色反应。酚的结构不同，与三氯化铁反应可显现不同的颜色。如苯酚和间－苯二酚与三氯化铁溶液反应显紫色；邻－苯二酚和对－苯二酚与三氯化铁溶液反应显绿色；甲酚与三氯化铁溶液反应显蓝色。此反应常用于酚类的鉴别。

酚类分子中，由于羟基的作用，苯环的电子云密度增大，活泼性增加，尤其是羟基的邻、对位更容易发生亲电取代反应。苯酚与溴水在室温下立刻发生反应，苯环上两个邻位、一个对位上的 3 个氢原子均被溴取代，生成不溶于水的 2,4,6- 三溴苯酚白色沉淀，反应非常灵敏，常用于酚类的鉴别。

3. 醛和酮 醛和酮分子中都含有羰基，它们有许多相似的化学性质，主要表现在羰基上的加成，如与 2,4- 二硝基苯肼作用，生成不溶于水 2,4- 二硝基苯腙。

乙醛和甲基酮的 α- 碳上有 3 个氢原子，能与碘的氢氧化钠溶液发生碘仿反应，利用此反应可以鉴别乙醛、甲基酮及甲基醇。

醛分子中的氢原子受羰基的影响，性质活泼，易被弱氧化剂如托伦试剂和斐林试剂氧化。酮分子中无此活泼 H，不易被氧化。另外醛可和希夫试剂作用显紫红色，上述反应均可用于醛类物质的鉴别。

4. 酮 丙酮可与亚硝酰铁氰化钠的碱性溶液发生特效反应，呈鲜红色，此反应可用于临床上检验患者尿液中过量丙酮的存在。

【实验用品】

1. 仪器　试管、烧杯、酒精灯、试管夹、石棉网、铁架台、水浴锅、温度计(100℃)。

2. 试剂　无水乙醇、金属钠、酚酞试液、甘油、甲醛水溶液、乙醛、丙酮、苯甲醛、2mol/L NaOH 溶液、0.5mol/L $CuSO_4$ 溶液、0.2mol/L 苯酚溶液、0.05mol/L $FeCl_3$ 溶液、饱和 Br_2 水、0.05mol/L $AgNO_3$ 溶液、0.5mol/L 的氨水、斐林 A 试剂、斐林 B 试剂、希夫试剂、0.05mol/L 亚硝酰铁氰化钠溶液、2,4- 二硝基苯肼溶液。

【实验内容与操作】

一、醇和酚的性质

1. 乙醇与金属钠的反应　在干燥试管中，加入无水乙醇 3ml，并加一小粒新切的、用滤纸擦干的金属钠，观察反应放出的气体和试管是否发热。随着反应的进行，试管内溶液变稠。当钠完全溶解后，冷却，试管内溶液逐渐凝结成固体。然后滴加水直到固体消失，再加一滴酚酞试液，观察并解释发生的变化，填入表 16–9。

2. 甘油与氢氧化铜的反应　取 1 支试管，加入 2ml 2 mol/L NaOH 溶液和 1ml 0.5mol/L $CuSO_4$ 溶液，摇匀，平均分成两份，分别加入甘油和乙醇各 5 滴，振荡，观察并解释现象，填入表 16–9。

3. 苯酚与溴水的反应　取 1 支试管，加入 0.2mol/L 苯酚溶液 5 滴，逐滴加入饱和 Br_2 水，振荡，观察、记录并解释现象，填入表 16–9。

4. 苯酚与 $FeCl_3$ 的显色反应　取 1 支试管，加入 0.2mol/L 苯酚溶液，再加入 0.05mol/L $FeCl_3$ 溶液 2 滴，振荡，观察并解释现象，填入表 16–9。

二、醛和酮的性质

(一) 醛酮的化学共性

1. 与 2,4- 二硝基苯肼的反应　取 4 支试管，各加 15 滴 2,4- 二硝基苯肼，然后分别滴入 5 滴甲醛、乙醛、丙酮和苯甲醛溶液，振荡试管，水浴加热，观察并解释现象，填入表 16–10。

2. 碘仿反应　在 1 支试管中加入 1ml 碘溶液，逐滴加入 2mol/L NaOH 溶液至碘的颜色褪去，即得碘仿试剂。

取 4 支试管，分别滴入 3 滴甲醛、乙醛、丙酮和苯甲醛溶液，再各滴入 10 滴碘仿试剂，观察现象。再将它们温水浴加热，观察并解释现象，填入表 16–10。

(二) 醛酮的特性

1. 银镜反应　取 1 支洁净的大试管，加入 2ml 0.05mol/L 的 $AgNO_3$ 溶液和 1 滴 2mol/L NaOH 溶液，再逐滴加入 0.5mol/L 的氨水，边滴加边振摇，直至生成的沉淀恰好溶解为止，即为托伦试剂。把配好的溶液分装在 4 支洁净的试管中，再分别滴入 5 滴甲醛、乙醛、丙酮和苯甲醛溶液，振摇(摇匀后不能再摇)后，放在 50~60℃水浴中加热几分钟，观察并解释现象，填入表 16–11。

2. 斐林反应　取一支大试管，加入斐林 A 试剂和斐林 B 试剂各 1ml，摇匀，平均分装到 4 支洁净的试管中，依次加入甲醛、乙醛、丙酮、苯甲醛各 5 滴，振荡，放在 80℃水浴中加热数分钟。观察并解释现象，填入表 6–11。

3. 与希夫试剂反应　取 4 支试管，依次加入甲醛、乙醛、丙酮、苯甲醛各 5 滴，再分别加入希夫试剂 10 滴，振荡，静置，观察现象。然后再向试管中加入浓硫酸，振荡，静置，观察并解释现象，填入表 16–11。

4. 丙酮的显色反应　取 2 支试管，各加入 10 滴 0.05mol/L 亚硝酰铁氰化钠和 5 滴 2mol/L 的氢氧化钠溶液，摇匀，再分别加入 5 滴乙醛和丙酮，观察并解释现象，填入表 16–11。

【实验结果与数据记录】

将观察的实验现象填入表 16–9~ 表 16–11 中。

表 16-9 醇和酚的化学性质

试剂	现象或化学方程式
乙醇与钠	
甘油与新制氢氧化铜	
苯酚和饱和溴水	
苯酚和三氯化铁溶液	

表 16-10 醛酮的共性

试剂	甲醛	乙醛	丙酮	苯甲醛
2,4- 二硝基苯肼				
碘仿试剂				

表 16-11 醛酮的特性

试剂	甲醛	乙醛	丙酮	苯甲醛
托伦试剂				
斐林试剂				
希夫试剂				
亚硝酰铁氰化钠溶液(碱性)				

【注意事项】

1. 醇与金属钠反应的试管和试剂必须是无水的。
2. 做具有邻二醇结构的多元醇与新制氢氧化铜反应的实验时,应先制备氢氧化铜,然后再加入醇,才能得到非常明显的变化,而且反应应在碱性环境下进行,即制备氢氧化铜时氢氧化钠略过量。
3. 金属钠暴露在空气中易被氧化,需现用现取。
4. 苯酚具有较强的腐蚀性,做酚的实验时要注意安全。
5. 银镜反应实验的试管一定要洁净,实验完毕后,立即用少量硝酸洗去银镜。
6. 与希夫试剂的显色反应,不能加热,溶液中避免有碱性物质或氧化性物质存在。

【问题讨论】

1. 为什么醇与金属钠反应的试管和试剂必须是无水的?
2. 用什么方法可以鉴别一元醇和邻二醇?
3. 鉴别苯酚的主要方法有哪些?
4. 醛和酮有哪些共性和特性? 进行银镜反应时应该注意什么问题?

(段卫东 范宏)

实验六 乙酰水杨酸的制备

【实践目的】

1. 掌握重结晶、抽滤等基本操作。
2. 熟悉酰化反应原理和乙酰水杨酸的制备方法。

【实践原理】

水杨酸属于酚酸，熔点为 136℃，白色结晶，微溶于水，能溶于乙醇、乙醚、氯仿等有机溶剂。其结构为：

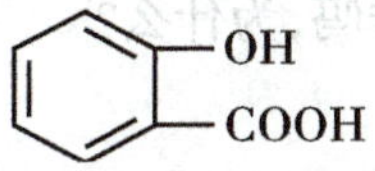

OH
COOH

其酚羟基受邻位羧基的影响，活性增强，在催化剂作用下，可与酸酐、乙酰氯等发生酰化反应。乙酰水杨酸是乙酐和水杨酸在一定条件下，经乙酰化反应，酚羟基上的氢原子被乙酰基取代而制得。反应方程式为：

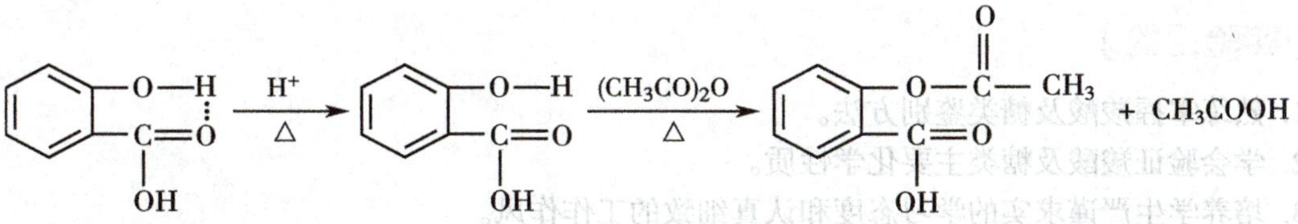

O—H、C=O、OH $\xrightarrow[\triangle]{H^+}$ O—H、C=O、OH $\xrightarrow[\triangle]{(CH_3CO)_2O}$ O—C(=O)—CH_3、C=O、OH + CH_3COOH

温度应控制在 75~80℃，温度过高，将增加副产物的生成。

粗产品不纯，除含有副产物外，还含有未反应的水杨酸等杂质。本实验采用醇水混合溶剂进行重结晶加以提纯。

产品实验纯度鉴别：① $FeCl_3$ 溶液；②测定熔点法。本实验用 $FeCl_3$ 溶液鉴别。

【实践用品】

1. 仪器 150ml 的锥形瓶、水浴锅、温度计（150℃）、小烧杯、量筒、布氏漏斗、吸滤瓶、水泵或真空泵、滤纸、台称、表面皿、玻璃棒等。

2. 药品 水杨酸、乙酐、浓硫酸、95% 乙醇、0.06mol/L 的 $FeCl_3$ 溶液。

【实践内容与操作】

1. 乙酰水杨酸的制备 称取 3.0g 干燥水杨酸于干燥的锥形瓶中，再加 5ml 乙酐和 5 滴浓硫酸，充分摇动。水浴上缓慢加热，待水杨酸溶解后，保持瓶内温度在 75℃（或用 80℃左右的水浴），维持 10 分钟，并不时旋摇，取出锥形瓶，稍冷却，加入 20ml 的蒸馏水，并用冷水冷却 10 分钟，直至白色结晶完全析出。减压过滤（抽气）上述溶液，锥形瓶用 5ml 蒸馏水冲洗 3 次，洗液倒入布氏漏斗，压紧结晶抽干。即得乙酰水杨酸的粗产品。

检验：取少量粗产品，溶于几滴乙醇中，加 0.06mol/L $FeCl_3$ 溶液 1~2 滴，观察颜色变化。

2. 乙酸水杨酸的提纯（重结晶法） 将粗制的乙酰水杨酸转入干净的 50ml 烧杯中，并用 10ml 乙醇将黏附在布氏漏斗及滤纸上的乙酰水杨酸都冲入烧杯。在水浴中温热，使其完全溶解。稍冷却后，加入 20ml 的蒸馏水，搅拌后放入冷水中冷却 10 分钟，结晶完全析出后，再次抽滤，烧杯用 5ml 蒸馏水冲洗 2 次，洗液倒入漏斗中，压紧抽干。即得纯化的乙酰水杨酸。

检验：取少量纯化产品，溶于几滴乙醇中，加 0.06mol/L $FeCl_3$ 溶液 1~2 滴，观察颜色变化，鉴别产品的纯度。若无颜色变化，表明产品纯度已达要求。反之，需再提纯。

3. 计算产率 将产品干燥后称重，计算产率（产量 2.4~2.5g，产率 65%~67%）。

【注意事项】

1. 水杨酸能形成分子内氢键，阻碍酚羟基的酰化反应。加入少量硫酸可破坏分子内氢键，使酰化反应顺利进行。

2. 加热升温过程要缓慢，反应温度不宜太高。防止水杨酸升华或受热分解，以及增加副产物的生成。

3. 粗产品中往往混入一些未反应的水杨酸，可与三氯化铁发生显色反应。

【思考题】

1. 制备乙酰水杨酸的仪器为什么必须干燥?
2. 制备乙酰水杨酸为何要加入少量浓硫酸?反应温度应控制在什么范围内?
3. 前后 2 次 $FeCl_3$ 溶液检测,结果一样吗,为什么?

(孙彦坪)

实验七 羧酸和糖的化学性质

【实验目的】

1. 熟练掌握羧酸及糖类鉴别方法。
2. 学会验证羧酸及糖类主要化学性质。
3. 培养学生严谨求实的学习态度和认真细致的工作作风。

【实验原理】

1. 羧酸 羧酸分子中含有羧基(—COOH),能电离出 H^+ 而表现出酸性,其酸性受烃基的结构和烃基上取代基的影响。

甲酸分子中由于同时具有羧基和醛基,因此甲酸除了具有羧酸的性质,还具有醛的性质,如具有还原性,可与弱氧化剂(托伦试剂、斐林试剂等)反应;也能被高锰酸钾氧化。

含有 2 个、3 个碳原子的二元羧酸受热易发生脱羧反应,生成少 1 个碳原子的一元羧酸,同时放出二氧化碳。

羧酸在浓硫酸作用下与醇脱水生成酯的反应称为酯化反应。多数低级酯具有水果香味,如乙酸乙酯就具有苹果香味。

2. 糖 糖是多羟基醛、多羟基酮以及其脱水缩合化合物。单糖、分子结构中有半缩醛(酮)羟基的二糖是还原糖,能与托伦试剂、斐林试剂和班氏试剂反应等。而蔗糖因分子结构中不含有半缩醛(酮)羟基而没有还原性,属非还原性糖。但蔗糖在酸或酶作用下水解,得到葡萄糖和果糖,具有还原性。

糖类化合物能与 Molisch 试剂发生颜色反应,生成紫色环,常用此反应鉴定糖类化合物的存在。酮糖能与塞利凡诺夫试剂(Seliwanoff)反应呈鲜红色,醛糖无此反应。常用此反应鉴别醛糖和酮糖。

多糖是由许多单糖分子脱水缩合而成的高分子化合物,没有还原性。但多糖在酸或酶的作用下能水解,最终产物具有还原性。鉴定淀粉的最简便方法是淀粉遇碘生成蓝色物质。

【实验用品】

1. 仪器 试管、试管夹、药匙、带导管的橡胶塞、铁架台、酒精灯、烧杯、量筒、火柴、点滴板、玻璃棒、广泛 pH 试纸、白瓷点滴板、水浴锅。

2. 试剂 0.1mol/L 甲酸、0.1mol/L 醋酸、0.1mol/L 乙二酸、10g/L NaOH、50g/L $AgNO_3$、10g/L 氨水、2mol/L 氨水、1mol/L 醋酸、1mol/L 甲酸、0.2mol/L 葡萄糖、0.2mol/L 果糖、0.2mol/L 蔗糖、0.2mol/L 麦芽糖、20g/L 淀粉、碘试剂、50g/L NaOH、斐林试剂、班氏试剂、莫立许试剂、塞利凡诺夫试剂、澄清石灰水、无水乙醇、冰醋酸、浓硫酸、浓盐酸、无水碳酸钠、草酸固体。

【实验内容与操作】

一、羧酸的化学性质

1. 羧酸的酸性比较 分别取 2 滴 0.1mol/L 甲酸、0.1mol/L 乙酸和 0.1mol/L 乙二酸溶液于点滴板的 3 个凹穴中,将 3 片 pH 试纸置于表面皿上,用干净玻璃棒分别蘸取上述 3 种溶液滴至 pH 试纸上,

测定、记录各溶液 pH，比较 3 种酸的酸性强弱并解释原因，填入表 16-12。

2. 与碳酸盐反应 取 1 支试管，加入少许无水碳酸钠，再滴加 1mol/L 醋酸约 2ml。观察并解释现象，填入表 16-13。

3. 甲酸的还原性 取洁净的试管 1 支，加入 5 滴 50g/L $AgNO_3$ 和 1 滴 10g/L NaOH 溶液，然后逐滴加入 10g/L 氨水至沉淀刚好溶解为止。再往试管里滴入 5 滴甲酸，摇匀，放入 50~60℃的水浴中加热数分钟，观察并解释现象，填入表 16-13。

4. 脱羧反应 在干燥的大试管中放入约 3g 草酸固体，用带导管的橡胶塞塞紧试管口，固定在铁架台上（图 16-6），将导管口插入到盛有澄清石灰水的试管中，小心加热大试管，仔细观察石灰水的变化，记录并解释实验现象，填入表 16-13。

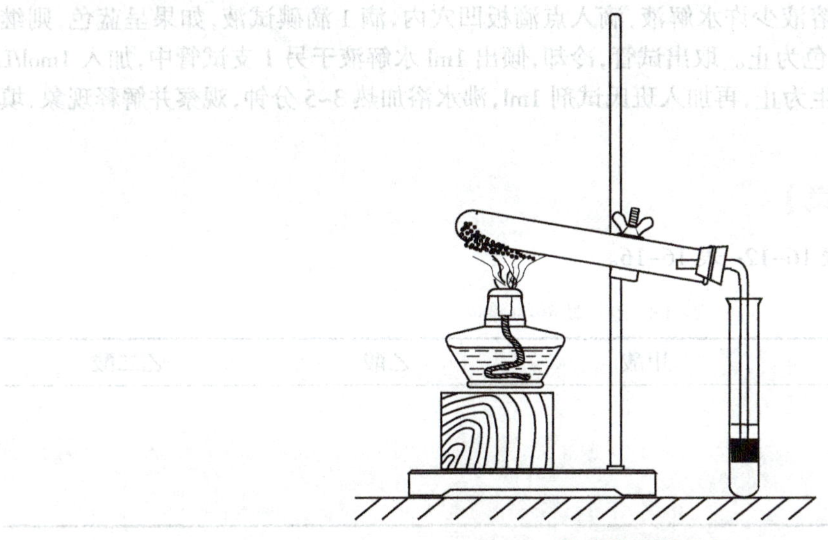

图 16-6 草酸的脱羧反应

5. 酯化反应 在干燥的小锥形瓶中，溶解 0.5g 水杨酸于 5ml 甲醇中，再滴入 10 滴浓硫酸，振摇均匀，放入水浴中温热 5 分钟，再将混合物倒入装有大约 10g 冰的烧杯中，充分振摇，注意观察产物外观和气味，并解释现象，填入表 16-13。

二、糖的性质

（一）糖的还原性

1. 与托伦试剂的反应 取 5 支洁净试管，编号，各加入 2ml 托伦试剂，再分别加入 0.2mol/L 葡萄糖、0.2mol/L 果糖、0.2mol/L 麦芽糖、0.2mol/L 蔗糖溶液和 20g/L 淀粉溶液各 5 滴，摇匀，放入 50~60℃水浴中加热 5~10 分钟，观察有无银镜生成，观察并解释实验现象，填入表 16-14。

2. 与斐林试剂的反应 取斐林试剂（A）、斐林试剂（B）各 4ml，混合均匀，分装于 5 支洁净试管中，编号，放在水浴中温热。分别加入上述糖溶液各 5 滴，摇匀，水浴中加热 2~3 分钟，观察并解释现象。填入表 16-14。

3. 与班氏试剂的反应 取 5 支洁净试管，编号，各加入班氏试剂 1ml，分别加入上述糖溶液各 5 滴，放入沸水浴中加热 2~3 分钟，观察并解释现象。填入表 16-14。

（二）糖的颜色反应

1. 莫立许反应 取 5 支试管，编号。分别加入 0.2mol/L 葡萄糖、0.2mol/L 果糖、0.2mol/L 麦芽糖、0.2mol/L 蔗糖溶液和 20g/L 淀粉溶液各 1ml，再分别滴加 2 滴莫立许试剂，振摇试管，混合均匀，将试管倾斜 45°，沿管壁慢慢加入 1ml 浓硫酸，切勿摇动，然后小心竖起试管，硫酸和糖液之间有明显分层，观察两层之间的颜色有无紫色环出现。数分钟内若无紫色环，可将试管在热水浴中温热几分钟（切勿摇动），观察并解释现象，填入表 16-15。

2. 塞利凡诺夫反应 取 5 支试管，编号。各加入塞利凡诺夫试剂 1ml，再滴入上述糖溶液各 5 滴，

混合均匀，置于沸水浴中加热1~2分钟，观察并解释现象。填入表16-15。

3. 淀粉与碘的反应 取1支试管，加入1ml 20g/L淀粉溶液，再加入1~2滴0.1%碘试液，观察溶液颜色变化。将试管在沸水浴中加热5~10分钟，观察有何变化。放置冷却，又有何变化，填入表16-15。

(三) 水解反应

1. 蔗糖的水解 取2支试管，加入0.2mol/L蔗糖溶液2ml，然后于第1支试管中加入3滴浓盐酸，第2支试管中加入3滴蒸馏水，摇匀后置于沸水浴中煮沸5~10分钟，取出冷却后，在第1支试管中加入1mol/L Na_2CO_3溶液中和至弱碱性(加到没有气泡发生为止，或用石蕊试纸检验)，再向2支试管中各加入本尼迪克特试剂10滴，摇匀，沸水浴加热2~3分钟，观察并比较2支试管结果，填入表16-16。

2. 淀粉水解 取1支试管，加入20g/L淀粉溶液2ml，再滴入5滴浓盐酸，摇匀，置于沸水浴中加热，每隔5分钟用胶头滴管吸取溶液少许水解液，滴入点滴板凹穴内，滴1滴碘试液，如果呈蓝色，则继续加热，直至水解液与碘不显色为止。取出试管，冷却，倾出1ml水解液于另1支试管中，加入1mol/L Na_2CO_3溶液中和至无气泡发生为止，再加入班氏试剂1ml，沸水浴加热3~5分钟，观察并解释现象，填入表16-16。

【实验结果与数据记录】

将观察的实验现象填入表16-12~表16-16。

表16-12 羧酸的酸性

试剂	甲酸	乙酸	乙二酸
pH			
酸性强弱顺序			
解释原因			

表16-13 羧酸的化学性质

试剂	现象或化学方程式
醋酸与碳酸钠	
甲酸与托伦试剂	
草酸脱羧	
水杨酸与甲醇	

表16-14 糖的还原性

试剂	葡萄糖	果糖	麦芽糖	蔗糖	淀粉
托伦试剂					
斐林试剂					
班氏试剂					

表16-15 糖的显色反应

试剂	葡萄糖	果糖	麦芽糖	蔗糖	淀粉
莫立许试剂					
塞利凡诺夫试剂					
碘试剂	—	—	—	—	

表 16-16 糖类的水解

试剂	现象或化学方程式
蔗糖与浓 HCl 加热	
淀粉与浓 HCl 加热	

【注意事项】

1. 酯化反应中滴入浓硫酸时一定要慢，以 2 分钟内滴完 10 滴浓硫酸为好。
2. 盛有饱和碳酸氢钠的溶液的试管最好置于冰水中，可以有效地降低乙酸乙酯的损耗。
3. 脱羧反应完毕，应先移走装有石灰水的试管，后移酒精灯，以免石灰水倒吸入装有草酸的灼热试管，使试管炸裂。
4. 莫立许实验中，由于反应极为灵敏，滤纸毛或碎片落于试管中，都会得到正性结果。但正性结果不一定都是糖，因此，不可在样品中混入纸屑等杂物。

【思考题】

1. 甲酸为什么能发生银镜反应？
2. 酯化反应时，加入浓硫酸的作用是什么？
3. 如何鉴别甲酸、乙酸、草酸？
4. 如何区分还原性糖和非还原性糖。

（杨国富 查诚）

附　　录

附录一　实验技能考核方案及评分标准

一、溶液的配制

(一) 说明

1. 满分 100 分,完成时间 20 分钟。
2. 要求独立完成,不得相互询问或讨论。
3. 考核成绩为操作过程评分、操作结果及分析评分和考核时间评分之和。
4. 全部操作过程时间和操作后处理时间计入时间限额。

(二) 实验原理

用分析纯固体直接配制溶液。

(1)公式:质量浓度:$\rho_B = \dfrac{m_B}{V}$,单位:g/L

(2)配制过程:

计算 → 称量 → 溶解 → 定量转移 → 定容混匀 → 装瓶贴签

(三) 实验用品

1. 仪器　电子秤、表面皿、药匙、小烧杯、玻璃棒、滴管、试剂瓶、容量瓶(100ml)。
2. 试剂　分析纯 NaCl、蒸馏水。

(四) 考核项目

准确配制 100ml 生理盐水,供外伤患者处理伤口。

(五) 操作步骤

1. 计算　配制 100ml 生理盐水需要 NaCl 的质量。
2. 称量　用电子秤准确称取所需 NaCl 的质量。
3. 溶解　将称得的 NaCl 晶体放入小烧杯中,加 10~20ml 蒸馏水并用玻璃棒不断搅拌使其全部溶解。
4. 定量转移　将烧杯中的溶液转移至 100ml 容量瓶中,然后用 10~20ml 蒸馏水冲洗烧杯 2~3 次,冲洗液一并转移至容量瓶中,旋摇容量瓶,使溶液初步混合均匀。
5. 定容混匀　继续加蒸馏水至距离刻度线 1~2cm,改用胶头滴管滴加蒸馏水至凹液与刻度线相切为止。盖好瓶塞,一只手手指握住瓶底,另一只手示指压住瓶塞,将容量瓶倒转摇动数次,再直立。如此反复数次,使溶液混合均匀。
6. 装瓶贴签　将配好的溶液倒入试剂瓶中,贴好标签。标签要求注明溶液的名称、浓度、配制时间。装瓶前先用欲装的溶液荡洗试剂瓶 2~3 次。

（六）数据记录与计算

生理盐水的浓度(g/L):________________________________。

溶液的体积(ml):____________________________________。

NaCl 的质量(g):____________________________________。

（七）评分标准

序号	项目	考核内容	分值	扣分标准		扣分	得分
1	素质要求	着白大衣，帽、鞋整洁，符合职业要求	6	着装不整洁、不规范	2		
		仪表端庄、头发符合要求		情绪紧张、状态低沉、精神不饱满、姿态不端正、头发不符合要求	2		
		语言流畅清晰，态度和蔼可亲		语言不流畅、态度生硬	2		
2	操作前准备	选用仪器 检查玻璃仪器是否干净 选用公式 计算结果 准备时间不超过 2 分钟	13	缺选或多选或台面凌乱	2		
				玻璃仪器不干净	2		
				生理盐水的浓度不知道	2		
				公式不正确	2		
				计算结果不正确	3		
				准备时间超过 2 分钟	2		
3	称量	用千分之一的电子秤称取 NaCl 0.9g（精确到 0.001g）	15	开机不正确	2		
				电子秤各功能键选择不正确	3		
				除皮功能键使用不正确	3		
				加样方法不正确	3		
				有效数字记录不准确	2		
				实验结束没关闭显示屏、没清理用毛刷清理	2		
4	溶解	将称得的 NaCl 放入小烧杯中，加入 10~20ml 蒸馏水使其溶解	6	加入蒸馏水量过多	2		
				玻璃棒搅拌不正确，碰容器内壁	2		
				固体没全部溶解	2		
5	定量转移	将小烧杯中的溶液转移到容量瓶，且用 10~20ml 蒸馏水冲洗烧杯 2~3 次，一并转移到容量瓶中	21	容量瓶没检漏或检漏操作不正确	2		
				容量瓶没洗干净	2		
				没有按规定用蒸馏水荡洗	2		
				烧杯嘴没靠玻璃棒	2		
				玻璃棒下端没靠容器内壁	2		
				引流时溶液外溢	3		
				引流完烧杯嘴没有沿玻璃棒上提	2		
				没有用蒸馏水冲洗烧杯或冲洗烧杯的蒸馏水过多	3		
				冲洗烧杯的蒸馏水没转入容量瓶中	3		

续表

序号	项目	考核内容	分值	扣分标准	扣分	得分
6	定容混匀	加蒸馏水距离刻度线 1~2cm，改用胶头滴管加蒸馏水稀释至刻度线，摇匀	14	没有进行 2/3 预混匀	2	
				接近刻度线时没用胶头滴管	3	
				胶头滴管没有悬垂于容量瓶上、斜拿、倒拿	3	
				读数时视线没有和凹液面最低处相切	2	
				定容体积加多或加少了	2	
				没按容量瓶混匀要求翻转混匀或混匀操作错误	2	
7	装瓶贴签	将配制好的溶液装入试剂瓶中，贴上标签（注明溶液名称、浓度、日期）。 装瓶前先用欲装的溶液荡洗试剂瓶 2~3 次	12	配好的溶液没有倒入指定的试剂瓶中	2	
				试剂瓶塞取下没倒放在桌面上	2	
				没有用欲装的溶液荡洗试剂瓶	2	
				装瓶时溶液外洒	2	
				没贴标签	2	
				标签书写不正确	2	
8	整体质量	操作安全，规范，流畅，美观，完成质量好，仪器清洗干净、台面整洁	6	仪器没洗或台面没收拾	2	
				有损坏仪器	2	
				结果不正确	2	
9	数据与报告	原始记录完整、规范 报告完整	6	没原始记录	2	
				记录不完整、不规范	2	
				报告不完整、不正确	2	
10	完成时间	规定时间到就终止操作		未完成项目不给相应分		
合计			100	总扣分		
操作时间				总得分		

二、溶液的稀释

(一) 说明

1. 满分 100 分，完成时间 20 分钟。
2. 要求独立完成，不得相互询问或讨论。
3. 考核成绩为操作过程评分、操作结果及分析评分和考核时间评分之和。
4. 全部操作过程时间和操作后处理时间计入时间限额。

(二) 实验原理

1. 稀释前后溶质的量不变，即：$C_1 \times V_1 = C_2 \times V_2$
2. 配制过程：

计算 → 量取 → 稀释 → 定容混匀 → 装瓶贴签

(三) 实验用品

1. 仪器　量筒(100ml)、烧杯、玻璃棒、胶头滴管、试剂瓶。
2. 试剂　95% 的医用酒精、蒸馏水。

(四) 考核项目

用 95% 的医用酒精配制 100ml 40% 的擦浴酒精，供高热患者擦浴。

(五) 操作步骤

1. 计算　配制 40% 酒精溶液 100ml 需要 95% 的酒精溶液的体积。
2. 量取　用量筒量取所需 95% 的酒精溶液的体积。

一只手拿量筒，另一手拿试剂瓶，标签朝手心。量筒略倾斜，使试剂瓶口靠紧量筒口，沿量筒内壁倾倒 95% 的酒精溶液使得缓慢流入，注意观察量筒内壁溶液体积，将要到达所需体积时停止倾倒。试剂瓶口最后一滴要靠到量筒内。把量筒放平，等待 1~2 分钟使量筒壁上的液体回流，再改用胶头滴管滴加到溶液的凹液面最低处与刻度线相平。

3. 稀释　向量筒中加蒸馏水稀释到距离刻度线 1~2cm 处停止。
4. 定容混匀　改用胶头滴管滴加蒸馏水至凹液最低处与刻度线相平。并用玻璃棒搅拌均匀。
5. 装瓶贴签　将配好的溶液倒入试剂瓶中，贴好标签。标签要求注明溶液的名称、浓度、配制时间。装瓶前先用欲装的溶液荡洗试剂瓶 2~3 次。

(六) 数据记录与计算

所配酒精浓度(%)：____________________。

计算公式：____________________。

量取 95% 酒精的体积(ml)：____________________。

(七) 评分标准

序号	项目	考核内容	分值	扣分标准		扣分	得分
1	素质要求	着白大衣，帽、鞋整洁，符合职业	6	着装不整洁、不规范	2		
		仪表端庄、头发符合要求		情绪紧张、状态低沉、精神不饱满、状态不端正、头发不符合要求	2		
		语言流畅清晰，态度和蔼可亲		语言不流畅、态度生硬	2		
2	操作前准备	选用仪器 检查玻璃仪器是否干净 选用公式 计算结果 准备时间不超过 2 分钟	14	缺选或多选或台面凌乱	3		
				玻璃仪器不干净	3		
				公式不正确	3		
				计算结果不正确	3		
				准备时间超过 2 分钟	2		

续表

序号	项目	考核内容	分值	扣分标准	扣分	得分
3	量取	用量筒量取95%的乙醇溶液所需的体积	30	试剂瓶塞取下没倒放桌面	3	
				手拿试剂瓶标签没向手心	3	
				量筒没倾斜	3	
				试剂瓶口没紧靠量筒	3	
				没有沿量筒内壁倒入溶液	3	
				加液太快超过所需体积	3	
				没管最后1滴溶液	3	
				没有静置1~2分钟使量筒内壁的液体回流	3	
				没用胶头滴管滴加	3	
				酒精加少	3	
4	稀释	向量筒中加蒸馏水稀释到距离刻度线1~2cm处。	6	注入蒸馏水速度太快，超过刻度	3	
				观察量筒刻度时俯视或仰视	3	
5	定容混匀	改用胶头滴管滴加蒸馏水至凹液与所需刻度线相切为止。并用玻璃棒搅拌均匀。	16	没用胶头滴管加蒸馏水	3	
				胶头滴管倾斜拿或倒拿	3	
				观察视线没有与刻度、溶液的凹液面最低处相平	4	
				定容时蒸馏水加少了	3	
				没有用玻璃棒搅拌混匀	3	
6	装瓶贴签	将配制好的溶液装入试剂瓶中，贴上标签，(注明溶液名称、浓度、日期)，待用。 装瓶前先用欲装的溶液荡洗试剂瓶2~3次	15	没有将配好的溶液倒入指定试剂瓶中	3	
				试剂瓶塞取下没倒放在桌面上	2	
				没有用欲装的溶液荡洗试剂瓶	2	
				装瓶时溶液外洒	3	
				没贴标签	2	
				标签书写不正确	3	
7	整体质量	操作安全，规范，流畅，美观，完成质量好，仪器清洗干净、台面整洁	7	实验结束后仪器没洗	2	
				台面没收拾	2	
				损伤仪器	3	
8	数据与报告	原始记录完整、规范 报告完整、正确。	6	没原始记录	2	
				记录不完整、不规范	2	
				报告不完整、不正确	2	
9	完成时间	规定时间到就终止操作		未完成项目不给相应分		
合计			100	总扣分		
操作时间				总得分		

附录二　弱电解质在水中的解离常数（298K）

名称	分子式	电离常数 K	pK	名称	分子式	电离常数 K	pK
砷酸	H_3AsO_4	$K_1=5.8\times10^{-3}$	2.24	硫酸	H_2SO_4	$K_2=1.02\times10^{-2}$	1.91
		$K_2=1.1\times10^{-7}$	6.96	亚硫酸	H_2SO_3	$K_1=1.23\times10^{-2}$	1.91
		$K_3=3.2\times10^{-12}$	11.50			$K_2=6.6\times10^{-8}$	7.18
亚砷酸	H_3AsO_3	6.0×10^{-10}	9.23	草酸	$H_2C_2O_4$	$K_1=5.9\times10^{-2}$	1.23
醋酸	CH_3COOH	1.76×10^{-5}	4.75			$K_2=6.4\times10^{-5}$	4.19
甲酸	$HCOOH$	1.8×10^{-4}	3.75	酒石酸	$H_2C_4H_4O_6$	$K_1=9.2\times10^{-4}$	3.036
碳酸	H_2CO_3	$K_1=4.3\times10^{-7}$	6.37			$K_2=4.31\times10^{-5}$	4.366
		$K_2=5.61\times10^{-11}$	10.25	柠檬酸	$H_3C_6H_5O_7$	$K_1=7.44\times10^{-4}$	3.13
铬酸	H_2CrO_4	$K_1=1.8\times10^{-1}$	0.74			$K_2=1.73\times10^{-5}$	4.76
		$K_2=3.20\times10^{-7}$	6.49			$K_3=4.0\times10^{-7}$	6.40
氢氟酸	HF	3.53×10^{-4}	3.45	苯甲酸	C_6H_5COOH	6.46×10^{-5}	4.19
氢氰酸	HCN	4.93×10^{-10}	9.31	苯酚	C_6H_5OH	1.1×10^{-10}	9.95
氢硫酸	H_2S	$K_1=9.5\times10^{-8}$	7.02	氨水	$NH_3\cdot H_2O$	1.75×10^{-5}	4.75
		$K_2=1.3\times10^{-14}$	13.9	氢氧化钙	$Ca(OH)_2$	$K_1=3.74\times10^{-3}$	2.43
过氧化氢	H_2O_2	2.4×10^{-12}	11.62			$K_2=4.0\times10^{-2}$	1.40
次溴酸	$HBrO$	2.06×10^{-9}	8.69	氢氧化铅	$Pb(OH)_2$	9.6×10^{-4}	3.02
次氯酸	$HClO$	3.0×10^{-8}	7.53	氢氧化银	$AgOH$	1.1×10^{-4}	3.96
次碘酸	HIO	2.3×10^{-11}	10.64	氢氧化锌	$Zn(OH)_2$	9.6×10^{-4}	3.02
碘酸	HIO_3	1.69×10^{-1}	0.77	羟胺	NH_2OH	9.1×10^{-9}	8.04
高碘酸	HIO_4	2.3×10^{-2}	1.64	苯胺	$C_6H_5NH_2$	4.6×10^{-10}	9.34
亚硝酸	HNO_2	7.1×10^{-4}	3.16	乙二胺	$H_2NCH_2CH_2NH_2$	$K_1=8.5\times10^{-5}$	4.07
磷酸	H_3PO_4	$K_1=7.52\times10^{-3}$	2.12			$K_2=7.1\times10^{-8}$	7.15
		$K_2=6.23\times10^{-8}$	7.21				
		$K_3=2.2\times10^{-13}$	12.66				

附录三　常见配离子的稳定常数

配离子	$K_{稳}$	$\lg K_{稳}$	配离子	$K_{稳}$	$\lg K_{稳}$
$[Ag(CN)_2]^-$	1.3×10^{21}	21.11	$[Fe(CN)_6]^{4-}$	1.0×10^{35}	35
$[Ag(NH_3)_2]^+$	1.1×10^{7}	7.04	$[Fe(CN)_6]^{3-}$	1.0×10^{42}	42
$[Ag(SCN)_2]^-$	3.7×10^{7}	7.57	$[Fe(C_2O_2)_3]^{3-}$	2.0×10^{20}	20.30
$[Ag(S_2O_3)_2]^{3-}$	2.9×10^{13}	13.46	$[Fe(NCS)_2]^+$	2.3×10^{3}	3.36
$[Al(C_2O_4)_3]^{3-}$	2.0×10^{16}	16.3	FeF_3	1.13×10^{12}	12.05
$[AlF_6]^{3-}$	6.9×10^{19}	19.83	$[HgCl_4]^{2-}$	1.2×10^{15}	15.08
$[Cd(CN)_4]^{2-}$	6.0×10^{18}	18.78	$[Hg(CN)_4]^{2-}$	2.5×10^{41}	41.40
$[CdCl_4]^{2-}$	6.3×10^{2}	2.8	$[HgI_4]^{2-}$	6.8×10^{29}	29.83
$[Cd(NH_3)_4]^{2+}$	1.3×10^{7}	7.11	$[Hg(NH_3)_4]^{2+}$	1.9×10^{19}	19.28
$[Cd(SCN)_4]^{2-}$	4.0×10^{3}	3.60	$[Ni(CN)_4]^{2-}$	2.0×10^{31}	31.30
$[Co(NH_3)_6]^{2+}$	1.3×10^{5}	5.11	$[Ni(NH_3)_6]^{2+}$	5.5×10^{8}	8.74
$[Co(NH_3)_6]^{3+}$	2.0×10^{35}	35.30	$[Pb(CH_3COO)_4]^{2-}$	3.0×10^{8}	8.48
$[Co(NCS)_4]^{2-}$	1.0×10^{3}	3	$[Pb(CN)_4]^{2-}$	1.0×10^{11}	11
$[Cu(CN)_2]^-$	1.0×10^{24}	24	$[Zn(CN)_4]^{2-}$	5.0×10^{16}	17.70
$[Cu(CN)_4]^{3-}$	2.0×10^{30}	30.30	$[Zn(C_2O_4)_2]^{2-}$	4.0×10^{7}	7.60
$[Cu(NH_3)_2]^+$	7.2×10^{10}	10.86	$[Zn(OH)_4]^{2-}$	4.6×10^{17}	17.66
$[Cu(NH_3)_4]^{2+}$	2.1×10^{13}	13.32	$[Zn(NH_3)_4]^{2+}$	2.9×10^{9}	9.46
$FeCl_2$	98	1.99			

附录四　常用试剂的配制

1. 酸碱试剂溶液的配制

试剂名称	浓度(mol/L)	配制方法
浓盐酸(HCl)	12	
稀盐酸(HCl)	6	浓盐酸 500ml,加水稀释到 1000ml
稀盐酸(HCl)	3	浓盐酸 250ml,加水稀释到 1000ml
稀盐酸(HCl)	2	浓盐酸 167ml,加水稀释到 1000ml

续表

试剂名称	浓度(mol/L)	配制方法
浓硝酸(HNO_3)	16	
稀硝酸(HNO_3)	6	浓硝酸 375ml,加水稀释到 1000ml
稀硝酸(HNO_3)	2	浓硝酸 127ml,加水稀释到 1000ml
浓硫酸(H_2SO_4)	18	
稀硫酸(H_2SO_4)	3	浓硫酸 167ml,慢慢倒入 800ml 水中,并不断搅拌,最后加水稀释到 1000ml
稀硫酸(H_2SO_4)	1	浓硫酸 53ml,慢慢倒入 800ml 水中,并不断搅拌,最后加水稀释到 1000ml
冰醋酸(CH_3COOH)	17	
稀醋酸(CH_3COOH)	6	冰醋酸 353ml,加水稀释到 1000ml
稀醋酸(CH_3COOH)	2	冰醋酸 118ml,加水稀释到 1000ml
浓氨水($NH_3·H_2O$)	15	
稀氨水($NH_3·H_2O$)	6	浓氨水 400ml,加水稀释到 1000ml
稀氨水($NH_3·H_2O$)	2	浓氨水 133ml,加水稀释到 1000ml
稀氨水($NH_3·H_2O$)	1	浓氨水 67ml,加水稀释到 1000ml
氢氧化钠(NaOH)	6	氢氧化钠 250g,溶于水后,加水稀释到 1000ml
氢氧化钠(NaOH)	2	氢氧化钠 80g,溶于水后,加水稀释到 1000ml
氢氧化钠(NaOH)	1	氢氧化钠 40g,溶于水后,加水稀释到 1000ml
氢氧化钾(KOH)	2	氢氧化钾 112g,溶于水后,加水稀释到 1000ml

2. 常用缓冲溶液的配制

试剂名称	配制方法
$CH_3COOH-CH_3COONa$ 缓冲溶液(pH=4.75)	取醋酸钠 82g,加水 200ml 溶解后,加冰醋酸 59ml,再加水稀释到 1000ml
$CH_3COOH-CH_3COONH_4$ 缓冲溶液(pH=4.5)	取醋酸铵 7.7g,加水 20ml 溶解后,加冰醋酸 6ml,再加水稀释到 100ml
$NH_3·H_2O-NH_4Cl$ 缓冲溶液(pH=10)	取氯化铵 5.4g,加水 200ml 溶解后,加浓氨水 35ml,再加水稀释到 100ml

3. 指示剂的配制

试剂名称	配制方法
甲基橙	取甲基橙 0.1g，加水 100ml 溶解后，过滤
酚酞	取酚酞 1g，加 95% 的乙醇溶液 100ml 溶解
淀粉	取淀粉 0.5g，加水 5ml 搅匀后，缓缓加入 100ml 沸水中，边加边搅拌
碘化钾淀粉	取碘化钾 0.5g，加新制的淀粉指示液 100ml，使其溶解。本液配制 24 小时后，即不能再使用
铬黑 T 的配制	方法 1：取铬黑 Tg 与干燥 NaCl 按 1∶100 的比例混合研细，放入干燥器内，用时取少许 方法 2：称取铬黑 T 0.1g，溶于 15ml 三乙醇氨中，待完全溶解后，加入 5ml 无水乙醇

4. 几种特殊试剂的配制

试剂名称	配制方法
托伦试剂	量取 20ml 5% 的硝酸银溶液，放在 50ml 的锥形瓶中，滴加 2% 的氨水，振摇，直至沉淀刚好溶解，现用现配
斐林试剂	斐林(A)：溶解 3.5g 硫酸铜晶体于 100ml 水中，如混浊，可过滤 斐林(B)：溶解酒石酸钾钠 17g 于 20ml 热水中，加入 20ml 20%NaOH 溶液稀释到 100ml
希夫试剂	称取 0.2g 品红盐酸盐，溶于 100ml 热水中，冷却后，加入 2g 亚硫酸氢钠和 2ml 浓盐酸，加蒸馏水稀释到 200ml，待红色褪去即可使用。若呈浅红色，可加入少量活性炭振摇并过滤，贮存于棕色瓶子中
班氏试剂	称取柠檬酸钠 20g，无水碳酸钠 11.5g，溶于 100ml 热水中，放冷。慢慢加入含有 2g 硫酸铜的 20ml 溶液，不断搅拌。得到的应是澄清溶液，否则需过滤
卢卡斯试剂	将 68g 熔融过的无水氯化锌溶解在 45ml 浓盐酸中(ρ=1.18)，搅拌混合
碘试剂	将 1g 碘化钾溶于 10ml 蒸馏水中，加入 0.5g 碘，加热溶解至红色澄清溶液
2,4- 二硝基苯肼	称取 2g 2,4- 二硝基苯肼，溶于 15ml 浓硫酸，将此溶液慢慢加入到 70ml 乙醇(95%)中，再加蒸馏水稀释到 100ml，搅拌均匀，必要时过滤
莫立许试剂	将 2g α- 萘酚溶于 20ml 体积分数为 0.95 乙醇溶液中，再用同样浓度的乙醇稀释至 100ml，贮存于棕色瓶中。临用前配制
塞利凡诺夫试剂	称取间苯二酚 0.05g 溶于 50ml 浓盐酸，用水稀释到 100ml
氯化亚铜氨溶液	取氯化亚铜 1g，加入 1~2ml 浓氨水和 10ml 水，用力振摇，静置片刻，倾出溶液，并投入 1 块铜片(或 1 根铜丝)，贮存备用。因亚铜易被空气中的氧氧化显蓝色，可在温热下滴加 20% 的盐酸羟胺溶液，使蓝色褪去，再用于实验

附录五　常见化合物的相对分子质量

化合物	相对分子质量	化合物	相对分子质量
$AgBr$	187.77	KI	166.00
$AgCl$	143.32	KIO_3	214.00
AgI	234.77	$KHC_4H_4O_6$（酒石酸氢钾）	188.18
$AgNO_3$	169.87	$KHC_8H_4O_4$（邻苯二甲酸氢钾）	204.44
Al_2O_3	101.96	$KMnO_4$	158.03
As_2O_3	197.84	$KAl(SO_4)_2 \cdot 12H_2O$	474.38
$BaCl_2 \cdot H_2O$	244.27	KBr	119.00
BaO	153.33	$KBrO_3$	167.00
$Ba(OH)_2 \cdot 8H_2O$	315.47	KCl	74.55
$BaSO_4$	233.39	$KClO_4$	138.55
$CaCO_3$	100.09	$KSCN$	97.18
CaO	56.08	$MgCO_3$	84.31
$Ca(OH)_2$	74.09	$MgCl_2$	95.21
CO_2	44.01	$MgSO_4 \cdot 7H_2O$	246.47
CuO	79.55	MgO	40.30
Cu_2O	143.09	$Mg(OH)_2$	58.32
$CuSO_4 \cdot 5H_2O$	249.68	$NaBr$	102.89
FeO	71.85	$NaCl$	58.44
Fe_2O_3	159.69	$NaHCO_3$	84.01
$FeSO_4 \cdot 7H_2O$	278.01	NH_3	17.03
$FeSO \cdot (NH_4)_2SO_4 \cdot 7H_2O$	392.13	Na_2CO_3	105.99
H_3BO_3	61.83	$Na_2C_2O_4$	134.00
HCl	36.46	$NaC_7H_5O_2$（苯甲酸钠）	144.41
$HClO_4$	100.47	$Na_3C_6H_5O_7 \cdot 2H_2O$（柠檬酸钠）	294.12
HNO_3	63.02	Na_2O	61.98
$HC_2H_3O_2$（醋酸）	60.05	$NaOH$	40.00
$H_2C_2O_4 \cdot 2H_2O$（草酸）	126.07	$Na_2S_2O_3$	158.10
H_2O	18.02	$Na_2S_2O_3 \cdot 5H_2O$	248.17
H_2O_2	34.01	P_2O_5	141.94
H_3PO_4	98.00	PbO_2	239.20

续表

化合物	相对分子质量	化合物	相对分子质量
H_2SO_4	98.07	$PbSO_4$	303.26
I_2	253.81	$PbCrO_4$	323.19
K_2CO_3	138.21	SO_2	64.06
K_2CrO_4	194.19	SO_3	80.06
$K_2Cr_2O_7$	294.18	SiO_2	60.08
KH_2PO_4	136.09	ZnO	81.38

中英文名词对照索引

Y

Z

参考文献

[1] 段卫东，庞满坤 . 化学及护理应用 . 北京：人民卫生出版社，2013.
[2] 陈常兴 . 医学化学 .6 版 . 北京：人民卫生出版社，2009.
[3] 赵佩瑾，段广河 . 医用化学基础 .2 版 . 北京：人民军医出版社，2012.
[4] 牛秀明，林珍 . 无机化学 .2 版 . 北京：人民卫生出版社，2013.
[5] 孙彦坪 . 有机化学基础 .3 版 . 北京：人民卫生出版社，2016.
[6] 陈哲洪，于辉 . 医用化学 . 北京：科学出版社，2016.
[7] 曹晓群，张威 . 有机化学 . 北京：人民卫生出版社，2015.
[8] 何旭辉，吕士杰 . 生物化学 .7 版 . 北京：人民卫生出版社，2014.
[9] 刘斌，陈任宏 . 有机化学 . 北京：人民卫生出版社，2013.
[10] 傅春华 . 医用化学 .2 版 . 北京：高等教育出版社，2013.
[11] 刘斌，刘景晖，许颂安 . 化学 .2 版 . 北京：高等教育出版社，2014.
[12] 李景宁 . 有机化学 .5 版 . 北京：高等教育出版社，2011.
[13] 马丽英，高宗华 . 基础化学 . 北京：科学出版社，2015.
[14] 周建庆，杨智英 . 医用化学 . 北京：科学出版社，2013.
[15] 项岚，段广河 . 医用化学 . 北京：中国医药科技出版社，2013.
[16] 杜琳珑，冯定坤，韦建前 . 生命科学与诺贝尔化学奖 . 黔南民族师范学院学报，2006（3）：72-74.

元素周期表

原子序数 —— 92 U —— 元素符号，红色指放射性元素

元素名称 注＊的是人造元素 —— 铀

$5f^36d^17s^2$ —— 外围电子层排布，括号指可能的电子层排布

238.0 —— 相对原子质量（加括号的数据为该放射性元素半衰期最长同位素的质量数）

非金属　金属　过渡元素

周期＼族	Ⅰ A 1	Ⅱ A 2	Ⅲ B 3	Ⅳ B 4	Ⅴ B 5	Ⅵ B 6	Ⅶ B 7	Ⅷ 8	Ⅷ 9	Ⅷ 10	Ⅰ B 11	Ⅱ B 12	Ⅲ A 13	Ⅳ A 14	Ⅴ A 15	Ⅵ A 16	Ⅶ A 17	0 18	电子层	0族电子数
1	1 H 氢 $1s^1$ 1.008																	2 He 氦 $1s^2$ 4.003	K	2
2	3 Li 锂 $2s^1$ 6.941	4 Be 铍 $2s^2$ 9.012											5 B 硼 $2s^22p^1$ 10.81	6 C 碳 $2s^22p^2$ 12.01	7 N 氮 $2s^22p^3$ 14.01	8 O 氧 $2s^22p^4$ 16.00	9 F 氟 $2s^22p^5$ 19.00	10 Ne 氖 $2s^22p^6$ 20.18	L K	8 2
3	11 Na 钠 $3s^1$ 22.99	12 Mg 镁 $3s^2$ 24.31											13 Al 铝 $3s^23p^1$ 26.98	14 Si 硅 $3s^23p^2$ 28.09	15 P 磷 $3s^23p^3$ 30.97	16 S 硫 $3s^23p^4$ 32.06	17 Cl 氯 $3s^23p^5$ 35.45	18 Ar 氩 $3s^23p^6$ 39.95	M L K	8 8 2
4	19 K 钾 $4s^1$ 39.10	20 Ca 钙 $4s^2$ 40.08	21 Sc 钪 $3d^14s^2$ 44.96	22 Ti 钛 $3d^24s^2$ 47.87	23 V 钒 $3d^34s^2$ 50.94	24 Cr 铬 $3d^54s^1$ 52.00	25 Mn 锰 $3d^54s^2$ 54.94	26 Fe 铁 $3d^64s^2$ 55.85	27 Co 钴 $3d^74s^2$ 58.93	28 Ni 镍 $3d^84s^2$ 58.69	29 Cu 铜 $3d^{10}4s^1$ 63.55	30 Zn 锌 $3d^{10}4s^2$ 65.41	31 Ga 镓 $4s^24p^1$ 69.72	32 Ge 锗 $4s^24p^2$ 72.64	33 As 砷 $4s^24p^3$ 74.92	34 Se 硒 $4s^24p^4$ 78.96	35 Br 溴 $4s^24p^5$ 79.90	36 Kr 氪 $4s^24p^6$ 83.80	N M L K	8 18 8 2
5	37 Rb 铷 $5s^1$ 85.47	38 Sr 锶 $5s^2$ 87.62	39 Y 钇 $4d^15s^2$ 88.91	40 Zr 锆 $4d^25s^2$ 91.22	41 Nb 铌 $4d^45s^1$ 92.91	42 Mo 钼 $4d^55s^1$ 95.94	43 Tc 锝 $4d^55s^2$ [98]	44 Ru 钌 $4d^75s^1$ 101.1	45 Rh 铑 $4d^85s^1$ 102.9	46 Pd 钯 $4d^{10}$ 106.4	47 Ag 银 $4d^{10}5s^1$ 107.9	48 Cd 镉 $4d^{10}5s^2$ 112.4	49 In 铟 $5s^25p^1$ 114.8	50 Sn 锡 $5s^25p^2$ 118.7	51 Sb 锑 $5s^25p^3$ 121.8	52 Te 碲 $5s^25p^4$ 127.6	53 I 碘 $5s^25p^5$ 126.9	54 Xe 氙 $5s^25p^6$ 131.3	O N M L K	8 18 18 8 2
6	55 Cs 铯 $6s^1$ 132.9	56 Ba 钡 $6s^2$ 137.3	57~71 La~Lu 镧系	72 Hf 铪 $5d^26s^2$ 178.5	73 Ta 钽 $5d^36s^2$ 180.9	74 W 钨 $5d^46s^2$ 183.8	75 Re 铼 $5d^56s^2$ 186.2	76 Os 锇 $5d^66s^2$ 190.2	77 Ir 铱 $5d^76s^2$ 192.2	78 Pt 铂 $5d^96s^1$ 195.1	79 Au 金 $5d^{10}6s^1$ 197.0	80 Hg 汞 $5d^{10}6s^2$ 200.6	81 Tl 铊 $6s^26p^1$ 204.4	82 Pb 铅 $6s^26p^2$ 207.2	83 Bi 铋 $6s^26p^3$ 209.0	84 Po 钋 $6s^26p^4$ [209]	85 At 砹 $6s^26p^5$ [210]	86 Rn 氡 $6s^26p^6$ [222]	P O N M L K	8 18 32 18 8 2
7	87 Fr 钫 $7s^1$ [223]	88 Ra 镭 $7s^2$ [226]	89~103 Ac~Lr 锕系	104 Rf 𬬻* $(6d^27s^2)$ [261]	105 Db 𬭊* $(6d^37s^2)$ [262]	106 Sg 𬭳* [266]	107 Bh 𬭛* [264]	108 Hs 𬭶* [277]	109 Mt 鿏* [268]	110 Uun * [281]	111 Uuu * [272]	112 Uub * [285]	……							

镧系	57 La 镧 $5d^16s^2$ 138.9	58 Ce 铈 $4f^15d^16s^2$ 140.1	59 Pr 镨 $4f^36s^2$ 140.9	60 Nd 钕 $4f^46s^2$ 144.2	61 Pm 钷 $4f^56s^2$ [145]	62 Sm 钐 $4f^66s^2$ 150.4	63 Eu 铕 $4f^76s^2$ 152.0	64 Gd 钆 $4f^75d^16s^2$ 157.3	65 Tb 铽 $4f^96s^2$ 158.9	66 Dy 镝 $4f^{10}6s^2$ 162.5	67 Ho 钬 $4f^{11}6s^2$ 164.9	68 Er 铒 $4f^{12}6s^2$ 167.3	69 Tm 铥 $4f^{13}6s^2$ 168.9	70 Yb 镱 $4f^{14}6s^2$ 173.0	71 Lu 镥 $4f^{14}5d^16s^2$ 175.0
锕系	89 Ac 锕 $6d^17s^2$ [227]	90 Th 钍 $6d^27s^2$ 232.0	91 Pa 镤 $5f^26d^17s^2$ 231.0	92 U 铀 $5f^36d^17s^2$ 238.0	93 Np 镎 $5f^46d^17s^2$ [237]	94 Pu 钚 $5f^67s^2$ [244]	95 Am 镅* $5f^77s^2$ [243]	96 Cm 锔* $5f^76d^17s^2$ [247]	97 Bk 锫* $5f^97s^2$ [247]	98 Cf 锎* $5f^{10}7s^2$ [251]	99 Es 锿* $5f^{11}7s^2$ [252]	100 Fm 镄* $5f^{12}7s^2$ [257]	101 Md 钔* $(5f^{13}7s^2)$ [258]	102 No 锘* $(5f^{14}7s^2)$ [259]	103 Lr 铹* $(5f^{14}6d^17s^2)$ [262]

注：
相对原子质量录自2001年国际原子量表，并全部取4位有效数字。

28